PeopleSoft PeopleTools 移动应用开发

[美] Jim J. Marion
Sarah K. Marion 著
王 净 译

清华大学出版社
北 京

Jim J. Marion, Sarah K. Marion
PeopleSoft PeopleTools: Mobile Applications Development
EISBN：978-0-07-183652-4

北京市版权局著作权合同登记号　图字：01-2016-5728

图书在版编目(CIP)数据

PeopleSoft PeopleTools移动应用开发 / (美) J. J. 马里恩(Jim J. Marion)，(美) S. K. 马里恩(Sarah K. Marion) 著；王净 译. —北京：清华大学出版社，2017
书名原文：PeopleSoft PeopleTools: Mobile Applications Development
ISBN 978-7-302-45670-4

Ⅰ. ①P… Ⅱ. ①J… ②S… ③王… Ⅲ. ①移动终端—应用程序—程序设计 Ⅳ. ①TN929.53

中国版本图书馆 CIP 数据核字(2017)第 285420 号

责任编辑：王　军　韩宏志
装帧设计：孔祥峰
责任校对：曹　阳
责任印制：杨　艳

出版发行：清华大学出版社
网　　址：http://www.tup.com.cn，http://www.wqbook.com
地　　址：北京清华大学学研大厦 A 座　　邮　　编：100084
社 总 机：010-62770175　　邮　　购：010-62786544
投稿与读者服务：010-62776969，c-service@tup.tsinghua.edu.cn
质 量 反 馈：010-62772015，zhiliang@tup.tsinghua.edu.cn
印 刷 者：北京富博印刷有限公司
装 订 者：北京市密云县京文制本装订厂
经　　销：全国新华书店
开　　本：185mm×260mm　　印　　张：22.75　　字　　数：583 千字
版　　次：2017 年 1 月第 1 版　　印　　次：2017 年 1 月第 1 次印刷
印　　数：1~2000
定　　价：68.00 元

产品编号：068128-01

译 者 序

PeopleSoft 是一整套用于特定行业的模块化、多业务集成化的产品，旨在降低拥有成本，简化升级的复杂性，获得持续的支持以及增强业务灵活度，由此降低一个人力资源管理系统平台的构造成本，而且用户经过简单培训便可很快掌握该产品的基本用法；PeopleSoft 在性价比方面无疑高出其他产品一筹。

PeopleTools (PeopleSoft 的技术平台)是一个支持跨平台的多层计算结构，它的元数据驱动的程序开发模式可高效地适应业务变更的需求。它能转变企业管理、使用以及维护 PeopleSoft 软件的方式。该平台提供了高度灵活的自动化开发环境、集成和业务建模工具、一流的易用性以及客户系统特定的预测性诊断和支持工具。

全书共分为三部分。第 I 部分包括三章；第 1 章讨论如何配置桌面开发，以便获得最高的移动开发效率；第 2 章介绍如何通过使用 PeopleTools 新的流式页面概念来构建响应和自适应的、移动优先的 PeopleSoft 事务页面；第 3 章主要介绍如何使用被称为 Mobile Applications Framework 的 PeopleTools 在线移动应用设计器。第 II 部分共包括五章：第 4 章讲述如何创建数据模型；第 5 章尝试介绍构建移动应用最简单的方法；第 6 章展示了使用库 AngularJS、Topcoat 和 FontAwesome 所带来的灵活性和控制性；第 7 章和第 8 章主要介绍两种不同的数据传输机制：iScripts 和 REST。第Ⅲ部分包括三章：第 9 章介绍如何通过使用 Android SDK 和 PeopleSoft REST 服务构建一个原生 Android 应用；第 10 章介绍如何将第 6 章的 AngularJS 应用转换为一个可访问本机设备功能的混合设备应用；第 11 章演示如何通过使用 JDeveloper 和 PeopleTools REST 服务构建 Oracle Mobile Application 框架混合应用。

本书图文并茂，技术新颖，实用性强，在大量实例的引导下对 PeopleTools 做了详细解释，可作为 PeopleTools 编程人员的参考手册，适于计算机技术人员使用。

本书全部章节由王净翻译，参与本次翻译的还有田洪、范园芳、范桢、胡训强、纪红、晏峰、余佳隽、张洁、赵翊含、何远燕，在此一并表示感谢。此外，还要感谢我的家人，她们总是无怨无悔地支持我的一切工作，我为有这样的家庭而备感幸福。

译者在翻译过程中，尽量保持原书的特色，并对书中出现的术语和难词难句进行了仔细推敲和研究。但毕竟有少量技术是译者在自己的研究领域中不曾遇到过的，所以疏漏和争议之处在所难免，望广大读者提出宝贵意见。

最后，希望广大读者能多花些时间细细品味这本凝聚作者和译者大量心血的书籍，为将来的职业生涯奠定良好基础。

王　净

作于广州

作 者 简 介

Jim J.Marion 是一名 AICPA 认证的信息技术专家，目前是 Oracle 公司的首席销售顾问。此外，他还是 Oracle 出版社出版的 *PeopleSoft PeopleTools Tips & Techniques and co-author of PeopleSoft PeopleTools Data Management and Upgrade Handbook* 一书的作者。Jim 是 许多 PeopleTools 开发主题会议的国际主持人，比如 Oracle OpenWorld、UKOUG events、HEUG's Alliance、Quest's IOUG 以及 OAUG's Collaborate。

Sarah K. Marion 是一名在教育岗位有 20 年工作经验，并且在技术和出版方面具有 12 年专业经验的英语专家。她具备课程开发和公共演讲的背景。Sarah 获得了 Outstanding Graduate Award，并且作为荣誉协会的一名成员毕业。她担当过 *Peoplesoft PeopleTools Data Management and Upgrade Handbook* 的开发编辑。她还是一名作家、妻子以及四个孩子的母亲。

技术编辑简介

Dave Bain在1996年春季作为一名程序人员加入了PeopleSoft。在研究小组工作了4年之后，Dave成为PeopleTools组织的一名开发经理，主要负责App Designer、AppClass PeopleCode、AppEngine以及其他核心技术。随后他又转型成为一名产品经理，负责为PeopleTool版本定义需求。在PeopleSoft被Oracle收购之后，Dave花了1年的时间在Fusion Application上，并协助应用团队采用Fusion Technology。此后，Dave又回到PeopleTool产品经理职位，设计Integration Technology、Mobile Technology和Lifecycle Management。Dave会定期参加主要的PeopleSoft会议。可以通过david.bain@oracle.com与他取得联系。

Hakan Biroglu是一名PeopleTools 8应用开发认证专家、Oracle WebCenter Content 11*g*认证实施专家、Oracle SOA Suite 11*g*认证实施专家以及Oracle应用开发框架11*g*认证实施专家。他拥有超过15年的作为Oracle应用软件架构师的经验，主要从事PeopleSoft、E-Business Suite以及Fusion Application的所有技术领域。在2013年，Hakan被认命为Oracle Applications Technology的Oracle ACE。他频繁地在地区和国际会议上发言，并且定期在自己的博客上发表文章，同时也是OTN论坛的一名积极分子。Hakan目前和妻子Öznur以及三个孩子Murat、Lara和Elisa居住在荷兰。

致　　谢

感谢我的孩子们允许我编写完第三本书。感谢 Chris Couture 所提供的非常好的想法和灵感，感谢 Graham Smith(以及 Jeffrey)的鼓励和睿智的话语，感谢 Keith Collins 所讲授的关于 Mobile Application Platform 的课程。

Dave Bain 和 Hakan Biroglu 花费了几个月的时间阅读本书中的代码示例，并对这些示例进行了测试、修改和调试。此外，要感谢 Donna 和 Öznur 让你们的丈夫帮助我们完成本书的编写。

感谢 Karl Eberhardt、Michael Boucher 和 Michael Rosser 对这本书的肯定并全力支持我们。感谢 Paco Aubrejuan、Binu Mathew 和 Willie Such 对本书内容的肯定并允许我们请教相关的技术人员。

感谢 Mike 和 Rose 对我们工作的支持；感谢 Marshall 和 Peggy 鼓励我们编写本书；感谢 Donnie、Wally 和 Jan 始终如一的爱。感谢 CAB 和 MJB。感谢 Pastor Mike、Shelly、Pastor Joe 和 Yadi 为我们所做的祈祷。感谢 Rich、Jill、Taylor 和 Anne 对本书编写所抱有的浓厚兴趣。感谢 WEGM 和 LPM 工作人员对我们的鼓励。

感谢 McGraw-Hill、Paul Carlstroem、Amanda Russell、Wendy Rinaldi、Bettina Faltermeier 和 Namita Gahtori。

感谢那些访问我的博客，询问我问题并每天与我交流的所有 PeopleSoft 客户、顾问和技术售前顾问。

前 言

从前，在不太遥远的过去，知识工作者会将信息输入到大型的固定式计算机中，而该计算机则与一台更大的超级计算机进行连接。随着时间的流逝，计算机的计算能力不断提高，而计算机的物理尺寸却在逐渐减小。如今，计算机已经小到可以放到衬衣的口袋中，甚至可以放在眼镜中。当你在阅读这本书时，很有可能在口袋中随身携带着一台连接到 Internet 的计算机。事实上，甚至有可能在一台智能手机上阅读本书的前言(如果确实如此的话，那么我希望你在阅读本书的同时也制定一个详细的视力保护计划)。

我们都生活在一个处于永久连接模式的世界中，并且都希望自己的企业系统成为这个连接的生态系统的一部分。如果你的公司已经使用 PeopleTools 8.54 实现了 PeopleSoft 9.2 应用，那么等智能手机或平板电脑一连接即可进行移动事务。但另一方面，如果你的企业没有升级并且需要充分利用已有的资源，那么可能正在寻找方法使已有的 PeopleSoft 应用具有移动事务功能。不管是使用最新的 PeopleTools 工具集，还是仍然使用较早的 8.4x 版本，本书都有助于使你的 PeopleSoft Enterprise 系统脱离办公桌的限制，为那些需要移动办公的员工提供非常重要的功能。

0.1 主要内容

本书的内容共分为三部分：

- PeopleSoft 移动工具
- 使用 HTML5 构建移动应用
- 构建原生应用

0.1.1 PeopleSoft 移动工具

从 PeopleSoft 用户体验来说，PeopleTools 8.54 带来了一次非常大的转变。在 PeopleTools 8.54 之前，Oracle 主要专注于提供一个世界一流的桌面环境。而在 PeopleTools 8.54 之后，PeopleSoft 用户体验策略则首先转移到移动优先上，这意味着"首先针对移动进行开发，然后随着窗体元素和设备能力的提高逐步增强页面功能"。为了提供这种移动优先的用户体验，PeopleTools 新增了两个非常重要的开发功能：

- 流式页面(fluid pages)
- 移动应用平台

在第 1 章，将学习如何配置桌面开发，以便获得最大的移动开发效率。第 2 章将介绍如何通过使用 PeopleTools 新的流式页面概念来构建响应和自适应的移动优先的 PeopleSoft 事务页面。第 3 章将结束本书的第 I 部分，主要介绍如何使用被称为 Mobile Application Framework 的 PeopleTools 在线移动应用设计器。

0.1.2 使用 HTML5 构建移动应用

HTML5 是 HTML 规范的最新版本。该新规范包含了许多旨在提高移动用户体验的新功能。在本书的该部分，将学习如何使用标准的 Web 开发工具(比如 NetBeans、git 以及 npm)来构建 HTML5 应用。我们将分别学习大家所熟知的一些开发库，比如 jQuery Mobile(第 5 章)和 AngularJS(第 6 章)，以及 PeopleTools 集成技术，比如 iScripts(第 7 章)和 REST 服务(第 8 章)。本书的该部分非常重要，因为它向 PeopleTools 开发人员介绍了许多常见的 Web 开发实践。第 5 章和第 6 章分别站在彼此的相对面进行了介绍，第 5 章介绍构建移动应用最简单的方法：让库来完成所有的工作。而第 6 章则展示了使用库 AngularJS、Topcoat 和 FontAwesome 所带来的灵活性和控制性。这两章的主要目的是说明可以按照需要以简单或复杂的方式进行开发。第 7 章和第 8 章是本部分的最后两章，主要介绍了两种不同的数据传输机制：iScripts(第 7 章)和 REST(第 8 章)。如果你正在使用 PeopleTools 8.51 或者更早的版本(这些版本都不支持 REST)，那么会发现第 7 章介绍的内容非常有用，因为它提供了 REST 的替代方案。

0.1.3 构建原生应用

本书的前两部分主要介绍使 PeopleSoft Web 应用具备移动功能的相关方法。第III部分"构建原生应用"将讨论如何构建原生应用。在第 9 章，将学习如何通过使用 Android

SDK 和 PeopleSoft REST 服务构建一个原生 Android 应用。第 10 章将介绍如何将第 6 章的 AngularJS 应用转换为一个可访问本机设备功能的混合设备应用。最后一章(第 11 章)演示了如何通过使用 JDeveloper 和 PeopleTools REST 服务构建 Oracle Mobile Application Framework 混合应用。

0.2 PeopleTools 版本和命名约定

本书的示例都是使用最新版本的 PeopleTools 8.54.05 构建的，并且是基于 PeopleSoft HCM 9.2 Update Manager 编译和测试的。本书中的示例引用了 PeopleSoft HCM 中已有的雇员表。

书中所有的自定义对象都以字母 BMA 作为前缀，从而帮助读者区分自己公司的自定义对象和本书中所涉及的自定义对象(当然，你自己的公司也可以使用 BMA 作为前缀)。该前缀是 *Building Mobile Applications* 的缩写。

目　　录

第 III 部分 构建原生应用

第 I 部分

PeopleSoft 移动工具

第1章

配置开发工作站

在本书的第I部分，将学习如何使用 PeopleTools 开发框架来构建移动解决方案。我们将使用 Application Designer 以及在线配置页面来构建和配置基于 Web 的应用。除了实现 PeopleTools 所需安装的工具之外，一般来说不再需要其他任何工具。然后，可以安装一些客户端开发工具来帮助你更快速地构建更好的解决方案。在本章，将学习如何安装和配置这些开发工具。在安装新软件之前，先了解一下移动应用的各种类型。

1.1 移动应用类型

在本书中，将讨论三种不同的移动应用类型：

- HTML5 Web应用
- 原生应用
- 混合应用

如果在移动设备上运行以上任何一种应用，那么可能很难分清到底是哪一种类型。然而，从开发的角度来看，应用类型在开发、维护以及功能实现方面都会产生重大的影响。

1.1.1 HTML5 Web应用

HTML5非常适合于移动开发。它支持LocalStorage、离线应用以及自适应布局，从而可以更好地适应移动设备不断发展且经常处于断开连接的特性。

HTML5应用与其他两种移动应用类型之间存在三点关键区别：

- 传递机制
- 设备功能的可访问性
- 可移植性

简而言之，HTML5应用只是一个可通过Web浏览器访问的普通Web页面。这些应用通过设备的Web浏览器被部署和“安装”，而不是通过应用商店。它们在本地并没有安装的二进制文件。此处不严格地使用了术语“安装”，因为HTML5应用的安装只会创建一个指向本地Web缓存或远程Web网站的图标。

HTML5应用的一个主要局限性是其功能可访问性。它无法智能地允许所有的Web页面访问相机、通讯录、已安装应用数据等。需要访问这些设备功能的应用必须请求权限：较新的设备正在以一种安全的方式向HTML5应用开放这些功能。

构建HTML5应用的主要动机是可移植性。通过Web标准以及浏览器支持，HTML5可以实现用单一技术编写应用，同时可以将应用部署到多种不同的移动操作系统。

1.1.2 原生应用

原生应用使用特定于设备的工具包进行构建，且使用特定于开发商的语言进行编写。针对多种设备进行开发的开发人员需要维护数倍的代码行，针对每种操作系统都需要进行代码维护。这些应用通常由一个严格控制的应用商店发布。选择原生应用而不选择HTML5的主要原因是为了访问那些HTML5应用无法访问的设备功能。

案例研究：Facebook和HTML5

2012年的多条新闻报道都引用了Mark Zuckerberg的一句话：“相对于原生应用，我们认为作为一家公司所犯的最大错误就是在HTML5上投入了太多的赌注”。这是一句非常有利的声明。Mark为什么这么说？其中有一个故事：当年Facebook为了尝试简化开发流程，将其iOS和Android应用都整合成一个单一的HTML5应用，并以一种混合模式分发。然而，因为受到性能问题的困扰，Facebook最终放弃了HTML5，而选择了原生应用。到底什么地方出现了错误？HTML5应用是否真的比原生应用运行要慢？关于Facebook为什么在使用HTML5时遭受到性能问题的困扰，至今仍存在很多传言。一些观点认为主要原因是其存在缺陷的结构和设计，从而导致页面数据大量更新时产生了性能问题。而另一些观点则认为是因为移动硬件上JavaScript的不佳表现导致了性能问题。对于每个说HTML5慢的博客，都能找到另一个说它与原生应用一样快的博客。其实，很难说哪种观点正确。但有一件事是肯定的——性能良好的

HTML5 应用需要好的工程。

目前很难说哪种技术最终将赢得这场性能之战的胜利。在你开始进行移动开发项目时，请评估一下自己的部署选项：HTML5、原生或混合。性能只是一种度量。在选择适合自己公司的模式时应该综合考虑每种模式的所有优点。

1.1.3　混合应用

混合应用是运行在原生容器中的标准 HTML5 Web 应用。它们通常通过 Web 商店以类似于原生应用的分发方式进行分发。混合应用具备了另外两种应用类型的优缺点。与 HTML5 应用类似，混合应用使用了多个操作系统共享的一个公共代码库。同时，由于这些应用都是 Web 应用，因此它们也共享了 HTML5 应用的实时特性。此外，通过原生容器，混合应用以类似于原生移动应用的方式获取了对设备功能的受信任访问。PhoneGap(一种流行的混合容器)通过一种插件结构(该结构通过 JavaScript API 对外公开)使设备功能可访问。

注意：

本书的第 III 部分将会介绍 PhoneGap(以及 Apache Cordova)。

1.2　HTML5 定义

PeopleSoft Fluid 和 MAP(Mobile Application Platform)应用都可以被视为 HTML5 应用。HTML5 到底是什么？简单讲，HTML5 是 HTML 规范的第 5 次修改版本，它包括了一些新的语义元素：header、nav、section 以及 article，但 HTML5 的真正魅力在于它的 API 以及相关的规范。这些 API 包括了对多媒体、SVG、Canvas、Web 存储、离线 Web 应用、拖放以及其他功能的支持。当一个 Web 应用被识别为 HTML5 应用时，通常还会包括以下相关的规范：CSS3、地理位置、Web Workers、Web Sockets、WebGL 等。下面介绍一个后面将会使用的一个定义：如果在 HTML5 Rocks 网站(http://www.html5rocks.com)上找到了关于这些规范的文章，就可以将其称为 HTML5。

Adobe Flash

纵观 Internet 的历史，会发现为了向用户提供更加丰富的体验，人们做出了许多尝试。Adobe Flash 播放器曾经为 Internet 提供了最受欢迎的用户体验，直到有一天 Apple 宣布不再支持 Flash。虽然 Flash 提供了美观的用户界面，但却没有给开发人员真正想要的功能。开发人员想要的是能够更加接近纯粹 Internet 且不依赖特定于供应商插件的功能。同时，硬件厂商也对此表示了关注。Apple 在 iOS 设备中禁用了 Flash。史蒂夫·乔布斯也用不太友好的评论发表了对 Adobe Flash 播放器的看法。

到底是什么使 HTML5 如此受关注？它提供了一种丰富且硬件加速的用户体验，并且不存在任何性能问题。此外，HTML5 还包括了许多用户所喜欢的 Flash 的相关功能，但不包括特定于供应商的插件。

1.3　开发工具

本章剩下的内容将主要介绍如何安装构建移动应用所需的各种开发工具。

1.3.1 浏览器

为了有效地测试 HTML5 应用，访问一个支持 HTML5 的浏览器是至关重要的。目前，所有主流的浏览器都支持 HTML5：Chrome、Firefox、Internet Explorer 10、Safari 以及 Opera。可以访问 http://html5test.com/查看你所喜欢的浏览器的积分卡，或者访问 http://html5test.com/results/desktop.html 查看目前所有流行桌面浏览器的分数。

既然构建的是移动 Web 应用，那么为什么还要关注桌面浏览器呢？现代的桌面浏览器包括了许多开发工具和扩展工具，而这些工具在移动设备上是不具备的。在桌面浏览器上可以更容易地测试和调试移动 Web 应用。

WebKit

WebKit 是许多流行的 Web 浏览器所使用的渲染引擎,其中包括 Android、Amazon 的 Kindle e-reader、Safari、iOS、BlackBerry 10 以及许多其他鲜为人知的 Web 浏览器。直到最近，甚至连 Google Chrome Web 浏览器都使用了 WebKit。WebKit 究竟是什么？实际上，它是一个开源的 Web 解析和布局引擎，而不是一个 Web 浏览器。WebKit 确定了不同元素放置的位置以及是使用 WebKit“端口”还是浏览器来绘制这些元素。由于大多数移动设备都共享了相同的渲染和布局引擎，因此不同的移动设备对 CSS(Cascading Style Sheet，级联样式表)以及 DOM(Document Object Model，文档对象模型)的支持是类似的。作为 Web 开发人员，不需要关心 WebKit 复杂的内部结构，只需要知道 WebKit 很重要就可以了。

如果想要学习更多关于 WebKit 的内容，可以使用下面的在线资源：

- http://www.webkit.org/
- http://en.wikipedia.org/wiki/WebKit
- http://www.paulirish.com/2013/webkit-for-developers/

如果你的公司对桌面浏览器的使用进行了严格控制，同时公司所使用的标准浏览器不支持 HTML5，那么也不用太担心，你仍然有以下选择：

- 说服公司领导，以便可以使用支持 HTML5 的现代浏览器。
- 使用带有现代浏览器功能的移动模拟器。
- 在 VirtualBox 中使用现代浏览器。

使用移动模拟器虽然可以提供现代浏览器的相关功能，但却没有包括桌面浏览器所具有的强大的开发工具。然而，通过使用 VirtualBox，可以非常容易地启动一个虚拟桌面，而该桌面使用了包含最新 Chrome、Firefox 或 Internet Explorer 浏览器的 Windows 或 Linux。而我本人也是虚拟化的超级粉丝。实际上，我就是在 VirtualBox VM 中完成了本书的编写。虽然我还是一名铁杆的 Linux 用户(当然是 Oracle Enterprise Linux)，但为了本书的原稿，还是使用了 Microsoft Word。同时，为了配合出版流程，使用了带有 Microsoft Word 的 Windows 7 VM 来完成本书的编写。

虚拟开发环境

目前许多公司只允许使用带有 Internet Explorer 8 的 Windows 桌面系统。甚至有些使用带有 Internet Explorer 6 或 7 的 Windows XP 系统。这些浏览器都太陈旧了而无法支持 HTML5 开发。如果你发现自己处于这种情况，可以尝试构建一个虚拟的开发环境。如果你使用过 Linux，或者愿意学习使用 Linux，那么可以构建自己的开发环境，而无需为软件许可证支付任何费用。

首先，从 http://www.virtualbox.org/下载 Oracle VirtualBox 桌面虚拟软件并进行安装。但是请注意，不要下载 Extension Pack，除非满足许可证要求。然后创建一个 VM(Virtual Machine，虚拟机)。可以在网上找到很多关于创建 VM 的书面和视频教程。推荐从 VirtualBox 手册的第 1 章(https://www.virtualbox.org/manual/ch01.html)开始学起。或者，也可以从不同的供应商那里下载预先构建的 VM，比如 http://virtualboxes.org/。如果选择下载预先构建的 VM，我推荐选择一款轻量级的 Ubuntu 衍生产品，比如 Xubuntu 或 Lubuntu。相比于其他发行版本，这些版本需要更少的内存和硬盘空间。

一旦拥有了一个可用的 VM，下一步就是下载浏览器并进行测试、测试、再测试了。

1.3.2　文本编辑器

HTML5 应用由纯文本文件组成。这意味着你的计算机已经拥有了构建 HTML5 应用所需的所有软件。如果操作系统是 Windows，那么可以使用 Notepad。而如果使用的是 Linux，则可以使用 gedit、kate、vim、vi、emacs 以及许多其他的文本编辑器。接下来让我们创建一个简单的 HTML5 Web 页面，来了解一下如何使用纯文本编辑器构建 HTML5 应用。在文本编辑器中输入下面的代码，然后保存，最后将其加载到你所喜欢的 HTML5 浏览器中。

```
<!DOCTYPE html>
<html>
   <head>
      <script>
         window.addEventListener("load", function() {
               var canvas = document.getElementById("greeting"),
                  context = canvas.getContext("2d"),
                  x = 20,
                  y = 20;

               context.fillText("Hello World!", x, y);
            }, false);
      </script>
   </head>
   <body>
      <canvas id="greeting" width="100" height="20"></canvas>
   </body>
</html>
```

在加载到 Web 浏览器之后，应该可以看到如图 1-1 所示的内容。

图 1-1　“Hello World！”HTML5 画布页面的屏幕截图

当提到文本编辑器时，Linux 用户比 Windows 用户有一个优势，因为所有常见的 Linux 文本编辑器都支持语法高亮。而遗憾的是，Windows Notepad 无此功能。如果你也属于 Windows

用户，那么可能会想要使用一些在 Windows 中可用的具备高级语法高亮功能的文本编辑器。下面列出了一些常用的文本编辑器：

- Notepad++
- jEdit
- vim
- Sublime
- UltraEdit
- TextPad
- EditPlus

其中，Notepad++可能是最受 PeopleSoft 开发人员欢迎的免费文本编辑器。而我个人比较喜欢的是 jEdit，因为该编辑器具备灵活的插件架构。但对于那些愿意为获得更好的文本编辑器而付费的人来说，Sublime 则赢得了更多青睐。

注意：

可以从 http://greyheller.com/Blog/editing-enhancements-for-sqr-and-peoplecode 下载针对 Notepad++的 SQR 和 PeopleCode 语法文件。

1.3.3 调试器和浏览器工具

如 HTML5 示例“Hello World!”所示，所编写的代码表示了浏览器将要解释的指令。如果可以实时地了解浏览器是如何解释所编写的代码，那么将会为开发工作带来极大的便利。下面列出了一些我经常用来进行在线原型设计和调试的工具：

- 内置浏览器工具
- Firebug
- Fiddler
- Weinre

1. 浏览器工具

Internet Explorer、Safari、Chrome 和 Firefox 都包含了相关的开发工具，可用来针对当前加载的页面进行检查、调试和执行脚本。在 Chrome、IE 和 Firefox 中，通过按键盘上的 F12 键可显示这些开发工具。而 Safari 则有点不同。如果使用的是 Safari，那么我建议阅读一下下面所示的文章，了解如何启用 Safari 中相关的开发工具：

- http://macs.about.com/od/usingyourmac/qt/safaridevelop.htm
- http://www.jonhartmann.com/index.cfm/2011/4/28/Enabling-Safari-Developer-Tools

图 1-2 显示了在 Chrome 开发工具中打开的“Hello World!”HTML5 页面的屏幕截图。

2. Firebug

通过使用 Chrome 和 Safari 的 Elements、Network、Sources、Timeline、Profiles、Resources、Audits 以及 Console 选项卡，可以了解所查看页面的所有内容。但如果想要对 JavaScript 进行原型设计以及单步调试，我比较喜欢使用一个 Firefox 插件 Firebug。通过使用该插件，可以非常容易地测试 JavaScript 片段以及原型 CSS 更改。图 1-3 显示了在 Firebug 中进行一些 CSS 原型设计的屏幕截图。

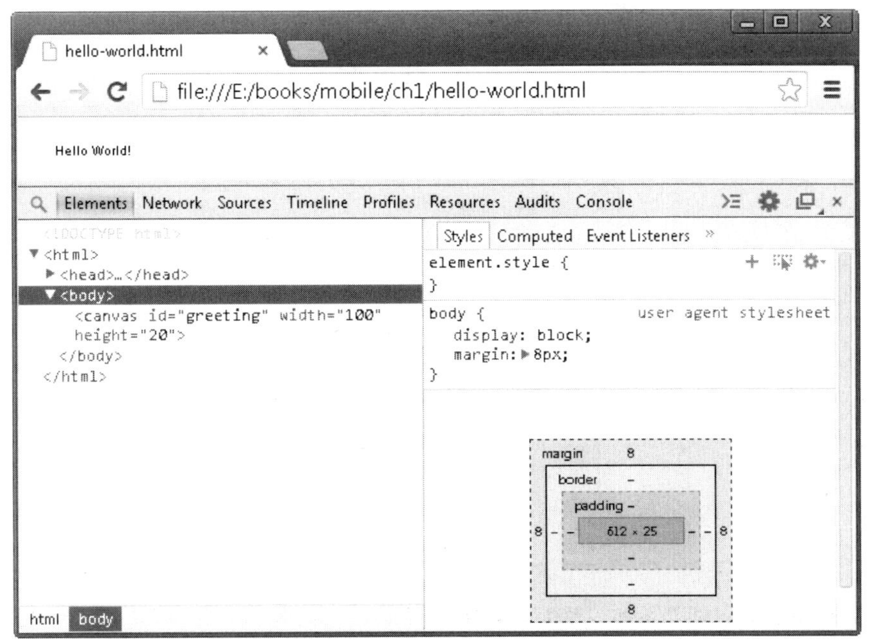

图 1-2　Chrome 开发工具

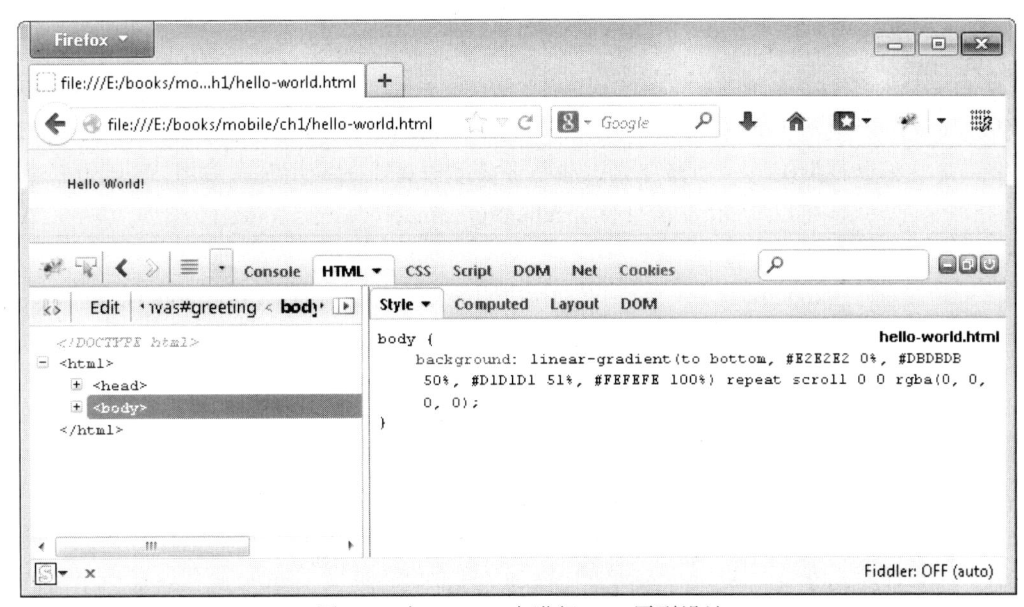

图 1-3　在 Firebug 中进行 CSS 原型设计

3. Filddler

Fiddler 是一个网络调试代理工具。它允许用户窃听浏览器和 HTTP(S)服务器之间发生的后端通信。当需要调试 Ajax 请求和 HTTP 重定向时，该工具是非常有用的。可以从 http://www.telerik.com/fiddler 下载 Fiddler。图 1-4 显示了 Fiddler 的屏幕截图。

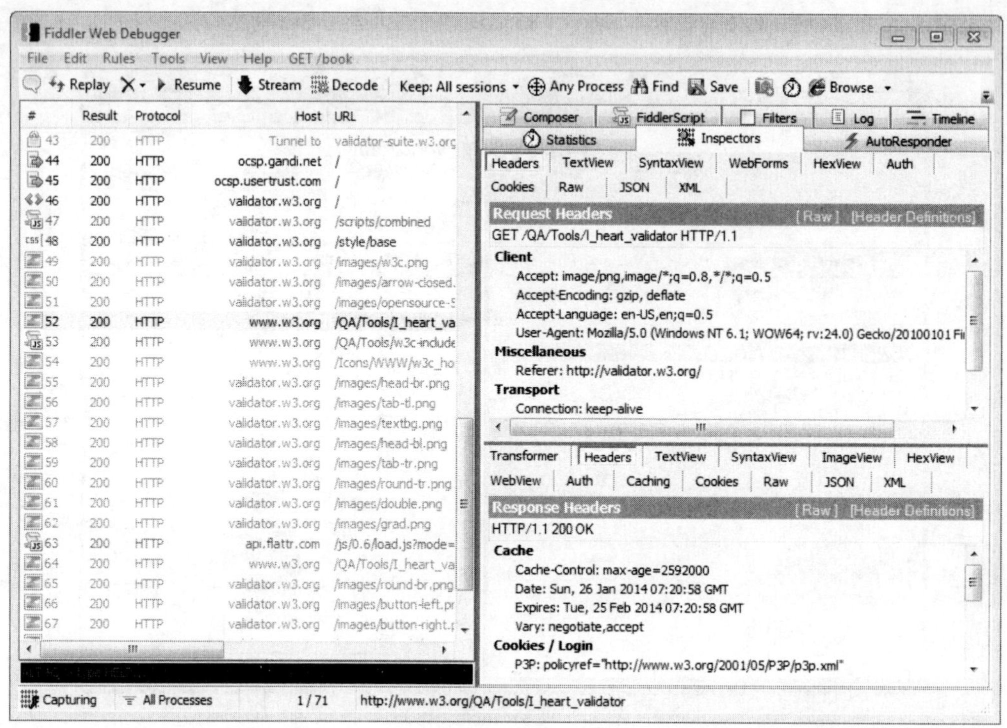

图 1-4 Fiddler

4. Weinre

Weinre 是一种远程 Web 检查器。它提供了与 Firebug 或 WebKit(Chrome 和 Safari)类似的工具，但只是针对远程浏览器。当需要调试运行在移动设备上的应用时，使用 Weinre 是非常方便的。在编写本书时，可以从 http://people.apache.org/~pmuellr/weinre/docs/latest/找到关于 Weinre 的最新信息。

Weinre 是基于 Node.js 运行的。因此，要使用它，应首先访问 http://nodejs.org/download/并安装适合自己操作系统的 Node.js 二进制文件。安装完毕之后，打开命令提示符并输入下面的命令：

```
sudo npm -g install weinre
```

Weinre 安装完毕之后，在命令提示符中执行命令 weinre，启动 Weinre 服务器。然后使用 Google Chrome Web 浏览器导航到 http://localhost:8080/，查看 Weinre 的图形用户界面。此时应该显示了一个带有指令以及 Demos 链接的 Weinre 页面。通过该 Weinre 页面，在一个新的选项卡中打开调试客户端用户界面的链接。此时在 Access Points 标题下会找到调试客户端的 URL。该 URL 应该指向类似于 http://localhost:8080/client/#anonymous 的链接。接下来，在一个新选项卡中启动目标 Demo 之一。此 Demo 应连接到该调试客户端，从而允许检查元素、查看资源、查看所下载的文件以及在控制台输入命令。为了测试控制台，请输入 window.location 并按 Enter 键。很快就会在 Web Inspector Console 输出中看到一个对象。图 1-5 显示了 Weinre Web 检查器的屏幕截图。

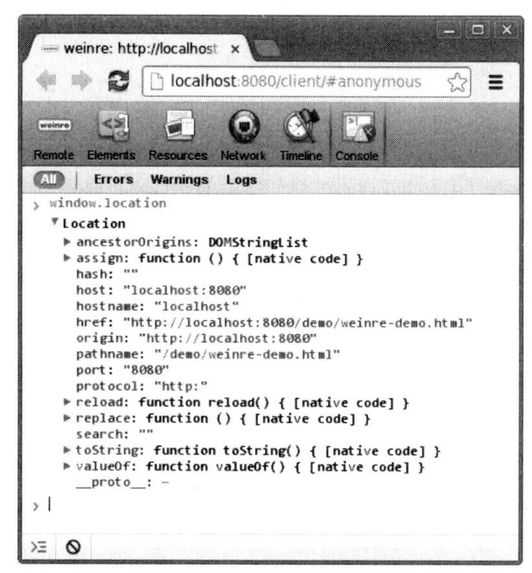

图 1-5　Weinre Web 检查器

1.3.4　集成开发环境

当只需要对文件进行较小的修改或者原型设计一些新东西时，我比较喜欢语法高亮的文本编辑器所具有的轻量级、非结构化的优点。但是当构建一个应用时，则更愿意使用 IDE(Integrated Development Environment，集成开发环境)所拥有的可靠功能。我个人喜欢的两款 Web 开发 IDE 分别是 Eclipse 和 NetBeans。就我个人而言，Eclipse 提供了更完美的用户体验，而 NetBeans 则提供了更紧密的 HTML5 集成。虽然可以通过配置 Eclipse 来完成所需的大部分工作(比如 JSLint 集成)，但 NetBeans 7.4 却提供了一些即开即用的功能。因此，本书的示例都是基于 NetBeans 7.4 完成的。

请导航到 http://www.netbeans.org/downloads/并选择 HTML5 & PHP Download，下载 NetBeans。这是最小化的下载，仅提供了构建 HTML5 应用所需的功能。图 1-6 是 NetBeans 下载选项的屏幕截图。

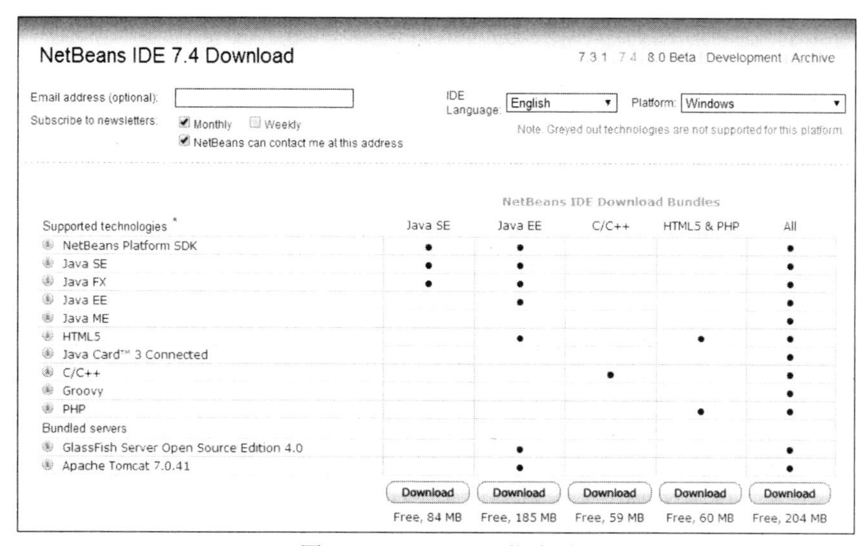

图 1-6　NetBeans 下载选项

注意：

NetBeans 安装程序将会检查系统，查找 Java JDK 的最新版本。如果没有找到，将导航到下载网址，以便下载并安装。

NetBeans 测试应用

接下来，让我们在 NetBeans 中创建一个 HTML5 应用，以便确认 IDE 被正确安装。通过操作系统的应用菜单或者新的桌面图标启动 NetBeans。NetBeans 显示之后，选择 File|New Project。图 1-7 显示了 New Project 对话框的屏幕截图。

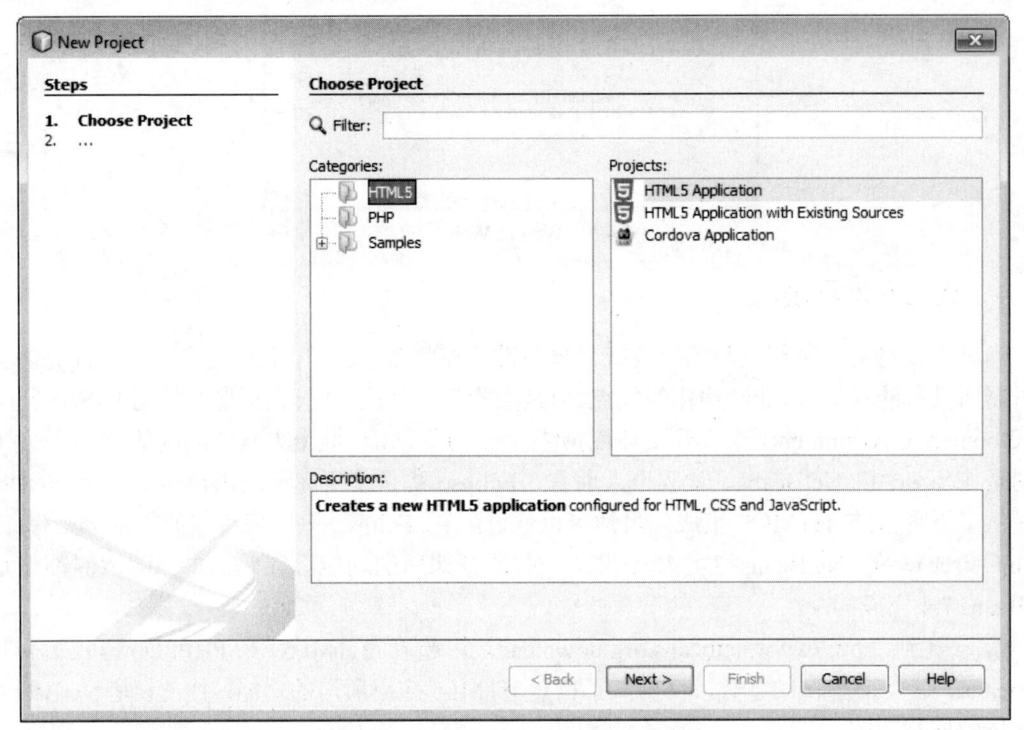

图 1-7 NetBeans New Project 对话框

从 Categories 列表中选择 HTML5，然后再从 Projects 列表中选择 HTML5 Application，并命名为 ch01_nbtest。请注意项目位置和项目文件夹。后面将使用这些信息创建 Web 服务器映射。此时的项目文件夹是 C:\Users\jmarion\Documents\NetBeansProjects\ch01_nbtest。图 1-8 显示了新项目的文件系统属性的屏幕截图。

NetBeans 内置支持了多种 HTML5 模板系统，并提供了一个列表以供选择。当选择了一个网站模板时，项目文件、库以及结构由该模板决定。模板通常给出了一个 HTML 结构、CSS 格式化以及响应式布局。

虽然并不一定要选择一个模板系统，但使用模板系统可以带来极大的便利。模板提供了许多用户体验功能，允许开发人员专注于结构和内容的设计。针对这个测试应用，请选中 Download Online Template 选项，并选择 Twitter Bootstrap 2.3.2 模板。图 1-9 显示了 NetBeans 模板选项的屏幕截图。

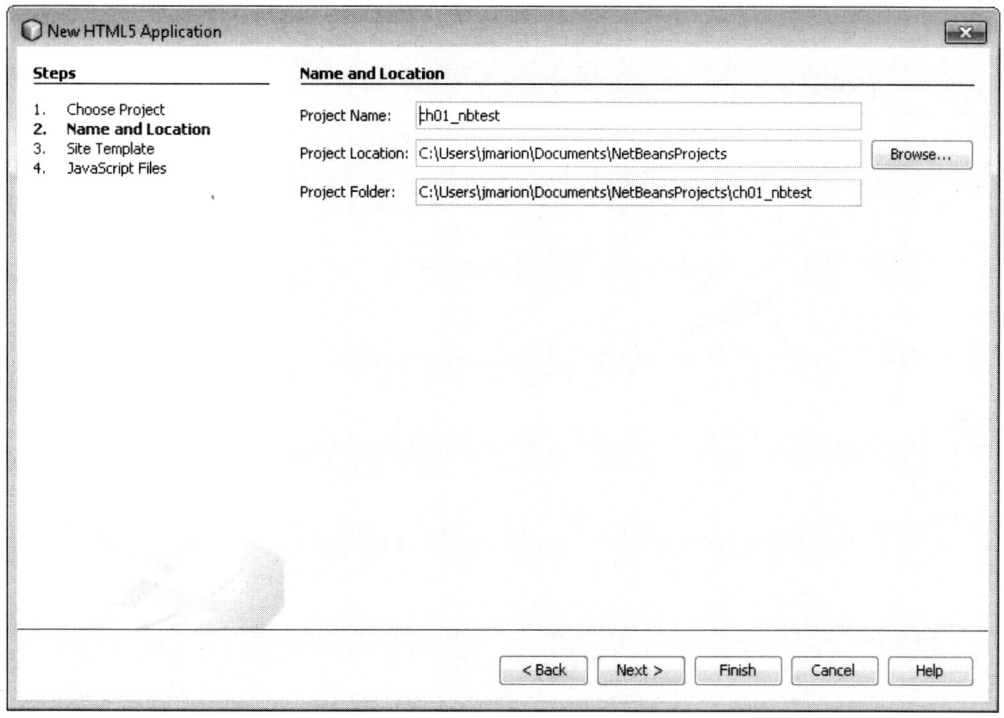

图 1-8　NetBeans 项目文件系统属性

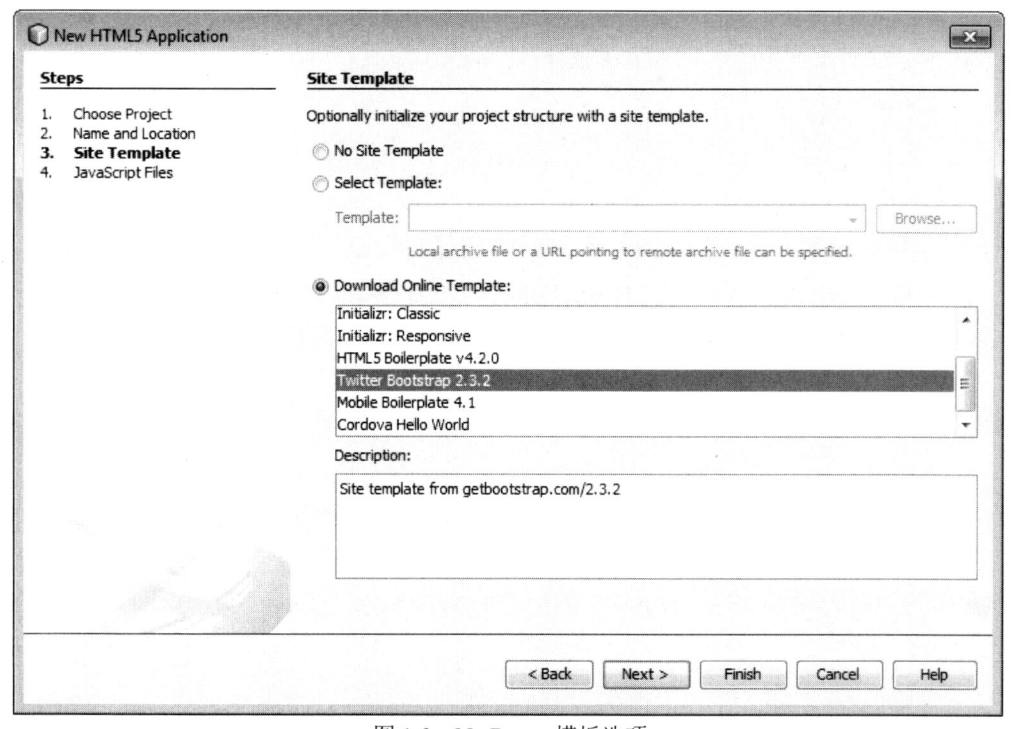

图 1-9　NetBeans 模板选项

New Project 对话框的第 4 步允许从一个预定义的 JavaScript 库列表中进行选择。虽然本项目并不会使用其中任何一个库，但也可以随意滚动一下列表，寻找一下你所喜欢的 JavaScript 库。请注意，可以通过 Versions 列选择每种库的不同版本。单击 Finish 按钮，创建一个新项目。

此时的项目应该类似于图 1-10 所示的项目。

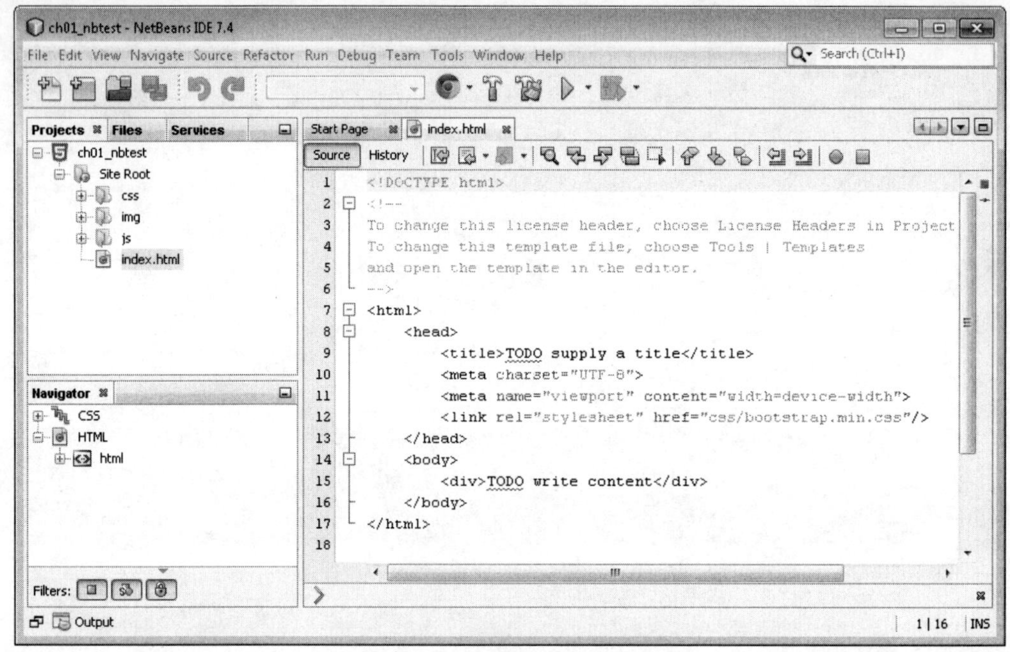

图 1-10 NetBeans IDE 中的新项目

注意：

有时可能会在库列表的下面看到链接“Updated: Never”。如果出现这种情况，推荐的做法是单击该链接，更新库列表。

通过右击项目浏览器中的源文件，或者在编辑器窗口中右击文本并从上下文菜单中选择 Run File，可以在 Web 浏览器中查看预先构建的 index.html 页面。如果已安装 Google Chrome，那么 NetBeans 将会在使用了 NetBeans 连接器的 Chrome 中打开 index.html 文件。NetBeans 连接器允许在 NetBeans 内部单步调试 JavaScript 代码和 HTML5 应用，而无需使用 Chrome 的开发工具。图 1-11 显示了 Chrome 浏览器中 index.html 文件的屏幕截图。

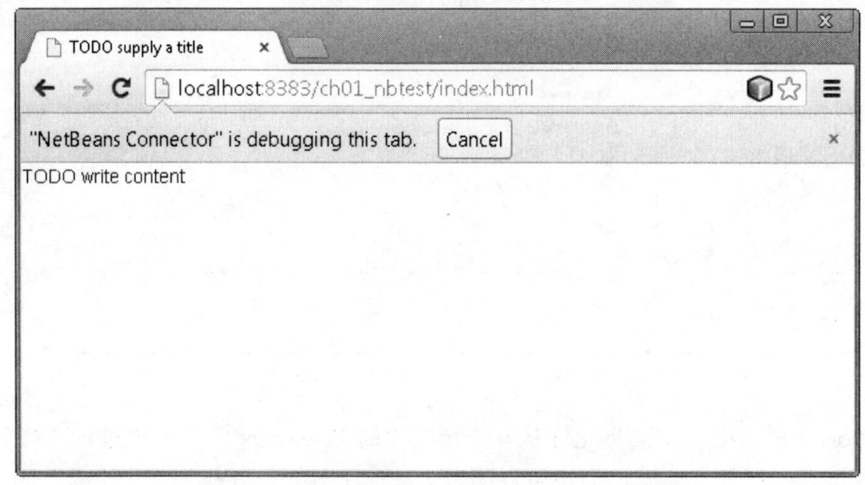

图 1-11 Google Chrome 中显示的应用的索引文件

Bootstrap 页面应该是一个从视觉上极具吸引力的页面。但是目前的页面并不是很漂亮，这是因为没有包含对引导 CSS 文件的引用。请在 head 节的最后一个 meta 标签下输入下面所示的代码，从而添加该引用：

```
<link rel="stylesheet" href="css/bootstrap.min.css"/>
```

注意：

在 HTML5 中，type 特性是可选的。此处之所以没有写是为了节约带宽。每个字节都会占用带宽。

当在 NetBeans HTML 编辑器中输入文本时，可以注意到该编辑器是如何智能地根据上下文提示元素、特性和值。诸如 NetBeans 或 Eclipse 之类的 IDE 的另一项强大功能是自动格式化。按下组合键 Alt+Shift+F，就可以根据标准 HTML 格式模板对编辑器的内容进行格式化。

1.3.5 Web 服务器

有时一些代码会包括 Ajax 请求。Ajax 是一种数据传输机制，允许在移动 Web 页面和后台 Web 服务器之间进行透明的通信。这些请求必须由一台 Web 服务器运行，并且只能与起源域进行通信。如果想要对使用了 Ajax 的本地 Web 页面进行测试，则需要拥有一台本地 Web 服务器。可供选择的 Web 服务器有很多。我最熟悉的是 Apache httpd(并且是免费的)。后面，我们将 PeopleSoft 内容反向代理到一个 Apache httpd 域中，以便响应 Ajax 请求。到时所使用的指令将适用于 Apache httpd。

跨域资源共享

有时，浏览器会要求开发人员将所有的内容代理到相同的域中，以便遵守“Domain of Origin”安全策略。“Domain of Origin”策略的目的是消除跨站脚本漏洞。目前，流行的浏览器都支持一种被称为 CORS(Cross-Origin Resource Sharing，跨域资源共享)的跨域机制。可以通过 http://en.wikipedia.org/wiki/Cross-origin_resource_sharing 了解更多关于 CORS 的相关内容。由于 PeopleSoft Integration Broker 并不支持 CORS，因此可以有两种选择：

- 将 Intergration Broker 内容代理到另一个域中。
- 通过一个反向代理服务器启用 CORS。

Apache Software Foundation 并没有针对 httpd 的最新版本分发二进制文件。因此，需要找到 Apache httpd 的一个二进制分发版本。我比较喜欢从 https://www.apachelounge.com/download/ 下载相关版本。安装 Apache Lounge 的过程实际上就是将一个压缩文件解压到 C:\中。可以从所下载的压缩文件的 ReadMe.txt 文件中找到完整的安装说明。本书示例中所使用的 Apache 指令涉及 Apache 版本 2.4(在注释中有版本 2.2 的语法)。

配置虚拟目录

虽然 NetBeans 项目存在于一个文件夹中，但 Web 服务器却被配置为可提供来自不同文件夹的内容。因此需要为 NetBeans 项目的 Web 根文件夹分配一个 Web 服务器虚拟目录。首先找到 NetBeans 项目的 Web 根文件夹。通过右击 NetBeans 项目资源管理器(位于左上角区域)中的 Site Root 文件夹并从上下文菜单中选择 Properties，从而确定根文件夹。该对话框显示了 Project

Folder 和 Site Root Folder。Web 根文件夹是这两个属性的串联。根据图 1-12 所示，可以看到 Web 根文件夹为 C:\Users\jmarion\Documents\NetBeansProjects\ch01_nbtest\public_html。

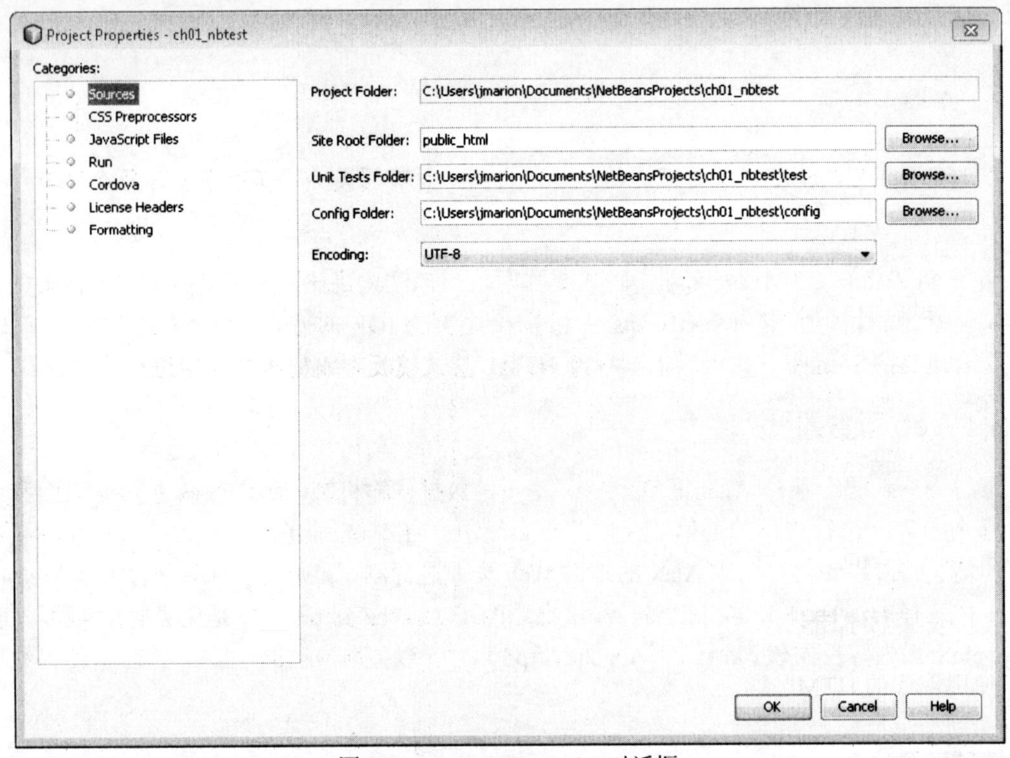

图 1-12 Project Properties 对话框

接下来，在 Apache Web 服务器的 conf 目录中创建一个新的配置文件。当前的配置文件位于 c:\Apache24\conf，但你的配置文件可能位于另一个不同的位置。将新文件命名为 ch01_nbtest.conf，并向其中添加以下内容：

```
# ch01 NetBeans Test configuration

Alias /ch01_nbtest "C:/Users/jmarion/Documents/NetBeansProjects/\
ch01_nbtest/public_html"
<Directory "C:/Users/jmarion/Documents/NetBeansProjects/ch01_nbtest/\
public_html">
    Options Indexes FollowSymLinks
    AllowOverride None
    # Apache 2.2 directives
    # Order allow,deny
    # Allow from all

    # Apache 2.4 directives
    Require all granted
</Directory>
```

注意：

对于印刷的书页来说，代码片段中的路径太长，所以我故意将路径划分为多行显示，并且在每行的末尾使用了 Apache conf 文件行继续符 “\”。如果将整个路径都放置在一行中显示，那么就不需要在配置文件添加这个特殊字符了。

当创建配置文件时，请使用你自己的 NetBeans 项目的路径替换书中 NetBeans 项目的路径。书中所写的路径仅供参考。请确保在文件路径中使用斜线，而不是使用标准的 Windows 文件路径反斜杠。

现在，需要告诉 Apache 使用我们的配置。为了避免将所有的开发配置都放置到 httpd.conf 文件中而产生混乱，可以将这些配置分别存储于不同的文件，并在 Apache 的主配置文件中包括这些配置。打开 Apache 配置目录(conf 目录)中的 httpd.conf 文件，滚动到文件底部，添加下面所示的代码行：

```
Include conf/ch01_nbtest.conf
```

修改完之后，通过 cmd 提示符执行下面的命令，启动 Apache(假设 Apache 2.4 被安装到 c:\Apache24)。

```
c:\Apache24\bin\httpd.exe
```

使用 Web 浏览器并导航到 http://localhost/ch01_nbtest，测试虚拟目录配置。如果看到了测试的 index.html 页面，则表示配置正确。

1.3.6　安装模拟器

使用现代的 HTML5 Web 浏览器可以非常好地测试 HTML5 移动应用。然而，如果只是想确定网站是否可以在目标设备上正常工作，那么在真实设备以及可能的设备模拟器上测试 Web 页面则是非常好的主意。

1. Android

Android 是一个可以在多种操作系统上运行的完善的开发环境。在学习第 9 章之前，并不需要使用全部的 Android 开发工具集。只需要安装 Android SDK Tools 即可。但是如果想要构建原生 Android 应用，则最好下载完整的程序包。首先导航到 https://developer.android.com/sdk/index.html，然后找到 Download the SDK ADT bundle 按钮。图 1-13 是此刻该按钮的屏幕截图外观。

图 1-13　SDK ADT bundle 下载按钮

仅使用 Android SDK Tools

本章中的示例演示了如何安装 Eclipse 和 Android 工具包。如果不打算构建原生 Android 应用，或者已经拥有了一个 Eclipse 实例，那么只需安装 Android SDK 就可以获得模拟器。在 Android SDK 下载页面(不要选择那个较大且明显的下载按钮)，搜索标题 DOWNLOAD FOR OTHER PLATFORMS。单击该链接，将会打开 ADT Bundle and SDK Tools Only 部分。滚动到 SDK Tools Only 部分的底部，并选择下载与自己操作系统相匹配的工具包。由于本书是基于 Windows 编写的，因此选择 adt-bundle-windows-x86-20131030.zip。下载完毕之后，解压文件或者直接运行安装程序(根据所下载的文件而定)。

ADT SDK 以一个压缩文件的形式分发。为了安装该工具，需要首先将压缩文件解压到计算机上的合适位置。通常做法是将此类程序放置到程序文件目录中。在 Android 安装目录中，可以找到一个名为 SDK Manager.exe 的程序。运行该程序来下载一个模拟器平台。在首次运行时，SDK Manager 会自动选中多个平台。建议在此基础之上下载匹配目标设备的平台版本。书中的示例使用了 Android 4.2.2 平台。图 1-14 显示了已选中多个要下载的平台的 SDK Manager。可以使用 Install 按钮下载并安装所需的文件。顺便告知一下，下载过程可能会花费几分钟时间。

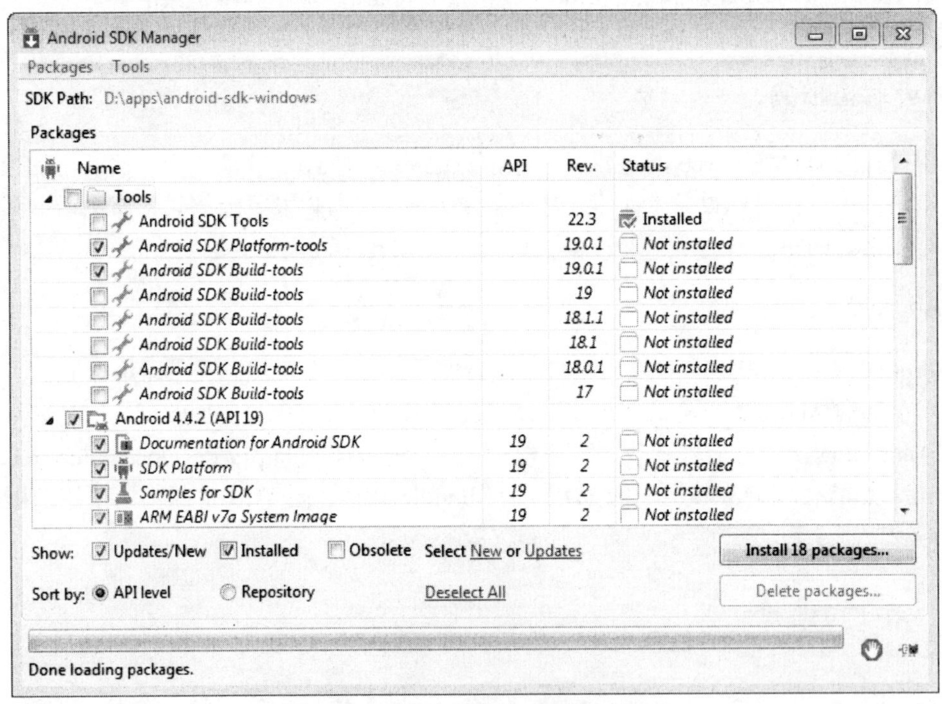

图 1-14 已选中平台的 SDK Manager

注意：

启动模拟器的最快方法是通过命令行启动。建议将 Android SDK 工具以及平台工具的目录都添加到操作系统的 PATH 环境变量中，这样一来在输入命令时就没必要输入这些目录的完整路径了。

下载完毕后，请从 Android SDK Manager 菜单栏中选择 Tools | Manager AVDs。AVD 是 Android Virtual Device 的首字母缩写。一般来说，需要创建一个配置文件来标识将要模拟的设

备类型。当 Android Device Manager 对话框出现之后，单击 New 按钮，创建一个新的虚拟设备配置文件。为该设备配置文件命名，并设置其参数，以便匹配目标设备。请确保相关的参数设置都在开发计算机的硬件限制范围内。一些较新且较大的设备可能会消耗标准开发笔记本电脑的大量 RAM。图 1-15 是 Create new Android Virtual Device 对话框的屏幕截图。

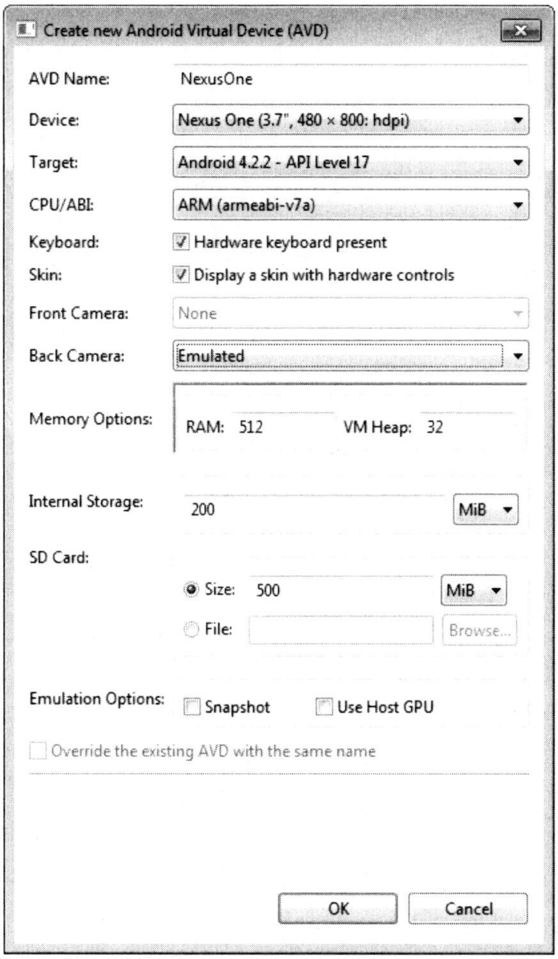

图 1-15　Create new Android Virtual Device 对话框

可以通过 Android Device Manager 或者从命令行来启动新的 AVD。如果使用命令行，则需要输入命令“emulator –avd 模拟器名称”。下面所示的命令被用来启动名为 NexusOne 的 AVD：

```
emulator -avd NexusOne
```

通过打开模拟器的 Web 浏览器并导航到一个移动页面，可以对模拟器进行测试。http://maps.google.com/和 http://m.google.com/都是众所周知的移动页面示例。在测试的过程中，请确定 Android 模拟器可以访问本地开发工作站。通过模拟器的 Web 浏览器尝试连接到 http://10.0.2.2。从模拟器的角度来看，该地址就是开发工作站的 IP 地址。

Android 模拟器调试技巧　当开始为移动设备构建 HTML5 应用时，可能希望看到 Android Web 浏览器发出的 HTTP 请求和响应。查看请求的一个简单方法是将 Fiddler 设置为模拟器的代理服务器。首先需要在 Fiddler 中启用远程连接，启用步骤为：启动 Fiddler，并从菜单栏中

选择 Tools|Fiddler Options。在 Fiddler Options 对话框中切换到 Connections 选项卡，并检查 Allow remote computers to connect 左边的复选框是否被选中。更改完设置之后，重启 Fiddler。图 1-16 显示了 Fiddler Options 对话框的屏幕截图。

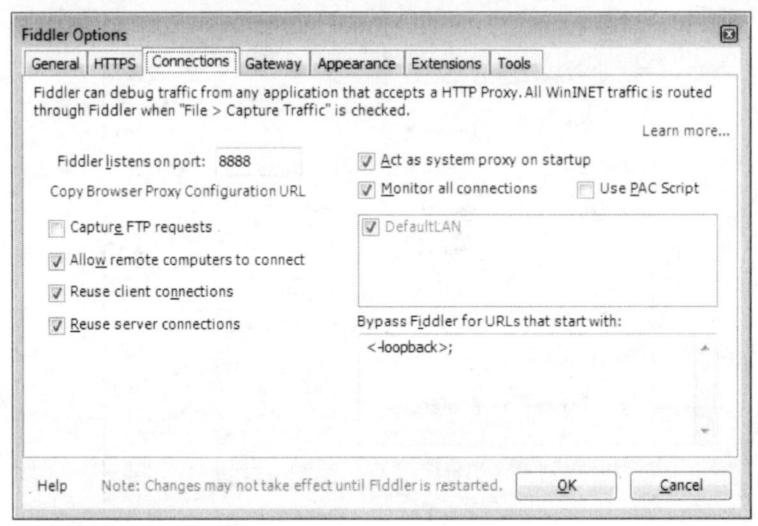

图 1-16 Fiddler Options 对话框

当 Fiddler 做好了接收远程连接的准备之后，使用下面所示的命令启动模拟器，从而指示模拟器通过 Fiddler 发送所有的 HTTP(S)请求。

```
emulator -avd NexusOne -partition-size 256 -http-proxy 127.0.0.1:8888
```

更快的 Android 模拟器

Android 开发的其中一个问题就是迟钝的 Android 模拟器。Intel 提供了一个名为 HAXM 的硬件加速的 Android CPU 模拟器，它在支持 Intel VT 的主机上使用 Intel VT 加快了 Android 模拟。另一种加速方案是使用 Android-x86 项目。Android-x86 构建了 ISO 磁盘映像，从而允许在 x86 架构上安装 Android 操作系统。针对 Android-x86 的一个重要使用案例就是在 VirtualBox VM 中运行某一版本的 Android 系统。如果想要学习如何在 VirtualBox 中运行 Android-x86，可以访问 http://www.android-x86.org/documents/virtualboxhowto/。

或者也可以按照下面的步骤配置模拟器的代理设置：打开 Settings 应用，然后导航到 Wireless & Networks | More | Mobile Networks | Access Point Names | T-Mobile US。将 Proxy 设置为与运行 Fiddler 的计算机(比如台式机或笔记本电脑)的 IP 地址相匹配的值，并将 Port 设置为 8888。当使用这种方法时，在关闭 Fiddler 之前需要清除模拟器的代理设置，否则模拟器将无法连接到外部资源。

注意：

命令行有时会使用可能不会按照预期工作的透明代理。我就经常发现重要标头丢失的情况，比如主机标头。

DNS 解析 有时可能需要通过主机名而不是 IP 地址来引用开发工作站。如果在模拟器的 Web 浏览器中输入工作站的主机名并看到错误“Webpage not found”，那么请在工作站上打开命令提示符，并执行下面所示的命令序列。该命令序列将 IP 地址/主机名映射添加到模拟器的主机文件中。但遗憾的是，每次启动模拟器时都需要执行该序列：

```
adb remount
adb shell
root@android:/ # echo '10.0.2.2 dev.example.com' >> /etc/hosts
echo '10.0.2.2 dev.example.com' >> /etc/hosts
```

注意：
如果接收到一条错误消息，告知系统是只读文件系统，那么请执行 adb remount。

确定按照下面的内容更改主机文件设置：

```
root@android:/ # cat /etc/hosts
cat /etc/hosts
127.0.0.1                localhost
10.0.2.2 dev.example.com
root@android:/ # ping dev.example.com
ping dev.example.com
PING dev.example.com (10.0.2.2) 56(84) bytes of data.
64 bytes from dev.example.com (10.0.2.2): icmp_seq=1 ttl=255 time=2.69 ms
64 bytes from dev.example.com (10.0.2.2): icmp_seq=2 ttl=255 time=1.13 ms
```

最后，在模拟器的 Web 浏览器中加载本地 Web 服务器，从而确认相关设置。此时的本地开发工作站的主机名为 dev.example.com。请确保使用你的主机名更改上面所示的命令。

2. BlackBerry

如果打算为 BlackBerry 设备提供应用，那么可能需要下载一个 BlackBerry 模拟器。BlackBerry 提供了多种模拟器版本以供下载。其中大多数版本都是自包含下载。BlackBerry 10 模拟器实际上就是 VMWare VM。因此需要下载并安装 VMWare Player 来运行 VM。可以从 https://developer.blackberry.com/develop/simulator/下载 BlackBerry 10 模拟器。请按照下面的指示下载模拟器安装程序(依次搜索“Install the Simulator”和“Get the Simulator”链接)，然后运行安装程序。

3. Windows Mobile

在编写本章时，已经可以从 http://www.microsoft.com/en-us/download/details.aspx?id=5389 下载 Windows Mobile Developer Tool Kit 版本 6.5.3。但你只需要标准的工具包，而不是专业的程序包。

4. iOS

如果想要运行 iOS(iPad 和 iPhone)模拟器，则必须拥有一台 Mac。如果打算为 iPad 或 iPhone 构建解决方案，那么拥有一台 Mac 开发机是至关重要的。在编写本章时，可以从 https://developer.apple.com/xcode/获取 Xcode IDE。

1.4 小结

在本章的开头首先将 HTML5 应用源文件描述成纯文本文件。然后说唯一需要的工具是一个文本编辑器。随后又介绍了如何安装完整的 IDE、调试器以及模拟器。为什么要安装这些工具？虽然它们不是必需的，但却可以使开发工作更加高效。

为了测试和构建 HTML5 应用，目前已经对桌面系统进行了相应的配置。在第 I 部分的后续章节中，将使用这些工具测试和调试 Fluid 和 MAP 应用。而在第 II 部分和第 III 部分，将会进一步学习这些工具在开发工作中的方方面面。

第2章

PeopleTools 移动设计(Fluid)

在本章，将使用标准的 PeopleTools 来创建触控优先(touch-first)的 PeopleSoft 组件，该组件可以在各种尺寸外形的设备上显示，其中包括移动设备和桌面设备。如果你已经了解如何创建记录、页面和组件，那么也就知道了创建此类移动 PeopleSoft 用户体验所需的大部分知识。因此，本章将重点关注是什么使 Fluid 如此独特。

在学习本章的过程中，将会创建多个新的流动页面。同时，还会学习如何将 CSS 类与布局结合在一起来创建直观的用户界面，学习如何创建搜索页面以及配置搜索元数据。本章并不打算提供完整的 Fluid 参考，而只是“入门”指南。如果需要完整的参考，可以参阅 *PeopleTools 8.54:Fluid User Interface Developer's Guide*。

2.1 关于PeopleTools流动页面

目前，用户不再是只能使用键盘和鼠标向信息系统输入事务记录。如今的用户使用移动设备(如手机和平板电脑)、桌面电脑、笔记本电脑、触摸屏以及上网本。Oracle使用术语“流动”(fluid)来描述PeopleSoft的移动优先、触控优先但仍然桌面友好的应用页面。流动页面在Application Designer中以拖放方式构建，这与构建经典的PeopleTools页面类似。这两种页面类型都得益于PeopleSoft的数据绑定和持久性，两者都支持相同的事件，支持嵌套的子页面。但对于流动页面来说，还存在一些独特的功能：

- 响应式设计
- 自适应设计
- CSS3布局
- HTML5运行时控件

2.1.1 响应式和自适应设计

移动设备具备各种不同的外形和尺寸，从较小的智能手机到较大的平板电脑。屏幕尺寸的变化会带来一个问题：开发人员(或者设计人员)如何针对每种设备尺寸显示适量的信息。一般的解决方法有以下几种：

- 针对每种支持的设备分类创建一个单独的网站。
- 使用CSS3媒体查询来更改页面上的信息布局(响应式)。
- 使用自适应设计，其中包括根据设备能力选择显示的信息内容和显示方式。

在移动Web的早期，普遍使用的解决方法是建立“单独网站”。当时CSS3技术还不存在，所以响应式设计也就无法实现。而自适应设计也没有太大意义，因为有些设备并不支持HTML，而是支持WAP/WML。移动设备上所显示的内容是不同的，因此需要使用相互独立的代码行。这种方法往往会产生两个或三个网站，它们分别针对桌面、手机以及平板电脑(偶尔)。采用该方法的开发人员必须维护相同应用的多个版本。

响应式设计使用CSS3媒体查询断点(break point)来应用布局规则。这些规则包括页面中信息的放置、图形的大小和位置，甚至包括是否显示或隐藏各种页面元素。使用响应式设计构建的页面通常包含数据，但却包含很少的布局指令。该方法与前面所介绍的多网站方法的不同之处在于：所有设备都浏览相同的网站。但也有相似之处，因为响应式设计仍然需要两个代码行：分离每个表单元素的CSS定义。响应式设计的使用是非常普遍的。如果想看一下具体运用，可以去浏览任何消费者网站(如Amazon、Wal-Mart等)，并调整浏览器窗口的大小：一旦预先确定了屏幕的宽度，将会看到标题区域的变化。但响应式设计所带来的一个问题是如何针对低宽带浏览进行内容优化。例如，向一个较小的设备发送一张高分辨率的照片就没有任何意义，因为该照片在设备上将显示为一个缩略图——照片显示的太小而无法看到任何重要的细节信息。

自适应设计使用了渐进增强(progressive enhancement)的技术来确定显示什么内容以及如何显示。使用自适应设计的开发人员可以使用客户端JavaScript或服务器端程序来调查设备能力并显示合适的内容。虽然自适应设计可能会使用与响应式设计类似的概念，但关键区别在于自适应设计不会发送设备无法合理使用的内容。

PeopleTools流动页面使用了自适应设计和响应式设计。通过CSS3媒体查询，预先配置的

PeopleTools CSS3 样式表会在不同的断点更改页面的布局。数据输入和显示元素包含了自适应属性，从而确保向不同设备仅发送关键、重要且相关的信息。例如，相对于在移动设备上显示的网格，在桌面上显示的相同网格可能会包含更多的字段。

2.1.2　CSS3 布局

PeopleTools经典网页设计器是一种所见即所得(What You See Is What You Get，WYSIWYG)的拖放设计器。如果不喜欢某一项目在页面中的放置位置，那么可以将其拖放到其他任意位置。虽然可视化地看到页面的运行时外观对于页面设计来说是非常便利的，但布局过程却是非常烦琐的。为了能够在浏览器中查看组件的同时重复修改布局，我记不得注册了多少次相关的经典组件。而另一方面，流动页面使用了 CSS3 布局。开发人员只需按照所需的顺序在页面上放置字段即可，具体布置由流动布局负责处理。Fluid 通过布局、CSS 或类名来选择元素的位置。

2.1.3　HTML5 运行时控件

只要 PeopleSoft 应用面向 Internet，就需要使用数据输入格式以及特定日期的输入控件。这些经典的数据输入字段需要使用大量的 JavaScript 和 CSS。而 HTML5 指定了一整套数据输入字段类型，包括日期、时间、数字、数值范围、E-Mail、搜索以及 URL。这样一来，将由设备(而不是由 PeopleSoft)来决定如何显示这些特殊类型的数据输入字段。

2.1.4　流模式设置

在开始创建一些非常酷且反应迅速的页面之前，先要确保 PeopleSoft 应用被配置为流模式(Fluid Mode)。首先，登录到 PeopleSoft 服务器并导航到 PeopleTools | Web Profile | Web Profile。然后滚动到底部并确保“Disable fluid...”复选框没有被选中。在修改完 Web 配置文件之后重启 Web 服务器。修改完之后，移动浏览器将会自动看到流动主页面。而桌面浏览器仍然继续显示经典主页面。针对每个用户，可以让桌面浏览器默认显示流动主页面，其方法是导航到 My Personalizations，并选择 Personalize General Options 类别。通过将 Override Value 设置为 Fluid，重新设置 PC Homepage 行，如图 2-1 所示。

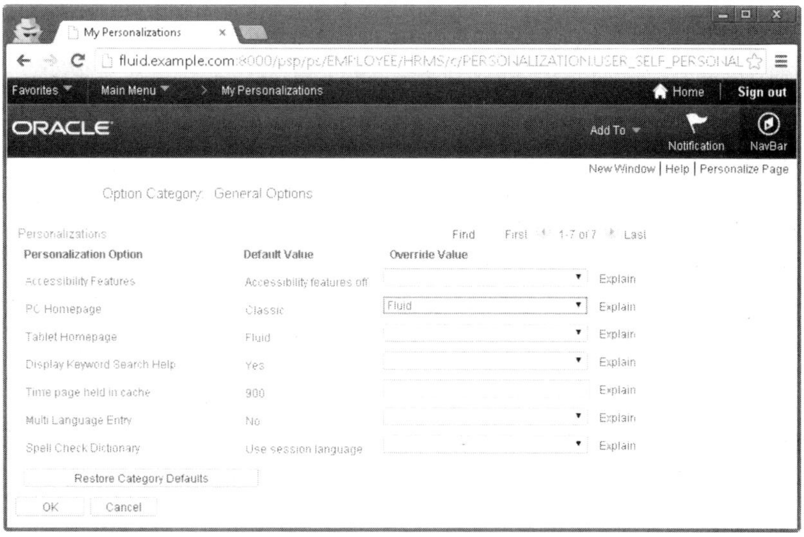

图 2-1　Personalize General Options 页面

2.1.5　技巧

前面介绍了很多 Web 技术，比如 CSS3、JavaScript 和 HTML5，那么你可能会疑惑除了成为一名 PeopleTools 专家外，是否还需要成为一名 Web 开发人员。让我来消除你的担心吧，“不，如果你不想的话，完全没有必要学些这些花哨的 Web 技术”。如果选择了学习 Web 设计，那么可能会创建出令人惊讶的东西，但唯一真正的硬性知识需求是掌握核心的 PeopleTools。通过学习 Application Designer 的应用知识，包括标准页面、组件以及 PeopleCode，可以创建任何所期望的流动页面。但必须提醒一点的是，如果仅仅坚持学习核心的 PeopleTools，还是不够的。因此至少学习 CSS3 将会受益匪浅。

2.2　第一个流动页面

要在 PeopleTools 中创建一个应用模块，意味着要使用记录定义来描述数据，以及在页面和组件中使用这些数据。在本章，将重点介绍流动页面的开发。为了避免完成其他的数据定义任务，将会构建针对模拟 PeopleTools 记录定义的流动页面。具体来说，就是创建 Translate Values 组件的流动版本，该版本使用了 PSXLATITEM(转换值明细表)的副本。

2.2.1　流动页面的数据模型

首先需要复制已有的 PeopleTools 表。登录到 Application Designer，并打开 PSXLATITEM 记录定义。从 Application Designer 菜单栏中选择 File | Save As，将新记录定义命名为 BMA_XLATITEM。当提示是否复制基础记录的 PeopleCode 时选择 No。在开始后续操作之前需要先构建记录定义。请确保选择了 Create Table 以及合适的执行选项(我个人更喜欢执行和构建脚本)。

注意：

在复制一条记录时，开发人员通常会询问是否复制 PeopleCode。当然，这要具体问题具体分析。如果源记录中包含了应该在目标中存在的 PeopleCode，则肯定应该选择复制 PeopleCode。但如果不打算复制源记录的 PeopleCode，则不要单击该按钮。更糟糕的是，如果源记录中没有 PeopleCode，则 Yes 也不要单击。这是因为复制功能并不知道源记录中没有 PeopleCode，所以它会循环遍历每个字段的所有事件，并尝试复制并不存在的 PeopleCode 事件。由此所消耗的时间永远无法收回。

PSXLATITEM 记录定义是存在有效日期的。组件处理器使用了一种特殊的方法来处理有效日期行。然而，Translate Values 组件并没有使用组件处理器这种特殊的有效日期处理方法。所采用的方法是通过将整个 PSXLATITEM 记录定义都包装到一个视图中，从而巧妙地掩饰了 PSXLATITEM.EFFDT 字段。这样一来，可以复制现有的数据行并更新 SQL 指向源表即可，而不必创建自己的数据行。打开 PSXITMMNT_VW，并保存为 BMA_XITMMNT_VW。然后切换到 Record Type 选项卡，检查 Non-Standard SQL Table Name 字段是否为空。打开 SQL Editor，将源表从 PSXLATITEM 更改为 PS_BMA_XLATITEM。最后保存并生成此定义。

注意：

除了使用 PS_BMA_XLATITEM 之外，还可以使用等价的 Meta-SQL %Table(BMA_XLATITEM)。

2.2.2　创建一个流动页面

从 Application Designer 的菜单栏中选择 File|New。当出现 New Definition 对话框时，选择 Page(Fluid)。图 2-2 显示了选中 Page(Fluid)的 New Definition 对话框的屏幕截图。

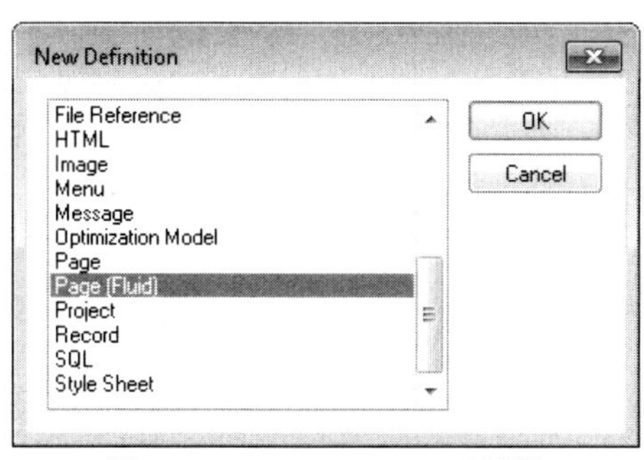

图 2-2　New Definition 对话框

一旦单击了 New Definition 对话框中的 OK 按钮，你将会体验到流动页面与经典页面的第一个区别。流动页面要求布局。

布局可以帮助响应式设计确定页面元素的位置。从根本上讲，布局就是在页面上放置的一系列分组框(group box)，对响应式网格中的内容进行组合。常见的 PeopleTools 流动页面布局包括 PSL_APPS_CONTENT、PSL_TWOPANEL 和 PSL_2COLUMN_FLOAT。所选择的布局决定了页面起始分组框的位置(这里之所以说是“起始”，是因为通常可以添加多个分组框并/或重新排列内容)。例如，使用 PSL_2COLUMN_FLOAT 可以创建一个带有一些嵌套分组框的页面。PSL_2COLUMN_FLOAT 布局最里面的分组框包含了针对两列网格布局的左右两个分组框。两列网格布局允许根据设备方向和屏幕尺寸以某种方式改变内容。例如，平板电脑可能会显示两个列，而移动手机则可能每次显示一个列。图 2-3 是布局选择对话框的屏幕截图。

Choose Layout Page
Definition: Page
Selection Criteria
Name: PSL_APPS_CONTENT　Project: All Projects
Description:
Type: Layout Page
Choose　Cancel　New Search
Definitions matching selection criteria:

Name	Type	Description
PSL_2BY2	Layout P...	4 groups in 2 by 2 layout
PSL_2COLUMN_FLOAT	Layout P...	2 Column Layout Page
PSL_APPS_CONTENT	Layout P...	Default Layout Page
PSL_BOUNDING_BOX	Layout P...	Default Layout Page
PSL_FILTER_RESULTS	Layout P...	2 Column Layout Page
PSL_SIMPLE_SBP	Layout P...	Default Layout Page
PSL_TWOPANEL	Layout P...	Two Panel Layout Page
PTPG_GRIDVIEWERNUI	Layout P...	Pivot Grid Viewer
PTPG_NUI_VWR	Layout P...	Pivot Grid Viewer

14 definition(s) found

图 2-3　布局选择对话框

注意：

布局只不过是一个 PeopleSoft 页面，其页面类型被设置为 Layout Page。可以自定义创建包含任何有效页面内容的布局，包括子页面。

选择 PSL_APPS_CONTENT 布局。当出现提示时，将页面命名为 BMA_XLAT_FL，并选择复制与该布局关联的 PeopleCode。此时，Application Designer 将显示一个带有单个分组框的新页面，该分组框覆盖了页面的整个宽度和高度。不管选择哪种布局，第一个元素都是一个分组框。所有其他的内容都位于该外层分组框的内部。

双击该分组框，检查其属性。前 4 个选项卡(Record、Label、Use 和 General)都是非常标准的。PeopleTools 8.54 向分组框添加了一个新的选项卡 Fluid。切换到该选项卡，查看一下 Fluid 选项卡的属性。请注意，Default Style Name 属性为 ps_apps_content。对于主要和次要流动页面上的最外层分组框来说，这是最常用的样式。图 2-4 显示了用于分组框的 Fluid 属性。Form Factor Override 部分允许根据设备尺寸指定一个备用的类名，而 Suppress On Form Factor 部分则允许开发人员根据各种不同的设备尺寸隐藏分组框。这两部分的不同之处在于：如果某一设备启用了禁止显示功能，那么后者将不会向该设备发送内容，从而节约了宝贵的带宽。

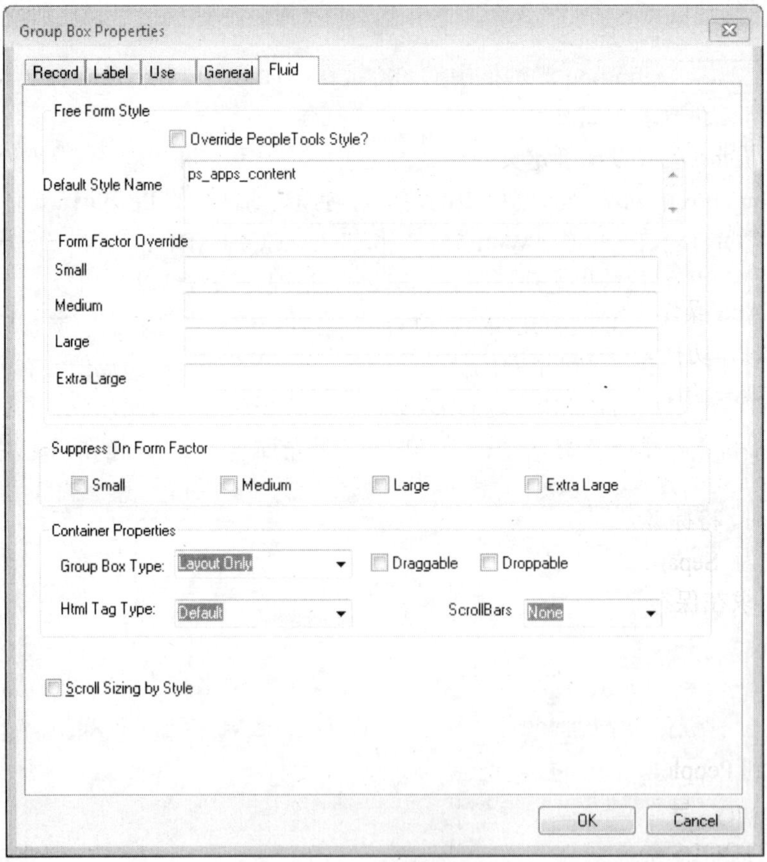

图 2-4　Fluid 分组框属性

在新页面的分组框内添加 BMA_XLATDEFN.FIELDNAME 字段，并设置该字段的 Display Only 和 Display Control Field 属性。然后再添加 PSDBFLD_XLAT.LENGTH 字段，并将其标记为与 Field Name 字段相关联的关联字段。这些字段在分组框中的放置位置无关紧要。它们的位置是由 CSS 类名和布局决定的，而不是在设计器中确定。与经典设计不同的是，流动设计并不是 WYSIWYG。然而 Application Designer 仍然维护了双亲层次结构(parental hierarchies)，所以，请确保上述字段都位于页面的唯一一个分组框中。同样，PeopleTools 通过位置来确定字段的顺序。图 2-5 显示了当前页面的屏幕截图。

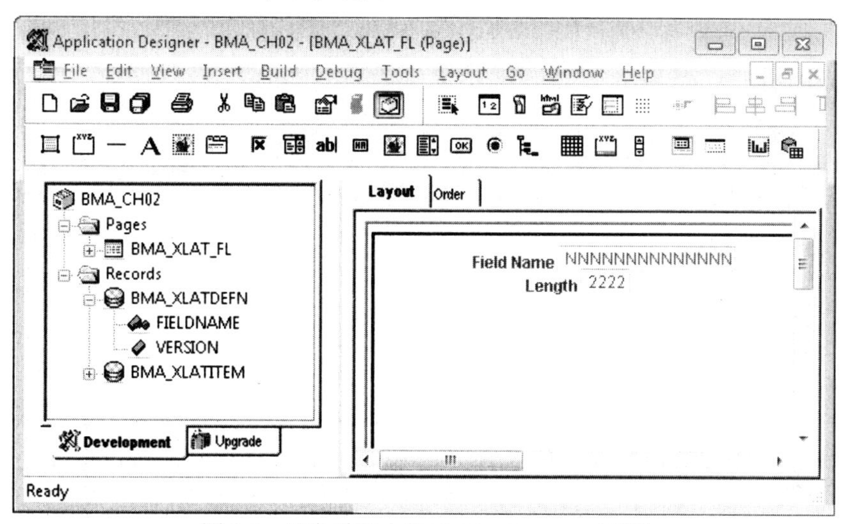

图 2-5　开发过程中的 BMA_XLAT_FL 页面

随后我们将进一步开发该页面，但在此之前先创建测试该页面所需的元数据。创建一个新组件，并向其中添加一个新页面。通常在保存组件之前 Application Designer 会要求指定一条搜索记录。原 PSXLATMAINT 组件的搜索记录是 PSDBFLD_XLAT，所以请将新建组件的搜索记录设置为相同的 PSDBFLD_XLAT。然后禁用 Add 操作。0 级记录表示字段定义，是不能在线添加的，所以 Add 操作无法进行。该组件的重点是更新字段元数据，而不是创建新字段。当检查组件的属性时，切换到 Fluid 选项卡，然后选中 Fluid Mode 复选框。该复选框是经典组件与流动组件之间唯一的区别。保存组件，并将其命名为与页面相同的名称 BMA_XLAT_FL。

与其他任何组件一样，需要将新建的组件附加到一个菜单中。首先创建一个名为 BMA_FLUID 的新标准菜单，然后双击菜单中位于 Language 和 Help 菜单项之间的空白位置。当弹出对话框时，将标签设置为 Custom。随后在 Custom 菜单项下出现的新下拉菜单项上双击，并将类型更改为 Separator。实际上并不需要这个分隔线，这样做是因为该菜单不能为空。PeopleTools 要求在保存菜单之前必须包含内容，所以添加一条分隔线就足以满足 Application Designer 的要求。

接下来需要注册前面所创建的流动组件。组件注册向导首先将询问保存该组件的文件夹。Portal Registry 中的所有流动组件都属于 Fluid Structure and Content|Fluid Pages 的一个子文件夹中。在线登录到 PeopleSoft 应用，并导航到 PeopleTools | Portal | Structure and Content。然后再从 Protal Registry 导航到 Fluid Structure and Content|Fluid Pages。最后创建一个名为 BMA_PEOPLETOOLS 的新文件夹，并将其标签设为 BMA PeopleTools。

可以使用 Application Designer 中的 Component Registration Wizard 来注册组件。选择相关选项将组件添加到菜单、门户注册表和权限列表中(这三个选项都位于向导的第一个页面中)。当提示提供菜单时，请选择 BMA_FLUID 和 bar MENUITEM1。在向导的第三个页面中会要求输入关于内容引用的相关信息，请分别将 Folder Name 和 Content Reference Label 更改为

BMA_PEOPLETOOLS和BMA Translate Values。在单击Next之前，还需将Node Name设置为本地门户节点名称。由于后面将要使用HRMS数据库，因此选择了HRMS门户节点。图2-6显示了注册向导中该步骤的屏幕截图。在下一步中，在权限列表选择步骤中，选择PTPT1200权限列表。

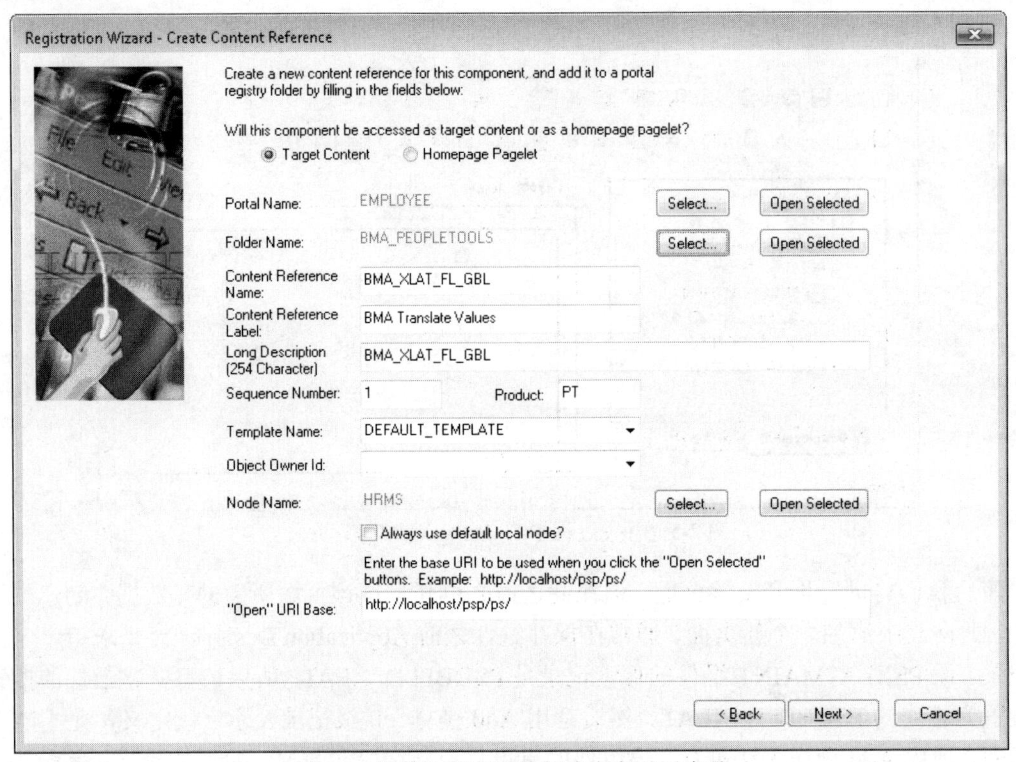

图2-6 组件注册向导的创建内容引用步骤

完成该向导，创建内容引用。注册向导的最后一步将询问是否愿意向项目中添加权限列表。虽然这样做会带来极大的便利，但许多公司阻止(或者不允许)传输权限列表之类的安全定义。此外，包含了权限列表的项目可能会花费更多的时间。作为一般规则，不要向开发项目中添加权限列表。

揭秘节点

Component Registration Wizard要求输入一个节点名称。开发人员可以选择许多值。要弄清正确的节点通常会产生混淆。例如，其中一个选项是节点localnode。该节点名称告诉PeopleSoft始终使用本地门户节点。对于那些需要在各种应用中使用的组件来说，该节点名称是经常使用的。然而，使用该节点却是很难被接受的。当系统管理员通过交互集线器将应用配对在一起时，该特定节点就会产生问题。节点localnode实际上意味着本地节点。但通过交互集线器，目标节点可能是远程节点而不是本地节点。

混乱的另一方面是节点类型。虽然节点的类型有很多，但真正重要的只有两种类型：门户节点和集成节点。门户节点保存了门户注册表内容。组件应该针对门户节点进行注册。门户节点因应用的不同而不同，而不会因应用实例的不同而不同。例如，不管是在开发、测试还是生产系统中查看HRMS节点，该节点都拥有相同的名称。另一方面，集成节点则会因应用和实例的不同而不同。PSFT_HR节点(在安装时应该被立即重命名)就是集成节点的一个示例。

作为一般规则，当注册一个组件时，应该选择与自己应用相匹配的节点。如果是 HCM 应用，则应该选择 HRMS 节点。而如果是交互集线器，则选择 EMPL 节点。如果使用相同的 PeopleTools 实例来访问多个应用(比如 FSCM 和 HCM)，那么在注册组件时请确保更新注册向导节点名称。

2.2.3 流动搜索页面

作为一名开发人员，PeopleTools 中最让人喜欢的功能之一是元数据驱动的组件搜索页面。该页面并不是一个实际的页面，而是在运行时通过使用搜索记录的属性构建的。而其他的开发环境都要求创建自己的搜索页面。另一方面，作为一名功能用户，我并不喜欢经典的组件搜索页面，因为它太普通了。

流动组件采取了一种混合的方法，允许在配置的、元数据驱动的以及普通搜索页面或自定义搜索定义之间选择。Fluid 迫使我们重新思考一下组件搜索。下面列举了几种选择：

- 使用默认的流动搜索。
- 创建和注册 Pivot Grids。
- 关键字搜索。
- 构建流动搜索组件来收集事务搜索参数，然后再传递给目标流动页面(也被称为“自定义搜索页面”)。
- 向流动页面添加搜索标题或侧边栏。

注意：
分组框拥有一个针对标题搜索而设计的名为 Custom Header Search 的特殊布局类型。

1. Fluid 默认搜索

为流动组件配置默认搜索非常简单，只需选择一个复选框并添加一个页面即可。接下来对前面创建的组件进行配置，使其使用该默认搜索。第 1 步是启用搜索，所以请打开组件的属性并切换到 Fluid 选项卡。然后找到并选择 Enable Search Page 选项。图 2-7 显示了组件属性集合中 Enable Search Page 选项的屏幕截图。

第 2 步是向组件添加 PT_SEARCHPAGE。但该页面并不需要出现在组件页面标签列表中以供选择，所以将其标记为隐藏。最后保存组件。

2. Pivot Grid 搜索

Pivot Grid 搜索是一项非常强大的搜索功能，它使用了多维事务数据来识别事务。由于是多维的，因此需要事实和维度。事务本身就是表示维度的事实和基础表，比如 ChartFields、地理定位、位置信息等。针对基础数据，多维搜索并不能很好地工作，因为每个基础组件(比如位置表)只表示一个维度。使用 Pivot Grid 搜索包括创建一个查询和 Pivot Grid。针对 Pivot Grid 搜索的搜索页面是 PTS_NUI_SEARCH。

3. 关键字搜索

关键字搜索使用 SES 索引来填充搜索页面。关键字搜索配置需要完成以下步骤：

(1) 打开组件的属性，并切换到 Internet 选项卡。然后选择 Keyword search 选项。

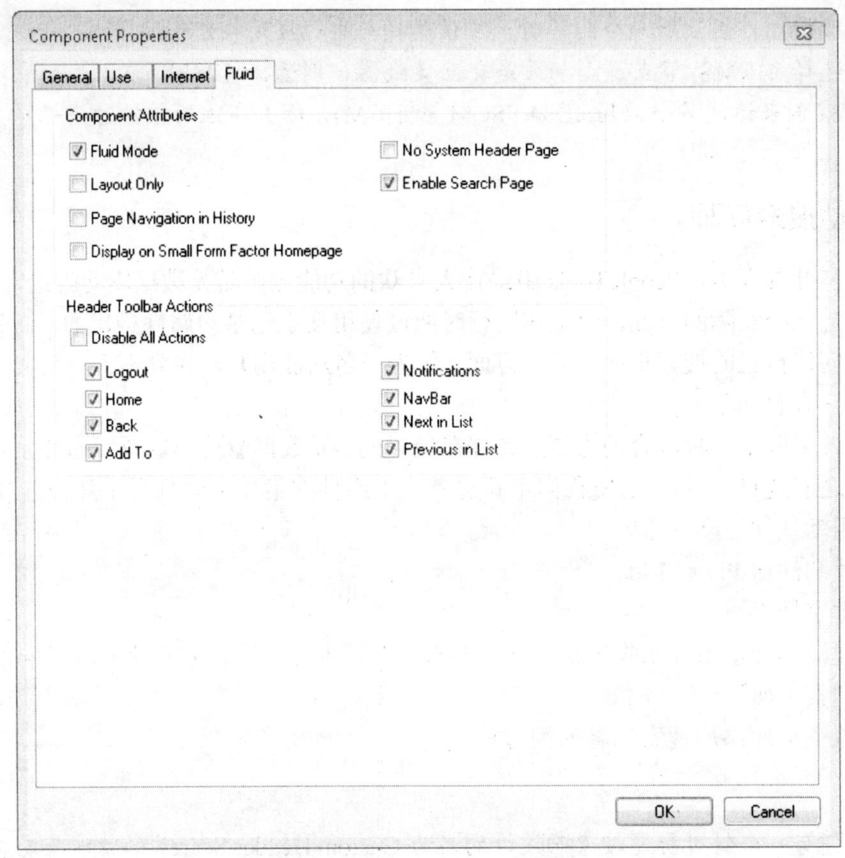

图 2-7 Enable Search Page 选项

(2) 在组件属性的 Fluid 选项卡中，选择 Enable Search Page 选项。

(3) 继续查看组件属性的 Fluid 选项卡，并选择 Next in List 和 Previous in List 选项。

(4) 最后一步是在线登录到 PeopleSoft 应用，并创建和配置一个映射到新组件的 SES 索引。

注意：
创建 SES 索引的详细步骤已经超出了本书的讨论范围。

4. 自定义搜索组件

采用该方法的开发人员需要创建一个专门用来收集需求的组件，以便定位一个事务。该组件包含了数据输入字段以及某种类型的选择列表。该方法并不是很常用，因为可以以 PT_SEARCHPAGE 和 PTS_NUI_SEARCH 页面为基础在组件中创建自定义搜索页面。

5. 搜索标题和侧边栏

搜索标题和侧边栏是非常常用的方法。在本章的后面，将创建一个带有侧边栏搜索的页面。

2.2.4 流动页面导航

前面已经对流动页面和组件进行了详细介绍。现在，可以回顾一下进展情况，你会发现存在一个问题：如何访问一个流动组件？在标准的 PeopleTools 菜单或者导航中都无法看到流动

组件。访问流动组件的一种方法是打开其门户注册表内容引用并单击 Test Content Reference 超链接。首先导航到 PeopleTools | Portal | Structure and Content。在门户注册表中，导航到 Fluid Structure and Content | Fluid Pages | BMA PeopleTools。单击 BMA Translate Values 项旁边的 Edit 超链接，然后再单击 Test Content Reference 超链接。此时，PeopleSoft 应该显示添加到组件的基本搜索页面。图 2-8 显示了组件搜索页面的屏幕截图。

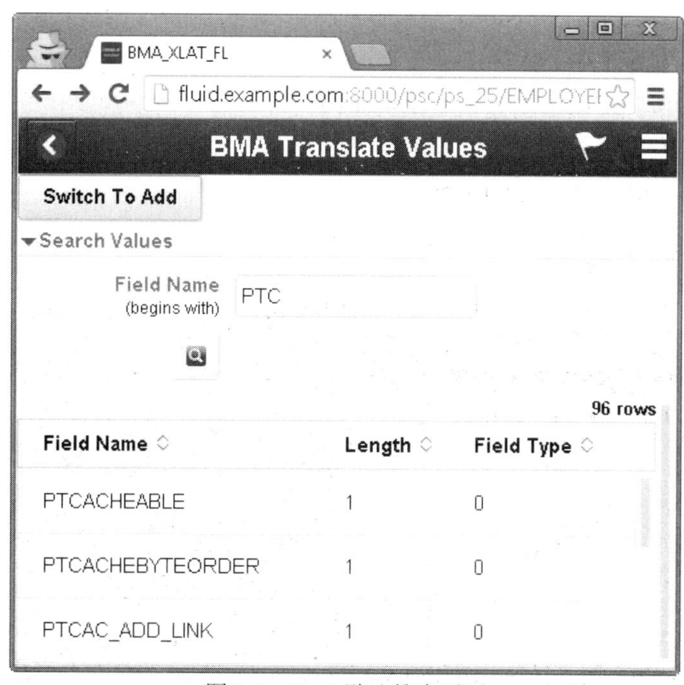

图 2-8 Fluid 默认搜索页面

图 2-9 显示了 Translate Values 页面的小型化版本。请注意，尽管在 Application Designer 中随机地在页面上放置了这些字段，但可以看到，字段和标签垂直显示，并且在水平方向上居中对齐。在水平方向上调整浏览器窗口的大小，可以注意一下标题按钮是如何变化的。此外，还可以看到组件不包含经典的页面栏(帮助链接、新建窗口链接等)或者页脚工具栏(保存、返回列表等)。随后，我们将使用新的 PeopleTools 保存操作来添加一个保存按钮。

图 2-9 Tranlate Values 页面的屏幕截图

由于在菜单中不会显示流动页面，因此需要使用另外一种机制来访问它们。当查看组件时，请单击右上角的三栏汉堡式按钮。此时将出现带有三个导航选项的上下文菜单：

- Add to Homepage
- Add to NavBar
- Add to Favorites

选择 Add to Homepage，将会显示一个主页面列表以及一个用来创建全新主页面的快捷方式。因为本事务的当前 URL 是一个包含了搜索键值的完全限定 URL，所以请选择 Add to Homepage，直接在事务页面上创建一个主页面按钮。目前完成上述操作就足够了。但更好的一种方法是为搜索页面设置书签。图 2-10 显示了该流动主页面的屏幕截图，其中包含了指向 BMA Translate Values 组件的新建 Grouplet。

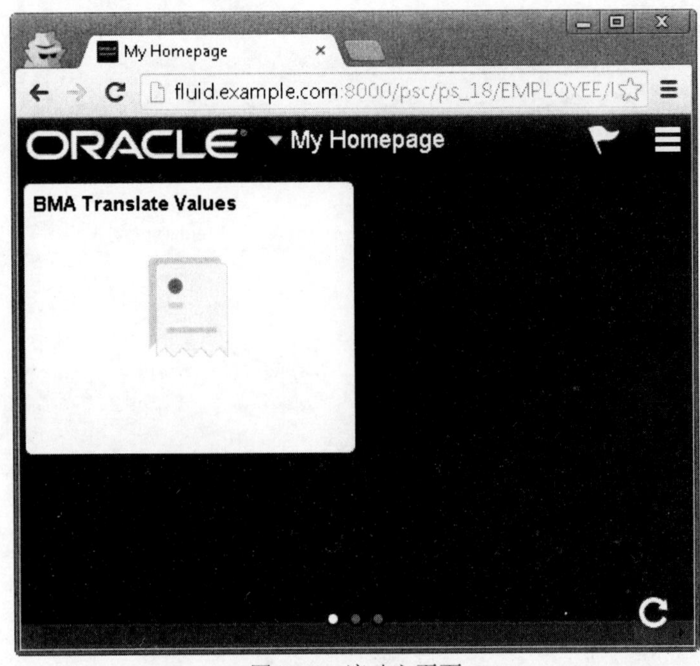

图 2-10 流动主页面

注意：

Grouplet 是一种主页工件(artifact)，表示某种类型的相关信息或事务页面。很多人更喜欢将其称为 Tile，而不是 Grouplet。之所以被称为 Grouplet，是因为这些 Tile 的内容可以来自流动 PeopleSoft 页面所包含的分组框。可以通过流动内容引用的 Fluid Attributes 选项卡来配置各个 Grouplet。在本章的后面还将介绍如何更改 Grouplet 的图标和内容类型。

2.2.5 优化针对 Fluid 的组件

目前所创建的组件只是一个单一页面组件，所以请打开组件属性，并禁用 Display Folder Tabs。可以在 Internet 选项卡的 Multi-Page Navigation 部分找到该选项。在编辑该组件时，将页面的 Item Label 更改为“Translate Values”。Item Label 即 PeopleSoft 在页面的标头所显示的内容。

2.2.6　流动网格

向流动页面添加一个网格，并在网格中添加下面所示的 BMA_XITMMNT_VW 字段：

FIELD_VALUE

DATE_FROM

EFF_STATUS

XLATLONGNAME

XLATSHORTNAME

分别将 EFF_STATUS、XLATLONGNAME 和 XLATSHORTNAME 的标签更改为 RFT Short。保存页面，然后刷新页面的在线视图。此时，在 Length 字段的下面会看到一个网格。该网格包括了许多填充内容(与其他的流动元素类似)，但外观上并不是很漂亮。目前所看到的是流动页面中的一个经典网格。如果想要将该网格转换为响应式网格，只需在 Application Designer 中更改一个属性即可。返回到 Application Designer，并双击网格，显示其属性窗口。在 General 选项卡中选择 Unlimited Occurs Count 属性。然后切换到网格属性对话框的 Use 选项卡，并将 Grid Layout 从 Original Grid Layout 更改为 Original Flex Grid Layout，如图 2-11 所示。

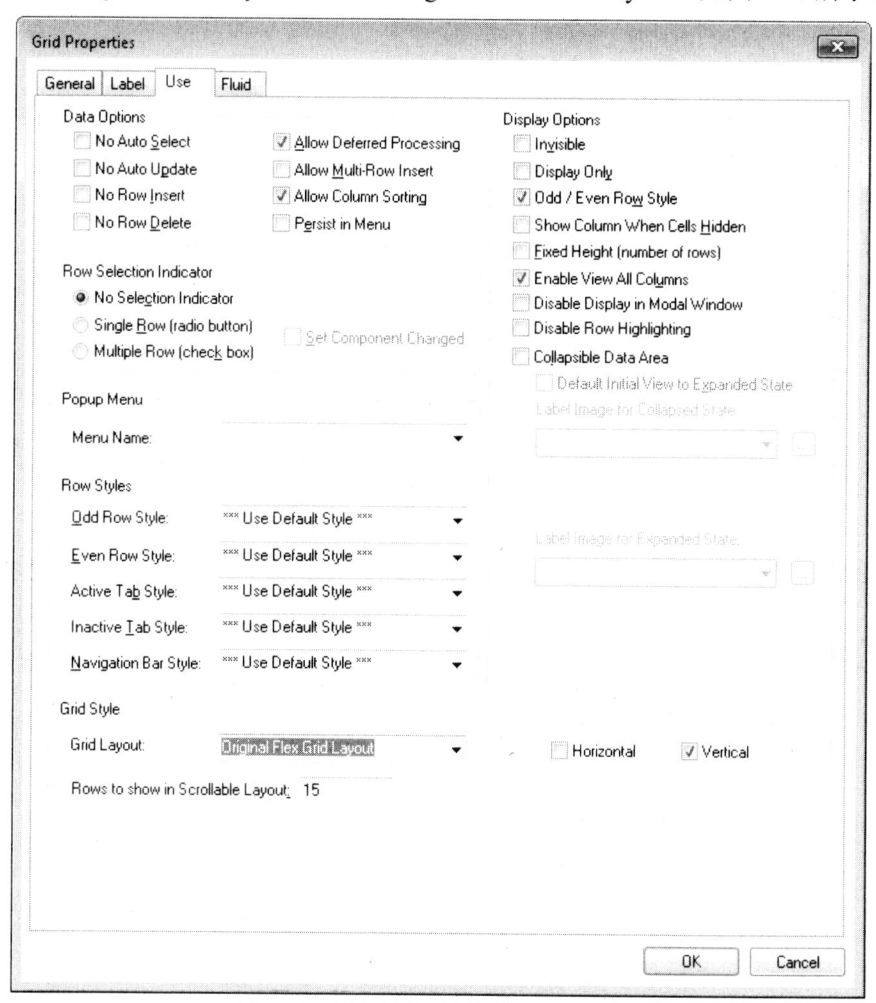

图 2-11　网格属性对话框的 Use 选项卡

在 Application Designer 中保存页面，并刷新在线视图。此时应该可以看到一个更加窄的响应式网格。图 2-12 显示了一个响应式流动组件的屏幕截图，其中包含了若干数据输入字段以及一个 Flex 网格。

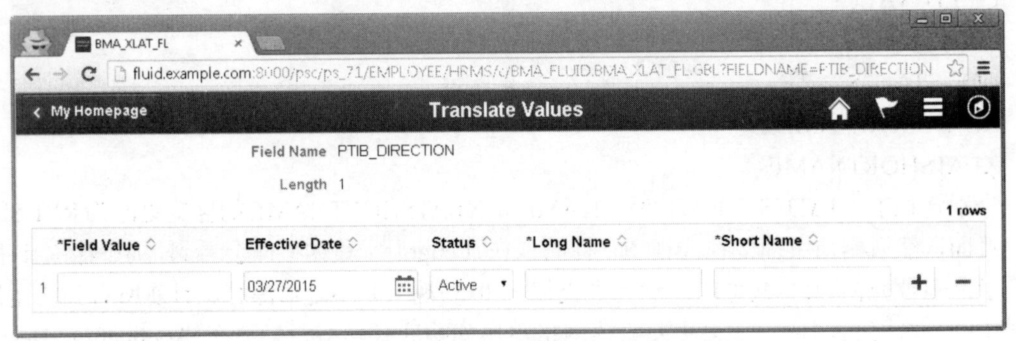

图 2-12 带有一个 Flex 网格的流动页面

注意：

虽然没有在该组件中添加一个保存按钮，但是仍然可以使用经典的快捷键组合 Alt+1(Alt 以及数字键 1)来完成保存操作。如果向网格输入了数据并按下了组合键 Alt+1，那么组件处理器将会保存子记录而不是父记录。

2.2.7 HTML5 数据输入字段

很长一段时间以来，Web 浏览器只能通过输入文本字段和按钮(包括单选按钮、复选框以及普通按钮)来收集反馈信息，而开发人员则需要编写大量的 JavaScript 来创建数据输入字段、数字微调、E-Mail 地址字段等。相比于过去，现代的 Web 浏览器更加智能。HTML5(最新的 HTML 规范)包括了针对日期、电话号码、E-Mail、数字等的特殊元素。该规范并没有定义如何显示这些特殊的元素。相反，由每种设备确定最佳的输入方式。例如，桌面计算机的 Web 浏览器组合使用一个日历以及一个数字微调器(可以通过鼠标和键盘操作)来显示一个日期输入字段。而对于智能手机来说，则可能将日期输入字段显示为一个适合手指操作的大选择转盘。

前面所创建的 Translate Values 页面包含了一个日期字段：DATE_FROM。当前，PeopleTools 使用较老的方法显示该日期字段：即使用了大量的 JavaScript 代码。接下来通过启用 HTML5 数据输入类型，将该页面带入到现代化时代。返回到 Application Designer，并打开 BMA_XLAT_FL 页面定义。找到 DATE_FROM 字段并双击。这是一个带有标签 Effective Date 的网格字段。当 Edit Box Properties 对话框出现时，找到 Fluid 选项卡底部的 Input Type 属性。将 Input Type 更改为 Date。图 2-13 显示了 Fluid 选项卡的屏幕截图，其中选中了日期输入类型。

重新加载在线页面，会看到在 Effective Date 字段中不再显示一个日历图标。相反，当与该字段进行交互时，根据设备和浏览器的不同，将会看到一个特定日期控件。例如，如果使用 Chrome Web 浏览器，那么会看到一个桌面友好的日历下拉菜单，同时使用一个数字微调器来操作字段的日期。

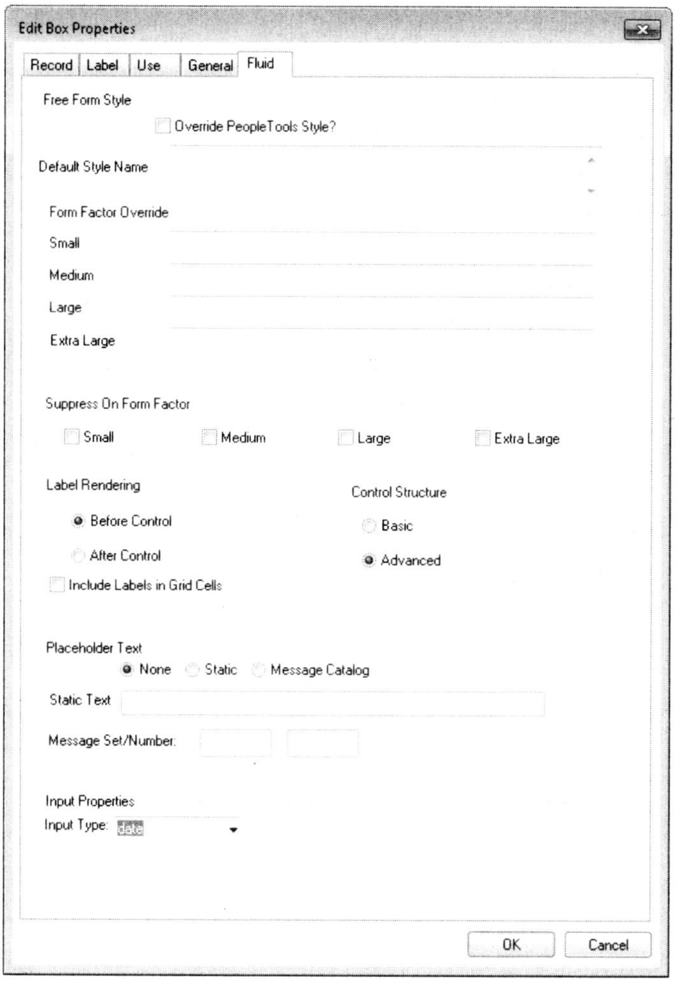

图 2-13　HTML5 输入类型

2.2.8　添加事务按钮

众所周知，可以通过使用 Alt+1 键盘组合来保存事务页面，但对于很多人来说，这种方法并不是很直观，因此需要一种更好的方法。流动页面可以使用一种被称为 Toolbar Action 的特殊按钮。当选择该按钮时，可以指定要调用的操作。向 BMA_XLAT_FL 页面的左上角添加一个按钮，打开按钮属性，并将 Destination 更改为 Toolbar Action。在 Destination 字段的下面几行会看到 Action Type 字段。请将 Action Type 设置为 Save。图 2-14 显示了按钮类型属性的屏幕截图。

切换到属性对话框的 Label 选项卡，分别将类型设置为 Text，以及将 Text 设置为 Save。最后再切换到 Fluid 选项卡，将 Default Style Name 设置为 psc_float-right psc_primary。psc_float-right 类在事务页面的右上角放置了该按钮，而 psc_primary 类则更改了按钮颜色，从而凸显该按钮是页面的主按钮。图 2-15 显示了 Application Designer 中页面的屏幕截图，而图 2-16 显示了通过 Web 浏览器查看的页面的屏幕截图。请注意，Application Designer 中的字段对齐方式与在线浏览页面的对齐方式存在很大的不同，而这恰恰体现了 Fluid 的本质。Fluid 可以让设备(通常需要 CSS3 的一点帮助)确定项目的具体放置位置。

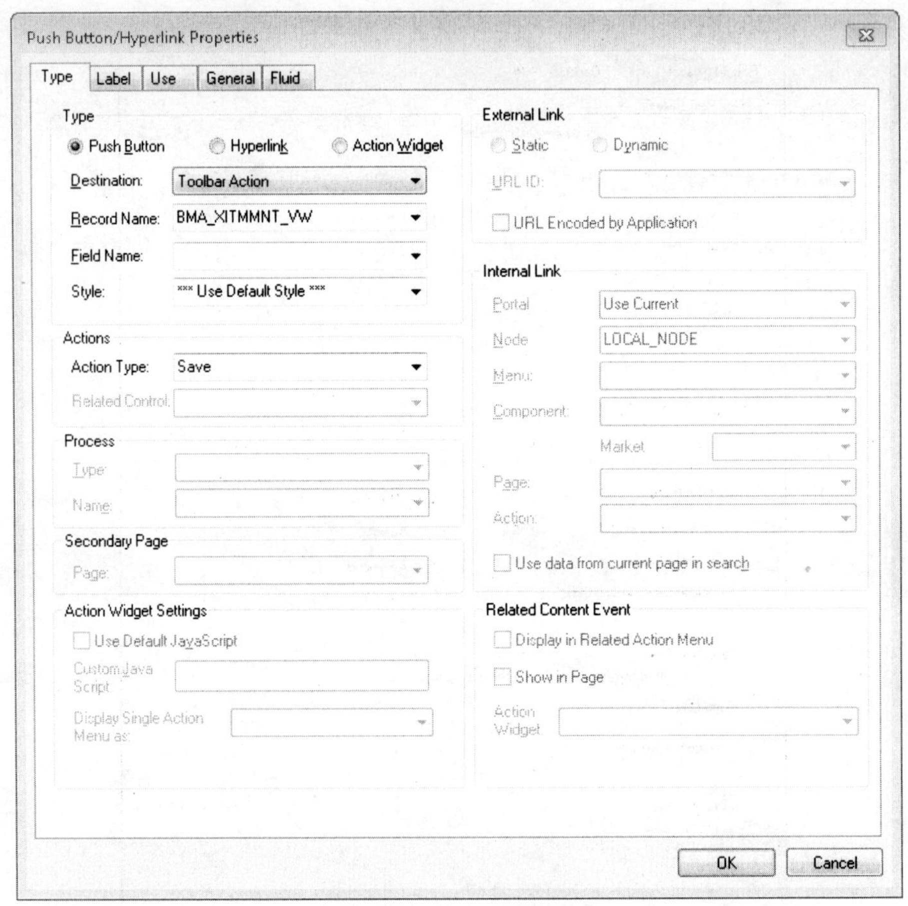

图 2-14　按钮类型属性

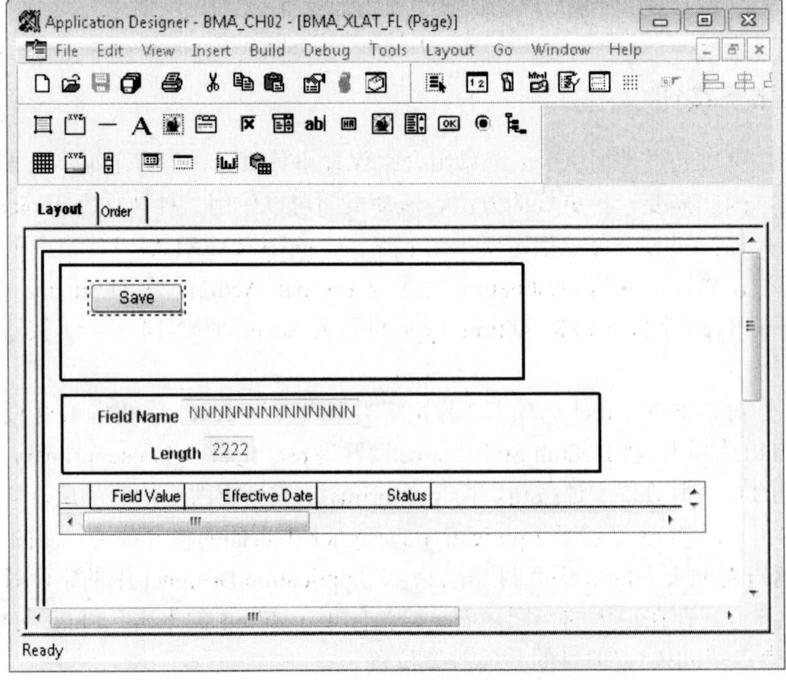

图 2-15　Application Designer 中的页面

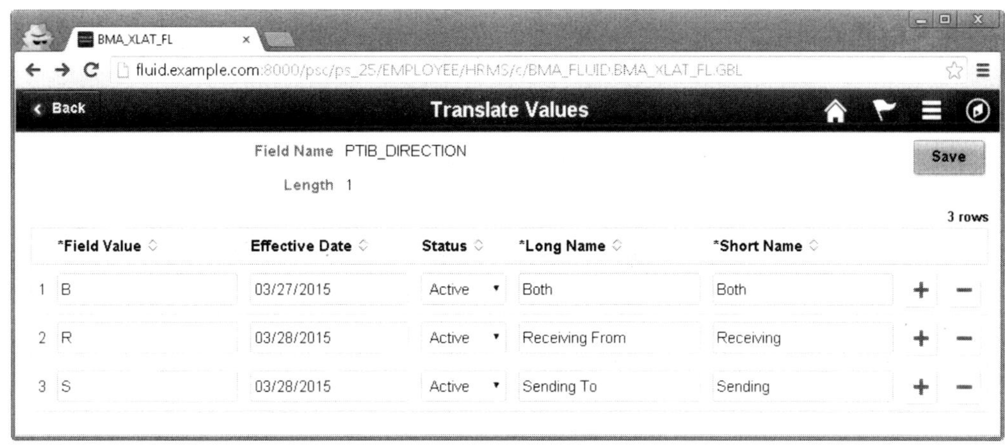

图 2-16　在线查看的完成页面

注意：

图 2-15 包含了一些本章并没有介绍的额外分组框。具体来说，0 级字段被一个分组框所包围，而保存按钮则包含在自己的分组框中。虽然这些分组框并不是必需的，但推荐使用。PeopleTools 建议使用分组框来包含相关的项目。当拿不准是否应该包含时，最好还是包含。当对项目进行分组时，请确保将分组框的类型更改为 Layout Only。

可以创建一些测试数据来测试保存按钮是否按照预期工作。传统方法的一个让人怀念的特征是在右上角显示一条通知消息，通过该消息可以确认事务被成功保存。但 Fluid 没有包含此类通知，相反，它使用了一种不那么神秘但却无正式文件的 FUNCLIB 功能来显示一条通知消息。可以使用该功能添加带有 SavePostChange 事件的通知。打开 BMA_XLAT_FL 组件的 PeopleCode 编辑器，并向 SavePostChange 事件添加下面所示的 PeopleCode：

```
Declare Function SetConfirmationMessage PeopleCode
    PT_WORK.PT_CONFIRM_MSG FieldFormula;

SetConfirmationMessage("Translate value saved");
```

注意：

最佳实践建议使用消息目录而不是硬编码的文本。

在添加了一些新值并按下保存按钮之后，将会在标头的下面看到一条消息。图 2-17 是显示了保存确认消息的 Translate Values 组件的屏幕截图。

在下一节，我们将学习如何使用双列(或双面板)布局。但在此之前，请先使用该页面向不同字段添加几行转换值。在此选择了字段 PTIB_DIRECTION、PTCACHEABLE 和 PTCOMPARABLE。输入的测试数据越多，页面看起来就越美观。

以上介绍的都是一些 Fluid 的基本知识。现在，我们已经创建了一个响应式事务页面。除了一些属性稍有不同之外，所使用的开发过程与开发其他经典 PeopleTools 页面是类似的。当然，关于 Fluid 的知识还有很多，但正如你所经历的那样，创建流动页面并不需要学习任何新的知识。接下来让我们一起学习更多流动页面的特性。

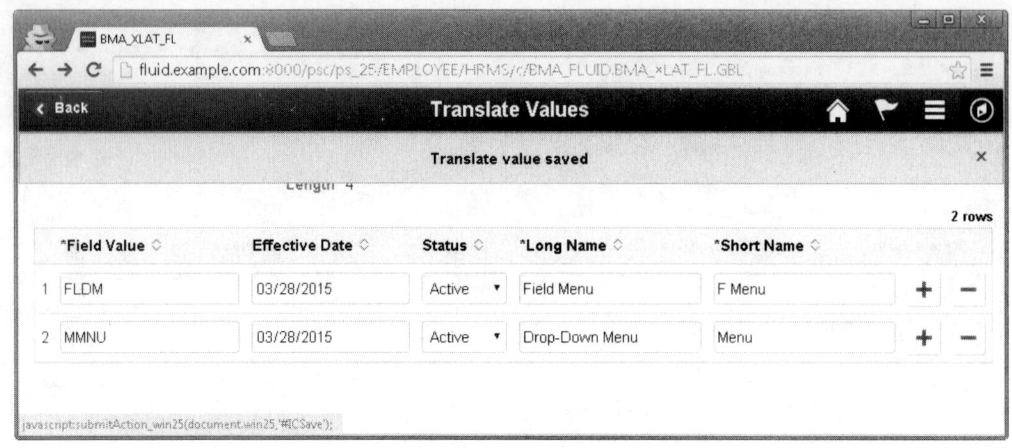

图 2-17 保存确认消息

2.3 流动设计模式

除了流动页面与经典页面之间显而易见的差异之外，Fluid 对事务进行了重新设计。Fluid 强调的是移动优先。我们都知道传统的数据输入方式在面向触摸的移动设备上是很难使用的。在移动设备上，屏幕分辨率、输入方式以及网络带宽都是受到约束的。

Fluid 迫使我们以不同的方式思考如何输入和处理数据，迫使我们解决以下问题：

- 如何减少用户交互(通过触摸、输入等方式)的次数？
- 哪些数据是处理特定事务时必须可见的？
- 为了完成特定事务，用户需要访问多少页面？

传统的 PeopleSoft 设计模式从一个主页面开始。接下来让我们计算一下完成一次典型的业务流程所需要的交互次数。首先，用户通过主页面(1 次)与一个菜单进行交互(2 次)，从而导航到一个事务搜索页面。在搜索页面上(3 次)，用户输入搜索标准(4 次)，并搜索特定的事务(5 次)。然后用户选择一个事务(6 次)，并开始处理相关信息。由此可见，到达事务处理页面共需要 6 次交互。许多人都满足于使用这种传统模式，甚至不考虑到达事务页面所需要的过程。多年来，PeopleSoft 也提供了许多强化功能来简化事务访问，比如 Pagelets 和 WorkCenters。但 Fluid 打破了标准的开发模式，迫使我们改变以前所用的开发模式。前面已经看到，流动导航是不同的。它主要是通过主页面、收藏夹以及最近的位置来进行导航。同样，事务搜索也不再是自由的(这一点非常好，因为每种事务都是不同的)。

新模式

让我们重新思考一下事务访问策略(导航和搜索)。如果搜索结果始终存在，就像是事务的一部分，那么事务访问策略应该是什么样的呢？在前面的示例中，搜索结果是一个字段列表。接下来让我们将该列表放置到左边的侧边栏中。

1. 搜索记录

组件左边的列表是搜索页面。在本例中该列表是一个字段的摘要列表。首先创建带有两个字段的新记录定义：FIELDNAME 和 COUNT1。然后将记录类型更改为 SQL View，并将其保存为 BMA_XLAT_FLD_VW。此时，我们将进行一些修改，让 0 级记录表示一个带有真实数据的 PeopleTools 表。因为 0 级记录是只读的，所以该修改没有问题。但 1 级记录是可读写的，因此将该记录与一条模拟记录相关联，以防止意外地损坏元数据。下面所示的 SQL 从模拟的 1 级记录中进行选择，而不是从 PeopleTools 表中。请将下面的 SQL 输入到视图的 SQL 编辑器中，然后生成视图。

```
SELECT FIELDNAME
    , COUNT(*)
 FROM PS_BMA_XLATITEM
GROUP BY FIELDNAME
```

在继续后续操作之前，请确保构建了记录定义，并选择了 Create Views 选项。

2. 双面板(two-panel)布局

创建一个使用了 PSL_TWOPANEL 布局的新流动页面，并命名为 BMA_XLAT_2PNL_FL。此时，Application Designer 应该显示一个包含了一系列嵌套分组框的流动页面。而最里面的集合应该包含两个分组框，左边一个稍窄，右边一个稍宽。后面将主要使用分组框 panel action-interior 和 apps content。所以请删除 apps content 分组框中的空白分组框，而较小的内部分组框则不会使用。图 2-18 显示了 Application Designer 的双面板布局的屏幕截图。

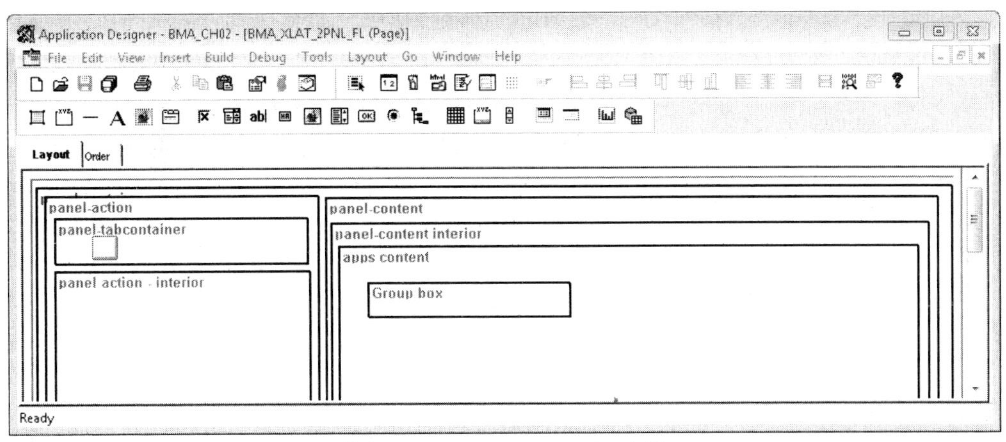

图 2-18　PSL_TWOPANEL 布局

apps content 分组框应该包含与 BMA_XLAT_FL 页面相同的网格。重新创建该网格的最简单方法是从 BMA_XLAT_FL 页面定义中复制网格，并将其粘贴到 apps content 分组框。粘贴(或者重新创建)网格后，打开网格属性对话框并切换到 Use 选项卡。选中 No Auto Select 选项。与 BMA_XLAT_FL 页面不同，该事务页面并没有使用 0 级来告诉组件处理器选择哪些行。相反，使用了 PeopleCode 来填充 Translate Values 网格。

注意：

如果查看一下 PeopleSoft 所提供的流动内容，会发现许多的流动页面都包含了子页面，而不是标准的页面内容。一些开发人员往往习惯创建带有内容的子页面，并将这些子页面添加到布局，而不是直接将内容添加到布局中。这纯粹是出于个人偏爱和便利。使用子页面所带来的一个优点是可以在经典和流动页面中嵌套相同的子页面。

布局的左侧还包含了一个网格，但并不希望它看起来像一个网格，而是希望屏幕的左侧看起来像一个 iPhone 或者 Android 列表视图。我们将使用 PeopleSoft 预定义的 CSS3 类来获取所需的外观。请将一个新的网格拖放到 panel action-interior 分组框。打开网格属性对话框，并在 General 选项卡中完成下面的更改：

- 将主记录和页面字段名设置为 BMA_XLAT_FLD_VW。
- 选择 Unlimited Occurs Count。

接下来需要禁用许多标签选项。所以请切换到 Label 选项卡。例如，为了关闭行计数器，请单击导航栏的 Properties 按钮，然后切换到 Row Cntr 选项卡。最后选择 Invisible 复选框，关闭行计数器。如果想要禁用导航栏，可以取消选择 Display Navigation Bar 复选框。在网格属性对话框中滚动到 Body 区域，并取消选择 Show Row Headings。同样，取消选择 Show Column Headings。

在 Use 选项卡中，选择以下项目：

- No Row Insert
- No Row Delete
- Display Only

在 Use 选项卡的底部，将网格布局更改为 List Grid Layout。切换到 Fluid 选项卡，将 Default Style Name 设置为 psc_list-linkmenu。

向左边的网格添加一个按钮/超链接字段。打开按钮的属性，并将其标记为一个超链接，然后将 Field Name 属性设置为 FIELDNAME。切换到 Label 字段，将 Label Type 更改为 Text。当用户单击此超链接时，PeopleCode 将对右边的网格进行过滤，从而只显示所选字段的转换值。因为想要在用户单击(或者触摸)某一行时执行 PeopleCode，所以切换到 Use 选项卡，并选择 Execute PC on Row/Group Click 选项。同时选择 Enable When Page is Display Only 选项。

向网格添加 BMA_XLAT_FLD_VW.COUNT1 字段。接下来，我们希望将转换值计数显示在列表右侧的一个小圆圈中，类似于员工自助流动页面中批准和反对的显示方式。打开该字段的属性，切换到 Fluid 选项卡，向 Default Style Name 属性添加 psc_list_count 样式类。

3. 智能组件

与第一个示例(第一个示例中所创建的页面包含了所有必需的数据绑定元数据)不同的是，该页面包含了许多结构和引用。例如，在没有 PeopleCode 干预的情况下，页面左侧的超链接将不会显示字段名称。同样，如果没有用一些 PeopleCode 来选择正确的值，右边的网格也不会显示任何数据。接下来，让我们创建一个组件，并编写一些 PeopleCode。

创建一个名为 BMA_XLAT_2PNL_FL 的新组件。打开组件的属性，并完成下面的更改：

- 将搜索记录设置为 INSTALLATION。
- 禁用 Add 操作(位于搜索记录右侧的 Use 选项卡)。
- 在 Internet 选项卡中，取消选择 Display Folder Tabs。
- 切换到 Fluid 选项卡，并选择 Fluid Mode 复选框。

添加 BMA_XLAT_2PNL_FL 页面，并将其 Item Label 设置为 Maintain Translate Values。从 Application Designer 菜单栏中选择 View|View PeopleCode，打开组件的 PeopleCode 编辑器。滚动左上角的对象列表，找到 BMA_XLAT_FLD_VW 记录，然后在右边找到 RowInit 事件。向 PeopleCode 编辑器添加下面的代码。图 2-19 显示了组件的 PeopleCode 编辑器的屏幕截图。

```
BMA_XLAT_FLD_VW.FIELDNAME.Label = BMA_XLAT_FLD_VW.FIELDNAME
```

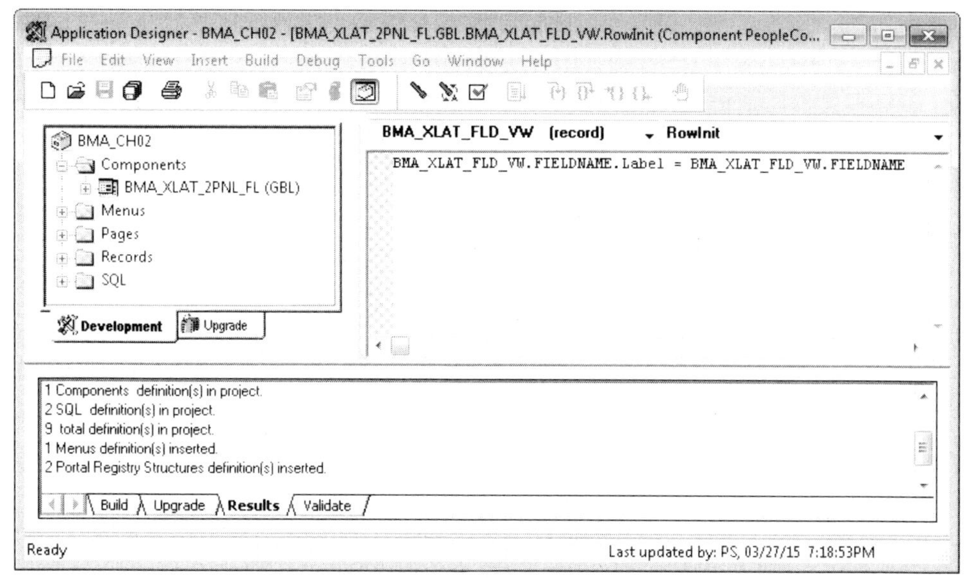

图 2-19　PeopleCode 编辑器

使用类似于前面的组件所使用的值注册该组件。将其添加到一个菜单、门户注册以及权限列表中。然后选择 BMA_FLUID 菜单，并将内容引用标签和描述设置为 BMA Maintain Translate Values。最后使用 PTPT1200 权限列表，结束向导。

注册完之后，如果想要测试该组件，可以访问 Protal Registry 中的 Content Reference，然后单击 Test Content Reference。通过使用导航 PeopleTools|Portal|Structure and Content，可以在网上找到 Portal Registry。新组件在 Fluid Structure and Content|Fluid Pages|BMA PeopleTools 中注册。图 2-20 显示了带有侧边栏的新组件的屏幕截图。

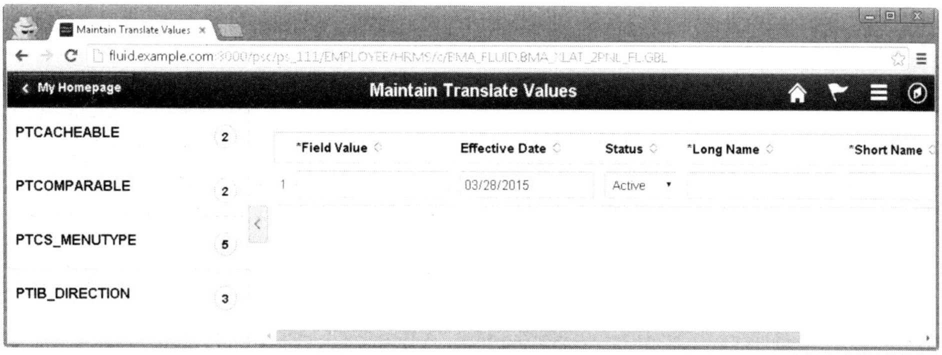

图 2-20　带有侧边栏的响应式 Translate Values 页面

注意：

如果组件看起来更像一个经典组件而不像流动组件，那么请检查是否在组件属性的 Fluid 选项卡中选择了 Fluid Mode。

返回到 Application Designer，并在 BMA_XLAT_FLD_VW.FIELDNAME FieldChange 事件中输入下面的 PeopleCode。当用户在左边面板中选择了一行时，组件处理器将调用该 PeopleCode。

```
REM ** Row selection container;
Component Row &selectedRow;

Local Row &r0 = GetLevel0().GetRow(1);
Local Rowset &xlatRs = &r0.GetRowset(Scroll.BMA_XITMMNT_VW);
Local string &fieldName = GetField().Value;

&xlatRs.Flush();
&xlatRs.Select(Record.BMA_XITMMNT_VW, "WHERE FIELDNAME = :1",
     &fieldName);

If (All(&selectedRow)) Then
   &selectedRow.Style = "";
End-If;

REM ** Update the selected row style class;
&selectedRow = GetRow();
&selectedRow.Style = "psc_selected";
```

保存并在Web浏览器中重新加载页面。从左边的列表中选择一项，会看到网格包含了相关的数据。

目前，该页面还存在一个小问题。当页面首次显示时没有选择任何行。接下来，使用一些组件 PostBuild PeopleCode 来解决该问题。请向组件的 PostBuild 事件中添加下面的代码：

```
REM ** Row selection container;
Component Row &selectedRow;

Local Row &r0 = GetLevel0().GetRow(1);
Local Rowset &xlatRs = &r0.GetRowset(Scroll.BMA_XITMMNT_VW);
Local string &fieldName;

&selectedRow = &r0.GetRowset(Scroll.BMA_XLAT_FLD_VW).GetRow(1);
&fieldName = &selectedRow.GetRecord(Record.BMA_XLAT_FLD_VW).GetField(
     Field.FIELDNAME).Value;

&xlatRs.Select(Record.BMA_XITMMNT_VW, "WHERE FIELDNAME = :1",
     &fieldName);


REM ** Update the selected row style class;
&selectedRow.Style = "psc_selected";
```

注意：

你是否已经厌倦了在浏览器的选项卡或者页面标题中看到诸如 BMA_XLAT_2PNL_FL 之类的含义模糊的文本？至少我是厌倦了。为此，可以在菜单定义中更改该项目的标签。

如果设备屏幕足够宽，那么你可能更愿意看到左边的侧边栏默认情况下处于展开状态，而不是折叠状态。请向 Page Activate 事件添加下面的 PeopleCode，从而迫使侧边栏默认情况下处于展开状态：

```
Declare Function initializeTwoPanel PeopleCode
PT_TWOPNL_WORK.BUTTON FieldFormula;

initializeTwoPanel(1, False, Null, 0);
```

图 2-21 显示了最终的双面板 Maintain Translate Values 组件。

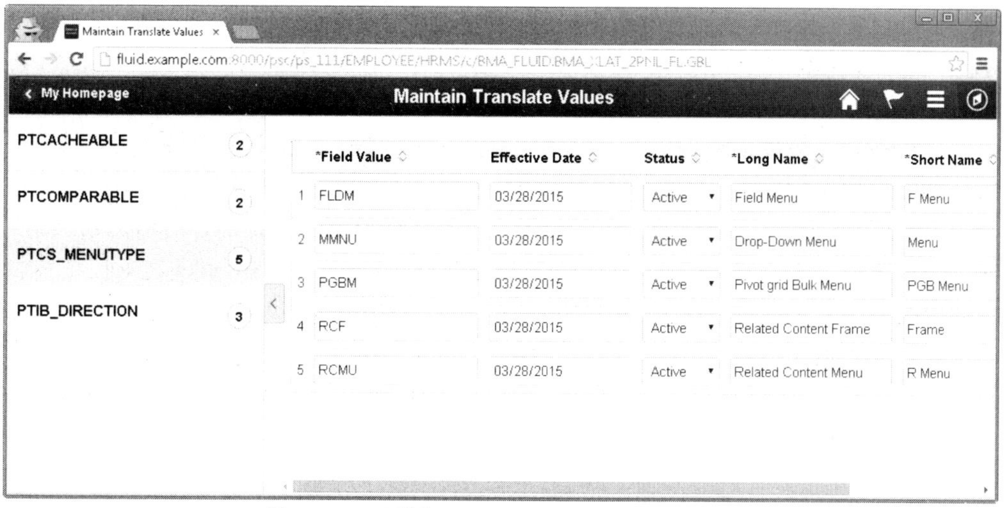

图 2-21　双面板 Maintain Translate Values 组件

Application Class 控制器

在上面的代码中，你是否看到了 FieldChange 和 PostBuild 事件共享的重复代码？这两个事件都更新了选择行，并填充了 Translate Values 网格。针对 DRY(Don't Repeat Yourself)代码，PeopleCode 开发人员所采用的一种策略是在 Application Classes 中编写业务逻辑。甚至有些开发人员将所有的业务逻辑都写在 Application Class 中，并将这些类作为组件控制器来使用。由于 PeopleTools 平台已经拥有了组件控制器，因此个人不太喜欢使用 Application Class 控制器模式。然而，Application Classes 也是非常有用的。例如，Application Designer 不允许开发人员保存包含了未声明变量的 Application Class。我就曾经花费了大量的时间来尝试解决由于拼写错误的变量所引起的问题。使用 Application Classes 的另一个主要原因是便于进行测试驱动开发。虽然不能针对基于组件事件的 PeopleCode 编写测试代码，但可以使用 PSUnit 来测试 Application Classes。尽管目前的趋势是更多的业务逻辑从基于事件的 PeopleCode 转移到 Application Classes，但我的做法是仍然坚持使用基于事件的 PeopleCode，只有当有意义时才会创建 Application Classes。在前面的示例中，将通用代码封装到一个 Application Class 中是很有意义的。相反，其中一个 PeopleCode 事件只需要一行 PeopleCode。此时如果将那一行代码转移到 Application Class 中，将会导致代码行数成倍增加。

注意：

在本章，我们使用了多个已发布的 CSS 类。在构建流动组件时，可能还需要创建自己的 CSS 定义。通过使用新的 AddStylesheet PeopleCode 功能，可以将自定义的 CSS 样式表包含到流动组件中。

2.4 Grouplets

Grouplet 是主页面上显示的分组框。虽然大多数人喜欢将其称为 Tile，但我们仍然坚持使用其官方名称 Grouplet。Grouplet 通常比较小，但可以跨多个列。通过任意内容引用的 Fluid 选项卡，可以查看 Grouplet 属性以及 Grouplet 类型。HRMS Team Time Grouplet 就是一个非常好的示例。Team Time Grouplet 实际上就是一个包含在标准流动页面中的分组框。其他的 Grouplet 类型还包括图像和 iScripts。

大多数 Grouplet 都是指向事务页面的图像链接。这些 Grouplet 非常容易配置，只需在内容引用的 Fluid 选项卡中指定一个图像引用即可。事实上，任何页面(当然也包括经典页面)都可以作为一个 Grouplet 被添加到流动主页面中。当使用图像时需要记住一件事情，那就是缓存。一旦向主页面添加了一个 Grouplet，那么所看到的图像将是在添加 Grouplet 之前在内容引用中所指定的图像，直到清除 PeopleSoft 引用的缓存。当用户导航到某一事务，然后使用“Add To”标题项向主页面添加一个事务页面时，这一点是非常重要的。很多时候，当我向主页面添加一个 Grouplet 时，通常只看到默认的图标。此时我最大的愿望就是更新该图标。即使向内容引用添加了一个图标，也无法看到该图标，直到清除缓存。

2.5 小结

俗话说得好：情人眼里出西施。许多人相信流动页面比经典页面看起来更加漂亮。虽然这只是一个仁者见仁、智者见智的事情，但却是很多人共同的选择(包括我在内)。然而，在某些情况下，将所有页面都转换为流动页面也是没有意义的。流动页面擅长显示低密度信息以及收集使用触摸设备获取的信息。然而，有些事务需要高信息密度和灵活性。

在本章，我们学习了 PeopleTools Fluid 的基础知识。构建了几个流动页面，学习了流动搜索、流动布局以及流动设计模式。当然，关于流动的内容还有很多。例如，PeopleTools 团队特别针对 Fluid 添加了新的 PeopleCode 功能。如果想要了解更多内容以及其他的流动概念，可以在 http://docs.oracle.com/cd/E55243_01/pt854pbr0/eng/pt/tflu/index.html 上查阅 *PeopleTools Fluid User Interface Developer's Guide*。

第3章

使用移动应用平台构建应用

PeopleSoft Mobile Application Platform (MAP)是 PeopleTools 中的第二种移动开发工具(Fluid 是第一种)。虽然这两种工具可以产生类似的移动结果，但它们却采用了完全不同的方法。如第 2 章所述，Fluid 使用了 Application Designer 和核心 PeopleTools 开发概念。与经典页面类似，Fluid 通过 PeopleSoft Pure Internet Architecture (PIA)来提供内容。而 MAP 却不同。MAP 使用了一种在线配置工具，并通过 Integration Broker 的 REST 监听连接器(listening connector)来提供内容。对于 PeopleSoft 开发人员来说，MAP 中唯一熟悉的部分就是 PeopleCode 编辑器。MAP 使用 PeopleCode Application Classes 来响应事件。

既然 PeopleSoft 包括了两种移动开发工具，那么你可能自然而然会想到一个问题："我应该使用哪种移动工具呢？"Oracle 推荐客户尽可能使用 Fluid，因为它使用了标准的 PeopleTools 开发模式。由于 MAP 通过 Integration Broker 来提供内容，因此 Oracle 建议当构建的移动应用需要跨多个 PeopleSoft 数据库时使用 MAP。此外，当创建一个复杂组件的响应式、移动版本时，也可以选择使用 MAP。在这种情况下，首先需要为复杂组件创建一个组件接口，然后在 MAP 应用中使用该组件接口。

MAP 借助于 PeopleCode 将在线设计和建模工具组合在一起来创建移动应用。在线设计器功能非常强大，可以与各领域专家共享，允许他们对移动用户界面完成通常需要由 PeopleSoft 开发人员来完成的更改。

MAP生成MV*应用。对于*我无法完全确定，因为最后一个字母可能包含多种含义。是 ViewModel吗？是Controller吗？是Presenter吗？或者只是"Glue"(MVG)。Model(或者ViewModel)通过一个PeopleSoft Document来描述。而View则是通过Layout Designer来配置。在本章，我们将首先创建Documents来表示Layouts所需的数据。然后创建Layouts来显示信息。最后使用 PeopleCode将Model和View连接起来。

3.1 Hello MAP

接下来，让我们创建最简单的 MAP 应用，"Hello" | %OperatorID 如何？

3.1.1 创建一个 Document

由于 PeopleSoft 迁移到了 PIA，因此使用 Integration Broker Message 定义描述进出 Integration Broker 的数据。但使用这些 Message 定义所带来的一个问题是它们只能描述分层的记录结构，而另一个问题是只支持 XML。考虑到目前 JSON 的普及，PeopleTools 需要一种新的方法将数据表示为其他的格式。PeopleTools 8.51 添加了 Documents 模块作为结构化抽象，将数据集结构从数据的表示中抽象出来。可以使用 PeopleCode 填充一个 Document，然后再以各种不同的格式(包括 XML 和 JSON)显示该 Document。

在 MAP 中，Documents 代表 ViewModel。每个 Layout(View)都与一个 Document(Model)关联，而 Document 包含了 Layout 所要显示的所有数据。

登录到 PeopleSoft 在线应用，并导航到 PeopleTools | Documents | Document Builder。创建一个新 Document，其中 Package 为 BMA_HELLO，Document 为 HELLO_USER，Version 为 v1。此时使用了大写的单词来定义该 Document，当然，也可以大小写字母任意混合使用。图 3-1 是 Add New Document 页面的屏幕截图。

当出现新 Document 时，请选择左边树中的 HELLO_USER 节点，并添加一个新的原始子节点。原始值(primitive values)表示了基础数据类型，比如二进制、数字、字符串等。将新的原始元素命名为 GREETING，并选择 Text 类型。Document 可以包含原始类型、集合类型以及复合类型。可以将一个集合视为一个数组。集合的子元素既可以是原始类型，也可以是复合类型。而复合类型实际上是对另一个 Document 的引用。图 3-2 是该 Document 的屏幕截图。

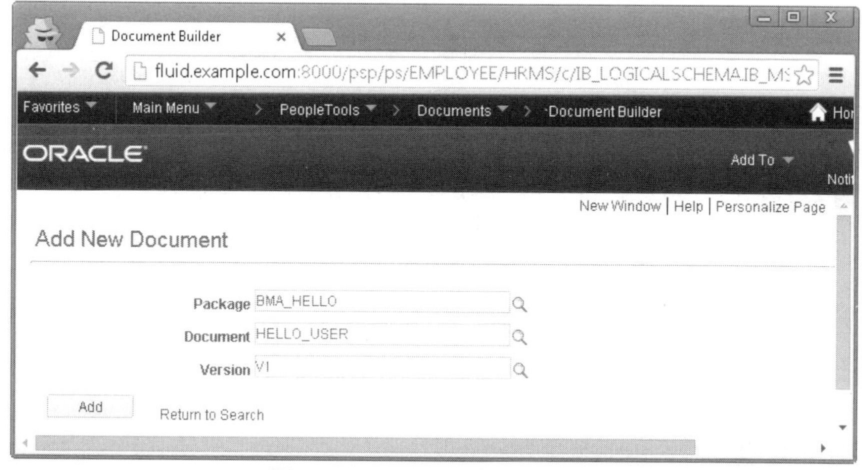

图 3-1　Add New Document 页面

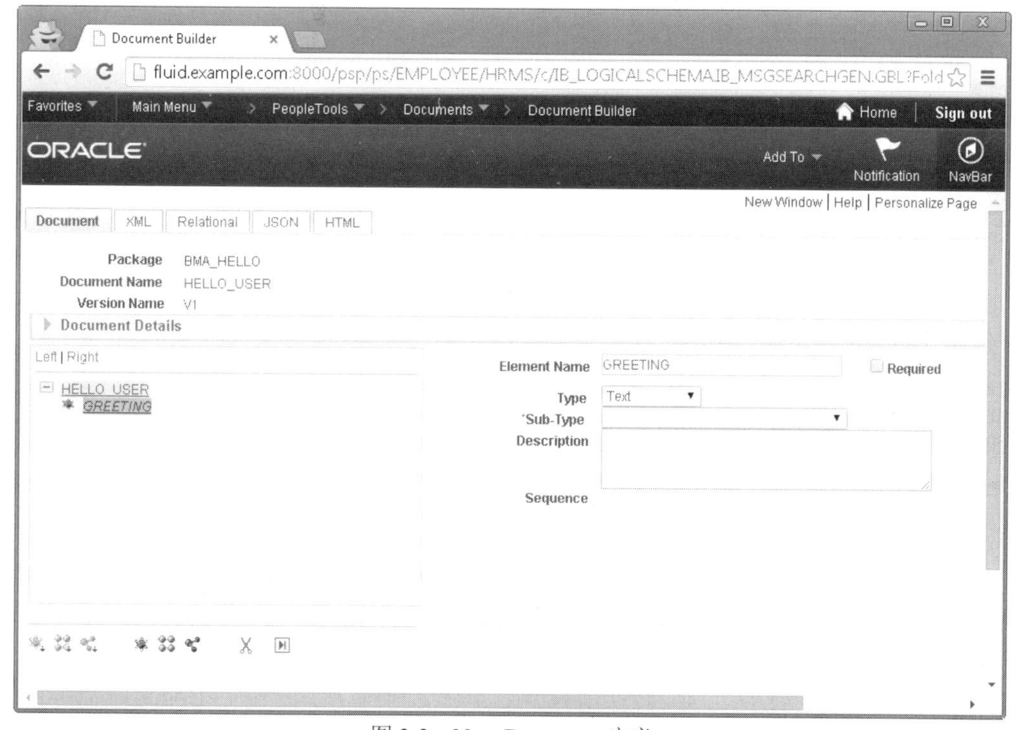

图 3-2　New Document 定义

3.1.2　配置布局

定义完 ViewModel 之后，接下来介绍一下布局。导航到 PeopleTools | Mobile Application Platform | Layout Designer。切换到 Add 模式，然后创建一个名为 BMA_HELLO_USER 的新布局。创建新布局的第一步是指定 Layout Document(也被称为 ViewModel)。图 3-3 是 Layout Document 选择的屏幕截图。在选择了一个 Document 之后，再选择 PT_TEMPLATE_ONE 模板。将常用的项目添加到模板中，可以实现布局模板的重复使用。MAP Layout 模板是 Fluid 布局的 MAP 同义词。

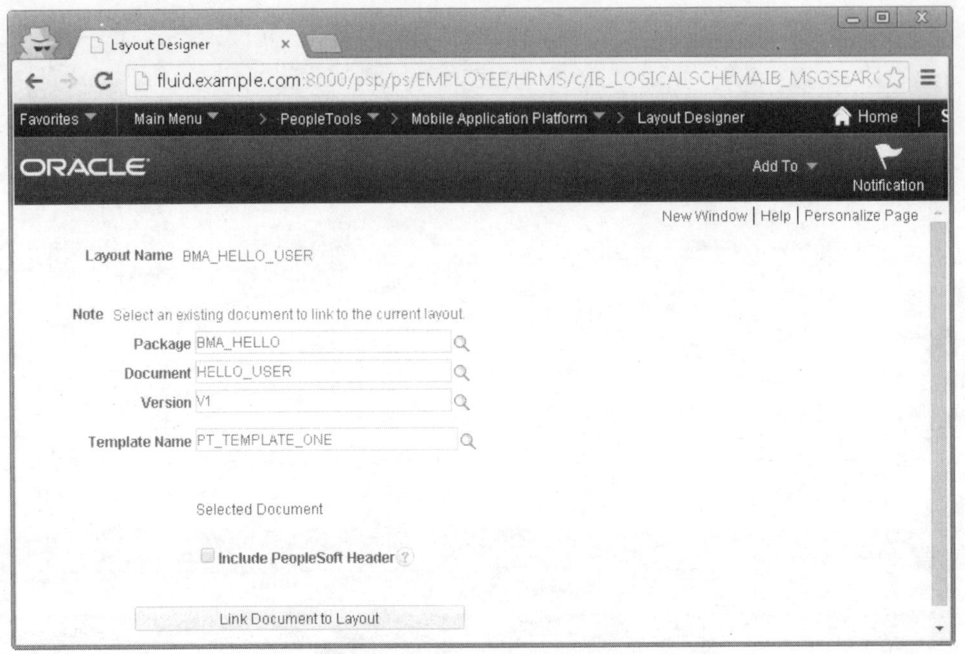

图 3-3 为 Layout 指定 Document

图 3-4 是 Layout Designer 的屏幕截图。请注意，屏幕左侧包含了针对该 Layout 专门创建的一种 Document。在其右上方可以看到模板名称。模板名称的下面是一个工具栏。可以使用该工具栏中所包含的按钮将输入和输出控件添加到布局中，而在工具栏下面是一个作为布局一部分的项目列表。其中的容器元素包含了开始和结束项。例如，mapheader_1 后面紧跟着 mapheader_end。在开始和结束项之间添加的任何内容都会显示在该标题中。几乎任何被添加到页面的内容都将存在于某种容器中。当查看 Layout 网格时，请将 mapheader_1 的 Label Text 设置为 Hello World。

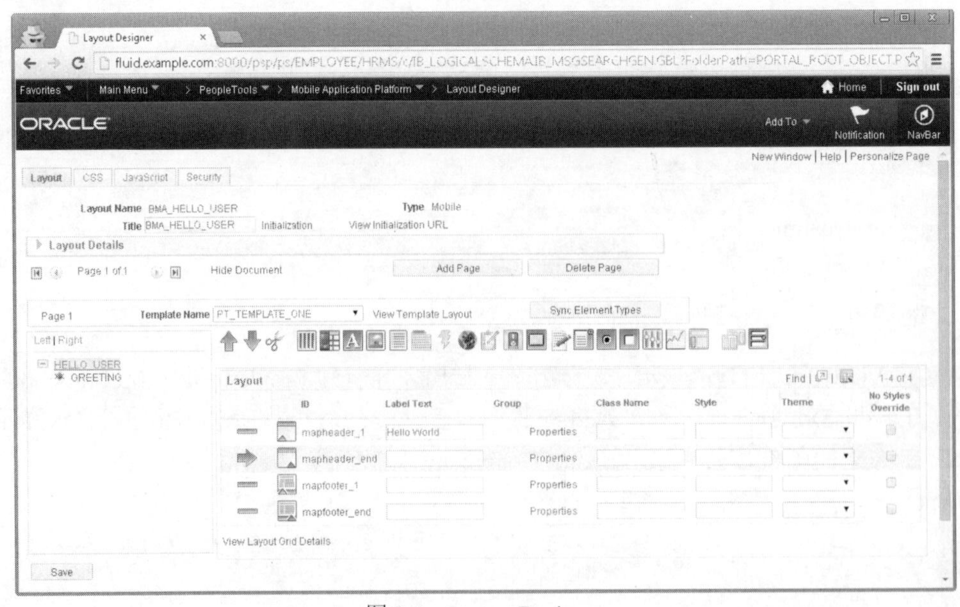

图 3-4 Layout Designer

Layout 网格左列中的箭头确定了新项目的插入点。如果想要将箭头移动到 mapheader_end，可以在左列中单击该行对应区域。现在，单击工具栏中的‘A’图标，插入一个静态文本元素。此时，MAP 将予以响应，询问想要在该静态文本元素中放入什么内容。

选择 Primitive 单选按钮，然后选择 GREETING 行对应的复选框。图 3-5 是文本元素属性的屏幕截图。现在，Layout Designer 网格将包含一个标签文本为 GREETING 的 mapstatictxt_1 元素。

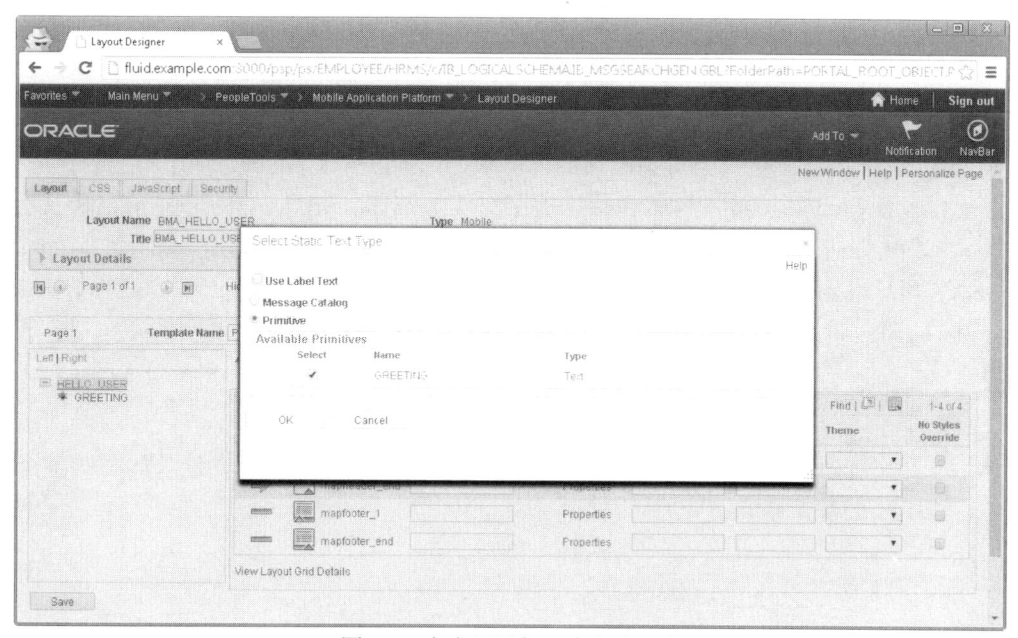

图 3-5　向布局添加一个文本元素

注意：

如果在错误的地方添加了一个元素，那么请首先确保该行左列中有一个箭头，然后使用工具栏中的上/下箭头在网格中上下移动该行。如果想要完全删除某一行，那么请首先选择该行，然后使用剪刀图标进行删除。

1. Layout 安全

在 Layout Designer 中切换到 Security 选项卡，并将 Req Verification 从 none 更改为 Basic Authentication and SSL。然后单击 Layout Permission 链接，并添加一个权限列表。此时选择了 PTPT1000，该权限列表对于所有用户都是公共的。

注意：

如果不使用 SSL 将无法进行验证。SSL 是一个加密层，当用户名和密码通过网络进行传输时，SSL 可以对用户名和密码进行保护。

在某些时候，可能需要填充 ViewModel。接下来让我们首先查看一下没有数据的布局。切换回 Layout 选项卡，并单击 View Initialization URL 链接。此时将显示一个包含 MAP 应用 URL 的对话框。将该 URL 粘贴到 Web 浏览器，并加载该应用。图 3-6 是运行时查看的布局的屏幕截图。

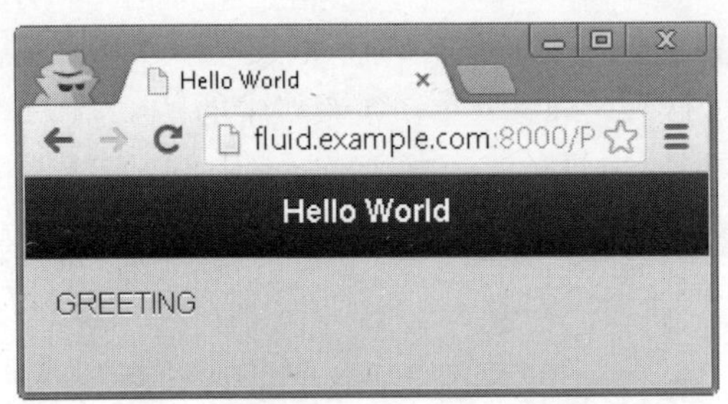

图 3-6 没有数据的 Hello User 布局

2. 数据初始化

当 Integration Broker 接收到对某一布局的请求时，将会运行 Layout 的初始化程序。该程序负责填充 Layout 的 Document。这些初始化程序都是 Application Classes。接下来，让我们为前面所创建的布局创建初始化程序。登录到 Application Designer，并创建一个新的 Application Package，然后将其命名为 BMA_HELLO_MAP。在该 Application Package 中添加类 HelloUser。打开 HelloUser PeopleCode 编辑器，并添加下面所示的 PeopleCode：

```
import PS_PT:Integration:IDocLayoutHandler;

class HelloUser implements PS_PT:Integration:IDocLayoutHandler
   method OnInitEvent(&Map As Map) Returns Map;
end-class;

method OnInitEvent
   /+ &Map as Map +/
   /+ Returns Map +/

   Local Compound &COM = &Map.GetDocument().DocumentElement;

   &COM.GetPropertyByName("GREETING").Value = "Hello " | %OperatorId;

   Return &Map;
end-method;
```

该 PeopleCode 首先请求 MAP 对 ViewModel 的引用，然后将 GREETING 属性更新为相关的问候语。

注意：

由 Oracle 出版社出版的 *PeopleSoft PeopleTools Tips and Techniques* 一书包含了关于如何创建 Application Classes 的相关章节。

返回到在线应用，并找到初始化链接。首先选择该链接，然后展开 Base Event Method 分组框。输入前面所创建的应用包和类。图 3-7 是 Base Event Method 属性的屏幕截图。

保存布局，然后重新加载布局的运行时版本。现在应该包含了文本 GREETING Hello PS(或是你的登录身份)。问候并不需要标签，所以请返回到布局并删除 mapstatictxt_1(目前该标签的值为 GREETING)Label Text。保存布局。重新加载运行时 MAP 应用，并确认更改成功。图 3-8 是最终 Hello User MAP 应用的屏幕截图。恭喜你！你现在已经创建了第一个 MAP 应用。

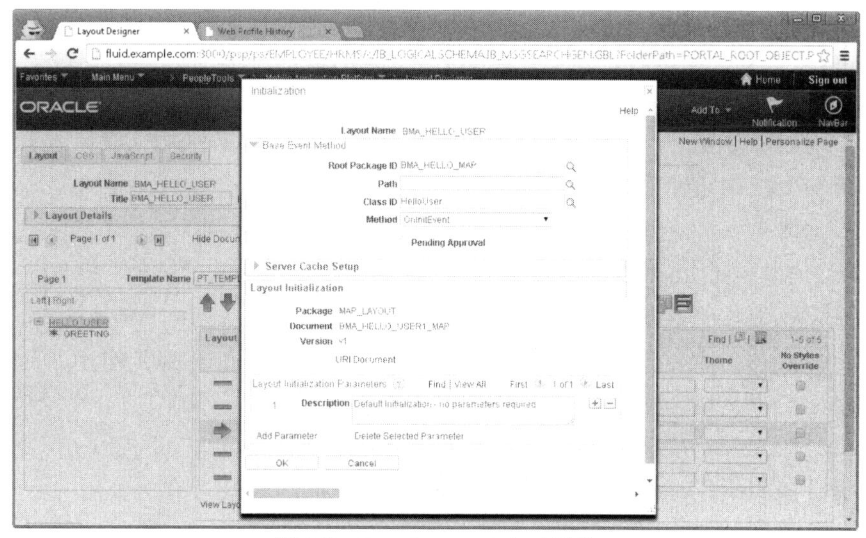

图 3-7　Base Event Method 属性

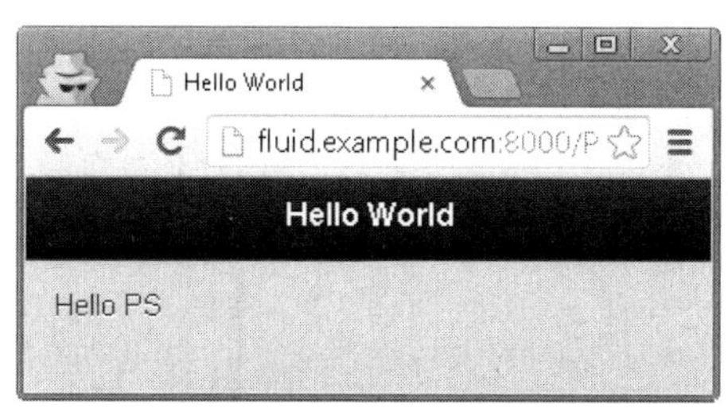

图 3-8　最终的 Hello User MAP 应用

在开始介绍下一个概念之前，还需要完成一件事件。在 Layout Designer 的顶部有一个折叠的分组框 Layout Details。展开该分组框，并找到 Document Dump 复选框。该复选框可以在运行时向布局页面添加 JavaScript 变量 mLayoutDocument。我发现该变量非常有用。当创建了一个布局但又无法看到所期望的数据时，可以查看 mLayoutDocument 变量的内容，从而确定问题是出在初始化 PeopleCode，还是 Layout 中的某一属性中。在启用了 Document Dump 后，重新加载在线 MAP 应用，并打开 JavaScript 控制台。在提示符处输入 mLayoutDocument。图 3-9 是 mLayoutDocument 输出的屏幕截图。

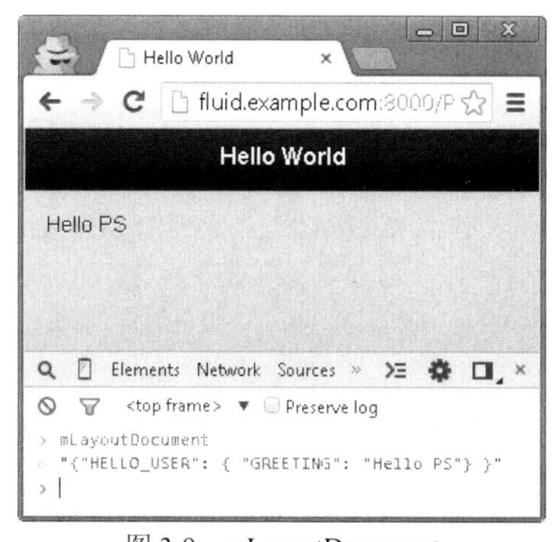

图 3-9　mLayoutDocument

3.2 jQuery 的作用

Hello User 布局包含了标题、文本区域以及脚注。当在运行时查看 MAP 应用时，会发现标题的颜色非常暗(相比于居中的文本而言)。同样，文本区域颜色相比于文本要明亮一些，并且文本包含一个轮廓。此时在 MAP 应用中所显示的样式是标准的 jQuery Mobile 样式。如果想要更改某一元素的外观，可以从 Layout 网格中选择一个不同的主题字母。例如，为了将标题的背景色从黑色变为蓝色，可以将主题下拉框的值更改为“b”。当与 Layout Designer 交互时，你会发现针对 jQuery Mobile 配置数据提供了许多可选值。例如，JavaScript 选项卡就包含了一个专门针对 jQuery Mobile Document Events 的区域。

3.3 PeopleTools 移动进程监视器

每一个 PeopleSoft 应用都有一个进程监视器。如果可以从一个地方访问所有的监视器，那么将是非常方便的。由于此功能需要使用 Web 服务，因此它是 MAP 的最佳候选者。进程监视器由一个初始页面组成，其中包含了一个进程列表。列表中的每一项都是一个指向详细页面的链接。考虑到进程调度程序有可能会产生大量的数据，所以应该将结果限定为已登录用户，并且只显示最新的 30 行数据。

3.3.1 数据模型

从前面的 Hello MAP 示例可以看到，MAP 数据模型是多层次的。最底层是数据库逻辑模型，而最高层是 MAP 视图模型文档结构。数据库模型和视图模型之间有很多重叠部分。Documents 模块包含了一个非常有用的工具，可以从一个 Record 定义生成一个 Document。但在生成之前，首先需要一个 Record 定义。接下来让我们创建一个与进程监视器数据结构匹配的 Record 定义，然后使用该定义创建视图模型的一部分。打开 Application Designer，并创建一个新的 Record 定义。向该定义添加下面的字段：

PRCSINSTANCE

PRCSTYPE

PRCSNAME

RUNDTTM

OPRID

PT_AESTATUS

切换到 Record Type 选项卡，并将 Record Type 更改为 SQL View。打开视图的 SQL 编辑器，插入下面的 SQL：

```
SELECT RQST.PRCSINSTANCE
 , RQST.PRCSTYPE
 , RQST.PRCSNAME
 , RQST.RUNDTTM
 , RQST.OPRID
 , XLAT.XLATSHORTNAME
  FROM PSPRCSRQST RQST
```

```
    , PSXLATITEM XLAT
  WHERE RQST.RUNSTATUS = XLAT.FIELDVALUE
    AND XLAT.FIELDNAME = 'RUNSTATUS'
    AND XLAT.EFF_STATUS = 'A'
    AND XLAT.EFFDT = (
  SELECT MAX(XLAT_ED.EFFDT)
   FROM PSXLATITEM XLAT_ED
  WHERE XLAT.FIELDNAME = XLAT_ED.FIELDNAME
    AND XLAT.FIELDVALUE = XLAT_ED.FIELDVALUE
    AND XLAT_ED.EFFDT <= RQST.RUNDTTM )
   ORDER BY RUNDTTM DESC
```

保存 Record，并命名为 BMA_PRCSRQST_VW。从 Application Designer 菜单栏中选择 Build | Current Definition，生成记录。图 3-10 是新 Record 定义的屏幕截图。

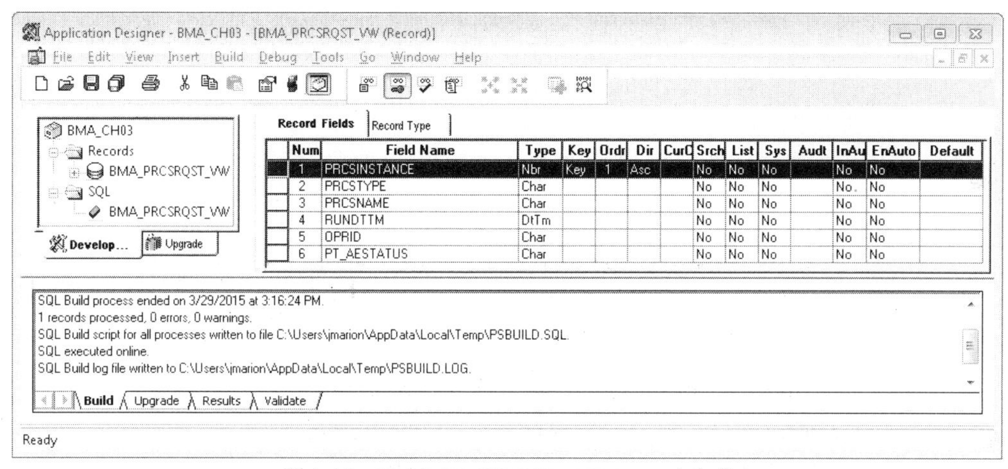

图 3-10　BMA_PRCSRQST_VW Record 定义

注意：

此时选择将进程状态转换值与运行日期相关联。如果转换值变化了，较早的进程将会显示前一个值，而较新的进程则显示当前值。或者也可以选择当前日期，以便所有进程显示最新的状态标签。

准备好数据记录之后，接下来登录到 PeopleSoft，并创建一个与该 Record 定义相匹配的 Document。通过验证之后，导航到 PeopleTools | Documents | Document Utilities | Create Document from Record。当出现提示时，选择 BMA_PRSCRQST_VW Record 定义。该实用程序将检查所选的记录，并提供机会选择哪些字段将包含在目标 Document 中。将 Package Name 设置为 BMA_PROCESS_MONITOR_MOBILE，并接受其他默认值，单击 OK 按钮。图 3-11 是该实用程序的屏幕截图。

单击 OK 之后，Create Document from Record 实用程序将显示一个 Build Result 列。此时 Build Result 列可能会包含文本“Document created successfully”。如果包含了，则可以单击文本，因为该文本是指向新建 Document 的超链接。如果 Build Result 列包含了其他不同的信息，则可能需要手动构建该 Document。

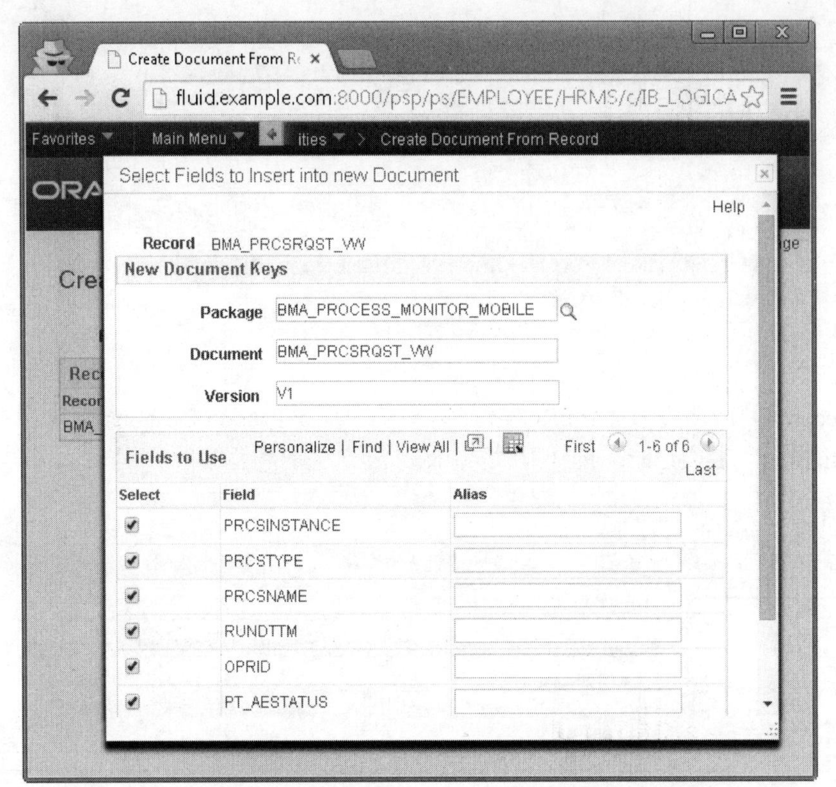

图 3-11 Create Document from Record 实用程序

Create Document from Record实用程序是一款非常方便的工具，可以减少输入和单击的次数。虽然生成的Document大多是针对后台数据模型的，但也会包含一些无法正常显示的原始配置。例如，原始值RUNDTTM包含了一种非常具体的日期格式，该格式是针对一体化而设计的，而不是针对显示目的。按照目前的定义，很难在视图层中理解RUNDTTM。所以，接下来，让我们将RUNDTTM从DateTime类型转换为Text类型(但是不要进行保存，因为更改类型将会使Document无效)。稍后，将使用PeopleCode对RUNDTTM进行格式化，使其更有意义。在更改完RUNDTTM之后，请切换到Relational选项卡，并展开Relational Details部分。通过记录提示符清除记录名称(现在可以进行保存，因为此时Document是有效的)。Document模块维护了记录(Record)/文档(Document)关系映射，以便Document.GetRowset和Document.UpdateFromRowset方法可以正常运行。然而，该关系是非常严格的，需要Document的字段和Record的字段使用相同的类型。

注意：

Create Document from Record 实用程序创建了一个 Record 定义的 Document 表示形式。如果 Document 和 Record 共享相同的结构，那么让两者共享相同的名称 BMA_PRCSRQST_VW 可能更有意义。然而，我们更改了 Document 的结构，从而使其不再与源 Record 定义匹配。考虑到这一点，让 Document 和 Record 共享相同的名称可能会让人产生误解，所以更好的名称应该是 BMA_PRCSRQST_VM，其中后缀 VM 表示 ViewModel。

目前，针对每一个在Process Monitor移动列表中显示的项目，所创建的Document都包含了一个对应的字段。该Document只表示了一行，而Layout ViewModel需要多行，为此，必须将其

包含在容器Document中。请导航到PeopleTools | Documents | Document Builder，并在包BMA_PROCESS_MONITOR_MOBILE中创建一个新的Document。然后将其命名为BMA_PROCESS_LIST_VM，同时将版本设置为V1。当显示Document结构时，请在BMA_PROCESS_LIST_VM节点上单击，然后添加一个Collection子节点，并命名为ROWS。随后在ROWS集合中添加一个Compound子节点。复合子节点的基础是BMA_PROCESS_MONITOR_MOBILE.BMA_PRCSRQST_VM.V1。图3-12是复合子节点选择对话框的屏幕截图。选择一个基础Document，然后保存新的复合Document。

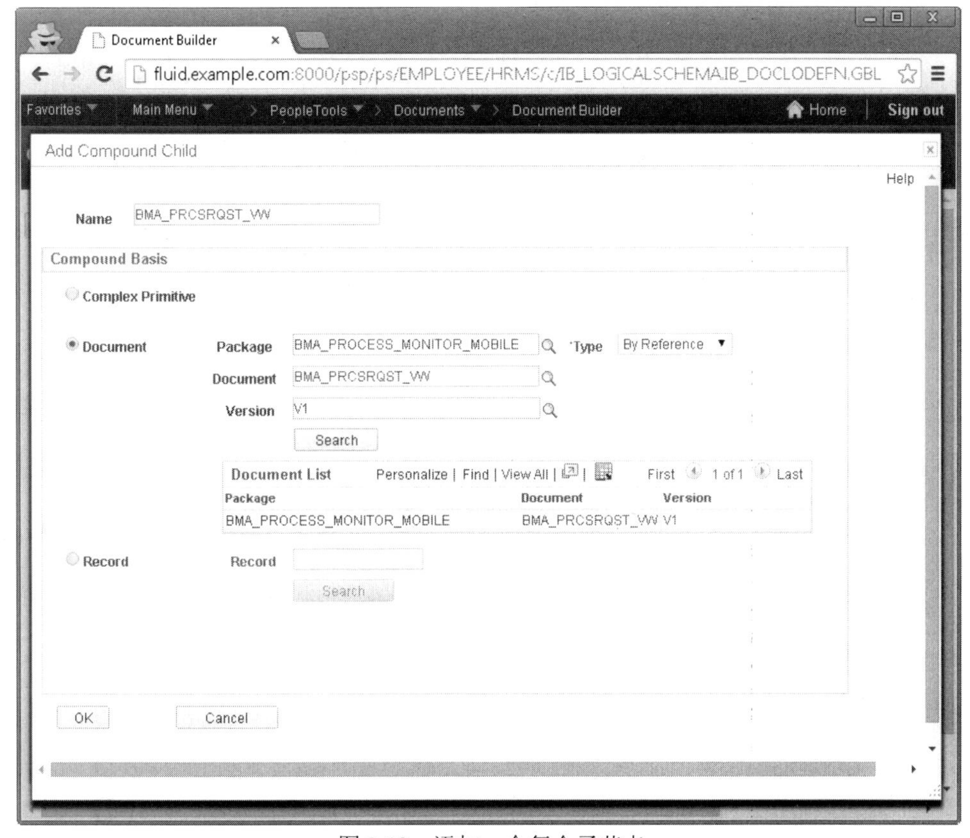

图 3-12 添加一个复合子节点

注意：

不要单击复合子节点选择对话框中的 OK 按钮。相反，应该搜索一个基础 Document，并从列表中进行选择。这样一来，将会填充 Document 的元数据，并关闭对话框。

接着前面介绍如何创建布局的内容继续介绍布局。第一个布局中的列表只是链接到一个详细布局。在创建列表之前，目标布局必须存在。如 Hello MAP 示例所示，在创建一个布局之前，必须先创建一个 Document。虽然稍后可以对它们进行适当的修改，但需要创建一些占位符。返回到 BMA_PROCESS_MONITOR_MOBILE.BMA_PRCSRQST_VM.V1 Document，并单击 Copy 按钮。BMA_PRCSRQST_VW 包含了将要在详细页面上显示的基础字段。稍后可能还希望在不更改初始化过程列表布局和 Document 的情况下向详细 Document 添加更多的字段。为此，请在相同的包 BMA_PROCESS_MONITOR_MOBILE 中放置一个新的 Document，并命名为 BMA_PROCESS_DETAILS_VM，同时将版本设置为 V1。

3.3.2 布局

目前的应用由两个布局组成：一个列表布局以及一个详细信息布局。首先应该创建详细信息布局，因为列表布局将会链接到详细信息布局。在创建该链接之前，目标(详细信息)布局必须存在。

1. 详细信息布局

导航到PeopleTools | Mobile Application Platform | Layout Designer。创建一个名为BMA_PMON_DETAILS的新Layout。针对该布局的Document就是前面所创建的Document BMA_PROCESS_MONITOR_MOBILE.BMA_PROCESS_DETAILS_VM.V1。选择模板PT_TEMPLATE_ONE，然后单击Link Document to Layout按钮。

当新 Layout 出现时，将 mapheader_1 标签文本设置为 Process Details。然后选择 mapheader_end 项并使用工具栏按钮添加一个容器。在该容器中添加一个静态文本元素。此时，MAP 将询问如何填充该静态文本元素。请选择 Primitive，然后选择 PRCSINSTANCE 字段。

第一个布局的存在是为了帮助用户选择一个进程实例。第二个布局显示了该进程实例的详细信息。由于该Layout表示应用中的第二个页面，因此需要一个参数。单击Layout顶部的Layout Initialization 链接。当出现 Initialization 对话框时，找到 Layout Initialization Parameters 部分。单击“+”按钮，添加一新行。当 Parameter List 出现时，请使用 Select Primitive 链接选择 PRCSINSTANCE 字段。图 3-13 是 Layout 参数的屏幕截图。

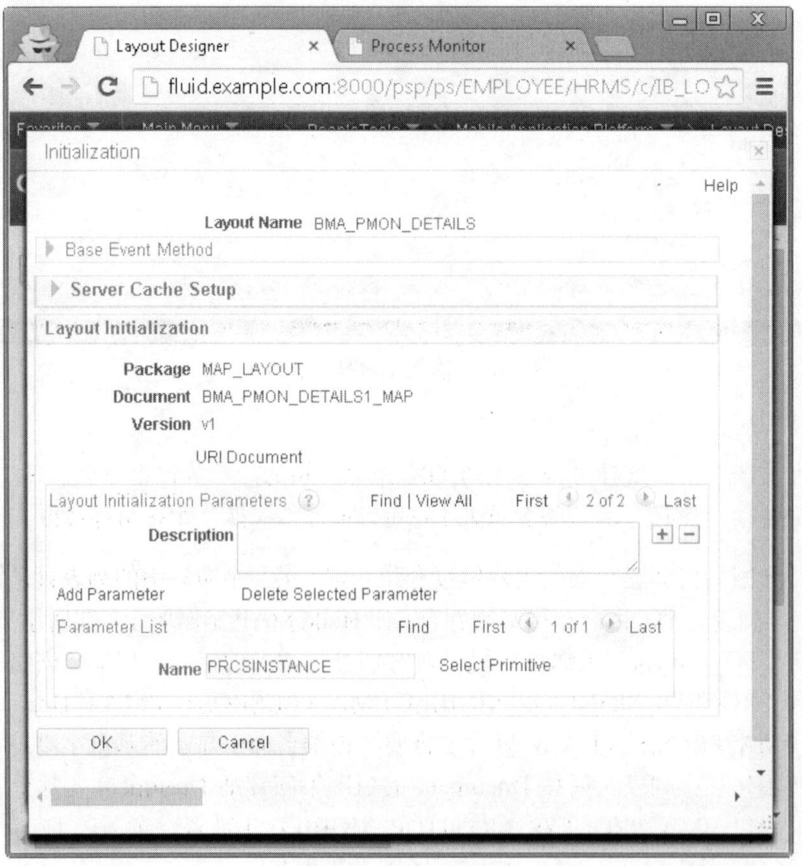

图 3-13 Layout 参数

切换到Security选项卡，为该Layout配置安全性。请将Req Verification设置为Basic Authentication and SSL，然后使用Layout Permissions为该Layout分配权限列表。此时选择了PTPT1000，所以所有用户都可以访问移动进程监视器。虽然现在可以通过手动输入一个带有合适参数的URL来查看该布局，但还是请等待一会，让列表布局为我们创建合适的URL。

2. Overview 列表布局

创建一个名为BMA_PMON_LIST的新Layout。选择Document BMA_PROCESS_MONITOR_MOBILE.BMA_PROCESS_LIST_VM.V1，并将模板名称设置为PT_TEMPLATE_ONE。单击Link Document to Layout按钮继续。找到mapheader_1，将标签设置为Process Monitor。然后选择mapheader_end元素，并添加一个Listview元素。当出现提示时，如果想要创建一个组，请单击“No”，将出现Listview配置对话框。请检查Add URL 和 Dynamic Flag特性。Add URL特性允许将一个目标链接与列表中的每一项相关联。而Dynamic Flag特性则允许从一个集合选择元素。在Listview Composition网格中，为Title、Description和Aside设置相关值。针对Title，选择原始值PRCSNAME。同时分别将Description和Aside设置为PRCSTYPE和RUNDTTM。在该网格的上方有一个名为Add Field的链接。使用该链接添加一个额外字段。针对该新字段，将原始值设置为PT_AESTATUS。图 3-14 是Listview配置对话框的屏幕截图。

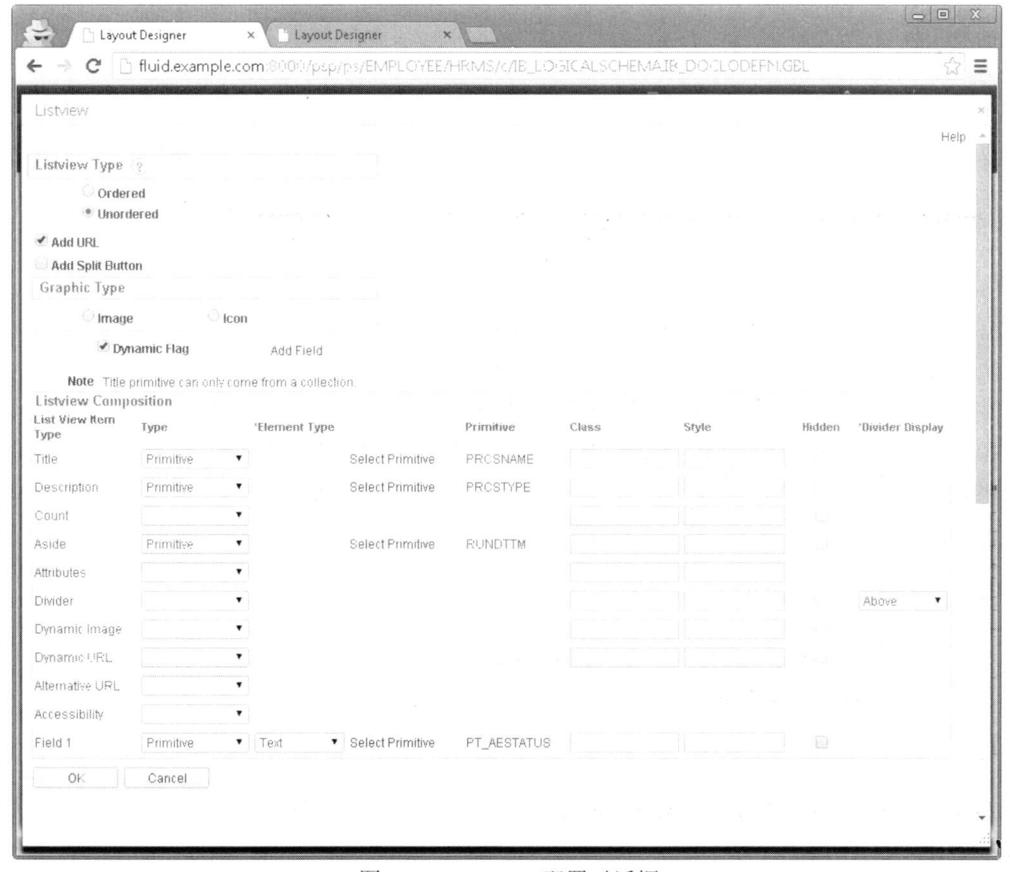

图 3-14　Listview 配置对话框

由于指定了 Add URL，因此 MAP 将提示输入 URL 信息。请选择 Call Layout 选项，然后选择 Layout BMA_PMON_DETAILS。该详细信息布局有两个 URL：

- 不带参数的默认初始化 URL。
- 获取一个进程实例所需的 URL。

选择第二个 URL(即没有描述信息的 URL)。此时将出现 URI Parameters 网格，从而允许将 PRCSINSTANCE 参数映射到 ViewModel 中的原始值。选择 PRCSINSTANCE 原始值。图 3-15 是 URL 映射的屏幕截图。

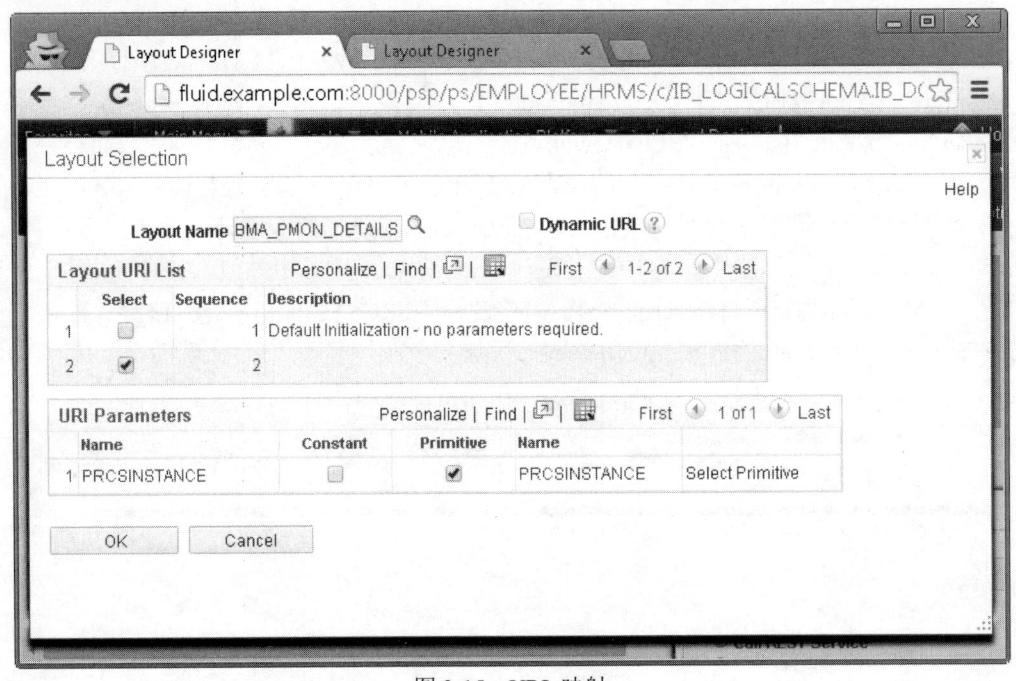

图 3-15 URL 映射

在为 Layout 分配了安全性(带有 SSL 的 Basic Authentication 以及权限列表 PTPT1000)之后，请返回到 Layout 选项卡，并单击 View Initialization URL 链接。此时所出现的对话框将包含一个启动该 Layout 的 URL。在我的 VirtualBox 映像中，该 URL 为 http://fluid.example.com:8000/PSIGW/RESTListeningConnector/PSFT_HR/BMA_PMON_LIST1_MAP.v1/INIT/-1。如果你感兴趣，可以将自己 Layout 的 URL 粘贴到浏览器中，查看一下 Layout 的当前状态。由于目前还没有填充 Layout 的 Document，因此只会看到标题。

3.3.3 初始化

目前的Layouts需要一些数据。请登录到Application Designer，并创建一个名为BMA_PMON_MOBILE的新Application Package。

Overview 列表初始化

向 BMA_PMON_MOBILE Application Package 中添加一个新的 Application Class，并命名为 ProcessOverviewList。然后添加下面所示的 PeopleCode：

```
import PS_PT:Integration:IDocLayoutHandler;

class ProcessOverviewList implements
```

```
        PS_PT:Integration:IDocLayoutHandler
    method OnInitEvent(&Map As Map) Returns Map;
end-class;

method OnInitEvent
    /+ &Map as Map +/
    /+ Returns Map +/

    Local Rowset &rs = CreateRowset(Record.BMA_PRCSRQST_VW);
    &rs.Fill("WHERE OPRID = :1 AND ROWNUM < 31", %OperatorId);

    Local Document &doc = &Map.GetDocument();
    Local Compound &COM = &doc.DocumentElement;
    Local Collection &items = &COM.GetPropertyByName("ROWS");
    Local Compound &resultItem;
    Local number &rowIdx = 1;
    Local Row &row;

    For &rowIdx = 1 To &rs.RowCount
        &row = &rs.GetRow(&rowIdx);
        &resultItem = &items.CreateItem();
        &resultItem.GetPropertyByName("PRCSINSTANCE").Value =
                &row.GetRecord(Record.BMA_PRCSRQST_VW).GetField(
                Field.PRCSINSTANCE).Value;
        &resultItem.GetPropertyByName("PRCSTYPE").Value =
                &row.GetRecord(Record.BMA_PRCSRQST_VW).GetField(
                Field.PRCSTYPE).Value;
        &resultItem.GetPropertyByName("PRCSNAME").Value =
                &row.GetRecord(Record.BMA_PRCSRQST_VW).GetField(
                Field.PRCSNAME).Value;
        &resultItem.GetPropertyByName("RUNDTTM").Value =
                DateTimeToLocalizedString(&row.GetRecord(
                Record.BMA_PRCSRQST_VW).GetField(Field.RUNDTTM).Value ,
                "MM/dd/yyyy 'at' hh:mm:ss a");
        &resultItem.GetPropertyByName("OPRID").Value =
                &row.GetRecord(Record.BMA_PRCSRQST_VW).GetField(
                Field.OPRID).Value;
        &resultItem.GetPropertyByName("PT_AESTATUS").Value =
                &row.GetRecord(Record.BMA_PRCSRQST_VW).GetField(
                Field.PT_AESTATUS).Value;
        Local boolean &ret = &items.AppendItem(&resultItem);
    End-For;

    Return &Map;
end-method;
```

该 PeopleCode 初始化例程与 Hello MAP 示例类似，但多了几行代码，将一个行集复制到 Layout Document 的集合中。其中 Rowset.Fill 方法的 WHERE 字句将返回结果限定为不超过 30 行。进程调度程序可以生成大量的数据，因此限制通过无线网络发送的信息量是非常重要的。

返回到 BMA_PMON_LIST Layout 的在线 Layout Designer，并单击 Initialization 链接。展开 Base Event 部分，并输入 Application Class BMA_PMON_MOBILE:ProcessOverviewList。然

后选择方法 OnInitEvent。图 3-16 是 Base Event Application Class 属性的屏幕截图。保存 Layout，然后通过初始化 URL 访问该 Layout。图 3-17 是 Overview 列表的屏幕截图。该列表目前还不怎么美观，但它包含数据。在实现了详细信息列表初始化例程之后，我们将返回到该布局，并调整相关属性，从而获得最佳的浏览体验。

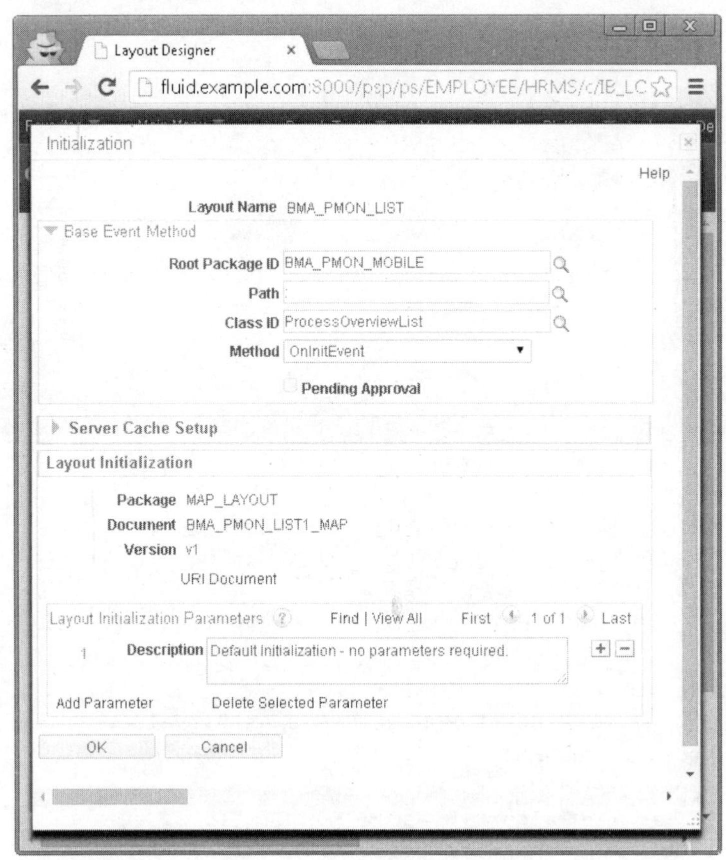

图 3-16 Base Event 属性

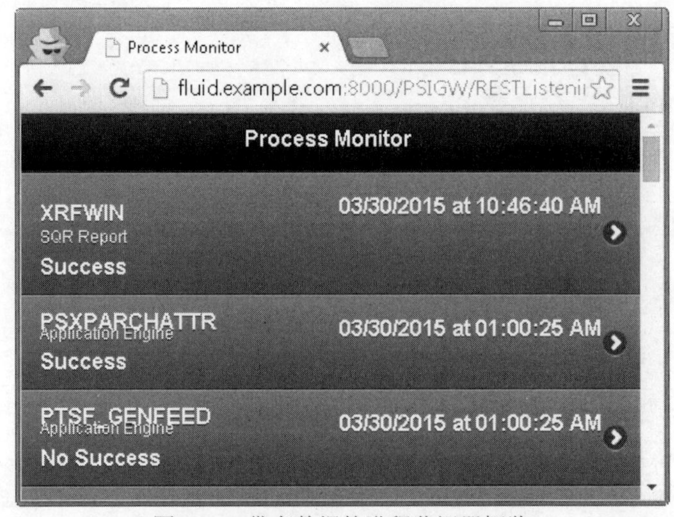

图 3-17 带有数据的进程监视器概览

详细信息列表初始化

在 Application Designer 中，向 Application Package BMA_PMON_MOBILE 添加一个新的 Application Class，并命名为 ProcessInstanceDetails，然后添加下面所示的 PeopleCode：

```
import PS_PT:Integration:IDocLayoutHandler;

class ProcessInstanceDetails implements
      PS_PT:Integration:IDocLayoutHandler
  method OnInitEvent(&Map As Map) Returns Map;
end-class;

method OnInitEvent
  /+ &Map as Map +/
  /+ Returns Map +/

  REM ** access the URL parameters, specifically the
       process instance;
  Local Compound &reqDocElement =
       &Map.GetURIDocument().DocumentElement;
  Local number &prcsInstance = &reqDocElement.GetPropertyByName(
       "PRCSINSTANCE").Value;

  REM ** select the process details from the database;
  Local Record &rec = CreateRecord(Record.BMA_PRCSRQST_VW);
  &rec.GetField(Field.PRCSINSTANCE).Value = &prcsInstance;
  &rec.SelectByKey();

  Local Compound &COM = &Map.GetDocument().DocumentElement;

  &COM.GetPropertyByName("PRCSINSTANCE").Value = &prcsInstance;
  &COM.GetPropertyByName("PRCSTYPE").Value =
       &rec.GetField(Field.PRCSTYPE).Value;
  &COM.GetPropertyByName("PRCSNAME").Value =
       &rec.GetField(Field.PRCSNAME).Value;
  &COM.GetPropertyByName("RUNDTTM").Value =
       DateTimeToLocalizedString(&rec.GetField(
       Field.RUNDTTM).Value, "MM/dd/yyyy 'at' hh:mm:ss a");
  &COM.GetPropertyByName("OPRID").Value = &rec.GetField(
       Field.OPRID).Value;
  &COM.GetPropertyByName("PT_AESTATUS").Value =
       &rec.GetField(Field.PT_AESTATUS).Value;

  Return &Map;
end-method;
```

返回到 BMA_PMON_DETAILS Layout 的在线 Layout Designer，并单击 Intialization 链接。展开 Base Event 部分，输入 Application Class BMA_PMON_MOBILE:ProcessInstanceDetails，然后选择方法 OnInitEvent。最后保存 Layout，并尝试通过单击 Process Overview Layout 列表访问该布局。图 3-18 是详细信息页面的屏幕截图。虽然目前该页面并不美观，但我们的目的只是

测试一下初始化例程。

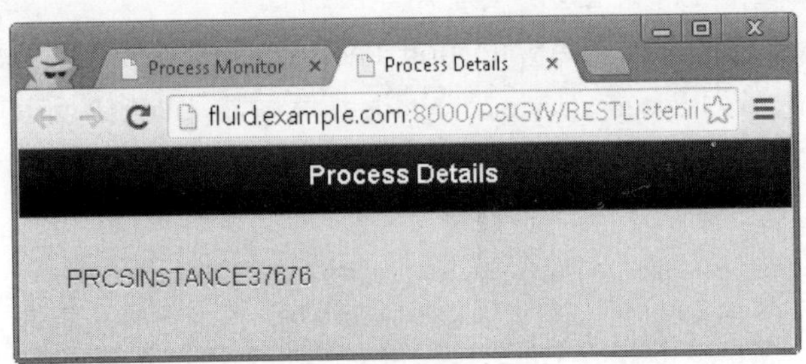

图 3-18　带有数据的无格式 Details 页面

3.3.4　最后的布局调整

目前的 Layouts 已经具备了一定的功能。接下来更改一些配置，从而进一步提高用户体验。

Overview 列表布局

在 Layout Designer 中打开 BMA_PMON_LIST Layout。然后在 Layout 网格中找到 maplist_view1 元素，并单击该元素的 Properties 链接。向下滚动到 Listview Properties 对话框的一半，找到 Dialog 复选框并选中。默认的 MAP 行为是在一个新窗口中打开链接。通过使用该对话框选项，可以在保持列表处于活动状态的情况下在相同的窗口中加载详细信息 Layout。继续滚动该对话框，并找到 Listview Properties 组。选择 Inset 和 Filter 选项。图 3-19 是 Listview Properties 的屏幕截图。

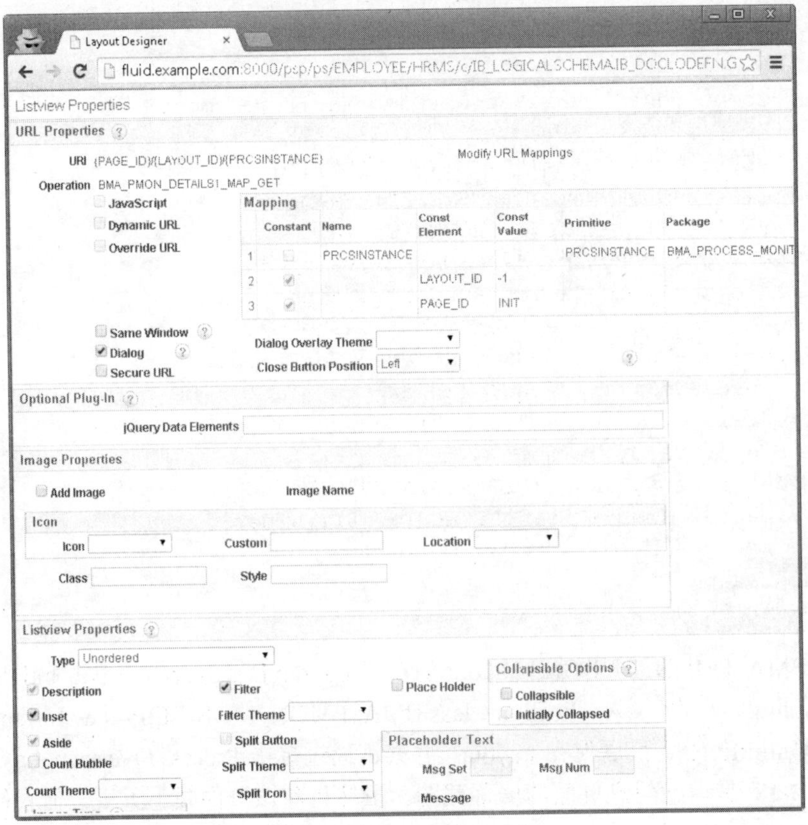

图 3-19　Listview Properties

重新加载 Process Monitor 移动页面，此时会看到在列表的顶端有一个过滤器，并且列表是插入的，而不是填充的整个屏幕。在过滤器框中输入一些文本，会看到过滤后的结果列表将仅显示匹配项。例如，输入 SQR，将只会看到 SQR 报告。

该列表仍然存在一些视觉异常。例如，进程类型并未正确对齐，运行状态放置的位置似乎也比较奇怪。可以将运行状态移动到右边，以便显示在运行日期的下方。此外，对于列表内的纯粹蓝色背景我也不太喜欢。接下来，让我们使用 jQuery Mobile 主题支持为该列表选择一个不同的颜色方案。返回到 Layout Designer，并找到 Theme 列，将 maplistview_1 的主题更改为主题“c”。

此外，还可以使用 CSS 解决布局中其他的问题。应用 CSS 的方法有两种。第一种方法是在每一个想要更改的元素的样式属性中添加 CSS 特性。第二种方法是在 Layout 的 CSS 选项卡中定义 CSS 样式类，然后再将这些类分配给每个元素。本书采用了第二种方法。返回到 Layout Designer，并切换到 CSS 选项卡。滚动到页面的中部，单击按钮 Add Stylesheet，此时会在 Stylesheets 网格中添加一行。在 CSS Name 字段中输入一个名称。具体什么名称并不重要，只需以.css 结尾即可。我所输入的名称为 list-layout.css。然后在 CSS Name 字段下面的文本字段中输入下面的代码。图 3-20 是 Layout Designer CSS 编辑器的屏幕截图。

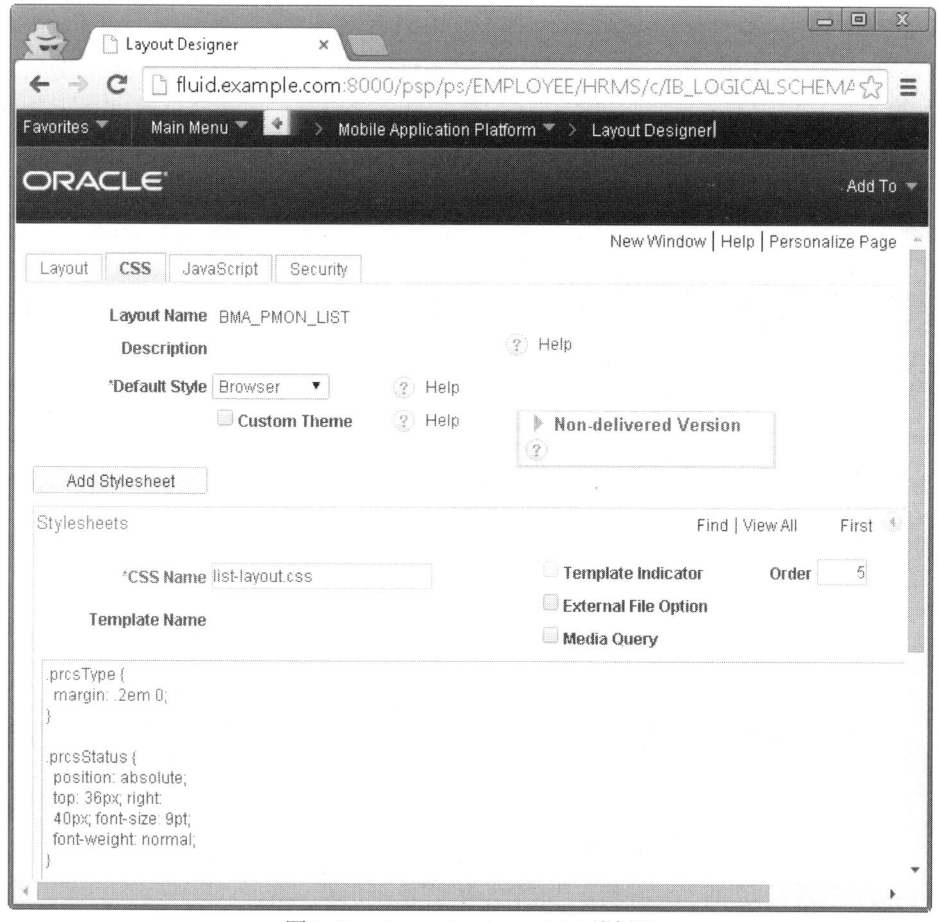

图 3-20　Layout Designer CSS 编辑器

```
.prcsType {
  margin: .2em 0;
}

.prcsStatus {
  position: absolute;
  top: 36px;
  right:
  40px;
  font-size: 9pt;
  font-weight: normal;
}
```

注意：

使用 CSS 可以解决很多问题。例如，MAP 并没有提供一种连接字段的机制。添加到页面的字段都是以垂直的方式堆叠的。而通过添加 css display:inline_block，可以以水平的方式排列字段。此外，还可以使用 CSS 添加分隔符(使用:after 和:before 伪类)。

返回到 Layout 选项卡，选择 maplistview_1 元素的 Properties 链接。在属性对话框的底部找到 Field 和 Description 项。分别将 Description 项的类名设置为 prcsType，将 Field 项的类名设置为 prcsStatus。图 3-21 是字段和类属性的屏幕截图。刷新 Process Monitor 应用，并确定布局按照期望的那样变化。选择一个进程链接，验证一下是否在一个对话框中打开了详细信息页面。图 3-22 是应用了样式调整后的 Process Monitor 列表的屏幕截图。

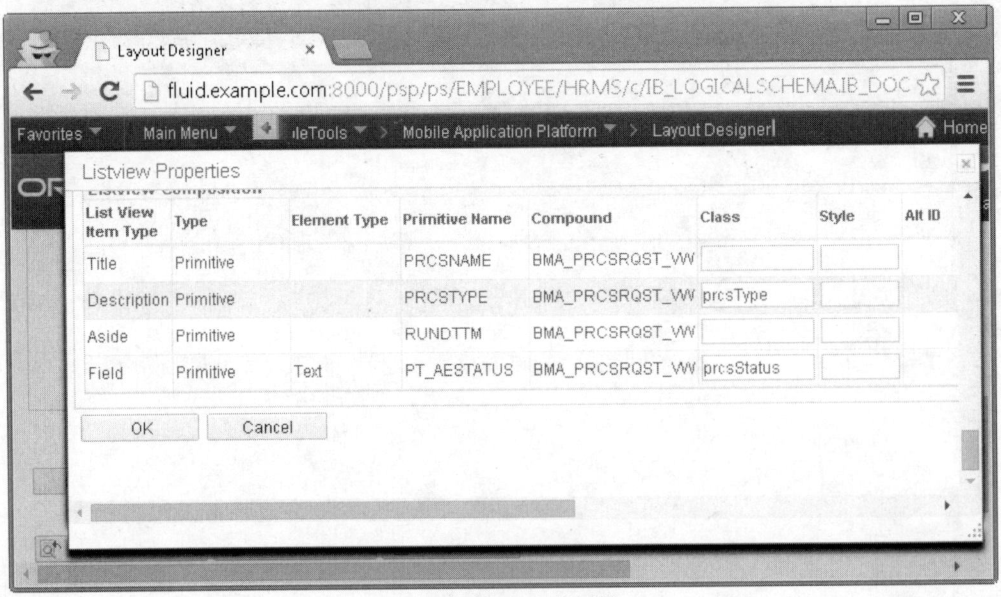

图 3-21 字段和类属性

到目前为止，Process Monitor Overview 已经完成。接下来返回到详细信息布局，并进行一些修改。特别是添加一个网格，从而获得更好的布局，然后从 ViewModel 中添加一些原始值。

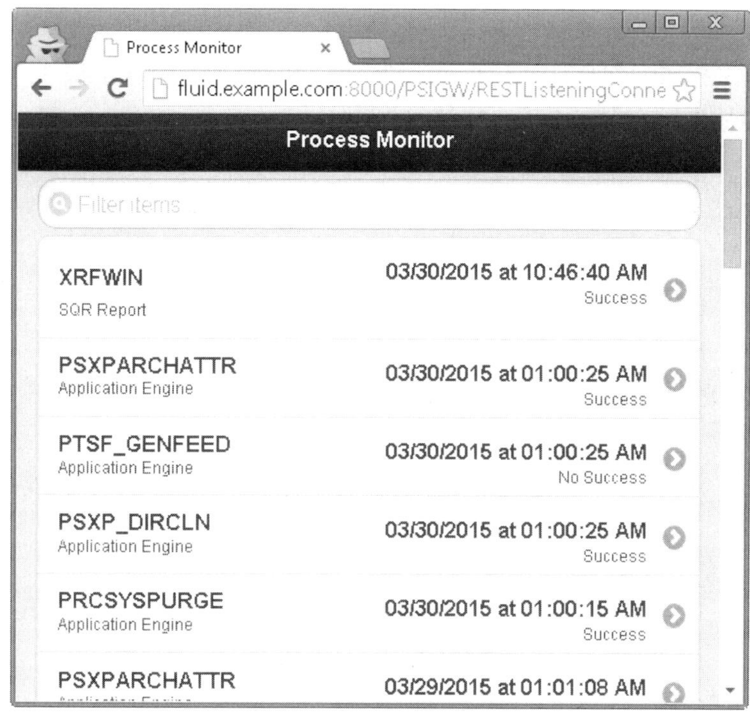

图 3-22　已更新的 Process Monitor

在 Layout Designer 中打开 BMA_PMON_DETAILS Layout。选择 mapcont_start_1、mapstatictxt_1 和 mapcont_end_1 字段，并单击“剪刀”工具栏按钮，从而删除这些字段。然后选择 mapheader_end_1，单击 Add Mobile Grid 工具栏按钮。此时将向 Layout 中添加 mapmobl_start_1。请选择 mapmobl_start_1，并添加两个容器，但不要相互嵌套。它们之间是同属关系。在网格的第一个容器中添加静态文本字段 PRCSINSTANCE 和 PRCSNAME，而在第二个容器中添加静态文本字段 PRCSTYPE 和 OPRID。虽然目前网格包含了内容，但仍然需要一些内容元数据。请单击网格的属性链接，出现一条消息“默认移动网格计数。列数默认为 2，行数默认为 1”。该默认值是非常理想的，我们正好需要一个带有两列一行的网格。单击 OK，关闭属性对话框，然后保存布局。将该网格元素添加到详细信息对话框中，创建一个非响应式的两列网格。此时，添加到每个容器中的字段以垂直的方式堆叠。在新窗口中打开 Mobile Process Monitor Overview 列表，并单击一行，查看对详细信息布局所做的更改。

详细信息网格中的字段都有标签，但这些标签都跑到了详细信息值上，就好像它们都是一个单词。此外，容器也是在一起运行，就好像只有一个容器似的。接下来，通过使用 CSS，改进对话框的外观。如前面 Overview 列表中所示，Layout Designer 对 CSS 文件的使用进行了一些规定。此时还有一个问题：jQuery 无法将外部样式表加载到对话框中。解决的方法有以下几种：

1) 将对话框转换为一个标准的链接，从而可以在当前窗口或者新窗口中打开。

2) 使用样式属性，而不是 CSS 文件和类名。

3) 向父 Layout 添加 CSS。

第一种方法是非常好的选择，但每次返回到 Overview 列表时都需要进行刷新。第二种方法允许应用一些样式，但不允许将样式应用于对 Layout 表隐藏的嵌套元素。所以选择使用第三种方法，因为该方法避免了列表刷新，同时也可以按照所期望的那样应用多种样式。在 Layout Designer 中打开 BMA_PMON_LIST Layout，切换到 CSS 选项卡，找到 list_layout.css 文件。在该文件的末尾添加以下代码：

```
.bma-text {
  font-weight: bold;
  margin: .4em 0;
}

.bma-text span {
  font-weight: normal;
}

.bma-text span:before {
  content: ": ";
}

.bma-grid-container {
  margin: 0 .4em;
}

/* stack all grids below 40em (640px) */
@media all and (max-width: 35em) {
  .bma-responsive-grid .ui-block-a,
  .bma-responsive-grid .ui-block-b,
  .bma-responsive-grid .ui-block-c,
  .bma-responsive-grid .ui-block-d,
  .bma-responsive-grid .ui-block-e {
     width: 100%;
     float: none;
  }
}
```

保存布局，然后在 Layout Designer 中打开 BMA_PMON_DETAILS Layout。在该 Layout 中，将更改相关标签并添加一些 CSS 类名。首先使用表 3-1 中的值更新 CSS 类名。表的第一列包含了元素类型。第二列包含了 CSS 类名。对于容器元素(带有起始和结束元素的元素)来说，只需更新起始元素即可，不需要更新结束元素。

表 3-1　元素/类映射

元素类型	CSS 类名
移动网格	bma-responsive-grid
容器	bma-grid-container
静态文本	bma-text

其次，将相关标签更改为更有意义的名字。图 3-23 是 Layout Designer 中 Layout 网格的屏幕截图。重新加载 Mobile Process Monitor Overview 列表，并选择一项。图 3-24 是更新后的对话框屏幕截图。如果缩小浏览器窗口的宽度 (即调整窗口的尺寸)，会发现网格中的容器会以垂直的方式堆叠。图 3-25 显示了该响应式网格。

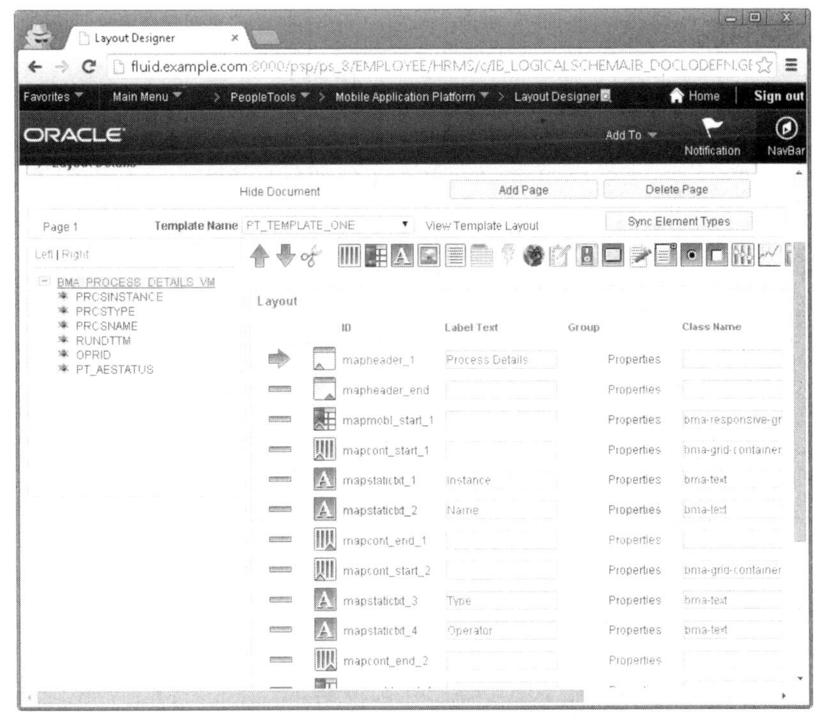

图 3-23　显示了标签类属性的布局网格

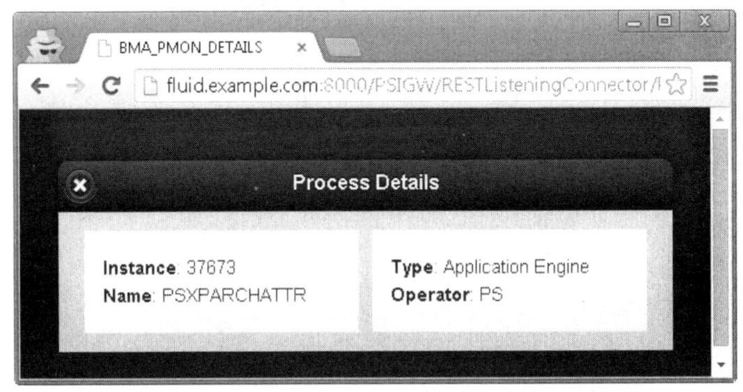

图 3-24　应用了 CSS 更新的详细信息对话框

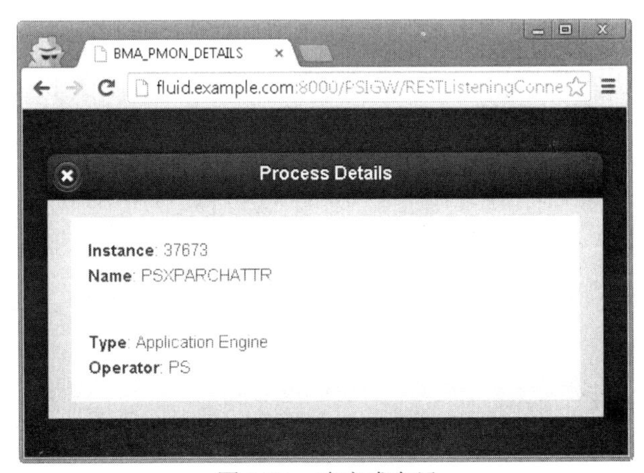

图 3-25　响应式布局

3.3.5 多页面布局

在上面的示例中，针对 Process Monitor 移动应用中的每个视图都创建了一个单独的 Layout。除此之外，在相同的布局中还可以创建多个页面。同一布局中的所有页面都必须共享相同的 Document ViewModel。每个页面可以使用不同的字段(原始值、复合值或集合值)，但它们都共享相同的 Document。如果想要使用多页面方法，则需要将详细信息视图 Compound 添加到进程 Overview 列表所使用的相同 Document 中。这种做法是可接受的，因为 Layout Document 结构是针对 Layout 而存在的，而不是针对底层数据模型。然而，就我个人而言，不太喜欢杂乱的 Layout Document，更喜欢使用易于理解的 Document 创建多个 Layout。

多页面的方法在页面之间共享相同的初始化 Application Class。如果 Layout 中的所有页面都使用相同的 Document 字段(原始值)，那么可以按照本章介绍的方法进行初始化。但如果每个页面使用不同的字段(原始值)，则可以使用传递给初始化例程的&Map 变量的 GetURIDocument()方法来确定所选择的页面。只需要对请求参数所指定的页面使用的原始值进行初始化。

3.4 小结

在本章，我们学习了如何使用 PeopleSoft Mobile Application Platform 配置工具来构建移动应用。创建了 Document ViewModel 以及相关的 Layout。使用了集合项目和 CSS 来更改布局和外观。在下一节，将学习如何使用 HTML5 框架来创建移动应用。

第 II 部分

使用 HTML5 构建移动应用

第4章

创建数据模型

在早期的 Web 应用中，开发人员的主要挫折就是表示逻辑(视图)和数据(模型)的混合。作为开发人员，通常会编写数据和表示逻辑交织在一起的 Active Server Page 和 Java Server Pages 应用。在当时，将视图层交给一个专业的设计师来完成是不现实的，因为数据和表示逻辑是无法分离的。开发人员和架构师开始寻找更好的开发方法。随着众所周知的用户界面模式 MVC(Model-View-Controller)的出现，对于大多数人来说，解决方案终于找到了。虽然该模式非常流行，但很多人发现它很容易产生混乱，因为不同的人以不同的方式解释相关概念。如果不同的解释没有产生足够的混乱，那么 Web 应用可以更进一步地在服务器端和客户端层应用 MVC。Java Server Faces、Struts、Spring、Ruby on Rails 以及 ASP.NET 都是一些常见的服务器端 MVC 框架。最近，开发人员正在使用客户端 JavaScript MVC 框架，包括 Backbone.js、AngularJS、Ember.js 以及 Kendo UI。不管如何解释 MVC，在什么地方使用 MVC，其核心都是不变的：关注点分离(Separation of Concerns)。

在本书的第 2 章，我们使用了 PeopleTools 页面定义和 PeopleCode 构建了响应式移动应用，并分别针对 Model 层和 View 层创建了记录定义和页面定义。此外，PeopleTools 还处理了 Controller 层。在第 II 部分，将继续学习使用 PeopleTools 创建 Models，但同时将 View 层转移到常见的 HTML 移动框架中，比如 jQuery Mobile，此外，还将处理 Controller 层。

在本章，将使用 SQL、Component Interfaces 和 Documents 为 MVC 应用创建 Model 层。SQL 和 Component Interface 提供了底层数据访问。而 Document 则充当了数据模型的抽象表示，将由 Controller 用来在 View 层之间传递数据。在第 5 章和第 6 章，将构建 HTML5 View 层，从而显示和更新来自 Model 的数据。而在第 7 章和第 8 章，将创建 iScript 和 REST 服务控制器，从而实现 Model 和 View 层之间的通信。对于那些比较熟悉 iScript 和/或 REST 的开发人员来说，可能会问以下问题：

- iScript 通常不是用来构建 View 层的吗？
- REST 不是用来传输数据(即模型)的吗？
- 为什么要使用 iScript 和 Controller 的复杂形式？MVC 为什么没有指定一个控制器？

然而，即使要解释 MVC，其关键原则是：关注点分离。MVC 是一个非常灵活的术语，其含义很多。在本书中，将 MVC 定义为：

- Model：PeopleTools Documents 所实现的数据结构。
- View：HTML5 中构建的表示层。
- Controller：Model 和 View 之间的桥梁。控制器执行 SQL 以及 Component Interface 命令来更新 Model，同时向 View 层传输数据。

4.1 方案

有很多非常好的移动方案：时间输入，资产管理，项目组合管理，招聘面试细节等。这些示例都是非常复杂且需要使用特定的应用数据库。而本书的目的是介绍针对 PeopleSoft 的移动开发的基础知识。考虑到这一点，本书所使用的方案非常简单。在示例中，将创建一个基本的人员目录，并使用 PeopleSoft PERSONAL_DATA 记录作为基础数据。由于大多数的 PeopleSoft 应用都包括了 PERSONAL_DATA 记录，因此该方案适用于多个应用。在后续的几章中，将分别使用多个布局、HTML5 框架以及 PeopleSoft 策略来构建相同的人员目录，从而比较和对比这些技术之间的差异。

移动人员目录主要包含三个页面：

- 搜索
- 搜索结果
- 人员详细信息

4.2 数据模型

不管是使用 iScript 或 Service Operations，还是使用 HTML5 或 Hybrid 应用，本示例都使用基于 PeopleTools Documents 的相同数据模型。

SQL 定义

PeopleSoft 开发最佳实践往往不会进行直接的 SQL 访问，而是使用 Component Interface，因为直接的 SQL 访问会绕过特定组件的业务逻辑。然而，SQL 却提供了最佳性能。一个合理的折中方法是使用 SQL 完成读取操作，而使用 Component Interface 完成创建、更新和删除操作。考虑到这一点，首先创建一些 SQL 定义来支持读取操作。打开 Application Designer，并创建一个新的项目定义。

1. 搜索和搜索结果页面 SQL

搜索页面允许按照下面的字段进行搜索：

- Employee ID
- Name
- Last Name

搜索结果页面将包含相同的字段。在 Application Designer 中添加一个新的 SQL 定义，并命名为 BMA_PERSON_SRCH。在该 SQL 定义中添加下面的 SQL：

```
SELECT EMPLID
  , NAME
  , LAST_NAME_SRCH
FR OM PS_PERS_SRCH_ALL
```

注意：

该 SQL 定义中所使用的 PERS_SRCH_ALL 记录定义是在线 Personal Data Component 所使用的搜索视图。它负责处理名字解析(针对拥有多个姓名的人)、有效排序以及其他的关系结构(听起来它似乎能够比 Zoosk 或 eHarmony 更好地处理关系)。

2. 详细信息页面 SQL

详细信息页面将包含以下信息：

- Employee ID
- Name
- Address 字段
- Phone Number

在 Application Designer 中，创建一个名为 BMA_PERSON_DETAILS 的新 SQL 定义。在该 SQL 定义中，添加下面所示的 SQL：

```
SELECT EMPLID
  , NAME
  , ADDRESS1
  , CITY
  , STATE
  , POSTAL
  , COUNTRY
  , COUNTRY_CODE
  , PHONE
    FROM PS_PERSONAL_DATA
  EMPLID = :1
```

4.3 Documents

定义完数据访问对象(即 SQL 定义)之后，可以使用 Documents 模块来构建数据结构。在第 3 章，我们使用 Documents 作为 MAP 开发的基础。而在本书的后续章节，将使用 Documents 来构造面向服务的数据结构。就像在第 3 章中学到的那样，Documents 提供了一种抽象数据模型，该模型可以以多种不同的格式呈现，包括 JSON 和 XML。

注意：

如果你是因为所使用的 PeopleTools 版本不包括 MAP 而跳过了第 3 章，那么我建议返回到第 3 章，阅读一下介绍 PeopleTools Documents 模块的相关部分。

除了用来描述 REST 响应，PeopleTools REST 服务还使用 Documents 来描述 URL 输入参数。在第 8 章，将学习如何创建 Service Operations，到时会学习更多关于 REST 服务的相关内容。目前，需要使用 Documents 来完成以下的数据传输：

- 控制器接收来自搜索页面的搜索参数(请求)
- 控制器发送的搜索结果(响应)
- 详细信息视图所需的员工 ID(请求)
- 员工详细信息(响应)

4.3.1 定义搜索参数 Document

应用的初始页面是一个搜索页面。用户向参数表单中输入搜索条件并提交该表单。而响应该请求的代码将通过 Document 结构访问该搜索条件。当为一个 REST 服务创建一个输入 Document(也被称为 Template Document)时，考虑好 URL 设计以及预期的 REST 请求类型(GET、POST 等)是非常重要的。如果目标 URL 指向一个特定项，比如一名员工，那么 URL 参数应该是一个员工标识符，即 PeopleSoft:EMPLID。用来访问 ID 为 KU0010 的员工的 URL 应该为.../employees/KU0010。通过该 URL，可以看到一种自然的层次结构：employees→EMPLID。然而对于搜索页面来说，REST 服务 URL 应该指向一个项目集合，所以不应该使用一个特定的标识符类型的 URL。同时，对参数 emplid、name 或 last Name 应用一种层次结构也是不可能的。相反，可以使用一种查询字符串样式(query-string-style)的 URL 模式。在第 8 章，将学习如何使用输入 Documents 构建 URL。目前只需要创建输入 Document 就可以了。

登录到 PeopleSoft 在线应用，并导航到 PeopleTools | Documents | Document Builder，创建搜索 Document。然后单击 Add a New Value 链接，并输入表 4-1 中所示的值。

表 4-1 新 Document 元数据

字段名称	字段值
Package	BMA_PERSONNEL_DIRECTORY
Document	SEARCH_FIELDS
Version	v1

图 4-1 是 Add New Document 数据输入页面的屏幕截图。单击 Add 按钮，创建该 Document。

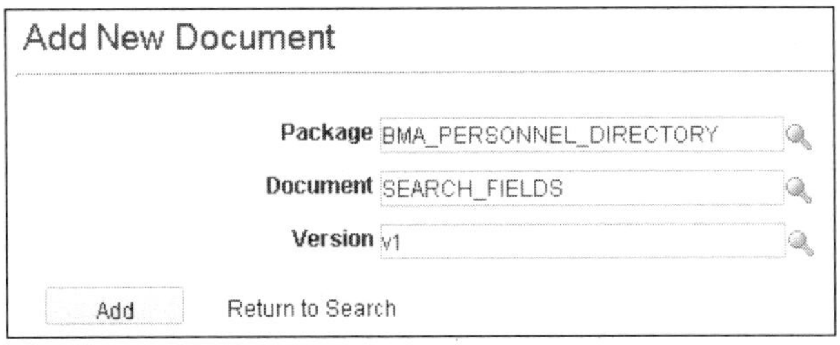

图 4-1　Add New Document 对话框

针对新 Document，添加三个原始值:EMPLID、NAME、LAST_NAME_SRCH，并根据表 4-2 中的值设置这些属性。如第 3 章中所学习的那样，原始值(primitive value)表示基础数据类型，如二进制、数字和字符串等。

表 4-2　Document 原始值及其属性类型和长度

元素名	类型	长度
EMPLID	String	11
NAME	String	50
LAST_NAME_SRCH	String	30

注意：

所添加的原始值与它们所表示的字段共享相同的名称，但并不一定必须这样做。此时这么做是为了简化设计，但并不一定合理。例如，字段名 LAST_NAME_SRCH 就太长了。较短的名称可以减少最终 Document 的大小。

图 4-2 是新 Document 结构的屏幕截图。我们将使用该 Document 用作搜索参数，并作为搜索结果复合 Document 的基础。在继续后面的操作之前请先保存该 Document。

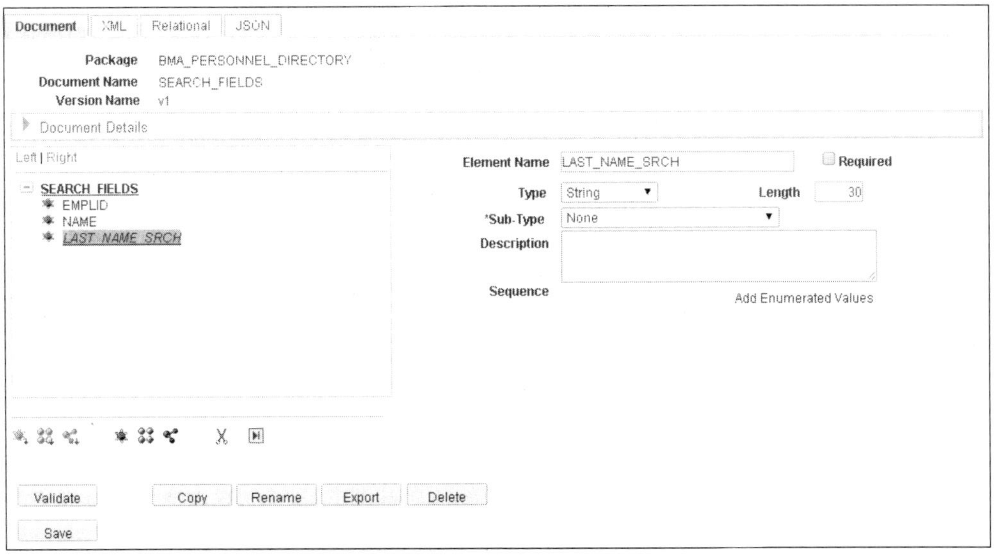

图 4-2　BMA_PERSONNEL_DIRECTORY.SEARCH_FIELDS.v1 Document 结构

4.3.2 定义搜索结果 Document

移动 Web 应用的第二个页面是搜索结果页面。该页面包含了一个列表，而该列表中的字段与参数表单中的字段相同。通过创建一个新的 Document(BMA_PERSONNEL_DIRECTORY.SEARCH_FIELDS.v1)作为搜索参数，可以构建搜索参数与搜索结果之间的关系，而该 Document 拥有一个由相同的 Document 组成的集合。按照表 4-3 所示的值，在包 BMA_PERSONNEL_DIRECTORY 中创建名为 SEARCH_RESULTS 的新 Document，且版本为 v1。

表 4-3 SEARCH_RESULT Document 元数据

字段名称	字段值
Package	BMA_PERSONNEL_DIRECTORY
Document	SEARCH_RESULTS
Version	v1

单击 Add 按钮，创建该 Document。然后向该 Document 中添加一个名为 RESULTS 的 Collection Child。随后再向 RESULTS Collection 中添加一个引用 BMA_PERSONNEL_DIRECTORY.SEARCH_FIELDS.v1 的 Compound Child。图 4-3 是 Compound Child 搜索结果的屏幕截图。选择匹配行，添加 SEARCH_FIELDS Document 作为 Compound Child。图 4-4 是完整的 Document 结构的屏幕截图。

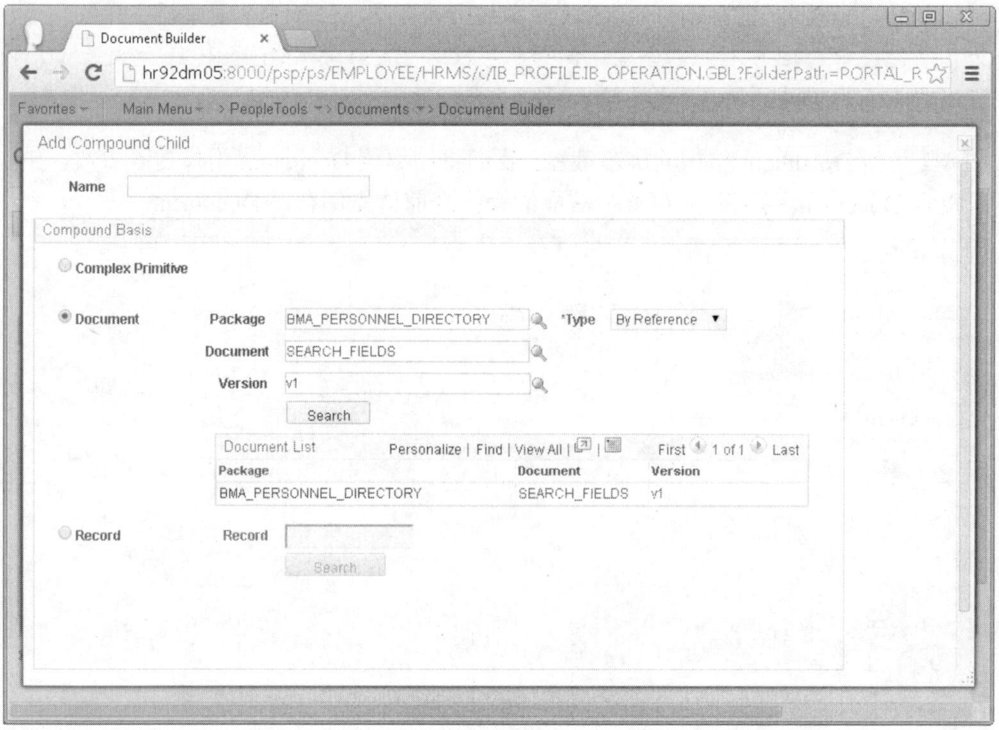

图 4-3 Compound Child 搜索结果

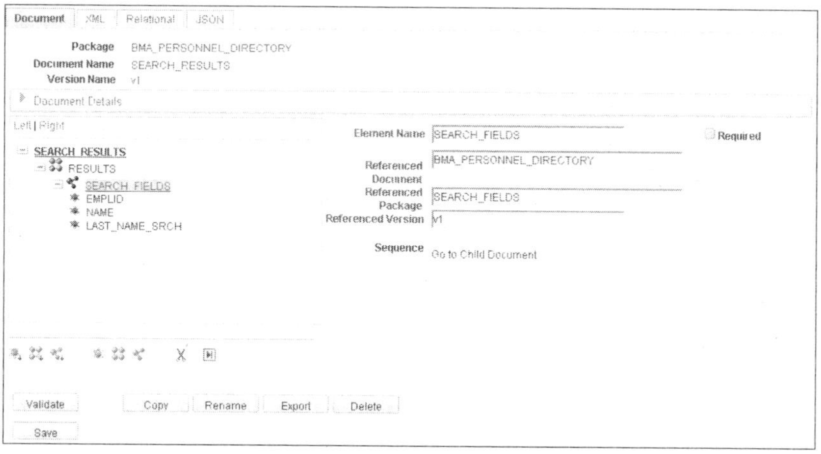

Document | XML | Relational | JSON

Package BMA_PERSONNEL_DIRECTORY
Document Name SEARCH_RESULTS
Version Name v1

Document Details

Left | Right

SEARCH_RESULTS
RESULTS
SEARCH_FIELDS
EMPLID
NAME
LAST_NAME_SRCH

Element Name SEARCH_FIELDS
Required
Referenced Document BMA_PERSONNEL_DIRECTORY
Referenced Package SEARCH_FIELDS
Referenced Version v1
Sequence
Go to Child Document

Validate
Copy
Rename
Export
Delete
Save

图 4-4 BMA_PERSONNEL_DIRECTORY.SEARCH_RESULTS.v1 Document

4.3.3 定义详细信息输入 Document

通过搜索页面，用户可以选择一名员工并查看其详细信息。由于可以确切地知道更新的是哪个 EMPLID，因此可以使用一种特定的基于资源的 URL 模式——有些类似于.../employees/KU0010。所以，输入 Document 包含一个 EMPLID 属性。在第 8 章，会将该 Document 与一种 Service Operation URL 模式关联起来。

按照表 4-4 所示的值，在 BMA_PERSONNEL_DIRECTORY 包中创建一个名为 EMPLID 的新 Document，且版本为 v1。

表 4-4 EMPLID Document 元数据

字段名称	字段值
Package	BMA_PERSONNEL_DIRECTORY
Document	EMPLID
Version	v1

向该 Document 中添加一个名为 EMPLID 的原始值，其类型为 String，长度为 11。图 4-5 是新 Document 的屏幕截图。

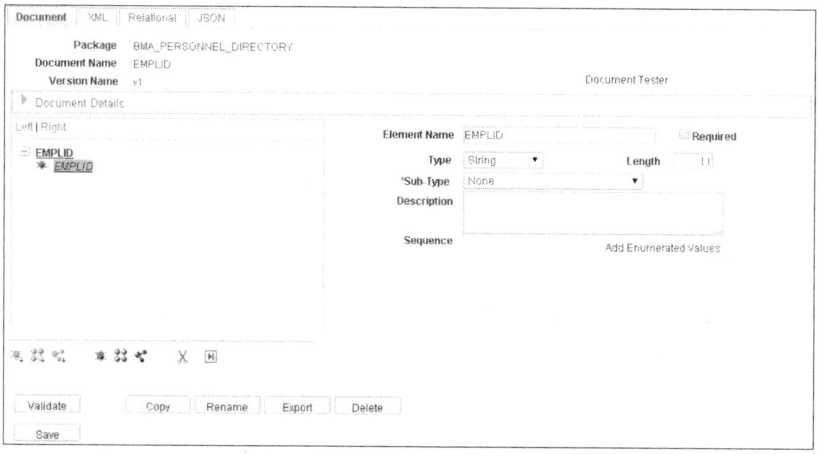

Document | XML | Relational | JSON

Package BMA_PERSONNEL_DIRECTORY
Document Name EMPLID
Version Name v1
Document Tester

Document Details

Left | Right

EMPLID
EMPLID

Element Name EMPLID
Required
Type String
Length 11
*Sub-Type None
Description
Sequence
Add Enumerated Values

Validate
Copy
Rename
Export
Delete
Save

图 4-5 EMPLID Document

4.3.4 定义详细信息 Document

应用的最后一个页面将显示某一员工的详细信息。与前面两个页面类似，创建一个新 Document，其包名为 BMA_PERSONNEL_DIRECTORY，Document 名为 DETAILS，版本为 v1。表 4-5 包含了需要添加到新 Document 的原始值列表。

表 4-5 详细信息 Document 的原始值

元素名称	类型	长度
EMPLID	String	11
NAME	String	50
ADDRESS1	String	55
CITY	String	30
STATE	String	6
POSTAL	String	12
COUNTRY	String	3
COUNTRY_CODE	String	3
PHONE	String	24

图 4-6 是该 Document 的屏幕截图。

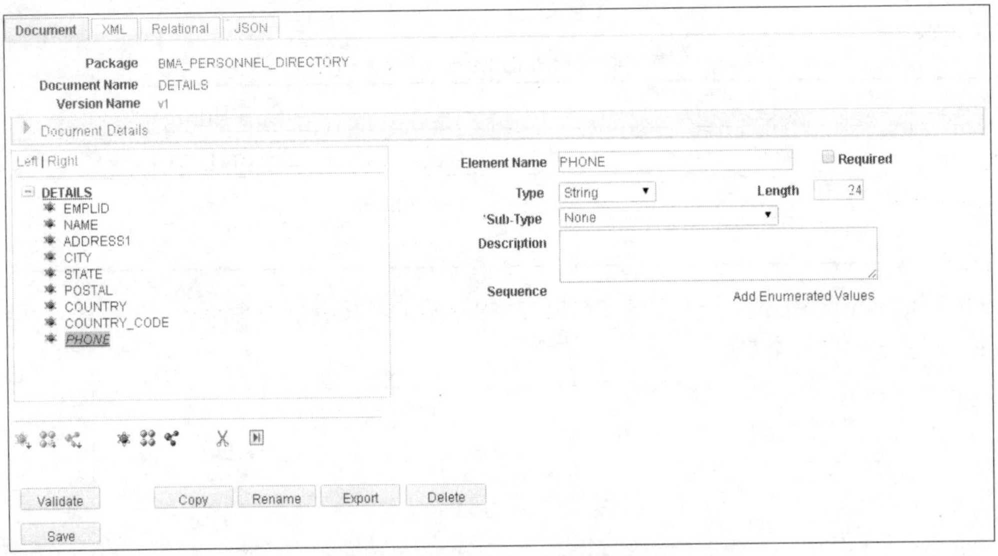

图 4-6 新 Document 的屏幕截图

4.3.5 更新个人信息

对于员工来说，除了基础、只读功能之外，还需要能够对个人信息进行更新。当然，这需要完成身份验证，而这恰恰是 iScripts 和 REST 服务之间的关键区别：安全模型。

针对更新方案，将只允许用户更改主电话号码。在本章的开头曾经介绍过使用 Component Interface 来完成更新操作。在此并不需要自己构建，可以使用已发布的 CI_PERSONAL_DATA

Component Interface。在第 8 章，将创建一个 REST 服务来调用该 Component Interface。而在本章，则定义用来接收 HTTP 请求的 Document。

在 BMA_PERSONNEL_DIRECTORY 包中创建另一个名为 PRIMARY_PHONE 的 Document，并将 Version 设置为 v1。表 4-6 包含了需要添加到新 Document 的原始值列表。

表 4-6　PRIMARY_PHONE Document 的原始值

元素名称	类型	长度
COUNTRY_CODE	String	3
PHONE	String	24

4.3.6　演示数据

在接下来的两章中，将会为本章所设计的 Model 层创建多个 View。接下来，先使用 Document Tester 创建演示数据文件，以便使用这些 View 层原型。

通过导航到 PeopleTools|Documents|Document Utilities|Document Tester，访问在线 Document Tester，并搜索 Document BMA_PERSONNEL_DIRECTORY.SEARCH_RESULTS.v1。打开页面后，将会在左边看到 Document 结构。单词 RESULTS 旁边的绿色图标表示 RESULTS 是一个集合。而红色图标则表示接下来的元素 SEARCH_FIELDS 是一个复合结构。RESULTS 集合已经包含了一个 SEARCH_FIELDS 元素。针对每个字段：EMPLID、NAME 和 LAST_NAME_SRCH，单击字段名，输入一个值。图 4-7 是在 Document Tester 中设置完 EMPLID 字段后的屏幕截图。

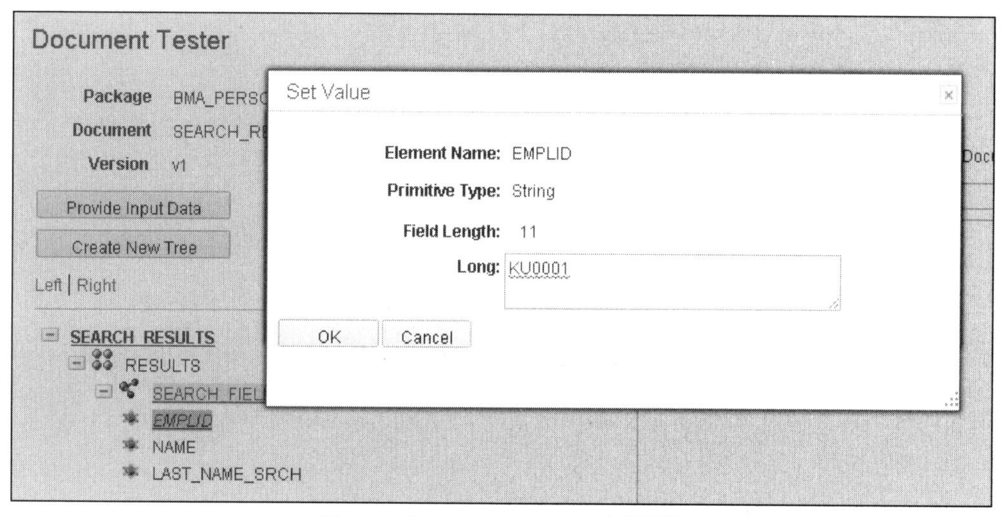

图 4-7　在 Document Tester 中设置值

在向三个字段添加数据之后，请单击 RESULTS 元素。通过所显示的对话框可以添加新的项目或者删除最后一个项目。选择 Append Collection Item，并单击 OK 按钮，从而将先前的 SEARCH_FIELDS 节点复制到一个新节点。然后更新相关的值，从而使每一行唯一。重复这些步骤，添加更多的行。

可以使用 Document Tester 生成一段 PeopleCode 来填充 Document。在第 8 章，还将编写类似的 PeopleCode 来填充该 Document。从 Document Tester 右上方的 Physical Format Type 下拉

列表中选择 PeopleCode 格式，并单击 Generate 按钮。在此我并不推荐直接从 Document Tester 复制 PeopleCode，因为相关变量的含义太隐晦而没有任何价值。然而该 PeopleCode 确切地告诉了我们如何通过 PeopleCode 来填充一个 Document：

(1) 创建一个 Document 实例。

(2) 访问 DocumentElement 属性。

(3) 使用 GetPropertyByName 方法搜索集合元素。

(4) 通过调用集合元素的 CreateItem 方法，在集合中创建一个子节点。

(5) 填充新子节点的相关属性。

(6) 重复上述过程，向集合添加所需的元素。

在本章中，需要生成一些测试数据。Document Tester 将以 XML 或 JSON 格式生成数据。使用 Physical Format Type 下拉框选择 JSON 格式。HTML5 浏览器会将 JSON 解析为易通过 JavaScript 操作的结构。尽管可能，但 XML 结构在 JavaScript 中会更复杂。再次单击 Generate 按钮，以 JSON 格式查看 Document 结构。将该 JSON 数据复制并粘贴到一个文本文件中，并进行保存，以便在设计 View 层原型时可以引用。图 4-8 显示了 Document Tester 中 JSON 格式的数据。

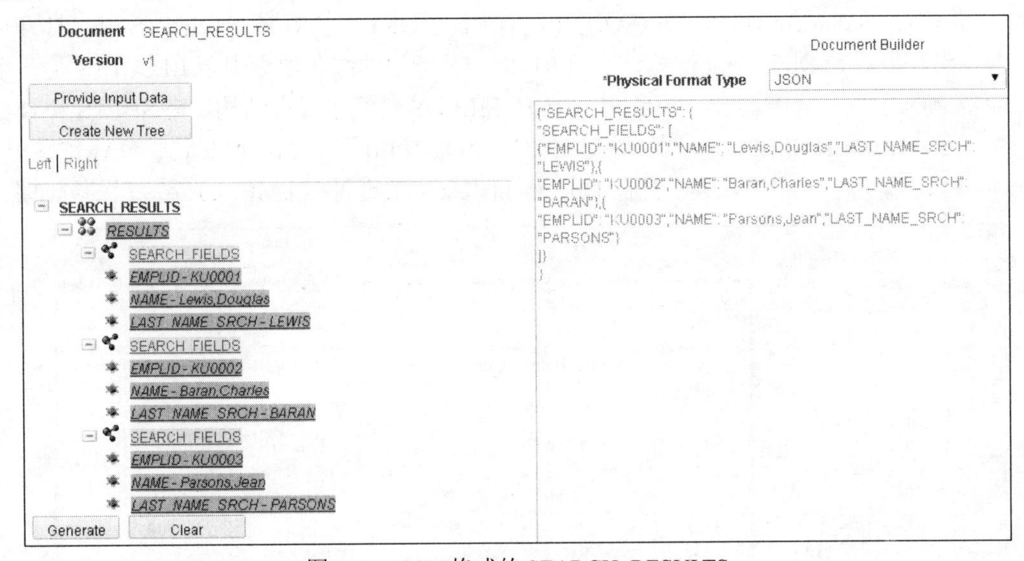

图 4-8 JSON 格式的 SEARCH_RESULTS

下面的代码清单包含了图 4-8 中所示的 JSON 的漂亮的印刷版本：

```
{
   "SEARCH_RESULTS": {
      "SEARCH_FIELDS": [
         {
            "EMPLID": "KU0001",
            "NAME": "Lewis,Douglas",
            "LAST_NAME_SRCH": "LEWIS"
         },
         {
            "EMPLID": "KU0002",
            "NAME": "Baran,Charles",
```

```
                "LAST_NAME_SRCH": "BARAN"
            },
            {
                "EMPLID": "KU0003",
                "NAME": "Parsons,Jean",
                "LAST_NAME_SRCH": "PARSONS"
            }
        ]
    }
}
```

针对 DETAILS Document 重复上述步骤。图 4-9 是通过 Document Tester 查看的 DETAILS Document 的屏幕截图。

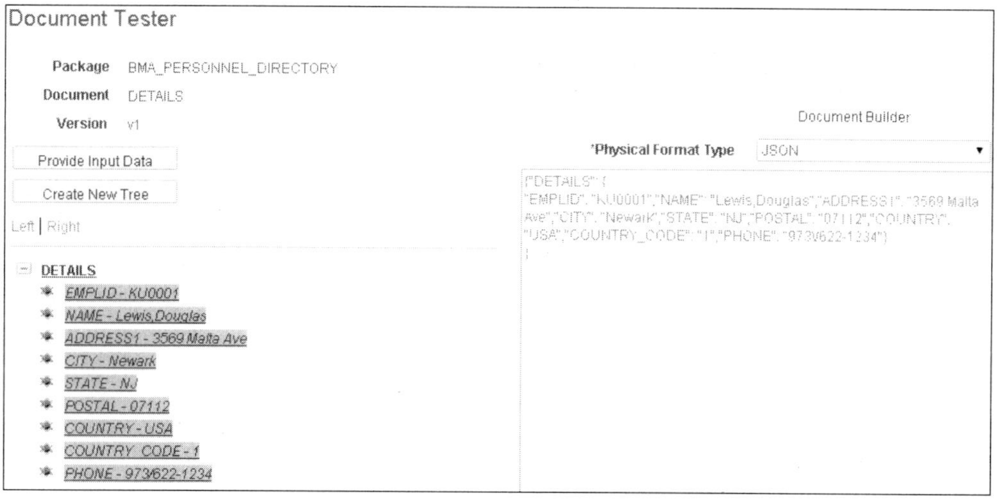

Document Tester

Package BMA_PERSONNEL_DIRECTORY
Document DETAILS
Version v1

Provide Input Data
Create New Tree
Left | Right

DETAILS
EMPLID - KU0001
NAME - Lewis,Douglas
ADDRESS1 - 3569 Malta Ave
CITY - Newark
STATE - NJ
POSTAL - 07112
COUNTRY - USA
COUNTRY_CODE - 1
PHONE - 973/622-1234

Document Builder
*Physical Format Type JSON

{"DETAILS": {
"EMPLID": "KU0001","NAME": "Lewis,Douglas","ADDRESS1": "3569 Malta Ave","CITY": "Newark","STATE": "NJ","POSTAL": "07112","COUNTRY": "USA","COUNTRY_CODE": "1","PHONE": "973/622-1234"}
}

图 4-9 Document Tester 中的 DETAILS Document

下面的代码清单包含了通过 Document Tester 查看的 DETAILS Document 的印刷漂亮的 JSON 结果。请保存这些结果，以便后续两章使用。

```
{
  "DETAILS": {
     "EMPLID": "KU0001",
     "NAME": "Lewis,Douglas",
     "ADDRESS1": "3569 Malta Ave",
     "CITY": "Newark",
     "STATE": "NJ",
     "POSTAL": "07112",
     "COUNTRY": "USA",
     "COUNTRY_CODE": "1",
     "PHONE": "973/622-1234"
  }
}
```

4.4 小结

在本章，构建了支持 HTML5 Web 应用中三个只读页面所需的数据结构。此外，还为更新用户的个人信息奠定了基础。我们将其称为 MVC 体系结构的 Model 层。在接下来的两章中，将使用派生自 Model 层的静态数据来设计 View 层原型。第 7 章和第 8 章将使用不同的 Controller 技术将 Model 和 View 连接起来。

第 5 章

使用 jQuery Mobile 对 HTML5 "View" 层进行原型设计

在本章，将使用 jQuery Mobile 对 MVC 应用中的 View 层进行原型设计。在第 7 章和第 8 章，分别使用 iScripts 和 REST 服务将该 View 层与第 4 章所创建的 Model 层连接起来。

5.1 线框图

图 5-1 所包含的线框图描述了每个人员目录的三个视图。第一个视图是一个搜索页面，用

来收集搜索参数。第二个视图包含了一个搜索结果列表。当用户从该搜索列表中选择了某一项后将显示详细信息视图(即第三个视图)。

Personnel Directory
Employe ID
Name
Last Name
Search
View 1
Personnel Directory
Coltrane, Rosco P. (BMA101) >
Davenport, Cooter (BMA103) >
Duke, Beauregard "Bo" (BMA104) >
Duke, Daisy (BMA106) >
Duke, Jesse (BMA107) >
Duke, Lucas K. "Luke"(BMA105) >
Hogg, Jefferson Davis (BMA100) >
Hogg, Lulu Coltrane (BMA108) >
Strate, Enos (BMA102) >
View 2
Personnel Directory
Hogg, Jefferson Davis
BMA100
(555) 555-5555
Boar's Nest
Hazzard, GA 30014
USA
View 3

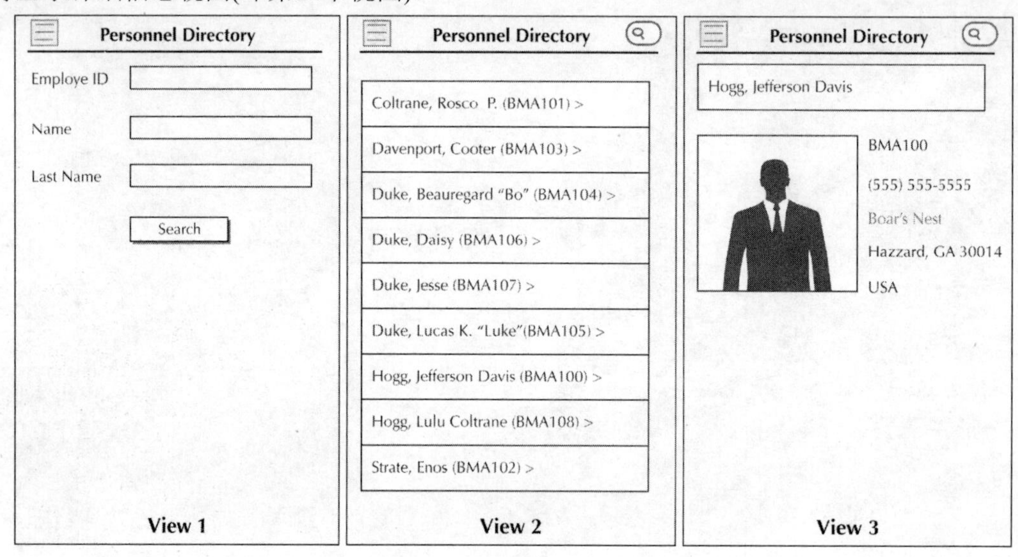

图 5-1　移动应用的三个视图

视图 2 和视图 3 的右上角都包含了一个搜索按钮。单击该按钮，将导航到第一个视图(即搜索视图)，从而允许用户输入新的搜索条件。这样做应该是毫无疑问的，但在视图 1 上显示搜索按钮就没有必要了，因为该搜索按钮的目的是将用户导航到视图 1 上。

为了便于导航，还在每个视图的左上角放置了一个三排列图标。在诸如移动电话之类的小型设备上，触摸该图标将会显示一个带有最近一次搜索结果的面板。而在较宽的设备上，该面板应该是始终可见的。图 5-2 所示的线框图描述了该面板视图的外观。

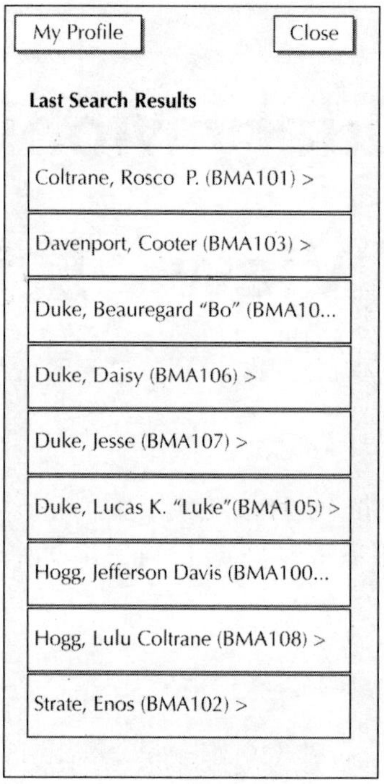

My Profile
Close
Last Search Results
Coltrane, Rosco P. (BMA101) >
Davenport, Cooter (BMA103) >
Duke, Beauregard "Bo" (BMA10...
Duke, Daisy (BMA106) >
Duke, Jesse (BMA107) >
Duke, Lucas K. "Luke"(BMA105) >
Hogg, Jefferson Davis (BMA100...
Hogg, Lulu Coltrane (BMA108) >
Strate, Enos (BMA102) >

图 5-2　面板视图

5.2 使用 jQuery Mobile 进行原型设计

众所周知，每种浏览器都是独一无二的，它们对 CSS 和 JavaScript 支持水平也是不一样的。如果在构建网站时不必考虑浏览器供应商或版本，那么开发效率将会是非常高的，不是吗？而实际上，也可以这么做。例如，可以建立最低的共同点：即所创建的网站仅使用 JavaScript、CSS 以及那些对计划支持的所有设备都通用的 HTML 功能。该方法要求仔细研究每一种设备，并建立能力矩阵以显示共性和消除差异。这么做不仅是相当困难和单调乏味的，由此所产生的网站也是非常无聊的，当然用户也不会想要使用(不管是使用 WAP 还是 WML)。

其他两种跨浏览器开发策略包括平稳退化(graceful degradation)和渐进增强(progressive enhancement)。这两种策略的目的都是相同的，但所采取的方法却不相同。平稳退化开始就提供非常丰富的用户体验，然后为浏览器不支持的丰富功能集提供替代功能。而渐进增强则恰好相反，它一开始只提供基本功能，然后根据浏览器的功能逐渐增强页面的内容。

jQuery Mobile 采用了渐进增强的策略。渐进增强允许开发人员先编写简单、语义化的 HTML，而将用户体验的丰富内容部分留给渐进框架来处理。我是一名 jQuery Mobile 的超级粉丝，因为它允许我快速构建具有吸引力的移动用户体验。

在第 3 章曾经使用过 jQuery Mobile，当时是使用 PeopleTools MAP(Mobile Application Platform)构建移动应用。在第 3 章，我们重点是学习 MAP，而不是 jQuery Mobile。事实上，为了更好地使用 MAP，甚至不必知道 jQuery Mobile 的存在。而本章则稍有不同，将学习大量的 jQuery Mobile 功能。

相对于 jQuery Mobile，单词 jQuery 表示没有视觉外观的跨浏览器的 JavaScript 库。虽然熟悉 jQuery JavaScript 库是非常有帮助的，但并不是必需的。而另一方面，jQuery Mobile 是建立在 jQuery 库之上的移动用户接口。换句话说，jQuery Mobile 使用了 jQuery JavaScript 库，所以不必专门学习 jQuery JavaScript 库。

5.2.1 创建 Netbeans 源项目

启动 NetBeans(或者你所喜欢的文本编辑器或开发环境)。从 NetBeans 菜单栏中选择 File | New Project。在 New Project 对话框中，分别在 Categories 列表和 Projects 列表中选择 HTML5 和 HTML5 Application。图 5-3 是 New Project 对话框的屏幕截图。单击 Next 按钮，继续下一步骤。

在 New Project 向导的第 2 步，将新项目命名为 PersonnelDirectory-jqm(jqm 是 jQuery Mobile 的缩写)。图 5-4 是第 2 步的屏幕截图。在第 3 步，选择 No Site Template，然后单击 Next 进入第 4 步。

第 4 步允许向项目添加 JavaScript 库。在选择 JavaScript 库之前，请先寻找一下库列表下面的蓝色超链接。该超链接将标识库列表最后更新的时间。如果已有数周没有更新，或者知道有 JavaScript 库的更新版本可用，那么可以单击该链接下载新列表。如果你的列表已经是最新的，那么请选择 jQuery 和 jQuery mobile。图 5-5 是 New Project 对话框第 4 步的屏幕截图。单击 Finish，开始创建新项目。

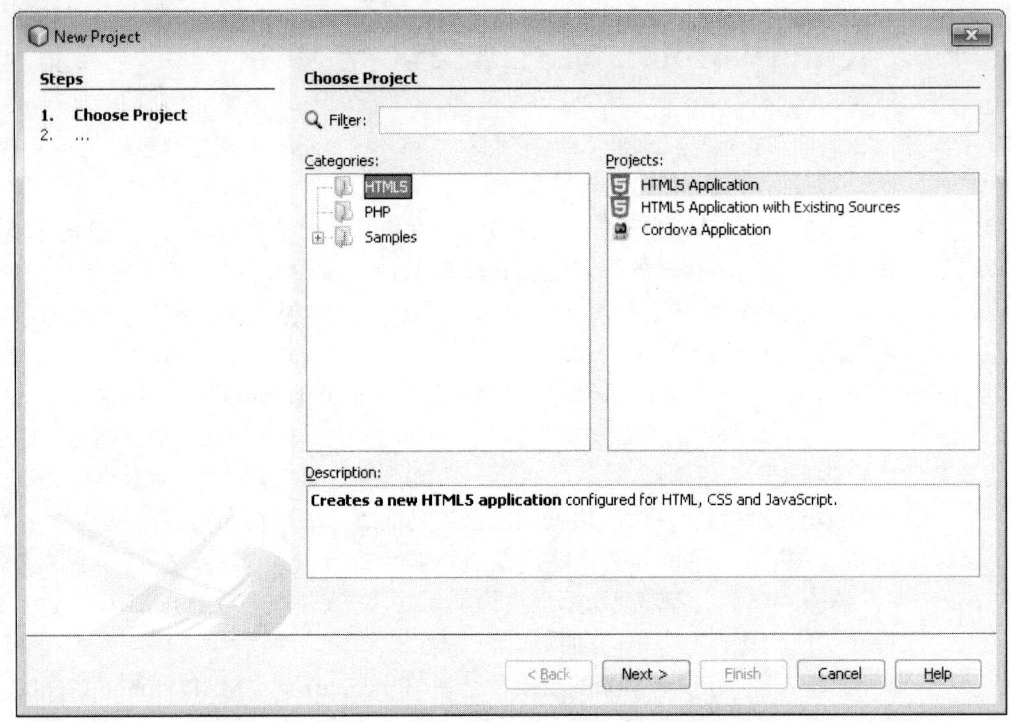

图 5-3　选择了 HTML5 Application 的 New Project 对话框

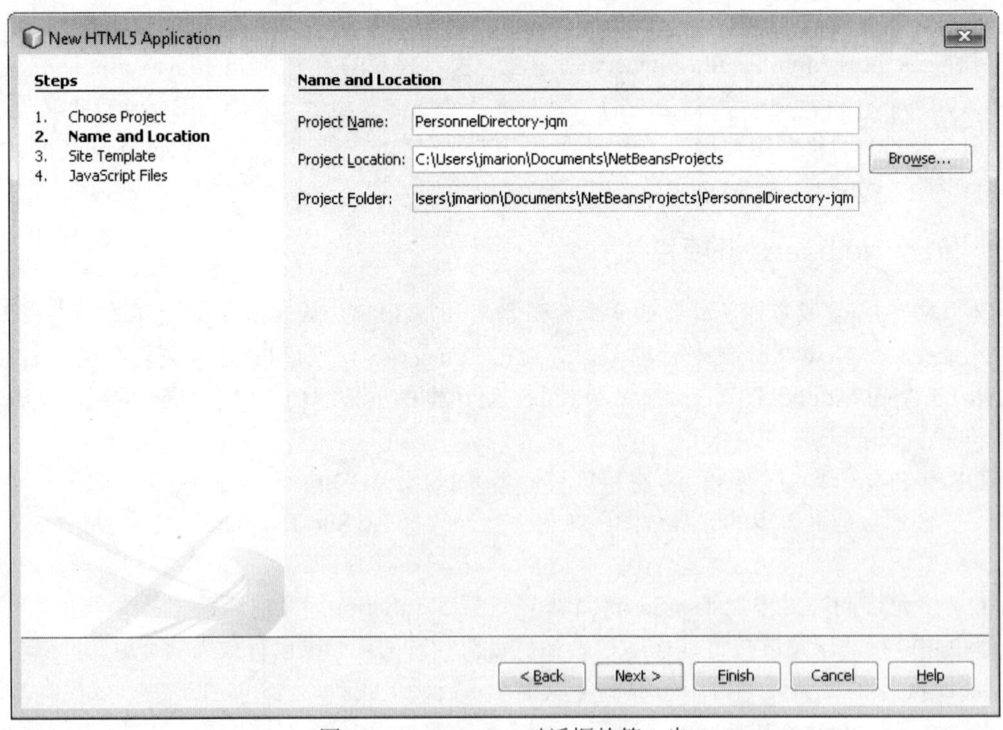

图 5-4　New Project 对话框的第 2 步

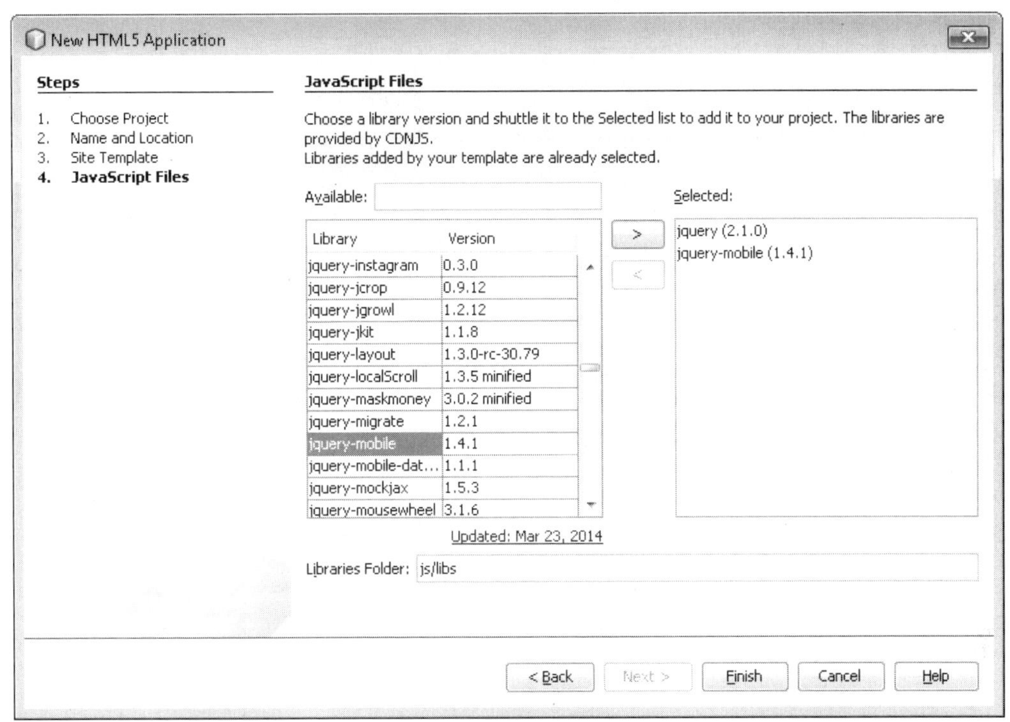

图 5-5 New Project 对话框的第 4 步

注意：

jQuery Mobile JavaScript 库被添加到 PeopleTools 8.53 中，以便支持基于 iScript 9.1 和 9.2 的移动应用。PeopleTools 团队配置了 jQuery Mobile JavaScript 和样式表定义，以便使用 Meta-HTML 从 PeopleTools 加载外部引用。以这种方式预先配置好 JavaScript 库是非常有帮助的。但遗憾的是，支持的版本是 1.0.1—一个好用但非常旧的版本。本章是基于 jQuery Mobile 1.4 版本构建的，并且使用了 1.0.1 版本所不支持的功能。

手动下载 jQuery 和 jQuery Mobile

NetBeans 项目向导会自动从 http://cdnjs.com 下载最近最稳定且未压缩的 JavaScript 库版本。但有时也存在以下的理由需要亲自下载 jQuery 库：

- 想要使用比 cdnjs 上更新的 jQuery 版本。
- 满足于使用较早版本所提供的功能，比如 1.01。
- 像我一样喜欢使用 jQuery Mobile 的压缩版本。
- 必须支持旧版本的 Internet Explorer，而该版本需要使用某一 1.x jQuery 版本。

jQuery 的压缩版本比 NetBeans 下载的未压缩版本小了近 70%，所以只有在理由充分的情况下才手动下载这些文件。虽然 Netbeans 所下载的版本已经足够开发使用了，但我还是建议在生产环境中部署移动应用之前下载缩小的"生产"版本。

如果你喜欢保持对 JavaScript 文件的严格控制，那么请在桌面 Web 浏览器中输入 http://jquerymobile.com/，并下载合适的 jQuery Mobile 版本。请注意，应该针对所选的 jQuery Mobile 版本下载 jQuery 版本范围。可以 jQuery 网站(http://jquery.com)下载针对你 jQuery Mobile 版本所需的 jQuery 版本。例如，jQuery Mobile 1.4.2 需要 jQuery 1.8~1.10 或 2.0。如果不需要使用 1.x 版本的遗留功能，则可以选择 2.0 版本(因为 2.x 版本的文件更小)。

5.2.2 创建搜索页面

现在，项目中包含了一个“样板”的索引页以及 jQuery JavaScript 库。目前暂时忽略索引页，并创建一个新的搜索页面。从 NetBeans 菜单栏中选择 File | New File。在第 1 步中，从 HTML5 Category 中选择 HTML File。图 5-6 是 New File 对话框的屏幕截图。单击 Next 进入到第 2 步，将新文件命名为 search。请注意，位于 New HTML File 向导底部的 Created File 文本框显示了文件的路径、名称以及扩展名。因此在命名文件时不要包括.html 扩展名。NetBeans 会自动添加。单击 Finish，创建文件。

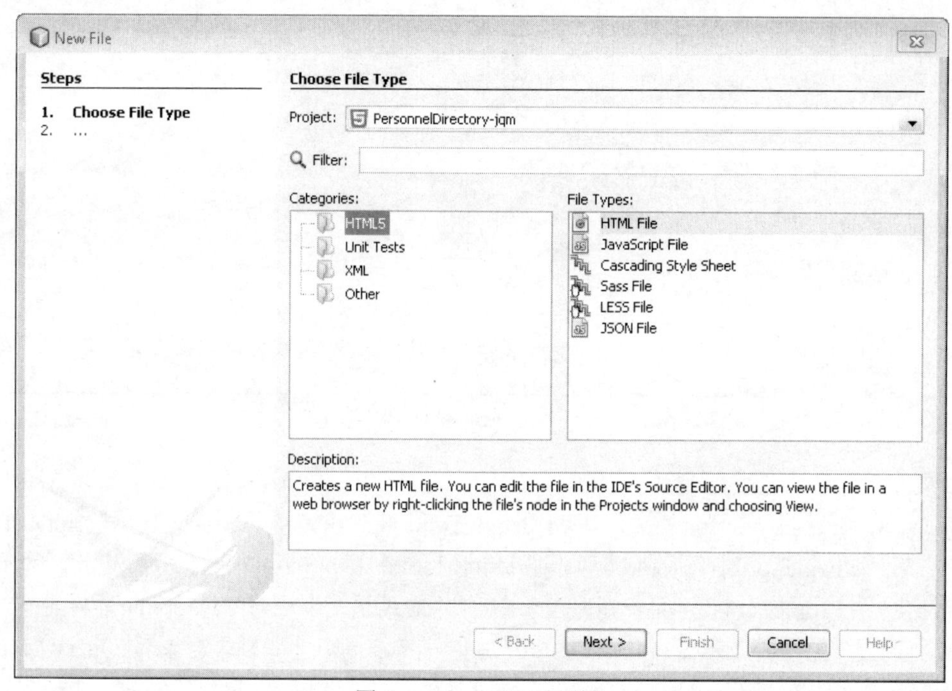

图 5-6 New File 对话框

在新建的文件中添加以下的 HTML 代码：

```
<!DOCTYPE html>
<!--
To change this license header, choose License Headers in Project
Properties.
To change this template file, choose Tools | Templates
and open the template in the editor.
-->
<html>
    <head>
        <title>TODO supply a title</title>
        <meta charset="UTF-8">
        <meta name="viewport" content="width=device-width">
    </head>
    <body>
        <div>TODO write content</div>
    </body>
</html>
```

很难相信这就是 HTML5。它看起来就像是普通的 HTML。之所以使上述代码成为 HTML5，是因为在其顶部使用了 DOCTYPE 声明。

目前文件还没有包含 jQuery Mobile 内容；甚至没有引用 jQuery JavaScript 库。请在新文件的 head 部分插入下面所示的链接和脚本标签，从而添加相关引用：

```
<link rel="stylesheet" href="js/libs/jquery-mobile/jquery.mobile.css">
<script src="js/libs/jquery/jquery.js"></script>
<script src="js/libs/jquery-mobile/jquery.mobile.js"></script>
```

当更新完 head 部分之后，再将 title 标签的内容更改为 Search。

CDN

最佳实践推荐应尽可能地使用 CDN(Content Delivery Network，内容分发网络)，而不是在服务器上存储常用的 JavaScript 库。CDN 可以托管常用的静态内容，比如 JavaScript、CSS 以及图像，并能够与无限数量的网站共享这些内容。如前所述，NetBeans 就使用了 cdnjs CDN。使用 CDN 的好处包括缓存、邻近性以及连接可用性。许多流行的 JavaScript 库都可以在 CDN 上找到，比如 jQuery、AngularJS、Ext 等。

在使用 CDN 时需要关注的一个问题是访问：托管了 JavaScript 文件的 CDN 可以完全访问某一页面的内容。此时，恶意脚本可以修改网站，在毫无防备的访问者的计算机上安装间谍软件，或者从安全页面窃取信息。通过使用 CDN，将被迫放弃对 CDN 所托管的 JavaScript 文件的物理控制。也就是说无法确定这些文件是否安全。

使用 CDN 所带来的另一个问题是信任。可以通过两种方法来定义信任：

- 保守秘密
- 做你说过的，说你能做的(完整性)

如果你的网站通过 SSL 运行，那么用户将会看到一个可视的指示器，表明他们正在和一个真实的你通信，而不是冒名顶替者。当在 SSL 会话中使用了来自某一 CDN 的 JavaScript 时，CDN 也可以访问页面上的信息。此时就不再是你和用户之间的对话了，而是你、用户以及 CDN 三方之间的对话。更糟糕的是，网站用户可能并不知道 CDN 已成为对话的一部分。而这恰恰违反了保守秘密所遵循的信任原则。可以访问 http://wonko.com/post/javascript-ssl-cdn，了解对该信任问题的详细解读。

似乎每一个网站都会突出显示隐私政策，描述收集到的关于用户的统计数据以及网站所有者如何使用这些数据。但如果将 CDN 带入对话中，那么 CDN 可能以一种违反隐藏政策的方式使用这些数据。

目前有很多可用的 CDN 供应商；一些是商业性质的，而另一些则是免费的。与使用任何云服务一样，请确保了解你的托管约定的详细信息。

请使用下面的代码替换 body 部分的内容。该代码将创建一个包含标题和页脚区域的 jQuery Mobile 页眉定义。

```
<div data-role="page" id="search">

    <div data-role="header">
        <h1>Personnel Directory</h1>
```

```
        </div><!-- /header -->

        <div data-role="content">
            <p>Search form will go here</p>
        </div><!-- /content -->

        <div data-role="footer" data-position="fixed">
            <h4>
                Copyright &copy; Company 2014, All rights reserved
            </h4>
        </div><!-- /footer -->
    </div><!-- /page -->
```

到目前为止，我们已经输入了足够的代码来查看实际应用中的jQuery Mobile渐进增强。为了在Web浏览器中启动该页面，请在NetBeans代码编辑器中右击并从上下文菜单中选择Run File。此时将出现Google Chrome Web浏览器并显示search.html页面。图5-7是在Google Chrome中所查看的搜索页面的屏幕截图。请注意，该页面有一个更清晰的标题，内容和页脚。

可以花一些时间使用Chrome开发者工具来检查一下该页面的内容。例如，右击标题部分，并从上下文菜单中选择Inspect元素。请注意，标题div以及对应的h1都包含了新属性。这就是渐进增强。jQuery Mobile确定浏览器支持附加功能，并相应地修改HTML。

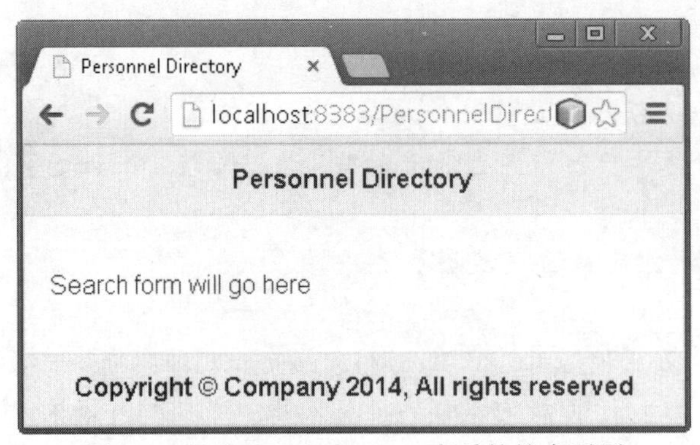

图5-7 通过Google Chrome查看的搜索页面

注意：

如果不喜欢jQuery Mobile默认主题所使用的死气沉沉的灰色阴影，那么可以在http://themeroller.jquerymobile.com/创建自己的主题。

jQuery Mobile HTML文档由一系列带有不同data-role特性的div元素组成。data-role特性确定了每个元素的用途。例如，页面容器的data-role是page。为什么要为一个页面创建一个特定元素呢？HTML文档不是页面的代名词吗？jQuery Mobile允许在单个HTML文档中包括多个页面或视图。然后通过ID链接到其他页面，从而在单个文档中实现“页面”之间的转移。

针对所有特定的jQuery Mobile特性，jQuery Mobile都应用了data-* HTML5自定义特性规范。随着向页面添加更多的内容，你会看到额外的data-* jQuery Mobile特性，比如data-icon和data-theme。

为了向页面添加一个搜索表单，请用下面的内容替换div data-role=“content”元素的内容：

```
    <form action="results.html" method="GET">
```

```
      <div class="ui-field-contain">
        <label for="emplidSearch">Employee ID:</label>
        <input type="text" name="emplidSearch" id="emplidSearch">
      </div>
      <div class="ui-field-contain">
        <label for="nameSearch">Name:</label>
        <input type="text" name="nameSearch" id="nameSearch">
      </div>
      <div class="ui-field-contain">
        <label for="lastNameSearch">Last Name:</label>
        <input type="text" name="lastNameSearch"
            id="lastNameSearch">
      </div>
      <input type="submit" value="Search" data-icon="search"
           data-theme="b">
    </form>
```

注意：

代码清单中的表单使用了 GET 方法，因为使用 NetBeans 调试器运行的 Web 服务器不会以 POST 方式向 results.html 页面发送信息。如果将该页面连接到 iScript，则需要将方法更改为 POST。

表单由一个标签/输入对的集合组成。默认的 jQuery Mobile 表单显示行为是不管页面宽度如何，都将标签放置在对应的输入字段的上面。当屏幕宽度超过 448 像素(28em)时，如果将每一标签/输入对包含在 div class= "ui-field-contain" 元素中，那么 jQuery Mobile 将会使用并排的横向布局。此外，当一个表单中存在两个或者更多字段时，ui-field-contain 类还可以在字段之间添加好看的边界。图 5-8 是移动搜索页面的屏幕截图。

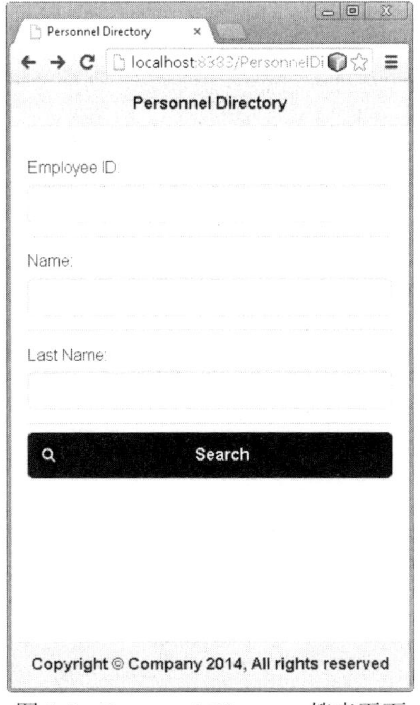

图 5-8 Personnel Directory 搜索页面

此时使用了 data-theme=“b”来设计 Search 按钮，从而增加其对比度(也是为了演示如何使用替代的 jQuery Mobile 主题调板(theme swatches))。jQuery Mobile 的先前版本包括了多种主题调板，每种调板都使用了一个字母表中的字母来进行区别。然而，1.4 版本只有两个主题：明与暗。可以在 http://themeroller.jquerymobile.com/创建自己的主题。此外，还可以通过其他资源获取一些好的主题。例如，网站 http://www.gajotres.net/top-10-best-looking-free-jquery-mobile-themes/列出了来自 Internet 不同资源的 10 个比较好的主题。

附加到搜索按钮的 data-icon 特性告诉 jQuery Mobile 显示一个搜索图标。jQuery Mobile 针对它的每一个主要版本都维护了一个图标演示。1.4.2 版本的演示页面位于 http://demos.jquerymobile.com/1.4.2/icons/。jQuery Mobile 通过使用额外的 data-*特性来指定位置、阴影、周边磁盘等。

5.2.3 模拟结果页面

搜索结果页面将包含一个匹配项列表。在 NetBeans 中创建一个新的 HTML5 页面，并命名为 results.html。jQuery Mobile 使用 Ajax 技术向原始 DOM 中加载额外页面。这意味着没有必要实际创建一个完整的 HTML 页面，而只需创建一个 jQuery Mobile 页面片段即可。下面的代码清单包含了显示结果列表所需的片段：

```
<div data-role="page" id="results">
  <div data-role="header">
    <h1>Personnel Directory</h1>
  </div><!-- /header -->

  <div data-role="content">
    <ul data-role="listview" data-filter="true"
        data-filter-placeholder="Filter results..." data-inset="true">
      <li><a href="details.html?EMPLID=BMA101">
          Coltrane, Rosco P. (BMA101)</a></li>
      <li><a href="details.html?EMPLID=BMA103">
          Davenport, Cooter (BMA103)</a></li>
      <li><a href="details.html?EMPLID=BMA104">
          Duke, Beauregard "Bo" (BMA104)</a></li>
      <li><a href="details.html?EMPLID=BMA106">
          Duke, Daisy (BMA106)</a></li>
      <li><a href="details.html?EMPLID=BMA107">
          Duke, Jesse (BMA107)</a></li>
      <li><a href="details.html?EMPLID=BMA105">
          Duke, Lucas K. "Luke" (BMA105)</a></li>
      <li><a href="details.html?EMPLID=BMA100">
          Hogg, Jefferson Davis (BMA100)</a></li>
      <li><a href="details.html?EMPLID=BMA108">
          Hogg, Lulu Coltrane (BMA108)</a></li>
      <li><a href="details.html?EMPLID=BMA102">
          Strate, Enos (BMA102)</a></li>
    </ul>
  </div><!-- /content -->

  <div data-role="footer" data-position="fixed">
```

```
    <h4>
      Copyright &copy; Company 2014, All rights reserved
    </h4>
  </div><!-- /footer -->

</div><!-- /page -->
```

注意，清单中的标记都是非常干净且最小语义化的 HTML。上述代码中唯一有趣的特性是附加到 ul 元素的若干特性。其中，data-role= “listview” 将无序列表标识为一个特殊的 jQuery Mobile 列表视图。而 data-inset 特性在列表周围放置了一个阴影边界。data-filter 特性则指示 jQuery Mobile 在列表的顶部添加一个特殊的搜索框。可以在该搜索框中输入条件，从而将显示的结果限制为与该条件相匹配的项目。该搜索框中的初始显示文本来自 data-filter-placeholder 特性。

因为搜索结果页面是一个页面片段，并且不包含对 jQuery JavaScript 和 CSS 库的引用，所以不能够直接启动(当然，也可以这么做，但这样一来就无法体会 jQuery Mobile 页面的渐进增强)。因此，为了查看搜索结果页面，首先需要通过 NetBeans 代码编辑器运行该搜索页面。当搜索页面显示后，不要输入任何条件，直接单击搜索按钮。由于还没有实现任何逻辑来处理搜索请求，此时的搜索条件是无关紧要的。最后显示搜索结果页面。图 5-9 是搜索结果页面的屏幕截图。

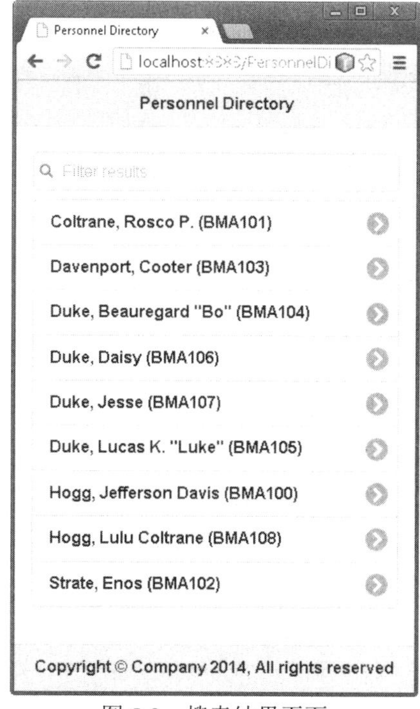

图 5-9　搜索结果页面

注意：

之所以通过 NetBeans 启动该页面，而不是直接从文件系统中浏览这些页面，是因为页面片段必须通过 Web 服务器加载。jQuery Mobile 使用 Ajax 来加载页面，而 Ajax 请求必须遵循原始的策略域(或使用 CORS)。这就要求使用 Web 服务器。Browers block Ajax 请求本地文件系统中的文件。如果你正在使用NetBeans以外的其他代码编辑器(比如Notepad)，那么就需要通过另一个不同的开发Web服务器来运行jQuery Mobile页面，比如第1章所配置的服务器。

片段或者完整的HTML页面？

jQuery Mobile应用的第一个页面是一个用来创建渐进增强移动应用的完整的HTML页面。这是因为jQuery Mobile使用了Ajax来处理包括表单提交和链接在内的导航。如果Ajax响应包含了jQuery Mobile页面定义(data-role="page"属性)，那么jQuery Mobile会将该页面定义附加到DOM中。在该示例中，之所以选择将结果页面创建为一个HTML片段，而不是一个完整的HTML页面，是因为jQuery Mobile框架将丢弃页面定义之外的任何内容。当为那些通过低宽带网络连接的移动设备创建应用时，清除不必要的数据是非常重要的。

片段的缺点是载入片段是自动完成的，例如，results.html页面将呈现一个没有jQuery Mobile渐进增强效果的半操作页面。当创建允许用户使用书签的页面，或者创建其他人可能想要链接的页面时，考虑一下片段的缺点是很有必要的。例如，一些移动应用可能尝试直接向结果页面提交数据，那么它们期待一个完全增强的结果页面。而如果其他的移动应用也使用jQuery Mobile，并可以使用Ajax访问结果页面(相同的域或CORS)，那么一切都会运行的非常好。否则，结果页面将显示为纯粹且非增强的HTML。

如果将图5-9与图5-1中的线框图进行比较，会发现在搜索结果页面的标题处少了几个按钮。尤其是没有添加返回到搜索页面的按钮，或者显示面板的按钮。接下来，让我们添加搜索页面按钮，显示面板按钮则留待以后实际创建面板时添加。请在标题处添加下面所示的链接元素，从而实现搜索按钮，其中链接元素以粗体显示：

```
<div data-role="header">
 <h1>Personnel Directory</h1>
 <a href="#search" data-icon="search" data-iconpos="notext"
   class="ui-btn-right">Search</a>
</div><!-- /header -->
```

搜索按钮(或链接)的目标是#search，即search.html页面定义的ID。由于搜索页面是程序的入口点，因此该页面应该存在于DOM中，并且可以通过ID引用，而不是URL。值得注意的是，#search所确定的页面并不必与前面所创建的页面相同。唯一要求的是载入该结果页面的搜索页面定义必须拥有#search所指定的ID。通过ID引用搜索页面可以带来极大的灵活性：占位符#search可以指向由一个与我们之前创建的页面完全不同的页面所定义的搜索表单。图5-10显示了带有新搜索按钮的搜索结果页面。

当选择通过ID而不是URL进行链接时，书签是一个需要重点考虑的事情。当所链接的页面不存在于结果页面HTML结构之中时，所采取的方法是将该页面加载到现有的DOM中。如果该页面是自动加载(通过一个书签)，那么搜索按钮将不起作用，因为#search页面定义不存在。然而，将结果页面加载到现有DOM的想法与前面将结果页面构建为一个页面片段而不是完整HTML文档的想法是一致的。

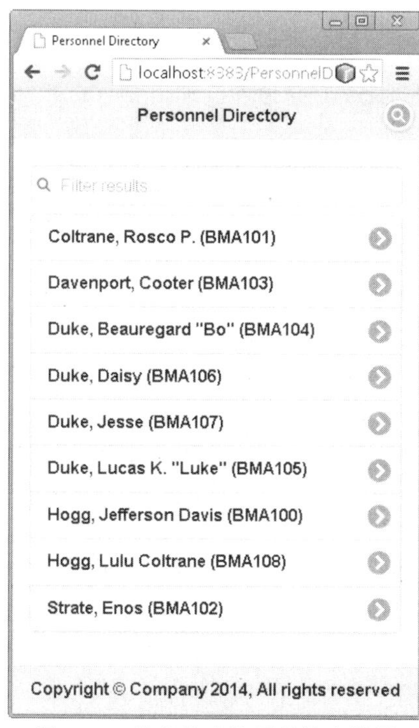

图 5-10　带有搜索按钮的搜索结果

5.2.4　编写详细信息代码

在确定了正确的搜索结果之后，用户可以进入详细信息页面，查看公司中特定人的相关信息。在 NetBeans 中创建另一个 HTML5 HTML 文件，并命名为 details.html。然后使用下面的页面片段替换新文件的内容：

```
<div data-role="page" id="details">
  <div data-role="header">
    <h1>Personnel Directory</h1>
    <a href="#search" data-icon="search" data-iconpos="notext"
       class="ui-btn-right">Search</a>
  </div><!-- /header -->

  <div data-role="content">
    <h2>Hogg, Jefferson Davis</h2>
    <div>
      <img src="images/avatar.svg" class="avatar" alt="J.D.'s Photo">
      <p>BMA100</p>
      <p><a href="tel:5555555555">(555) 555-5555</a></p>
      <p>
        <a href="https://maps.google.com/?q=Boars+Nest+Hazzard
+Georgia+30014+USA">Boars Nest</a><br>
        Hazzard, Georgia 30014<br>
        USA
      </p>
    </div>
  </div><!-- /content -->
```

```
    <div data-role="footer" data-position="fixed">
      <h4>
        Copyright &copy; Company 2014, All rights reserved
      </h4>
    </div><!-- /footer -->

  </div><!-- /page -->
```

注意：

屏幕截图中所包含的头像引自 http://www.openclipart.org/detail/21409/buddy-icons-by-eguinaldo。它是一张SVG(Scalable Vector Graphic，可缩放矢量图形)，这意味着无论尺寸如何，它都保留其高品质外观。SVG图像对响应式设计来说很棒。我发现 http://www.openclipart.org 是一个获取免费图形的好资源。在本章使用了来自该资源的头像占位符图像。为了使用该图像，在项目中创建一个"图像"文件夹，然后将avatar.svg文件复制到新文件夹中。

此时，再次使用了一个页面片段，而不是一个完整的HTML页面。为了在Web浏览器中查看该页面，请首先通过现有的jQuery Mobile页面(比如搜索页面)导航到该页面。与搜索和搜索结果页面一样，首先启动搜索页面，然后通过导航用例到达详细信息页面。具体过程如下所示：

- 通过NetBeans启动搜索页面(或者通过其他Web服务器查看)。
- 单击搜索按钮，查看搜索结果。
- 单击任何一个搜索结果，查看详细信息页面。

目前我们还没有实现任何逻辑，所以不管选择哪一个搜索结果，都将会显示相同的内容。图5-11是详细信息页面的屏幕截图。

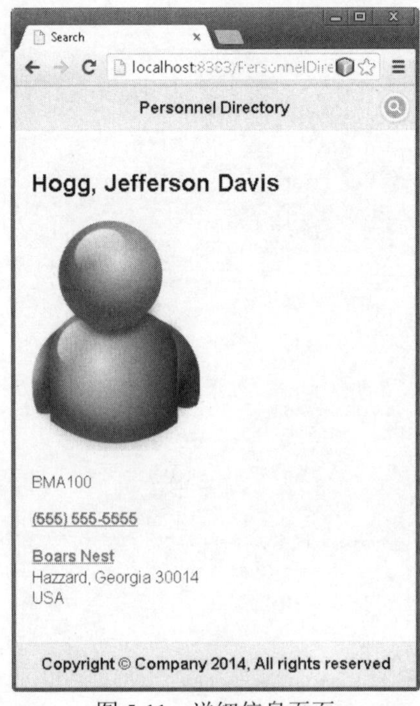

图5-11 详细信息页面

注意：

地图链接虽然会启动 Google Maps，但并不会实际加载 Hazzard。Hazzard 是 Dukes of Hazzard 电视剧中一个虚拟的国家。但如果想要寻找 Cooter 的车库，可以尝试 542 Parkway, Gatlinburg, TN 37738。

注意到电话号码以超链接的形式出现了吗？该电话号码使用了“电话：协议”的形式，以便移动 Web 浏览器可以将其识别为一个可调用号码。触摸该链接，将启动手机拨号器。

使用 jQuery Mobile 自定义样式

现在，详细信息页面已经具有了完整的功能。它可以显示员工的照片，以超链接的方式显示电话号码以及链接到一个地图。同时标记简洁且语言正确。但从视觉上讲，该页面还需要一些改进。例如，与标题相比，员工姓名以及其他文本在显示比例上显得过大。同样，员工照片显示在个人信息之上，而不是显示在个人信息旁边。改进页面的方法是使用 CSS。可以使用以下三种方法中的任何一种来实现 CSS：

- 使用每个元素的内联样式特性
- 链接到外部的样式表
- 嵌入使用了样式元素的内部样式表

目前还没有一种非常完美的方法可以向 Ajax 加载的 jQuery Mobile 页面插入样式信息。接下来让我们分析一下每种方法的优缺点。

内联样式　向每个元素添加样式特性是非常容易实现的，且易于进行原型设计。可以打开 Chrome Developer Tools 并在 Chrome 中建立 CSS 变化的模型。但是本书基于以下原因没有使用样式特性：

- 样式特性增加了 HTML 文件中的 HTML 内容。在后续几章中，我们会将这些 HTML 文件转换为带有内容参数的可重用模板。如果使用了样式信息填充了 HTML，那么将会导致这些模板难以维护。
- Web 浏览器不会对 HTML 中嵌入的样式信息进行缓存。由于我们的 HTML 是动态的，因此必须在每次请求时下载内联样式信息。

外部样式表　HTML 文档 head 元素中的外部样式表拥有内联样式所具备的所有优点，同时不包含那些不受欢迎的特性。外部样式表不会搅乱 HTML 模板，而浏览器也可以便利地缓存外部样式表。但存在一个问题——对于有效的 HTML 来说，必须在 HTML head 元素内确定外部样式表。你可能已经注意到，页面片段并不包含 HTML head 元素。虽然可以添加一个 head 元素，但它不会有任何作用，因为 jQuery Mobile 不会使用该元素，其主要原因是：

当 jQuery Mobile 通过 Aajx 加载一个页面定义时，会在 Ajax 响应中搜索 data-role 特性被设置为 page 的元素(data-role= “page”)。我们将其称为页面定义。页面定义中的任何内容都会被附加到主 HTML 文档(即 search.html 页面)的 body 元素中。而页面定义之外的内容则被忽略。图 5-12 是 Chrome Developer Tools 的屏幕截图，其中突出显示了详细信息页面(id= “details”)。

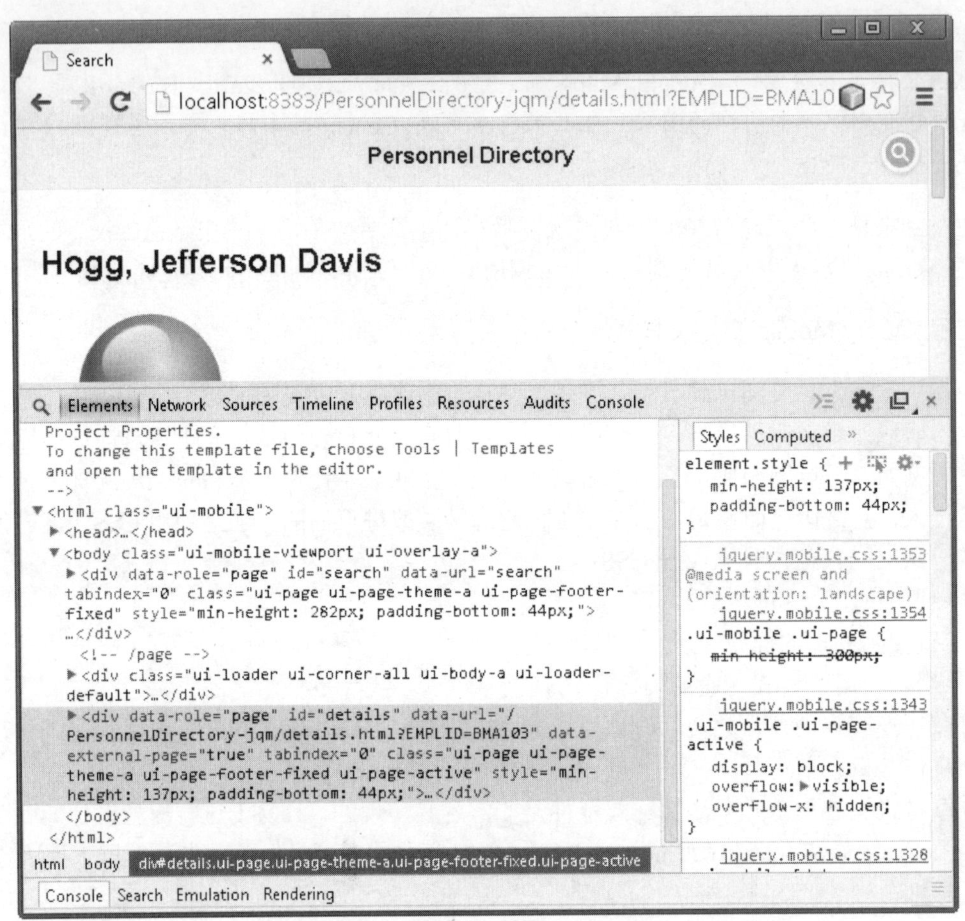

图 5-12 详细信息页面 HTML 结构

jQuery Mobile 页面缓存和 DOM

如果仔细观察图 5-12，可以在突出显示行的上两行看到搜索页面(id="search")。jQuery Mobile 可以在 DOM 中保存多个页面，但只显示活动页面。你是否注意到在搜索页面和详细信息页面之间缺少了某些内容？如果相关页面被附加到当前文档，并且 jQuery Mobile 通过 Ajax 加载了两个页面(搜索结果和详细信息)，那么存在一个逻辑问题"搜索结果页面哪去了？"当 jQuery Mobile 加载额外页面时，DOM(以及内存)可能会逐步增大并影响性能。为了保持内存中的 DOM 尽可能小，当 Ajax 加载页面被隐藏时，jQuery Mobile 会将其删除。因此，我们没有在 Chrome 结构中看到 results 页面，因为该页面已不复存在了。所有与先前 Ajax 加载页面关联的 DOM 节点(包括链接和样式定义)都会被删除。

注意：

在此，我故意将 Ajax 加载页面定义与原始 HTML 文档中定义的页面定义区分开来。主文件中的所有页面定义都保留在 DOM 中。当它们隐藏时只有 Ajax 加载页面被删除。

如果一个应用拥有多个带有样式信息的 Ajax 加载页面，那将是非常有趣的事情。当前一个页面被隐藏，而新页面被显示时，前一个页面的样式规则将仍然处于活动状态。在页面转换期间，旧页面的样式信息可能会改变新页面的显示。一旦转换完毕，旧页面及其 DOM 节点将被删除，而新页面的显示也会还原到所希望的样子。稍后将学习如何使用范围样式表(scoped stylesheet)来避免该问题。

JavaScript 内容的行为完全与外部样式表的行为相反。当 Web 浏览器碰到 script 标签时，会创建对应的 DOM 节点，但这并不重要。重要的是浏览器如何解释 script DOM 节点的内容。浏览器的 JavaScript 引擎首先解析节点内容，然后向全局窗口 JavaScript 对象添加新的定义。一旦解析完毕，节点可以删除，但所有的 JavaScript 对象(函数、变量等)将在 HTML 文档存续期间都会被保留。

jQuery Mobile 允许通过额外属性来控制缓存。如果向任何页面定义添加 data-dom-cache=“true”特性，那么当该页面不再可见时也会将其保留在 DOM 中，而不会被删除。此外还可以通过向链接(即 a 元素)添加 data-prefetch 特性，将页面预取到 DOM 中。

当考虑解决特定页面 CSS 的策略时，知道 jQuery Mobile 如何将页面加载到 DOM 是很重要的。在整个应用持续期间，作为初始 jQuery Mobile 页面(search.html)一部分的 HTML 节点将被保留。因此，如果需要在多个页面上使用 CSS 声明，那么可以在主 jQuery Mobile 页面(search.html)的 head 部分链接这些声明。事实上，这也是链接到外部样式表的唯一有效机制。你是否还想知道一些有趣的事情？浏览器并不见得遵循该规则。即使是无效的，也可以向页面定义(data-role=“page”)添加一个外部样式表，而 Web 浏览器也会解释并正确应用该 CSS。但使用该方法时要小心。浏览器不需要理会无效的内容。此外，如侧边栏 jQuery Mobile Page Caching and the DOM 所示，该方法可能有副作用。

内部样式表　内部样式表(style 元素)不仅拥有内联样式表的所有优点，而且还有一个额外的好处：在模板 HTML 详细信息之外保存样式信息。但遗憾的是，由于内部样式表是嵌入到 HTML 中的，因此浏览器将不缓存它们。与外部样式表一样，必须在 HTML 文档的 head 部分声明传统的内部样式表(虽然浏览器并没有强制实施该要求)。

HTML5 允许在文档的任何位置包括范围样式表(scoped stylesheets)。它仅将样式信息应用于父元素(即页面容器)，从而克服了外部样式表方法所固有的副作用。但遗憾的是，范围样式表并没有被很好地支持。目前，只有 Chrome 和 Firefox 的最新版本支持范围样式表，而 Safari、Opera 和 Internet Explorer 并不支持—至少不能将样式定义限定在父容器上。即使在 head 元素之外使用了样式元素，所有的浏览器也会解释并应用样式信息，它们只是不应用该范围规则。那些不支持范围样式表的浏览器会表现出与外部样式表相同的副作用。

内部的范围样式表如下所示(针对上下文所包括的页面元素)：

```
<div data-role="page" id="details">
  <style type="text/css" scoped>
    div[data-role=content] h2 {
      font-size: inherit;
    }

    img.avatar {
      border: 2px solid #ddd;
      float: left;
      height: auto;
      margin-right: 20px;
      max-width:120px;
      padding: 8px;
      width: 40%;
```

```
    }
  </style>
```

如前所述，内部样式表是嵌入到 HTML 中的。由于针对不同员工的 HTML 是不同的，因此无法对嵌入的样式表进行缓存。嵌入的样式表只是作为 HTML 响应的一部分与每一个对详细信息页面的请求一起发送到浏览器，除非使用了 CSS import 导入规则。Import 导入规则允许在一个外部文件中定义 CSS，然后再将其导入到嵌入式范围样式表中。这样一来就为我们提供了一种缓存样式表的同时又不会打乱 HTML 模板的好方法。假设将 CSS 内容放置在 css/details.css 文件中，那么该范围 CSS 应该如下所示(针对上下文所包括的页面元素)：

```
<div data-role="page" id="details">
  <style type="text/css" scoped>
    @import url("css/details.css");
  </style>
```

注意：

NetBeans 7.4 使用错误消息"Unexpected token IMPORT_SYM found"来标记@import 规则。请不要担心，在移动网站的创建期间并不会对范围样式表的使用产生影响。HTML 和 CSS 都是有效的。希望 NetBeans 的未来版本可以正确地识别这个有效的语法。

本章的示例使用了范围/导入样式表方法。图 5-13 是重新设计的详细信息页面的屏幕截图。请注意，现在字体大小更加一致，且头像显示在员工详细信息的左边。

图 5-13 重新设计的详细信息页面

5.2.5 实现响应面板

在前面所示的线框图中描述了一个在小尺寸设备(比如移动电话)上被隐藏而在大尺寸设备上可见的面板。当用户触摸标题上的某个按钮时，该面板就会显示。

在 jQuery Mobile 中，面板是使用 data-role=“panel”特性/值组合定义的元素(通常为 div 元素)。如果在一个页面定义中放置了一个面板作为内容元素的同级元素，那么 jQuery Mobile 框架将自动隐藏该面板并对其使用适当的样式。在页面定义之外放置面板也是可能的，但需要使用一些 JavaScript 来初始化该面板。在本示例中，由于面板在人员目录的每个页面上显示相同的内容，因此将其添加到应用的入口点：search.html 作为搜索页面定义的同级页面(搜索页面定义之外)。这意味着需要添加几行 JavaScript 代码对面板进行初始化。此外，还需要向每个页面添加菜单显示按钮，并将结果内容复制到面板中。

面板有许多可配置的特性，包括主题、定位以及动画显示。此外，还有一些用来打开和关闭面板的可配置和使用脚本机制。在为人员目录创建面板的过程中会介绍一些相关内容。关于面板的更多内容，请参阅 http://demos.jquerymobile.com/。

接下来让我们再次打开 search.html 文档，添加一个用来显示面板的按钮以及创建面板所需的标记代码。在标题元素(而不是 HTML head 元素，jQuery Mobile 标题被定义为 div data-role=“header”)中添加下面代码清单所示的标记。此处包括了完整的标题 HTML，以供参考，其中新添加的标记以粗体显示：

```
<div data-role="header">
  <h1>Personnel Directory</h1>
  <a href="#panel" class="show-panel-btn" data-icon="bars"
    data-iconpos="notext">Menu</a>
</div><!-- /header -->
```

此时，三栏图标已经变成了用来显示隐藏菜单(或面板)的标准图标。jQuery Mobile 包括了一个带有相同三栏设计的图标。为了使用该图标，只需向链接添加 data-icon=“bars”特性/值对即可。该标记通过在 href 特性中指定面板 ID 来打开特定的面板。

在搜索页面定义之后，且在关闭 body 标签之前，插入下面用来定义面板的 HTML 片段。

```
<div data-role="panel" id="panel" data-display="push"
    data-theme="b">
  <ul data-role="listview">
    <li data-icon="delete" class="hide-panel-btn">
      <a href="#" data-rel="close">Close menu</a>
    </li>
    <li data-icon="user">
      <a href="profile.html">My Profile</a>
    </li>
  </ul>
</div><!-- /panel -->
```

data-role=“panel”特性/值对将该 HTML 片段识别为一个面板。而 data-display 特性告诉 jQuery Mobile 当显示该面板时应该应用的动画类型，其选项包括 Overlay、Reveal 和 Push。其中，Overlay 使面板显示在页面内容的顶部。Reveal 使面板看起来像是在页面内容的下面。而 Push 则是从外向里推入面板，同时将页面内容推出屏幕。

面板所包含的 jQuery Mobile 列表视图的样式与在搜索结果中所用的略有不同。列表视图的头两行显示一个关闭按钮以及一个用来编辑登录用户个人资料的链接。稍后，还会添加 JavaScript 代码，以将搜索结果复制到面板。

由于是在 jQuery Mobile 页面定义之外定义的面板，因此需要添加一些 JavaScript，从而让 jQuery Mobile 将该面板视为一个 jQuery Mobile 面板。请在 HTML head 部分(</head>标签之前)添加下面的代码：

```
<script id="panel-init">
  $(function() {
    $("#panel")
            .panel()
            .enhanceWithin();
  });
</script>
```

如果熟悉 jQuery，则能读懂这段代码。$(function){…}是标准的 jQuery JavaScript，意思是“当 DOM 可以操作时运行该代码”。它是$(document).ready(function(){…}的缩写。接下来的一行(第 3 行)是一个 jQuery CSS 选择器。它告诉 jQuery 选择 ID 为 panel 的所有元素。随后调用的是特定的 jQuery Mobile 方法(.panel()和.enhanceWithin())。.panel()方法告诉 jQuery Mobile 将所选元素作为一个面板来对待。而.enhanceWithin()方法则告诉 jQuery Mobile 对所选元素中的内容应用渐进增强规则。

注意：

如果在页面元素之外存在多个面板，那么可以使用 jQuery selector $("body>[data-role='panel']")对所有的面板进行初始化。该代码告诉 jQuery 选择那些是 body 元素的直系后代且 data-role 特性的值等于 panel 的元素。

接下来，可以开始测试代码。通过 Netbeans，在 search.html 页面的代码编辑器中右击并从上下文菜单中选择 Run File。此时将出现图 5-14 所示的面板。

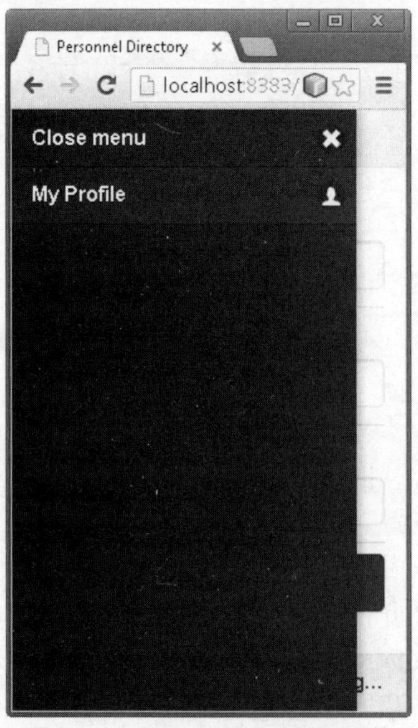

图 5-14 jQuery Mobile 面板组件

定义完该面板并确保正确工作之后，可以向其他两个页面添加面板/菜单按钮。打开 results.html 和 details.html 页面，插入与前面相同的三栏图标超链接 HTML：

```
<div data-role="header">
  <h1>Personnel Directory</h1>
  <a href="#panel" class="show-panel-btn" data-icon="bars"
    data-iconpos="notext">Menu</a>
</div><!-- /header -->
```

1. 使面板响应

关于面板和侧边栏，典型的响应设计模式是在较大的设备(或者横屏模式)上自动显示面板和侧边栏。jQuery Mobile 面板组件提供了内置响应支持，但工作方式上略有不同。jQuery Mobile 不会自动显示面板。相反，如果用户选择显示一个面板(通过触摸三栏按钮)，并且设备宽度大于 55em(880px)，那么 jQuery Mobile 将保持面板为打开状态并且重排页面内容，以便两者可并排显示。在响应模式中，显示变化的点被称为断点。通过向 body 元素添加特性/值对 class="ui-responsive-panel"，可以启用默认的 55em 断点。此外，还有一个要求是面板显示动画必须被设置为 push 或 reveal。接下来在搜索页面上测试响应功能，首先添加类 ui-responsive-panel，并触摸(或单击)三栏按钮，然后调整浏览器窗口的大小(当然要在运行了 search.html 页面之后)。随着窗口宽度越变越宽，将会看到内容进行了重排，以便填满可用的内容空间。同样，当缩小窗口宽度时，会看到内容收缩至某一点(即断点)，然后再次重排内容，并将额外的内容从右边推出屏幕。下面的代码清单显示了激活 jQuery Mobile 的响应断点所需的 body 元素变化(添加的部分以粗体显示)。

```
<body class="ui-responsive-panel">
```

当面板的 data-display 模式被设置为 push，且页面包含了类 ui-responsive-panel 时，jQuery Mobile 将隐藏 dismiss 层，从而允许用户使用页面内容的同时不隐藏面板。

由于示例中的内容非常少，所以可以(且应该)使用更窄的断点。通过自定义 CSS 媒体查询以及样式表，可以重写 jQuery Mobile 的默认断点。为了创建自己的断点，需要在 search.html 文档的 head 元素中紧跟在 jQuery CSS 文件链接之后的位置添加下面所示的 HTML 代码(针对上下文所包括的链接元素)：

```
<link rel="stylesheet" href="js/libs/jquery-mobile/jquery.mobile.css">
<style>
@media (min-width:42em) {
  .ui-responsive-panel
  .ui-panel-page-content-open.ui-panel-page-content-position-left {
   margin-right: 17em;
  }
  .ui-responsive-panel
  .ui-panel-page-content-open.ui-panel-page-content-position-right {
   margin-left: 17em;
  }
  .ui-responsive-panel .ui-panel-page-content-open {
   width: auto;
  }
  .ui-responsive-panel .ui-panel-dismiss-display-push,
```

```
  .ui-responsive-panel.ui-page-active ~
  .ui-panel-dismiss-display-push {
   display: none;
  }
}
</style>
```

注意：

上面所示的 CSS 直接来自 jQuery Mobile 1.4 jquery.mobile.css 文件。可以键入 ui-responsive-panel 来搜索该文件，并复制其内容(包括媒体查询)，然后更改 minwidth 值。

在本章的前面，为了利用浏览器的缓存功能，我们选择将一个外部样式表导入到页面定义中。然而，在本示例中则是将 CSS 直接嵌套到 HTML 中。关键不同的是其他页面都是动态的：服务将根据每次请求重新生成内容。搜索页面是静态的，且连同其他 CSS 和 JavaScript 文件一起驻留在 Web 浏览器缓存中。

使用 matchMedia 显示和隐藏面板 当屏幕到达一定宽度时显示面板，而当屏幕太窄时则隐藏面板。实现上述功能稍微有点困难，因为当打开一个面板时 jQuery Mobile 使用 JavaScript 来切换不同类。虽然通过 CSS 媒体查询无法切换这些相同的类，但可以通过 JavaScript MediaQueryList 事件触发面板显示状态。

你是否还记得前面所创建的用来初始化面板的 panel-init 脚本元素？此时，需要向其添加一个闭包，一些变量以及几行 JavaScript 代码。下面的代码清单包含了新版的 panel-init 脚本。该脚本使用了 mediaMatch 功能检测。如果 mediaMatch 方法可用，则脚本使用 MediaQueryList 并根据屏幕宽度来显示或隐藏面板。更改的代码以粗体显示。

```
<script id="panel-init">
  (function() {
   // can't call open/close until panel is created
   var panelCreated = false;

   // function to show/hide panel on media query event
   // called from media query event and panel create event
   var setPanelState = function(mql) {
     if (panelCreated) {
       if (mql.matches) {
         $("#panel").panel("open");
       } else {
         $("#panel").panel("close");
       }
     }
   };
   var query = null;

   // feature detection
   if (window.matchMedia) {
     query = window.matchMedia("(min-width: 42em)");
     query.addListener(setPanelState);
   }
```

```
        // jQuery $(document).ready(...)
        $(function() {
          $("#panel")
                  .panel({
                    create: function() {
                      panelCreated = true;
                      if (!!query) {
                        // call previously defined function on create
                        setPanelState(query);
                      }
                    }
                  })
                  .enhanceWithin();
        });

        // show the panel after page changes
        $(document).on("pagechange", function() {
          if (!!query) {
            // call previously defined function on create
            setPanelState(query);
          }
        });
      }());
    </script>
```

在 Web 浏览器中重新加载 search.html，从而对新修改的代码进行测试。如果正在使用 NetBeans 以及 NetBeans Chrome 连接器，那么该页面将自动重新加载。调整页面的大小，观察一下面板如何显示以及如何在响应断点消失。

当屏幕足够宽到可以同时显示面板和搜索表单时，可以查看一下三栏图标以及关闭按钮(第一个列表项)。请注意，这些按钮始终是可见的。这样一来，用户就可以选择隐藏(以及显示)面板，即使在媒体查询之后会自动显示该面板。如果想要在较宽的设备上隐藏这些按钮，可以向 search.html 页面的内联样式表中添加下面所示的 CSS：

```
.show-panel-btn,
.hide-panel-btn {
  display: none !important;
}
```

图 5-15 是在 HTC Droid Incredible 2 上查看的详细信息页面的屏幕截图。请注意，此时菜单按钮是可见的，但面板却隐藏了。

2. 将搜索结果复制到面板中

当用户单击搜索页面上的搜索按钮时，jQuery Mobile 将使用 Ajax 向服务器提交搜索参数，然后在与搜索页面相同的外壳程序中将搜索结果显示为一个新的页面定义。可以将一个事件处理程序与搜索结果页面的页面创建事件绑定起来，并将相关内容复制到面板中。请在 head 元素的结尾处添加下面的脚本，即 panel-init 脚本的下面：

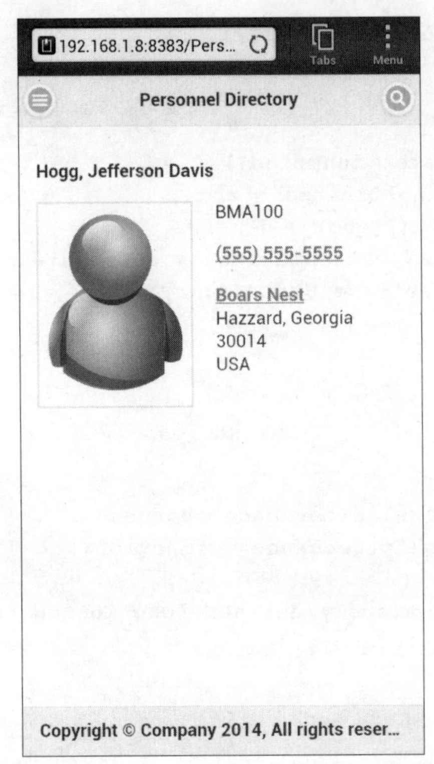

图 5-15 Droid Incredible 2 上的详细信息页面

```
<script id="results-clone">
  $(document).on("pagecreate", "#results", function(event) {
    var $targetList = $("#panel").find("ul");

    // delete all items EXCEPT the top two with icons
    $targetList.children().not("[data-icon]").remove();

    // clone the child list
    $("#resultsList").children().clone().appendTo($targetList);

    // remove the copied first-child class from the first result
    // element
    $targetList.children(".ui-first-child").not("[data-icon]")
          .removeClass("ui-first-child");

    // note: the following may not be necessary. It depends on
    // whether the panel is visible when the new list items are
    // added
    $targetList.trigger("updatelayout");
  });
</script>
```

重新加载搜索页面，或者通过 NetBeans 运行搜索页面，从而再次对 jQuery Mobile 应用进行测试。这一次，当单击搜索时，搜索结果将被复制到左边的面板中。图 5-16 所示的详细信息页面显示了面板以及复制的搜索结果。

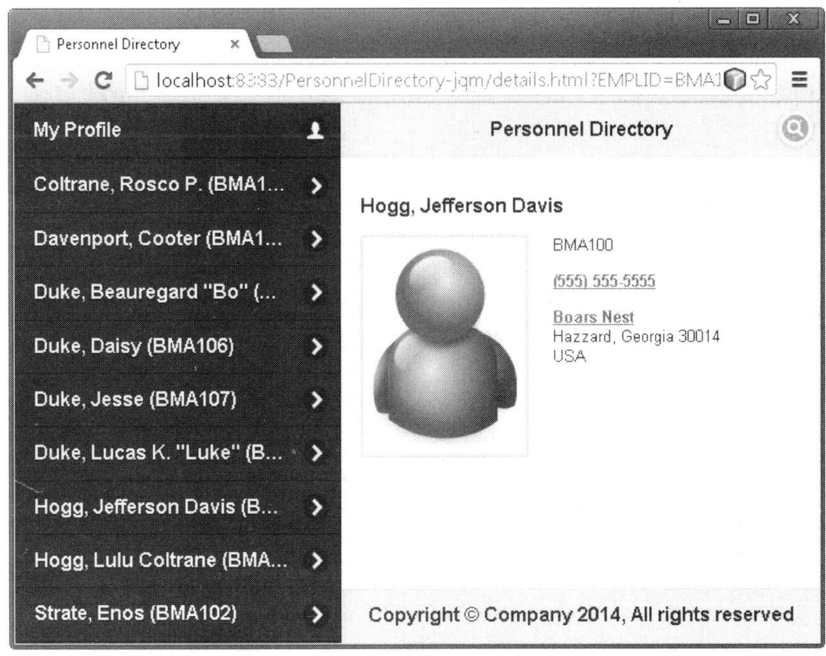

图 5-16 可见搜索结果的详细信息页面

图 5-17 是在 iPad 上查看的相同的详细信息页面的屏幕截图。由于 iPad 更宽，因此显示了面板，但没有显式菜单或者关闭按钮。

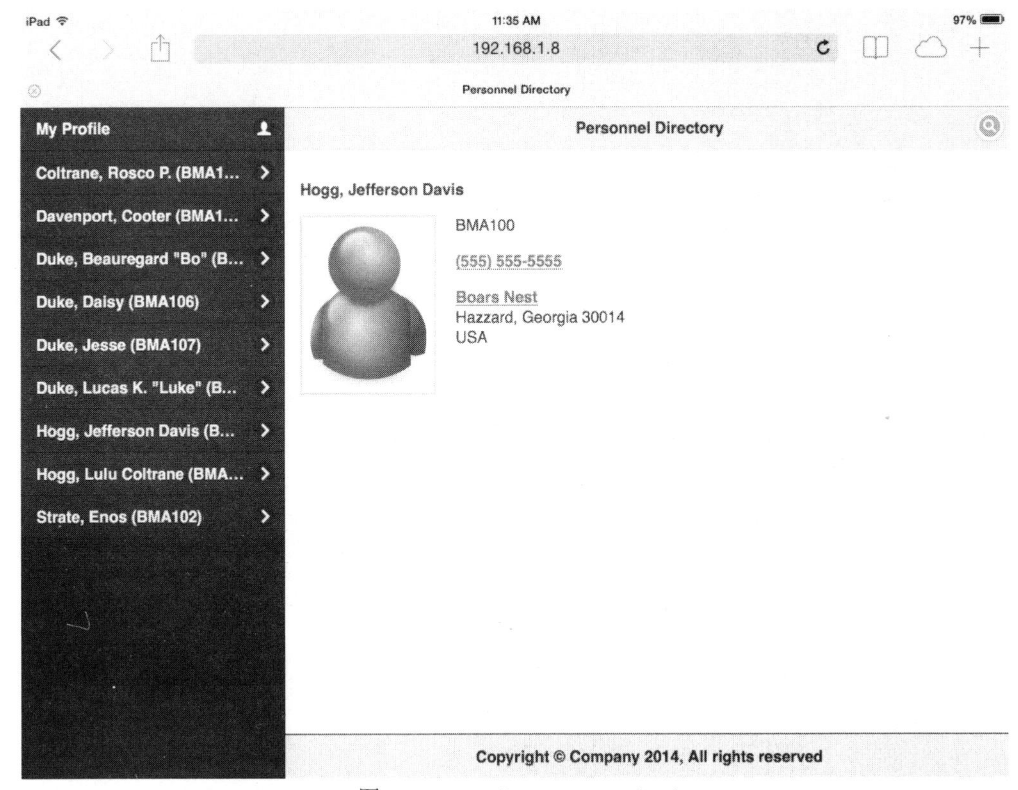

图 5-17 Details page on an iPad

5.2.6 个人信息更新页面

除了可以查看公司员工的个人信息之外，还需要允许用户更新自己的联系方式。请创建一个新的 HTML5 HTML 文件，并命名为 profile.html，然后使用下面的 HTML 片段替换文件内容：

```
<div data-role="page" id="profile">
  <style type="text/css" scoped>
    @import url("css/details.css");

    @media (min-width:28em) {
      img.avatar {
        margin-bottom: 20px;
      }
    }
  </style>

  <div data-role="header">
    <h1>Personnel Directory</h1>
    <a href="#panel" class="show-panel-btn" data-icon="bars"
       data-iconpos="notext">Menu</a>
    <a href="#search" data-icon="search" data-iconpos="notext"
       class="ui-btn-right">Search</a>
  </div><!-- /header -->

  <div data-role="content">
    <form action="#" method="POST">
      <img src="images/avatar.svg" class="avatar" alt="J.D.'s Photo">
      <h2>Hogg, Jefferson Davis</h2>
      <div>BMA100</div>
      <div class="ui-field-contain">
        <label for="phone">Phone:</label>
        <input type="tel" value="(555) 555-5555" name="phone"
               id="phone">
      </div>
      <div class="ui-field-contain">
        <label for="address">Address:</label>
        <input type="text" value="Boars Nest" name="address"
               id="address">
      </div>
      <div class="ui-field-contain">
        <label for="city">City:</label>
        <input type="text" value="Hazzard" name="city" id="city">
      </div>
      <div class="ui-field-contain">
        <label for="state">State:</label>
        <input type="text" value="Georgia" name="state" id="state">
      </div>
      <div class="ui-field-contain">
        <label for="postal">Postal Code:</label>
        <input type="text" value="30014" name="postal" id="postal">
      </div>
      <div class="ui-field-contain">
```

```
      <label for="country">Country:</label>
      <input type="text" value="USA" name="country" id="country">
    </div>

    <input type="submit" value="Save" data-theme="b">
  </form>
</div><!-- /content -->

<div data-role="footer" data-position="fixed">
  <h4>
    Copyright &copy; Company 2014, All rights reserved
  </h4>
</div><!-- /footer -->

</div><!-- /page -->
```

该HTML是搜索页面和详细信息页面的组合，包含了与搜索页面中类似的数据输入字段，但页面布局与详细信息页面类似。

语义HTML5

哇！jQuery Mobile页面确实包含了许多div元素。人员目录中的许多结构元素都是带有特定特性的div元素。每个div的含义(即语义)都是由data-role特性所确定的。但这并不是编写HTML5应用所应该采用的方式。HTML5是一种语义发行版本，包括了诸如header、article、footer、nav以及aside之类的元素。其实带有特性的jQuery Mobile div元素仿效了许多HTML5元素。

实际上，jQuery Mobile对元素类型没有严格限制，它使用了语义特性而不是元素类型来应用渐进增强。这意味着只要目标设备支持HTML5，那么就可以自由地使用新的HTML5语义元素。使用div元素的主要原因是因为某些目标设备无法呈现较新的语义元素。

考虑一下前面所使用的jQuery Mobile模板以及面板模板。如果是使用语义HTML5标签，那么可以编写以下代码:

```
<body>
  <main data-role="page" id="search">

    <header data-role="header">
      <a href="#panel" class="show-panel-btn" data-icon="bars"
        data-iconpos="notext">Menu</a>
      <h1>Personnel Directory</h1>
    </header><!-- /header -->

    <nav data-role="panel" id="panel" data-display="push"
        data-theme="b">
      <ul data-role="listview">
        <li data-icon="delete" class="hide-panel-btn">
          <a href="#" data-rel="close">Close menu</a>
        </li>
        <li data-icon="user">
          <a href="#">My Profile</a>
        </li>
```

```
      </ul>
    </nav><!-- /panel -->

    <article data-role="content">
      <p>Search form will go here</p>
    </article><!-- /content -->

    <footer data-role="footer" data-position="fixed">
      <h4>
        Copyright &copy; Company 2014, All rights reserved
      </h4>
    </footer><!-- /footer -->
  </main><!-- /page -->

</body>
```

请等一下，我是否曾经说过该语义方法只适用于支持 HTML5 的浏览器？但事实并非如此。支持 HTML5 的浏览器可以理解 HTML5 语义元素，这意味着它们知道如何恰当地设置样式(display:block 等)，但是几乎所有的 Web 浏览器都可以使用它们不认识的元素来标记 HTML。也就是说，可以创建自己的 jQuery Mobile 元素 page、content 和 panel(HTML5 header 和 footer 已经存在)。

向该页面定义添加媒体查询，从而在头像和数据输入字段之前提供更多的空间。通常，如果设备宽度为 28em，那么 jQuery Mobile 将改变显示字段和标签的方式。如果小于 28em，则会在字段之上显示标签。在垂直堆叠视图中，jQuery Mobile 在头像和数据输入字段之间包含了足够的空间。然而，在较宽的屏幕中，jQuery Mobile 则使用水平布局。在水平放置状态下，头像非常接近第一个输入字段。在较宽的设备上，媒体查询在头像上添加了一个底部边缘，从而很好地解决了上述问题。图 5-18 包含了两个个人信息更新页面的屏幕截图(都是在移动电话上查看)。左边的图像显示了大部分的个人信息页面。而右边的图像则显示了当电话字段被激活时所显示的数字小键盘。因为 Phone 字段是使用一个 HTML5 tel 输入类型定义的，所以浏览器显示了适合输入电话号码的按键。

5.2.7 “安全”的 URL

虽然 jQuery Mobile 应用包含了 4 个 HTML 文件，但实际上它是一个单页面应用。只有一个 HTML 文件包含了完整的 HTML 文档。其他的都只是 HTML 片段。当 jQuery Mobile 加载任何一个片段时，都会更改浏览器的 URL。由此所产生的一个问题是应用太依赖初始页面而使得这些 URL 不可用。这些依赖包括：

- 每个页面根据 ID 引用搜索页面。
- 页面定义只存在于 search.html 文件中。
- search.html 文件包含了对所有页面使用的 CSS 和 JavaScript 的引用。

虽然可以通过修改文件的方法清除这些依赖关系，但解决面板依赖关系更加复杂。

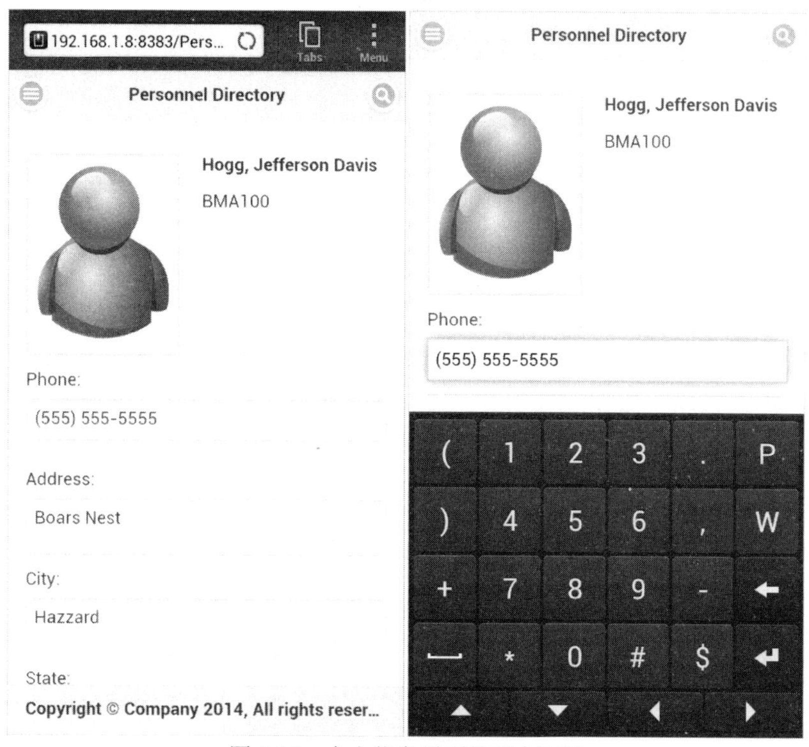

图 5-18　个人信息页面的两个视图

此外，也可以忽略该 URL 问题，只求用户是通过 search.html 进入单页面应用的。然而，当用户离开然后再返回移动浏览器时会发生一些意外的事情，所以找到解决该 URL 问题的方法还是非常必要的。例如，假设你正在搜索新的 Personnel Directory 时手机响了。此时你选择了接听电话。但当十五分钟之后接听完电话，解锁屏幕并返回 Personnel Directory 时，会发现移动浏览器重新加载了当前页面，而不是接听电话离开时所在的页面。如果你曾经测试加载前面所创建的页面片段，那么就会知道所发生的一切。此时展现给用户的是带有少量(如果有的话)可用功能的不好的 Web 页面。解决该问题的一个简单方法是告诉 jQuery Mobile 无论何时加载页面都不要更改 URL。为此，需要在 search.html 文件的任一脚本标签中添加下面的 JavaScript：

```
$.mobile.hashListeningEnabled = false;
$.mobile.pushStateEnabled = false;
```

5.3　小结

在本章，学习了如何使用 jQuery Mobile 构建响应式移动应用。在第 6 章，将使用 AngularJS、Topcoat.io 和 Font Awesome 构建相同的应用，这些框架和库将帮助我们构建没有渐进增强功能的响应式应用。

第6章

构建没有 jQuery 的 HTML 视图

如上一章所见，jQuery Mobile可以极大地简化移动开发。通过使用jQuery Mobile，我们只需创建基本的HTML结构即可(列表、表单等)。而jQuery Mobile通过使用JavaScript和CSS来处理剩下的工作(外观、页面切换等)。虽然方便，但这些jQuery功能需要牺牲性能作为代价。jQuery Mobile期望页面结构包含HTML元素和应用数据的组合。也就是说需要通过移动网络传输更多的信息。在本章，将学习如何使用客户端的MV*模式来构建相同的移动Personnel Directory，该模式允许本地缓存除数据之外的所有内容，从而减少网络成本，只需要传输页面间不同的数据即可。

编写本章的最难部分可能是决定使用哪种 HTML5 框架和库。可选择的框架和库非常多！仅仅是 MV*，就有数百种可以选择，其中 Backbone、Ember、Knockout、Kendo UI 以及 AngularJS 最常用。同样，Internet 也提供了大量的模板和表示库。常用的 JavaScript 模板库包括 Mustache、

Handlebars、Dust、Underscore、React 以及 EJS。而常用的表示库包括 Kendo UI、Twitter Bootstrap、Topcoat.io 和 Sencha Touch。此外，还不能忘记动画：Effeckt.css、Animate.css 和 GSAP。在本章，选择使用 AngularJS 作为 MV*框架，使用 Topcoat.io 进行样式设计，最后混合使用 Animate 和 GSAP 进行动画设计(本章的结尾处将更多的介绍动画方面的相关内容)。AngularJS 除了提供模板、路由以及 jQuery Lite(jqLite)之外，还提供了双向数据绑定方法。Topcoat 仅包含 CSS(以及一些图像)，不包含 JavaScript。针对图标，我选择使用 FontAwesome，该库包含了图标字体以及 CSS 声明。

注意：

本章假设你完全不熟悉 AngularJS，并包含了相关的文档和线索来帮助你熟悉 AngularJS。

第 5 章介绍了成功构建移动 Web 应用所需的所有知识。但前一章的重点是证明移动开发其实非常简单。然而，本章并不是阅读一下就可以的，其内容极富挑战性！如果你是一位无所畏惧的程序员，渴望控制应用的每一个细节，那么本章正是你所需的。

第 7 章和第 8 章都被分为两个部分。每章的第一个部分将介绍如何将 PeopleSoft 与 jQuery Mobile 原型进行集成。第二部分将介绍如何与 AngularJS 进行集成。请记住，实际上可以跳过本章，并且不会影响后续的学习。然而，在本章，我介绍了一些非常有用的内容，所以强烈建议你鼓起勇气读下去。我对你充满信心。即使你不掌握如何使用 AngularJS 进行 Web 开发，也会学习一些有价值的内容。请把握机遇吧！

6.1 准备项目

在 Web 开发的旧时代，通常是手动下载文件，准备目录结构，编写代码，然后是打包，测试并发布 Web 应用。如今，前端 Web 开发人员可以使用各种软件包和构建管理工具，包括 Yeoman、Grunt 和 Bower。这些工具可以配置项目，下载库，运行自动测试以及生成、缩小和包装文件。在本节，将使用这两种方法来准备一个项目。首先，使用老式的方法来构建一个文件夹结构并下载文件。然后使用自动化方法。在数学课上，数学老师通常先演示一种难的解决问题的方法，而在我们明白了将要做什么之后，老师会介绍一种简便方法。同样的道理，一旦你了解了自动工具可以完成的工作之后，使用这些工具将会非常简单。一个基本的了解有助于在问题出现时解决问题。

6.1.1 NetBeans/Manual 方法

我是否曾经说过首先使用老式的方法创建该项目？确切地讲并不完全如此。我们将使用 NetBeans 完成大部分工作。然后再手动添加缺少的库。

注意：

当在 NetBeans 项目中使用相关代码时，会看到对 Bower 的引用。Bower 是手动方法的替换方法。在本章的后面将学习如何使用 Bower。

1. 创建 NetBeans Angular-Seed 项目

启动NetBeans，从菜单栏中选择File | New Project，创建一个新项目。在第1步中，选择

HTML5 Application作为项目类型，然后按Next按钮，进行第2步。将项目命名为PersonnelDirectory-ajs，并注意Project Location和Project Folder。后面将会向该文件夹中下载额外的库。按Next按钮，进入第3步。选择Download Online Template选项，然后再选择AngularJS Seed模板。单击Finish，创建项目。图6-1、图6-2和图6-3是New Project项目各步骤的屏幕截图。

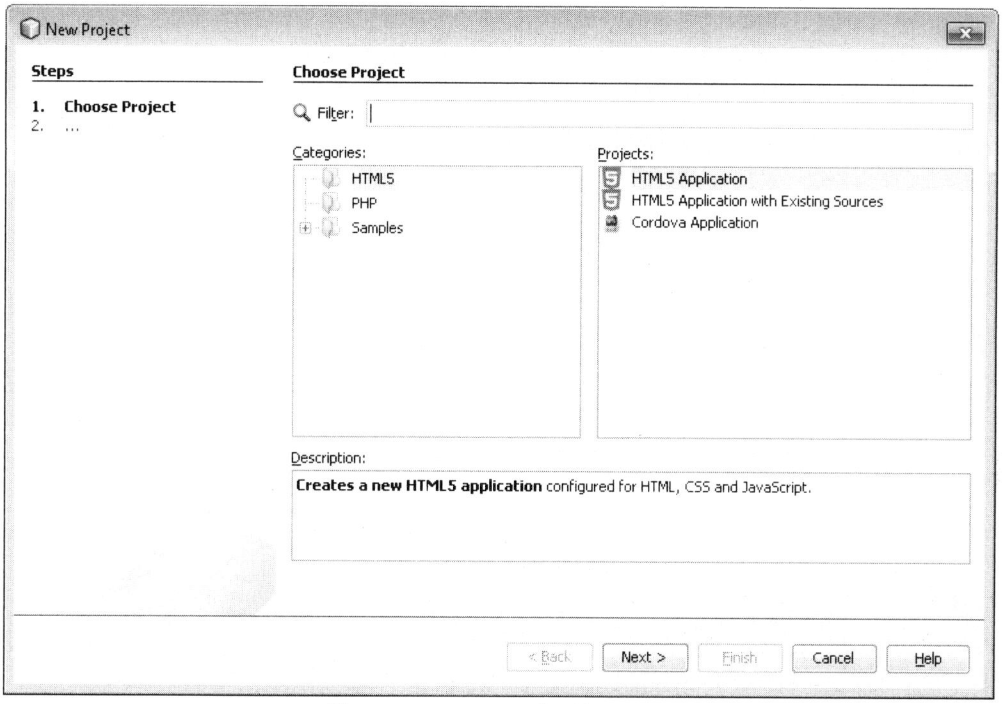

图 6-1　New Project 向导的第 1 步

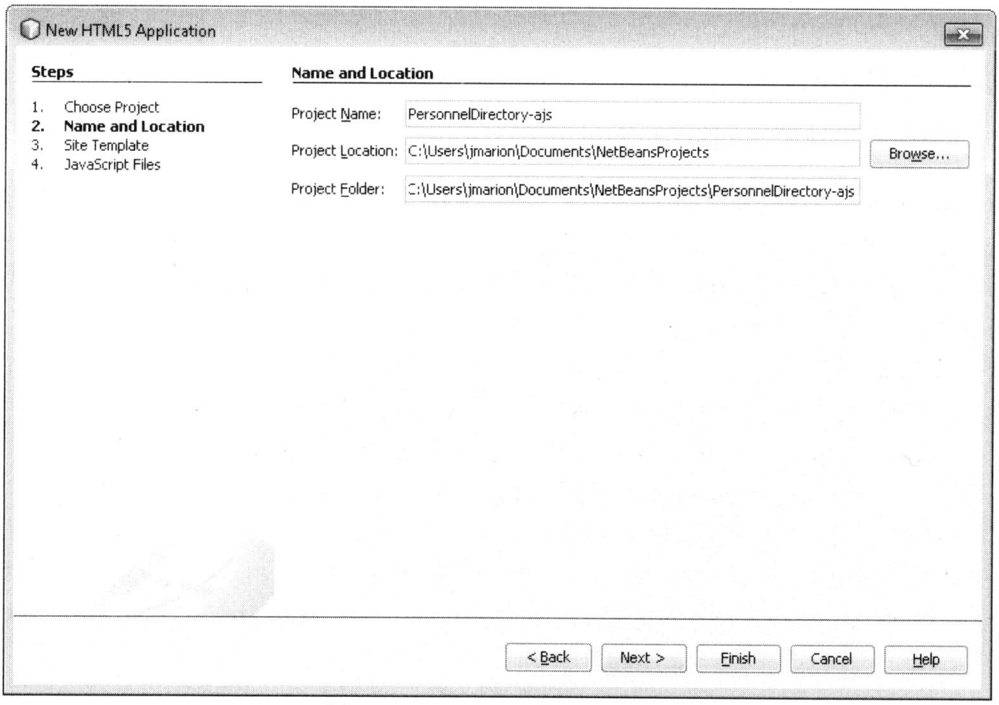

图 6-2　New Project 向导的第 2 步

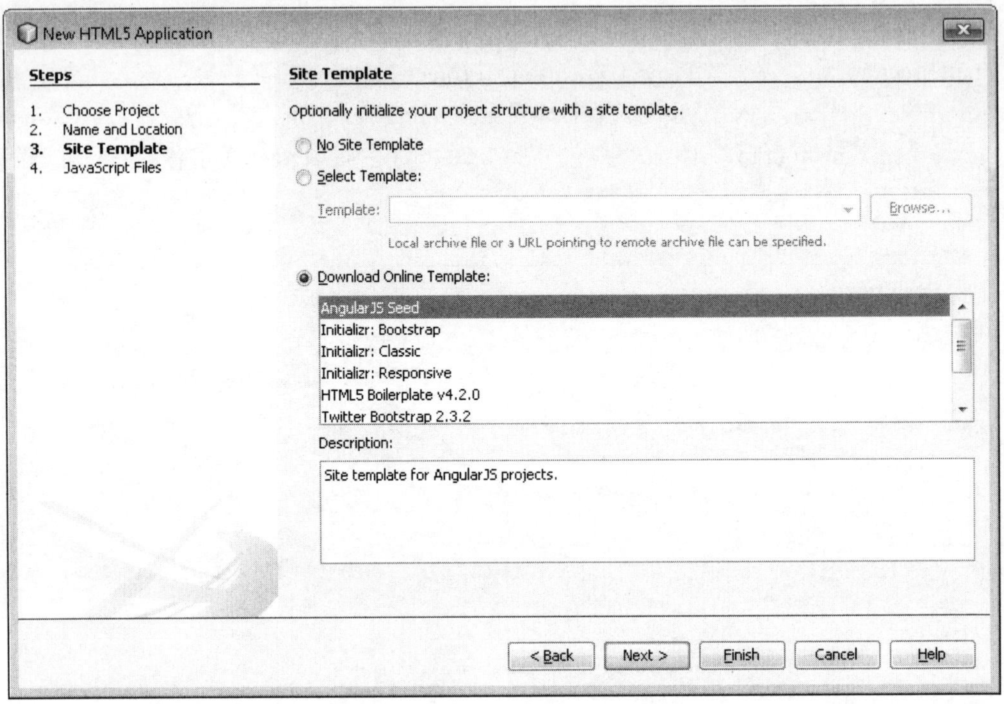

图 6-3 New Project 向导的第 3 步

注意：

向导的第 4 步会自动下载计划添加到项目的额外库。然而，在使用 NetBeans 7.4 进行测试时，会发现当将相关库下载到 angularjs-seed 时 NetBeans 不符合其文件结构。

此外，如果你喜欢 NetBeans 以外的其他开发环境，可以使用 Git 从 https://github.com/angular/angular-seed 复制 angularjs-seed 项目。该项目包含了下载和运行 seed 模板所需的完整指令。本章将会详细介绍这些指令。

2. 检查和修改项目的文件夹结构

NetBeans 项目向导的第 2 步显示了项目根文件夹。如果没有保存该地址的副本，那么可以在 NetBeans 的项目资源管理器中右击项目名称，并从上下文菜单中选择 Properties，从而找到该文件夹。Project Folder 是 Sources 类别的第一个字段。通过使用 Windows 资源管理器(或者操作系统中特定的文件浏览器)，导航到项目文件夹。在该文件夹中，会看到一个名为 app 的子文件夹。该 app 文件夹包含了网站的所有内容，包括 CSS、img、js 以及部分文件夹。

许多的项目文件夹已经包含了相关内容。例如，css 文件夹包含了 app.css，而 js 文件夹则包含了 app.js、controllers.js、directives.js 等。这只是 angular-seed 项目所创建的示例结构，也是用于本章移动 Personnel Directory 迭代的结构。当然不同的 AngularJS 项目也会以不同的方式组织文件(例如按照功能而不是类型组织文件)。

Seed 项目的设计目的是使用 Bower，一种 JavaScript 包管理应用，不包含任何库，甚至不包含 AngularJS 库。在下载额外库之前，需要在 app 文件夹中创建一个名为 lib 的新文件夹。然后在该文件夹中放置下载的 JavaScript 库。

3. 下载 AngularJS

AngularJS 是一种由 Google 所支持的 MV* JavaScript 框架。有关 AngularJS 的简讯称“AngularJS 是构建客户端单页面应用的理想选择。它并不是一个库，而是一种用来构建动态 Web 页面的框架。它侧重于扩展 HTML，并提供动态的数据绑定，同时也可以与其他的框架(比如 jQuery)一起使用。如果你正在构建一个单页面应用，那么 AngularJS 将是你理想的选择。”(http://www.ng-newsletter.com/posts/beginner2expert-how_to_start.html)。

本项目将针对以下内容使用 AngularJS：

- 路由
- 双向数据绑定
- Ajax
- HTML 模板

AngularJS 项目是模块化的，这意味着针对每项功能都有一个 JavaScript 文件。移动 Personnel Directory 项目将使用三个 AngularJS 模块：核心 Angular 模块，Angular 路由模块以及 Angular 动画模块。可以在 https://code.angularjs.org/的特定版本子目录中找到这些文件。本章使用了来自 https://code.angularjs.org/1.2.9/download 中的相关文件(在我编写本书时，1.2.9 是最新的版本)。请将下面所示的文件下载到项目 app\lib 目录中：

- angular-animate.min.js
- angular-route.min.js
- angular.min.js

4. 下载 Topcoat

Topcoat.io 是由 Adobe 开发的轻量级的蒙皮框架(skinning framework)。我们将仅使用该框架的一小部分：组件 CSS 样式，Source Sans 字体以及一两张图像。请导航到 http://topcoat.io/并单击 Download 按钮，下载 Topcoat 框架。在编写本章时，下载按钮位于页面的右上角。将下载的压缩文件解压到项目 app 目录中。

5. 下载 FontAwesome

FontAwesome 起初是为 Twitter Bootstrap 设计的绝佳图标字体。为什么要专门针对图标使用一种字体？主要有以下几点原因：

- 无限扩展——在更大的尺寸下不会像素化。
- 非常适合 iOS Retina 显示(因为它们是可扩展的)。
- 易于着色(通过 CSS 颜色特性)。
- 可以添加显示特效，比如阴影。

使用 http://fontawesome.github.io/Font-Awesome/网站上的 Download 按钮，下载 FontAwesome。然后和 Topcoat 一样，将下载文件解压到项目 app 目录中。同样，我们仅使用其中一小部分功能。幸运的是，FontAwesome CSS 和字体文件都非常小，可以被移动浏览器所缓存。图 6-4 是添加了 lib、topcoat 和 font-awesome 库和文件夹后的文件系统结构屏幕截图。

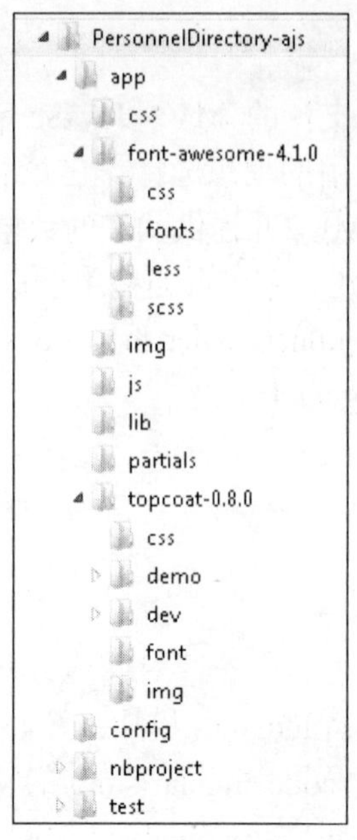

图6-4 项目文件夹结构

6. 下载Animate.css

动画可以对可用性产生巨大的影响。假设有这么一个购物应用，可以搜索并选择商品，然后添加到购物车中。想象这么一种购物应用应该并不是什么难事，因为大部分人都经常使用类似的应用(比如在Amazon购物)。当向购物车添加商品时，如何知道车中商品的总价值？如何知道车中有多少商品？在什么地方可以找到该购物车？当选择想要购买的商品时，如果可以在屏幕的右上角显示商品从售货列表移动到购物车的动画，那么会是什么效果？诸如此类的动画会自动引导你的眼睛在屏幕的右上角寻找购物车。

Animate.css是一个CSS库，它为许多常见的CSS动画定义了关键帧。之所以后面要使用该库是因为它可以与AngularJS完美集成。导航到http://daneden.gitbub.io/animate.css/，并选择"Download Animate.css"，下载该库。然后保存到项目app\css目录中。此时，CSS文件夹应该包含了app.css和animate.css。

7. 下载GSAP

GSAP(GreenSock Animation Platform)是一个非常令人印象深刻的JavaScript动画库。在业界，许多Web开发人员不使用JavaScript动画而偏向使用硬件加速的CSS动画。因为使用CSS动画有许多好处，最大的好处是可以在不修改应用代码的情况下更改动画。在CSS-Tricks网站中，有一篇辩驳JavaScript动画的令人信服的文章*Myth Busting:CSS Animations vs. JavaScript* (http://css-tricks.com/myth-busting-css-animations-vs-javascript/)。在讨论动画如何该改善用户体验时将使用GSAP库。

请访问http://www.greensock.com/gsap-js/网站，并单击Download JS按钮，下载GSAP。当出现下载对话框时，单击Download Zip按钮。然后将下载文件(一个名为greensock-v12-js.zip的文件)中的src\minified\TweenMax.min.js文件解压到项目的app\lib目录中。图6-5所示的屏幕截图显示了lib文件夹的内容。

图 6-5　lib 文件夹的内容

8. 测试数据

在第 4 章，我们创建了测试数据：两个名为 DETAILS.json 和 SEARCH_RESULT.json 的文件。请将这两个文件复制到新文件夹 test-data。然后将 DETAILS.json 文件重命名为 KU0001(即搜索结果中第一名员工的员工 ID(EMPLID))。

此外，还需要一张供测试数据用的照片。在第 7 章和第 8 章，将针对员工照片创建专门的服务。而在本章，则使用与前一章相同的静态图像。可以从前一个项目中复制 avatar.svg 图像，也可以从本书的示例代码中获取。请将 avatar.svg 放置在项目的 app\img 目录中。

此时，NetBeans 项目资源管理器应该如图 6-6 所示。在本书的示例下载代码中包括了一个完全配置的示例项目压缩文件 ch06starter.zip。

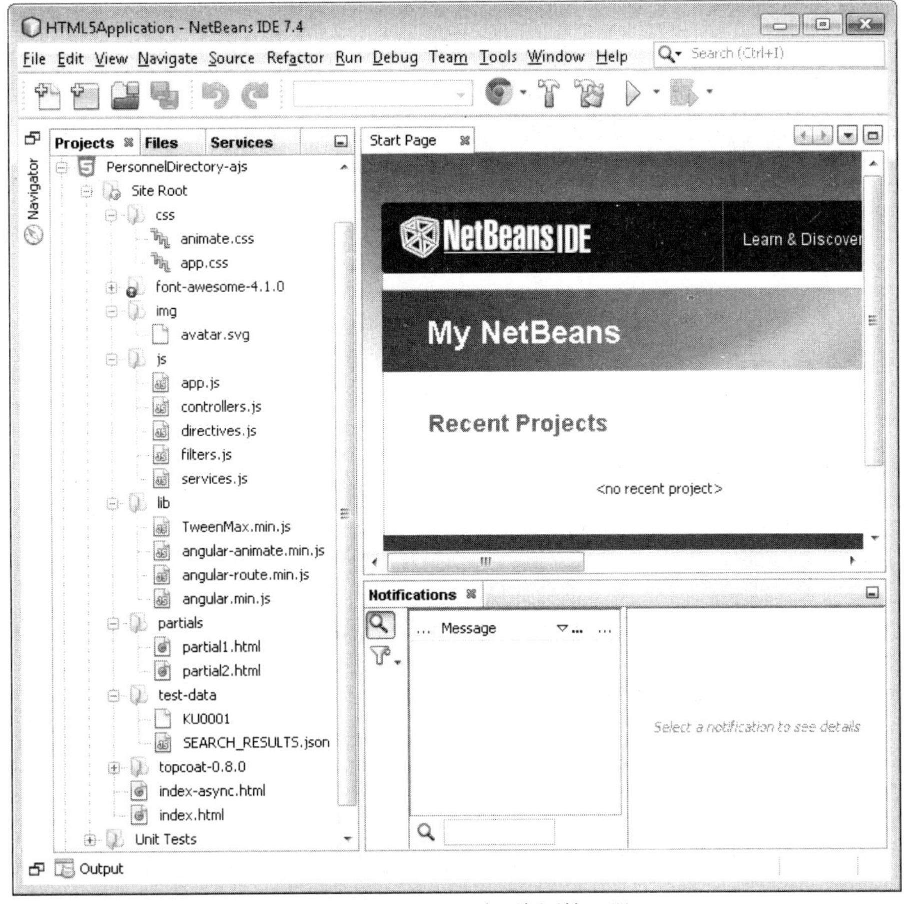

图 6-6　NetBeans 项目资源管理器

运行修改后的 Angular-Seed 示例

在 index.html 上右击，并从上下文菜单中选择 Run File。Chrome Web 浏览器将加载并显示类似图 6-7 所示的页面。单击 view2 超链接，切换到一个替换视图。请注意，虽然 URL 中#后面的部分发生了变化，但我们仍然停留在 index.html。AngularJS 应用是一种单页面应用，这意味着使用 Ajax 来获取内容并在视图区域显示该内容。

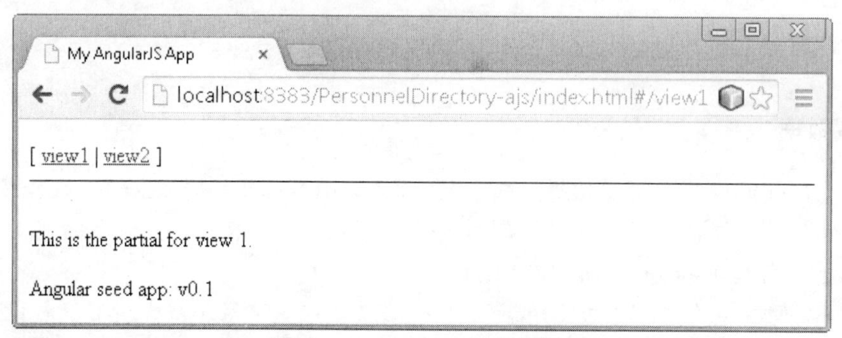

图 6-7 index.html 屏幕截图

6.1.2 自动方式

可以从 Git 存储库网站(https://github.com/angular/angular-seed)获取官方的 angular-seed 项目。Git 是一款流行的分布式版本控制系统，可以与诸如 NetBeans、Eclipse 以及 JDeveloper 之类的 IDE 完美集成。虽然 NetBeans 擅长于为 AngularJS 项目创建一个简单的结构，但任何重要的 AngularJS 开发都应该从 angular-seed 项目开始。

下面的场景和命令都是通过 Linux 笔记本电脑运行的。Mac 用户会发现这些这些代码清单非常熟悉。而 Windows 用户则需要稍微修改一下命令(例如，将文件路径从斜杠修改为反斜杠，将 cp 修改为 copy，将 mv 修改 move)。

注意：

如果没有使用 NetBeans，或者其他支持 angular-seed 网站模板的 IDE，那么下面的步骤将有助于项目的准备。但下面的步骤是可选的！并不一定要使用所描述的自动化工具来准备这个项目。如果想要使用前面所介绍的手动方法来准备项目，可以跳到“介绍 AngularJS”一节。

1. 复制 Angular-seed 存储库

如果你对 git 非常熟悉，那么可以使用下面的命令(命令以粗体文本显示)将 angular-seed 存储库复制到相关目录中：

```
sarah@laptop:~$ cd ~/Documents/NetBeansProjects
sarah@laptop:NetBeansProjects$ git clone\
https://github.com/angular/angular-seed.git
Cloning into 'angular-seed'...
remote: Reusing existing pack: 2472, done.
remote: Counting objects: 3, done.
remote: Compressing objects: 100% (3/3), done.
remote: Total 2475 (delta 0), reused 3 (delta 0)
Receiving objects: 100% (2475/2475), 10.91 MiB | 4.87 MiB/s, done.
Resolving deltas: 100% (1417/1417), done.
```

```
Checking connectivity... done.
sarah@laptop:NetBeansProjects$ mv angular-seed PersonnelDirectory-seed
sarah@laptop:NetBeansProjects$ cd PersonnelDirectory-seed/
sarah@laptop:PersonnelDirectory-seed$ ls
app  bower.json  LICENSE  package.json  README.md  test
sarah@laptop:PersonnelDirectory-seed$
```

首先，进入 NetBeans 项目目录，并复制 angular-seed 项目。然后重命名项目的文件夹。由于我们并不是在 angular-seed 项目上工作，而是将其作为一个模板，因此将文件夹重命名为更有意义的名称是非常重要的。最后一步是导航到项目的工作目录并列出其内容。

如果你不是一名 Git 用户，那么可以从 https://github.com/angular/angular-seed(搜索 Download ZIP 页面)下载 angular-seed 存储库的压缩文档。然后将压缩文件解压到一个目录并重命名 angular-seed 目录。最后打开一个命名提示符进入 seed 项目目录。

2. 安装依赖项

官方的 angular-seed 项目使用了包括 Karma、http-server、Bower 等在内的大量工具，这些工具可以从 Node.js 存储库获取。Angular-seed 项目使用一个文件(package.json)来告诉 npm(Node Package Manager)下载哪些工具以及放置的位置。从项目目录中运行以下命令：

```
sarah@laptop:PersonnelDirectory-seed$ npm install
```

注意：
在第 1 章已经安装了 Node.js。

当运行该命令时，npm 将下载 package.json 文件中所列出的依赖项，并在项目目录的新目录 node_modules 中安装这些依赖项。安装完毕之后，package.json 将指示 npm 运行命令 bower install。Bower 是一个 JavaScript 包管理器。Angular-seed 使用 Bower 下载 seed 项目所使用的 JavaScript 库，比如 AngularJS 以及各种 AngularJS 模块。现在，可以在项目的 app/bower_components 目录中看到多个新目录(如果你的 bower_components 目录是空的也不要担心。后续步骤会向该目录中添加相关内容)。此时，项目目录的大小大概有 100MB。相比于原始 angular-seed 项目的 17KB，目前的项目要大很多了。Angular-seed 的设计者选择仅发布 angular-seed 文件，和使用包管理器(如 npm 和 Bower)来下载所有的依赖项，而不是将所有的依赖项都打包到 angular-seed 中。这样一来，可以确保当使用 angular-seed 项目时获取的是所需库的最新版本。

注意：
项目根目录中的.bowerrc 文件告诉 Bower 将库文件放置到什么位置。

3. 测试示例

运行示例需要以下步骤：

(1) 运行 git clone https://github.com/angular/angular-seed.git

(2) mv angular-seed PersonnelDirectory-seed

(3) npm install

通过命令行调用命令 npm start(package.json 中定义的一个命令)，从而运行示例应用。除了一堆其他文本之外，该命令还应该显示：

```
Starting up http-server, serving ./ on port: 8000
Hit CTRL-C to stop the server
```

当看到了该文本，则意味着已经拥有了一个在端口 8000 上运行的 Web 服务器。如果想要查看该服务器，可以打开 Web 浏览器并输入 http://localhost:8000/app/。该服务器加载了示例 angular-seed 项目，并导航到默认的应用路由(关于路由的内容稍后介绍)。在查看完示例后，按 CTRL+C 组合键(或者启动服务器时所显示的相关命令)停止 Web 服务器。

4. 项目特定的 JavaScript 依赖项

当通过 NetBeans 创建项目时，我们手动下载了所有的 JavaScript 库。正如本节前面所介绍的，angular-seed 被配置为使用 Bower 下载相关的库。该配置存储在 bower.json 文件中。如果在文本编辑器中打开该文件，会看到文件包含了对 angular、angular-route、angular-loader 等的引用。

注意：

Angular-seed 项目还包含了对 html5-boilerplate 的引用。因为本示例并不会使用 html5-boilerplate，所以可以随意地从 bower.json 文件中删除该引用。

由于 angular-seed 使用了 Bower，因此可以要求 Bower 下载项目的附加 JavaScript 依赖项。可以通过运行命令 bower install <library>告诉 Bower 下载哪些依赖项。如果想要 Bower 记住所选择的库，可以添加参数--save。

如何运行 Bower 呢？当运行命令 npm install 时，该命令将 Bower 安装到项目的 node_modules 目录中。从项目的根目录(~/Documents/NetBeansProjects/PersonnelDirectory-seed)运行命令./node_modules/.bin/bower。如果你使用了一个 bash shell(Linux、Mac 或 Cygwin)，那么可以使用快捷键$(npm bin)/bower。下面所示的命令清单包含了安装每个额外库所需的命令：

```
$(npm bin)/bower install animate.css -save
$(npm bin)/bower install fontawesome -save
$(npm bin)/bower install gsap -save
$(npm bin)/bower install topcoat --save
```

注意：

命令 npm bin 返回当前项目的 bin 目录，该目录包含了对所有的本地节点模块的二进制文件的引用。通过 bash 命令行并使用快捷键$(npm bin)/bower install，可以执行 Bower。

运行这些命令，会将所需的库下载到 app/bower_components 目录中，并将这些库添加到 bower.json 文件中。随着时间的推移，针对各种 JavaScript 依赖项的更新会不断出现，通过运行 bower update，可以下载最新版本。

注意：

可以通过 https://github.com/bower/bower.json-spec 在线查看 bower.json 文件结构的相关信息。版本特性的语义相当灵活。此外，还可以从 https://github.com/isaacs/node-semver/找到关于版本号语法的额外信息。

可以再次运行 npm start，但由于没有更改任何代码，因此看不到任何的差异。

5. 异步 JavaScript

如果再次查看 app/目录的内容，会看到实际上有两个不同的索引文件。第一个索引文件 index.html 已经被测试过。而第二个索引文件是 index-async.html。index-async 文件实际上还没有任何作用。前面手动下载文件时我故意忽略了该文件，因为 index-async 需要一个特殊的注入 JavaScript 文件。虽然可以告诉你如何复制和粘贴文件内容，但减少无关内容将是非常困难的工作。可以使用 npm 更容易地注入合适的内容。在 index-async.html 文件中可以找到以下文本：

```
// include angular loader, which allows the files to load in any order
//@@NG_LOADER_START@@
// You need to run 'npm run update-index-async' to inject the angular
// async code here
```

通过该注释，可以看出 index.html 和 index-async.html 之间的区别在于 index-async.html“可以以任何顺序加载文件”，或者更具体地说，可以异步方式加载 JavaScript 文件。默认的浏览器行为是以同步的方式加载 JavaScript 文件，同时阻塞每个脚本标记的整个加载进程。异步文件加载可以显著地提高加载时间性能。如果想要启用异步加载，可以通过命令提示符导航到项目的根目录(即带有 package.json 文件的目录，你可能已经位于该目录中)，然后输入命令 npm run update-index-async，从而使用文件 angular-loader.min.js 中的内容替换@@NG_LOADER_START@@和@@NG_LOADER_END@@行之间的内容(这也就是为什么 angular-loader.min.js 文件列在 bower.json 文件中的原因)。

异步 JavaScript 加载器

Angular-seed 项目包含了一个名为 index-async.html 的替换索引文件。该文件的作用是异步加载 JavaScript。默认的浏览器行为是当读取 JavaScript 文件时阻塞 HTML 解析和渲染。该默认行为可能会对渲染性能产生负面影响。替换的方法是在 DOM 可以操作之后，通过向文档插入 DOM 节点来注入 JavaScript，从而允许浏览器在下载、解析和执行 JavaScript 文件之前就提供用户体验。

异步 JavaScript 成功的关键是识别依赖项并按照合适的顺序执行 JavaScript 模块。JavaScript 开发人员通常使用诸如 require.js 之类的库来实现异步 JavaScript 加载。而我个人比较喜欢使用轻量级的$script.js JavaScript 库。AngularJS 包括了$script 的缩小版本(嵌入在 index-async.html 文件中)。

执行命令 npm start，启动嵌入的 Web 服务器，然后在 Web 浏览器中加载 http://localhost:8000/app/index-async.html。如果你的 Web 服务器已经运行，那么就不需要再启动了，只需在 Web 浏览器中打开 index-async.html 即可。可以验证一下 index-async.html 执行结果是否与 index.html 相同。由于本示例比较小，因此很难察觉到 index.html 同步加载与 index-async.html 异步加载之间的性能差异。

6. 额外提示：准备一个 NetBeans 项目

如果所使用的不是 NetBeans，那么就无法创建一个 NetBeans 项目。我比较喜欢组合使用

本章所介绍的方法，即使用 NetBeans 所提供的开发工具，同时使用 angular-seed 项目包括的依赖自动化。考虑到这一点，我首先使用了本节所介绍的工具 git clone angular-seed，然后运行 npm 和 Bower install 进程。完成之后，从 seed 源创建一个 NetBeans 项目，并操作 NetBeans 元数据。如果你喜欢使用这种方法，启动 NetBeans，并从 NetBeans 菜单栏中选择 File | New Project。在 New Project 向导的第 1 步中，选择类别 HTML5 和项目 HTML5 Application with Existing Sources。在第 2 步，针对 Site Root 选择 seed 项目的 app 目录。Project Directory 是 seed 项目的根目录。图 6-8 是第 2 步的屏幕截图。

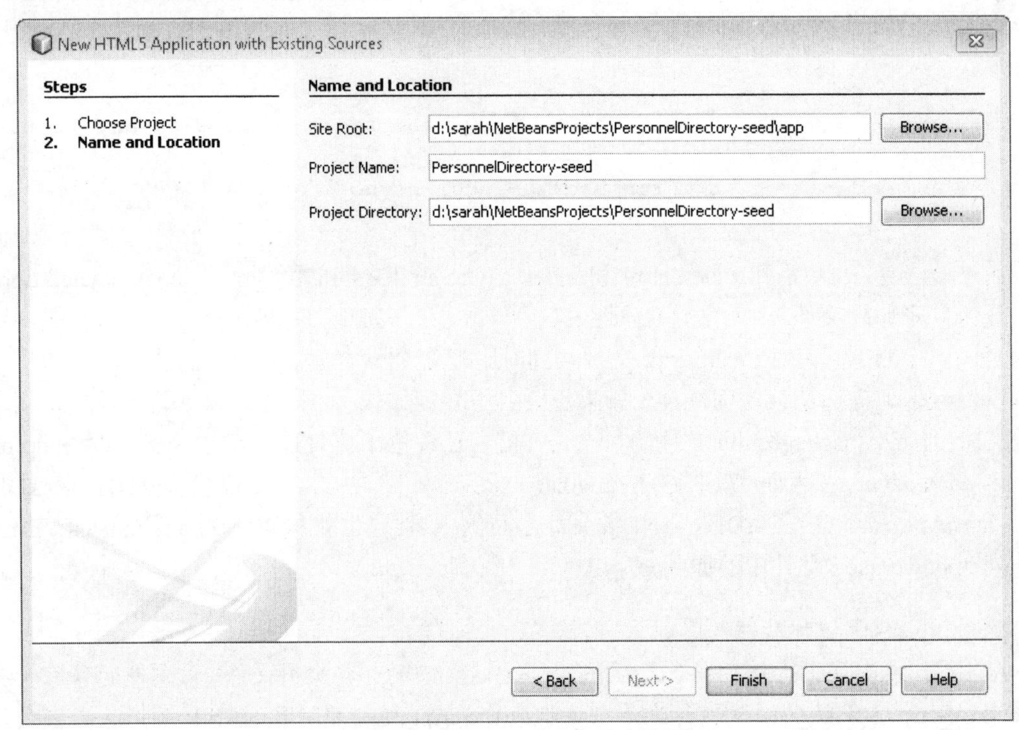

图 6-8 NetBeans 项目文件夹位置

7. 步骤总结

下面所示的代码清单包含了准备项目所需的命令：

```
git clone https://github.com/angular/angular-seed.git
mv angular-seed PersonnelDirectory-seed
npm install

$(npm bin)/bower install animate.css --save
$(npm bin)/bower install fontawesome --save
$(npm bin)/bower install gsap --save
$(npm bin)/bower install topcoat -save

# Optional step for async loader
npm run update-index-async

# Run server to ensure it all works
npm start
```

本章的后续部分将使用通过 NetBeans/Manual 方法创建的项目。之所以选择该方法，是因为依赖项较少。虽然鼓励使用 angular-seed 以及 Bower、Node 和 npm，但这些工具在某些操作系统上很难安装。为了确保所有读者的一致性，我们使用了手动、NetBeans 方法。如果你没有使用 NetBeans，并且喜欢自动 Bower 方法，那么可以使用新的自动项目完成后续内容。但是要相应地更改路径和文件引用。例如，seed 项目引用来自 bower_components 目录中的库，而我却引用了来自 lib 目录中的库。

6.2　介绍 AngularJS

如果你已经了解 AngularJS，那么可以跳过本节。本节的重点是帮助新的 AngularJS 用户适应并熟悉 AngularJS 平台。Internet 上包含大量 AngularJS 教程。推荐从 https://docs.angularjs.org/tutorial 的 AngularJS 教程开始学习。AngularJS 甚至有自己的 YouTube 频道：https://www.youtube.com/user/angularjs。

首先了解一下以下问题：什么是 AngularJS？它是一个库还是一个框架？AngularJS 开发团队更愿意将其视为一个工具集，或者 HTML 的扩展。针对用户界面(视图)和 JavaScript 配置，AngularJS 使用声明式指令，而针对数据模型、服务等(模型和控制器)则使用依赖注入。AngularJS 通过使用双向数据绑定和模板视图(也称为 partials)，可以极大地减少 DOM 操作。如果想了解更多内容，可访问 http://en.wikipedia.org/wiki/AngularJS。

抽象的描述是不够的；接下来让我们创建一些内容，以便读者可以得出自己的结论。

6.2.1　第一个 AngularJS 页面

首先创建一个示例页面，查看一下运行中的 AngularJS。在 NetBeans 中选择 PersonnelDirectory-ajs项目。该项目是用NetBeans/Manual方法创建的，并且包含了带有JavaScript 库的lib目录。从NetBeans菜单栏中选择File | New File。在第 1 步中，选择文件类型HTML5 | HTML File。在第 2 步中，将文件命名为sample(具体什么名字并不重要，但为与前面保持一致，将其命名为sample)。此时，NetBeans将创建一个带有必要html、head和body标记的新文件。我们将向该文件中添加一些AngularJS指令以及示例代码。

需要做的第一件事是引导(bootstrap)文档。引导包括向应用的根元素(通常为 html 元素，但也可以是其他任何元素)添加一个 ng-app 特性(也称为一个指令)。为引导 sample.html，向 html 元素中添加特性 ng-app(html 元素应该位于文档的第二行，除了 NetBeans 所插入的通用许可注释之外)。下面的代码清单包含了添加完 ng-app 特性之后的两个行代码。请注意，此时并没有为 ng-app 特性指定值。HTML5 是 HTML 规范的简化，因此并不需要每个特性都拥有一个值。

```
<!DOCTYPE html>
. . .
<html ng-app>
```

现在，让我们添加一些 HTML 和 AngularJS 指令，以便演示双向数据绑定。请使用下面的命令(AngularJS 指令以粗体显示)替换 body 元素的内容：

```
<p>
  <input type="text" ng-model="p.userName" id="userNameField"/>
```

```
</p>
<p>Hello {{p.userName}}</p>
<script src="lib/angular.min.js"></script>
```

文本字段的 ng-model 特性将输入文本元素绑定到 p 对象的 userName 属性(p.userName)。然后使用模板{{p.userName}}显示该属性的值。右击 NetBeans 文本编辑器，并从上下文菜单中选择 Run File，可以进行文件测试。如果在文本字段中输入一个值，会看到在文本框下面出现了所输入的值。这样一来，在没有编写任何 JavaScript 的情况下就已经拥有了一个数据驱动的 Web 应用。而这恰恰是 AngularJS 双向数据绑定的功劳：模型和视图保持同步。

当在 Chrome Web 浏览器(或类似浏览器)中查看该示例时，可以在写有“Hello”的段落上右击，并从上下文菜单中选择 Inspect Element。可以看到，AngularJS 添加了一个值为 ng-binding 的类特性。展开“Hello”段落上面的一段，并检查其输入元素。会看到输入元素也包含了新类：ng-valid 和 ng-dirty。图 6-9 是显示了 Chrome 检查器的 AngularJS 页面的屏幕截图。

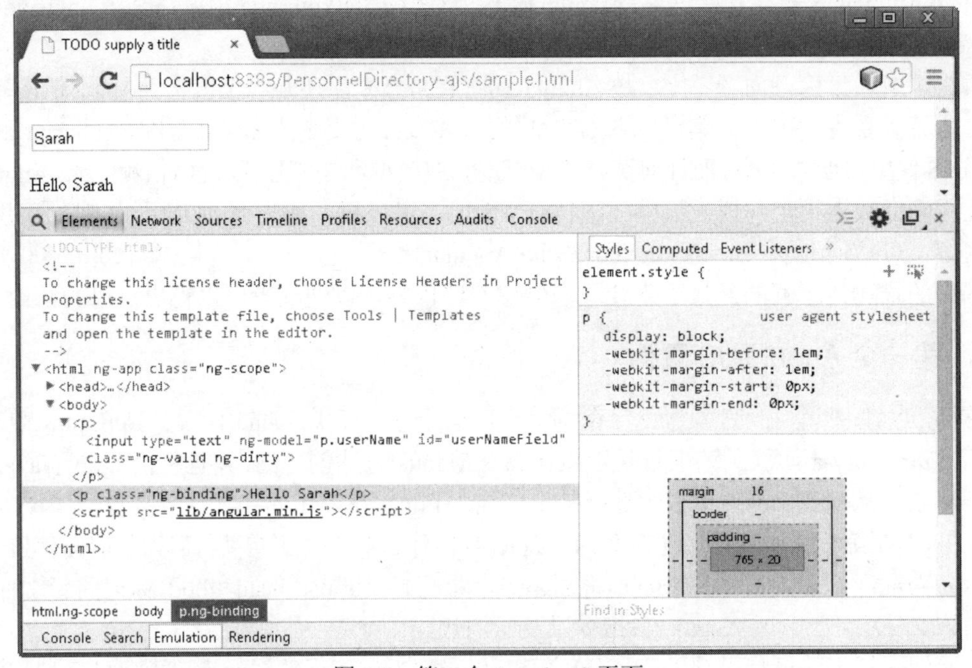

图 6-9 第一个 AngularJS 页面

引导 AngularJS

在构建 sample.html 时，第 1 步是通过向根 html 元素添加 ng-app 特性来引导页面。引导将当前页面识别为一个 AngularJS 应用，并指示 AngularJS 库编译和链接当前文档。编译包括遍历 DOM，以识别 AngularJS 指令(ng 特性和元素)。而链接则是将作用域和侦听器注册到编译进程所识别的 DOM 元素中。

ng-app 指令并不是引导 AngularJS 应用的唯一方法。如果想对引导过程进行更多的控制，可以使用下面的 JavaScript 手动引导一个应用：

```
window.onload = function() {
  // identify the element that is the root of our AngularJS app
  var $rootElement = angular.element(window.document);
```

```
  // specify which modules we plan to use in our app
  var modules = [
    'ng',
    //'myApp', // If our app had its own config module
    function($provide) {
      $provide.value('$rootElement', $rootElement);
    }
  ];

  var $injector = angular.injector(modules);

  // get a reference to the AngularJS compiler for our app
  var $compile = $injector.get('$compile');

  // compile the app (traverse the DOM looking for directives)
  var compositeLinkFn = $compile($rootElement);

  var $rootScope = $injector.get('$rootScope');

  // link the app (create watches and scope)
  compositeLinkFn($rootScope);

  // tell AngularJS we are done and it should synchronize data
  $rootScope.$apply();
};
```

由于正在使用 ng-app 指令进行同步文件加载，因此不需要任何特殊的引导代码。

AngularJS 模板可以评估标准的 JavaScript 表达式。在 angular.min.js 脚本标记之前添加下面的代码：

```
<p>Expression: 1 + 2 = {{1 + 2}}</p>
```

保存，并在 Chrome(或者其他的 Web 浏览器)中查看页面。此时应该看到在“Hello”行下面出现了一个新的段落，并显示文本“Expression:1+2=3”。

如果想要更进一步地测试双向数据绑定，可以使用 JavaScript 设置并检查数据模型值。在下面的测试中，将在新表达式下面添加两个按钮以及几行 JavaScript。首先，添加两个按钮：

```
<p><button onclick="sayHello()">Say Hello!</button></p>
<p><button onclick="changeMyName()">Change My Name</button></p>
```

接下来，添加 JavaScript 函数 sayHello 和 changeMyName：

```
<script>
  var sayHello = function() {
    var el = document.getElementById("userNameField");
    var scope = angular.element(el).scope();
    var name = scope.p.userName;

    alert("Hello " + name);
  };
```

```
    var changeMyName = function() {
      var el = document.getElementById("userNameField");
      var scope = angular.element(el).scope();

      scope.p.userName = "Jim";
      scope.$apply();
    };
  </script>
```

简单地说，函数sayHello通过使用标准的DOM方法getElementById获取输入字段的引用。然后使用AngluarJS jQuery Lite方法angular.element。使用元素的angular/jQuery 精简表达式(lite representation)的目的是访问元素的AngularJS作用域。一旦拥有了对作用域的引用，就可以读取和/或更改作用域内的值。

函数changeMyName非常类似于函数sayHello。在获取了模型的引用并更新了模型值之后，changeMyName调用特殊的AngularJS作用域方法$apply()。

如果正在使用NetBeans和Chrome，并通过NetBeans的Run File命令启动当前页面，那么可以保存所做的更改并切换到Chrome。Chrome的NetBeans插件会自动重载更改后的文件。如果使用了不同的浏览器，那么可以保存更改并手动重新加载文件，以查看所做的更改。在输入字段输入一个名字并单击Say Hello！按钮。此时应该看到一个包含文本“Helloo ×××”(×××表示所输入的文本)的对话框，这表明可以获取AngularJS数据模型值。如果单击Change My Name按钮，则会更改段落和输入字段中所显示的名字，这表明可以设置AngularJS数据模型值，并且所做的更改会与视图层保持同步。图6-10是sample.html页面的最终显示结果。请注意，我们并没有编写任何DOM操作JavaScript。所有的交互都是使用数据模型完成的。

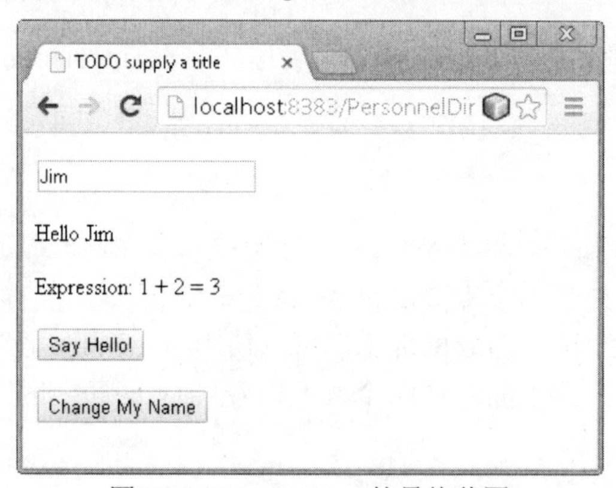

图6-10 sample.html的最终截图

既然已经测试了预期的方案并看到了预期的结果，那么接下来可以尝试下面的方案：

- 刷新页面。
- 确保输入字段为空。
- 单击Change My Name按钮。

页面内容是否发生了变化？输入字段的值是否像之前的测试一样发生了变化？当我在执行该测试时，输入字段保持为空，文本“Hello”后面没有显示任何内容。如果打开Web浏览器的JavaScript控制台，并再次单击Change My Name按钮，会看到文本“Uncaught TypeError: Cannot set property ‘userName’ of undefined.”。这是浏览器在告诉我们作用域不包含

p.userName。因为 AngularJS 没有将 p 对象及其对应的 userName 属性添加到作用域中直至我们输入一些数据。如果想要解决该问题，可以更改 JavaScript，以便在作用域的 p 特性不存在时创建它。本章的后面将学习如何使用控制器来初始化作用域属性和值。下面的代码是更新后的 JavaScript，其中更改的内容以粗体显示：

```
var initP = function(scope) {
  if (!scope.p) {
    scope.p = {};
  }
};

var sayHello = function() {
  var el = document.getElementById("userNameField");
  var scope = angular.element(el).scope();

  initP(scope);

  var name = scope.p.userName;

  alert("Hello " + name);
};

var changeMyName = function() {
  var el = document.getElementById("userNameField");
  var scope = angular.element(el).scope();

  initP(scope);
  scope.p.userName = "Jim";
  scope.$apply();
};
```

下面的代码是 sample.html 的完整代码清单：

```
<!DOCTYPE html>
<!--
To change this license header, choose License Headers in Project
Properties.
To change this template file, choose Tools | Templates
and open the template in the editor.
-->
<html ng-app>
  <head>
    <title>TODO supply a title</title>
    <meta charset="UTF-8">
    <meta name="viewport" content="width=device-width">
  </head>
  <body>
    <p>
      <input type="text" ng-model="p.userName" id="userNameField"/>
    </p>
    <p>Hello {{p.userName}}</p>
```

```
    <p>Expression: 1 + 2 = {{1 + 2}}</p>
    <p><button onclick="sayHello()">Say Hello!</button></p>
    <p><button onclick="changeMyName()">Change My Name</button></p>

    <script src="lib/angular.min.js"></script>
    <script>
      var initP = function(scope) {
        if (!scope.p) {
          scope.p = {};
        }
      };

      var sayHello = function() {
        var el = document.getElementById("userNameField");
        var scope = angular.element(el).scope();

        initP(scope);

        var name = scope.p.userName;

        alert("Hello " + name);
      };

      var changeMyName = function() {
        var el = document.getElementById("userNameField");
        var scope = angular.element(el).scope();

        initP(scope);
        scope.p.userName = "Jim";
        scope.$apply();
      };
    </script>
  </body>
</html>
```

注意：

当加载页面时你看到模板文本(如{{p.userName}})了吗？AngularJS 包括一个特殊的指令ng-cloak，通过该指令，可以在浏览器加载内容到AngularJS引导页面之间的几分之一秒的时间里将原本可见的模板内容隐藏起来。

6.2.2 作用域

前面，已经学习了如何使用控制器和$scope将数据方法绑定到一个视图。除此之外，还有另外一种作用域，即传统的变量作用域。在编程语言中，作用域决定了可见性。大多数语言都有全局作用域(global scope)的概念。程序运行期间，在全局作用域声明的内容可以被任何代码所访问。在Web浏览器内运行的JavaScript有一种窗体对象所包含的全局作用域类型。只要当前Web页面被加载，添加到窗口对象的任何内容都是全局的、可访问的。如果浏览器离开当前页面，加载新页面，那么当前页面所声明的任何内容都会被销毁且被垃圾回收(垃圾回收：释放那些已不存在的变量所使用的内存的进程)。当新页面加载完毕，旧窗口作用域被销毁，新的作用域被创建。实际上，通过添加<script>节点可以加载JavaScript，但如果删除该脚本节点，仍然可以运行该脚本声明的函数。任何在全局作用域内声明或者以某种方式附加到全局作用域的函数都将一直存在，直到超出作用域。删除这些函数的唯一方法是将它们放置在你所管理并且可以删除的作用域内。JavaScript开发人员通常通过匿名、自执行函数和闭包来管理作用域。

如果 AngularJS 使用了单页面应用模式，那么应该如何管理内存，从而确保在页面之间导航时将控制器从内存中删除？AngularJS 通过其模块模式来管理作用域。可以调用一个方法来识别模块的类型(控制器、指令等)，并为模块命名。这样一来，就将一个对象绑定到一个名称上，稍后还可以注入其他模块。而模块的代码存在于一个闭包中。AngularJS 可以在需要时创建模块实例，并在合适的时候销毁它们，比如在视图之间导航时。

如果你想要学习更多关于 AngularJS 作用域和内存管理的知识，我推荐以下文章：

- http://stackoverflow.com/questions/16947957/how-does-angularjs-handle-memory-management-with-ngview
- http://tech.small-improvements.com/2013/09/10/angularjs-performance-with-large-lists/
- http://thenittygritty.co/angularjs-pitfalls-using-scopes

6.2.3　依赖注入

在继续学习之前，还需要了解另一个话题：依赖注入(Dependency Injection)。依赖注入是强类型语言中常用的一种设计模式。Spring、Guice 和 PicoContainer 都是众所周知的 Java 依赖注入框架(也称为 IoC(Inversion of Control)框架)。依赖注入的目的是将代码所使用的服务与代码本身进行分离。例如，如果想要使用 JavaScript 将数字四舍五入到最接近的整数，可以使用下面所示的代码：

```
var roundPhi = function() {
  return Math.round(1.61803);
};
```

roundPhi 函数的依赖注入版本将不会直接使用 Math 对象，而是包含一个 Math 参数。此 Math 参数被称为一个服务。依赖注入版本的函数如下所示：

```
var roundPhiDI = function(math) {
  return math.round(1.61803);
};
```

调用该依赖注入版本函数的方法是 roundPhiDI(Math)，并且返回值为 2。在本示例中，通过方法的参数可以满足对 Math 模块的依赖。为什么要这么麻烦呢？为什么不直接使用 Math 模块呢？如果想要调用 roundPhi 函数，但又希望函数的行为略有不同，怎么做呢？例如，如果想要对 Math.round 的每次调用进行跟踪，该怎么做呢？此时，是否需要搜索代码并找到每次使用 Math.round 的地方，然后编写代码计算其使用情况？如果你熟悉动态语言(如 JavaScript)，则可能会采用另一种方法：Monkey Patching(或 Duck Punching)。Monkey Patching 方法将使用新版替换或者修补(patch)原始的 Math.round。示例如下：

```
(function() {
  var oldRound = Math.round;
  Math.round = function(n) {
```

```
        console.log("round was called with parameter " + n);
        return oldRound(n);
      }
    }());
```

调用 Math.round(1.61803)仍然会返回 2，但并不会向 JavaScript 控制台打印“round was classed with parameter 1.61803”。

另一个示例是：如果想要调用 roundPhi，但同时想更改舍入规则，又该怎么做呢？如何仅针对 roundPhi 更改舍入规则，同时不改变 Math.round 的执行？

使用 Monkey Patching 方法的一个问题是它在不发出任何通知的情况下改变已知对象的行为。当调用 Math.round 时，我们期望它遵循 ECMAScript 规范。然而，当使用一个数学服务时，你所知道的只是调用了 round 方法，并且期望一个符合 round 方法定义的整数结果。而方法的实现过程则不重要。对你来说，该定义是由 ECMAScript 提供并由 Google V8 实现，或是由 JimScript 定义并由 Sarah v12 实现并不重要。此时期望发生了变化。

依赖注入可以极大地提高可测试性。可以在其原始状态测试原始的 roundPhi 函数。可以调用该函数并验证结果。但我们真正测试的是什么呢？如果正在进行四舍五入，那么怎么知道呢？如果结果被硬编码为只返回 2 呢？那会是错的吗？如果想要使用不同的舍入规则(比如，返回更多的小数位数)，该怎么做呢？通过使用依赖注入，不仅仅可以测试函数结果，还可以验证与 Math 服务的交互是否满足需求。可以创建一个带有 round 方法的 MathMock 对象，然后验证传给 round 方法的 Phi 值。

在一个框架内使用依赖注入所面临的另一个问题是跟踪依赖需求。其中，最简单的方法是使用方法和构造函数参数。但该方法不够灵活，且需要声明一些可能并不需要使用的变量。请参考以下示例：

```
var resultCtrl = myApp.controller("ResultsCtrl",
    function ($scope, $routeParams, $http, $location, searchService) {
  // do something with $scope and $http, but ignore others;
}
```

该框架控制器方法期待所有相关参数，但实现过程仅使用了两个参数。Java 的现代版本使用注释来识别注入目标。AngularJS 使用一个参数数组：

```
controller('ResultsCtrl', [
    '$scope',
    '$routeParams',
    'SearchService',
    function ($scope, $routeParams, searchService) {
      // code that uses parameters goes here
    }
  ]);
```

该数组不仅允许以任何顺序输入任意数量的参数，还允许注入框架没有考虑到的其他参数。也就是说允许开发人员确定参数。在上面的示例中，SearchService 并不是 AngularJS 框架的一部分，它是一个自定义服务。当 AngularJS 碰到名为 SearchService 的参数时，将会搜索其配置模块列表，查找名为 SearchService 的模块，然后将该对象注入到方法参数列表中。

这里只是介绍了一些基本知识。以下列出了我比较喜欢的 AngularJS 资源。

- 官方 AngularJS 教程 (https://docs.angularjs.org/tutorial)
- A Step-by-Step Guide to Your First AngularJS App (http://www.toptal.com/angular-js/a-step-by-step-guide-to-your-first-angularjs-app)
- AngularJS Fundamentals in 60-ish Minutes (https://www.youtube.com/watch?v=i9MHigUZKEM)
- 官方 AngularJS YouTube 频道 (https://www.youtube.com/user/angularjs)

6.3　通过 Angular-seed 项目学习相关内容

学习数据绑定的基本知识之后，让我们回顾一下 angular-seed 模板项目，看一下还可以从这个样板示例中学习到关于 AngularJS 的哪些知识。

6.3.1　比较索引文件

angular-seed 项目包括了两个索引文件：

- Index.hmtl
- Index-async.html

注意：

angular-seed 项目是一个活动的项目，这意味着它会定期变化。在编写本书时所用的版本是 0.1。你的 angular-seed 项目内容可能与书中的内容会有所不同。

index.html 和 index-async.html 之间存在许多的不同点，但关键的区别在于加载模式的不同。index.html 文件使用标准的同步加载模式。在这种模式下，Web 浏览器将以异步方式下载图像、资源等，直至碰到一个 script 标签。当碰到 script 标签时，浏览器将停止当前活动，同时下载、解释和执行该脚本。这就是所谓的阻塞、同步模式，可能会对性能产生影响。因为这种模式阻止了浏览器对部分用户界面的解释和显示，所以 angular-seed index 文件将 JavaScript 文件放置在 body 标签的末尾(用户界面显示之后)。这种同步、阻塞模式的优点是易于理解。可以以一种逻辑、可控的顺序放置脚本标签，而浏览器则按照该顺序加载这些标签。

index-async.html 文件使用了另外一种非阻塞的异步模式。异步索引文件只包含很少一部分需要浏览器同步执行的 JavaScript，然后使用$script.js(https://github.com/ded/script.js)库异步执行剩余的 JavaScript。这样一来，就允许浏览器在开始准备和执行与应用相关的 JavaScript 之前解析并显示用户界面。

在我所用的 angular-seed 版本中，两者之间还存在其他一些区别。比如，index-async 版本使用了 ng-cloak 来隐藏 body 内容，直到编译和链接(引导)进程完成之后。另一个区别是引导方法的不同。同步 index 版本使用了 ng-app 指令来引导 AngularJS 应用，而 index-async 版本则在 $script 完成加载与应用相关的 JavaScript 之后，使用 JavaScript 引导 AngularJS 应用。

6.3.2　解析依赖关系

就 sample.html 文件而言，需要添加对前面所下载的 angular 库的引用(angular-seed 假定你正在使用 Bower 进行依赖管理)。为了完成该修改，滚动到 index.html 末尾，并找到下面的代码：

```
<script src="bower_components/angular/angular.js"></script>
```

```
<script src="bower_components/angular-route/angular-route.js"></script>
```

将 src 特性更改为对下载到 lib 目录中文件的引用，如下所示(更改的部分以粗体显示)：

```
<script src="lib/angular.min.js"></script>
<script src="lib/angular-route.min.js"></script>
```

注意：

angular-seed 项目引用了未压缩的、可读的 JavaScript 文件。由于不需要读取或者调试 AngularJS 库，因此选择下载缩小版本。请确保在脚本文件中引用“.min”版本。

6.3.3 路由

右击代码编辑器，并从上下文菜单中选择 Run File，从而运行 index.html 文件。此时，Google Chrome 应该会加载该文件，并显示两个链接：view1 以及连同 view1 内容(“This is the partial for view1”)一起的 view2。单击 view2 链接，查看内容变化。当在 view1 和 view2 之间切换时，可以看一下浏览器地址栏中的 URL。你会注意到，URL 在 /index.html#/view1 和 /index.html#/view2 之间变化。此时，浏览器虽然停留在 index.html，但可以根据所选择的链接(也称为路由)显示不同的内容。如果将 URL 更改为 index.html，那么浏览器会自动指向 /index.html#view1。在后面具体讨论路由时会学习如何进行相关的配置来实现这种效果。

当查看#/view1 时，右击段落“This is the partial for view1”，并从上下文菜单中选择 Inspect element。此时，Chrome Developer Tools 将在资源树中突出显示该段落(p)元素。该段落元素的父元素是一个带有 ng-view 特性的 div。ng-view 指令是一个内容占位符。当在路由之间转换时，AngularJS 将内容加载到 ng-view 占位符。而包含 ng-view 特性的元素则变为包含特定路由内容的容器。

AngularJS 应用是一个单页面应用，使用 Ajax 并根据所选择的路由(或者 URL)将内容加载到 ng-view。路由所显示的内容则来自被称为 partial 的模板。而该模板中所显示的数据则由被称为 Controller 的 JavaScript 对象提供。

路由是在AngularJS应用模块中配置的。目前，我们还没有讨论过应用模块。其实，应用模块就是一个包含了应用配置信息的AngularJS模块。在本应用中，两个重要的配置块是模块和路由。如果想要查看应用的路由信息，可以打开文件js/app.js。下面的代码清单显示了app.js的内容：

```
'use strict';


// Declare app level module which depends on filters, and services
angular.module('myApp', [
  'ngRoute',
  'myApp.filters',
  'myApp.services',
  'myApp.directives',
  'myApp.controllers'
]).
config(['$routeProvider', function($routeProvider) {
  $routeProvider.when('/view1', {
    templateUrl: 'partials/partial1.html',
    controller: 'MyCtrl1'
```

```
  });
  $routeProvider.when('/view2', {
    templateUrl: 'partials/partial2.html',
    controller: 'MyCtrl2'});
  $routeProvider.otherwise({redirectTo: '/view1'});
}]);
```

注意：

在上面的代码中，你是否注意到 AngularJS 依赖注入模式？配置方法参数是一个数组，数组中的第一个元素都是命名的依赖项，而最后一个参数是一个函数，其包含了与数组中所列出的命名依赖项对应的参数。

该文件的后半部分包含了$routeProvider.when。每一个 when 方法都描述了一个不同的路由。本次 angular-seed 项目只包含了两个路由：view1 和 view2。when 方法的第一个参数是路由 URL 模式。第二个参数是一个对象，描述了当 AngularJS 碰到该路由时要做什么。

AngularJS 如何知道使用哪个模块作为应用模块的呢？应用模块是在引导进程中被指定的。在 index.html 中，应用模块则是通过 ng-app 特性值指定的：

```
<html lang="en" ng-app="myApp" class="no-js">
```

index.html 文件使用了同步自动引导方法。前面，我们曾经在 sample.html 文件中使用了 ng-app 特性，但并没有指定任何值。这是因为 sample.html 应用不需要使用应用模块。

index-async.html 文件使用了一种不同的方法。在异步加载了所有所需的 JavaScript 之后，使用 myApp 模块来引导文件：

```
angular.bootstrap(document, ['myApp']);
```

请注意，可以针对 index.html 和 index-async.html 使用相同的 JavaScript。模块都是自包含的，这意味它们的依赖项只能被指定为方法参数(即依赖注入)。

6.3.4 Partials

Partials是用来表示模板的HTML片段。这个angular-seed项目包含两个Partials：partial1.html和partial2.html。可以打开文件partials/partial1.html并查看其内容。partial1.html文件的内容并不是那么令人兴奋。它只是一个普通的HTML。前面在浏览器中查看index.html时曾经看到AngularJS根据路由配置将partial1.html加载到ng-view。

6.3.5 控制器

除了 URL 模式和模板之外，路由信息还针对每个路由指定了一个控制器。控制器负责准备和管理 Partial 模板所用的数据。打开 js/controllers.js，可查看 angular-seed 中定义的示例控制器列表。

6.4 使用 AngularJS 构建应用

到目前位为止，我们已经对 AngularJS 有了一个初步的了解，接下来让我们用它来构建另一个版本的 Personnel Directory。

注意：
下面的示例使用了 PersonnelDirectory-ajs 项目以及同步的 index.html 文件。

6.4.1 创建搜索页面

与 jQuery Mobile 版本类似，主页面仍然是搜索页面。接下来开始构建搜索 Partial。

在 NetBeans 中右击 partials 文件夹，并从上下文菜单中选择 New | HTML File。将文件命名为 search.html。当在编辑器中出现了新文件时，使用下面的代码替换文件的内容：

```
<form>
    <input type="text" placeholder="Employee ID"/>
    <input type="text" placeholder="Name"/>
    <input type="text" placeholder="Last Name"/>
    <button>Search</button>
</form>
```

注意：
我是故意将字段标签从表单中删除的，因为我觉得 HTML5 占位符特性已提供足够的上下文和说明。移动设备并没有太多的显示区域，因此不想将有限的区域浪费在不必要的信息上。

接下来，需要将这些表单字段连接到一个数据模型上。从第 4 章我们已经知道，后面的搜索服务将使用字段 EMPLID、NAME、LAST_NAME_SRCH。因此，将它们绑定到一个名为 searchParms 的对象。此外，当用户单击 search 时，还希望能够发生一些事情，所以将表单提交按钮绑定到一个名为 search 的方法上。请按照下面的代码向 HTML 中添加适当的 ng 特性(所做的修改以粗体显示)：

```
<form ng-submit="search()">
    <input type="text" placeholder="Employee ID"
        ng-model="searchParms.EMPLID"/>
    <input type="text" placeholder="Name"
        ng-model="searchParms.NAME"/>
    <input type="text" placeholder="Last Name"
        ng-model="searchParms.LAST_NAME_SRCH"/>
    <button type="submit">Search</button>
</form>
```

每个视图都需要一个控制器，所以需要编写足够的代码。运行 index.html，看一下目前的进度。打开 js 文件夹中的 controllers.js 文件，并在包含文本 angular.module 的代码行后面添加下面的代码：

```
.controller('SearchCtrl', ['$scope', function($scope) { }])
```

请注意在单词 controller 前面有一个前导点(.)。我个人比较喜欢将该点放置在所引用方法的前面。而 angular-seed 项目则使用了相反的约定，将该圆点放置在所引用对象的后面。对于我来说，圆点看上去更像是一个标志一个句子结束的句点，而不是一个用来链接相关构造的连词。不管你喜欢那种约定，只要保持一致性就好了。在本示例中，只需确保只有一个点即可。

由于示例控制器 MyCtrl1 和 MyCtrl2 都不是必需的，因此在继续后面的操作之前先删除它们。更改完之后的 controllers.js 文件应该如下所示：

```
'use strict';

/* Controllers */

angular.module('myApp.controllers', [])
    .controller('SearchCtrl', ['$scope', function($scope) {

      }]);
```

注意：

虽然最后一个分号并不是必需的，但却是非常好的习惯。如果删除该分号，NetBeans将显示一个警告，建议添加一个分号。分号可以告诉JavaScript解释器命令结束的位置。此外，添加分号还会使代码更易于理解，就好像为句子加句号使其更易于阅读一样。分号甚至可以允许在同一行放置多条命令，当想要通过删除不必要的空白来减少文件大小时，该方法是非常有效的。

在运行搜索页面之前，需要定义一个路由。请在 NetBeans 中打开 js/app.js 文件，并添加一个新路由。同时删除路由 view1 和 view2。然后将默认路由(otherwise)从/view1 更改为/search。最终的$routeProvider 配置应该如下面的代码清单所示：

```
.config(['$routeProvider', function($routeProvider) {
    $routeProvider.when('/search', {
      templateUrl: 'partials/search.html',
      controller: 'SearchCtrl'
    });
    $routeProvider.otherwise({redirectTo: '/search'});
  }]);
```

为了在 Web 浏览器中查看该搜索页面，右击 index.html，并从上下文菜单中选择 Run File。搜索页面应如图 6-11 所示。该页面目前并不太美观，甚至没有太多功能。

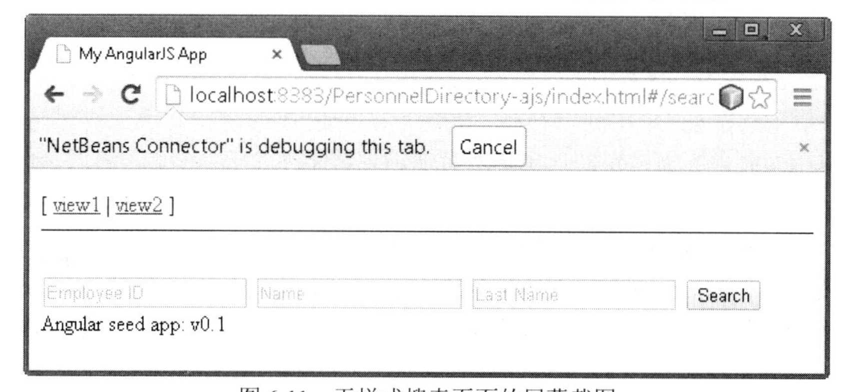

图 6-11　无样式搜索页面的屏幕截图

虽然该页面功能并不完善，但已经将输入字段绑定到一个数据模型，可以实际查看数据模型的变化。通过 Web 浏览器打开开发者工具(在大多数浏览器上是按 F12 键)。右击其中一个输入字段，并从上下文菜单中选择 Inpsect Element。此时将在结构浏览器中突出显示该数据绑定字段。具体选择什么字段并不重要。重要的是在结构浏览器中选择了一个数据绑定字段。然后切换到 Console 选项卡，输入下面的代码并按 Enter 键：

```
angular.element($).scope()
```

此时，控制台将显示一个对象，它表示可用于 AngularJS 控制器的相同作用域。该作用域并没有包含太多内容，只是一些$xxx 属性。现在，向 Employee ID 字段输入一个值，并再次执行相同的命令。控制台中显示的新对象现在拥有了一个 searchParms 字段，一个包含了 EMPLID 字段的对象。图 6-12 显示了 Firefox 开发者工具中突出显示 EMPLID 特性的控制台窗口。

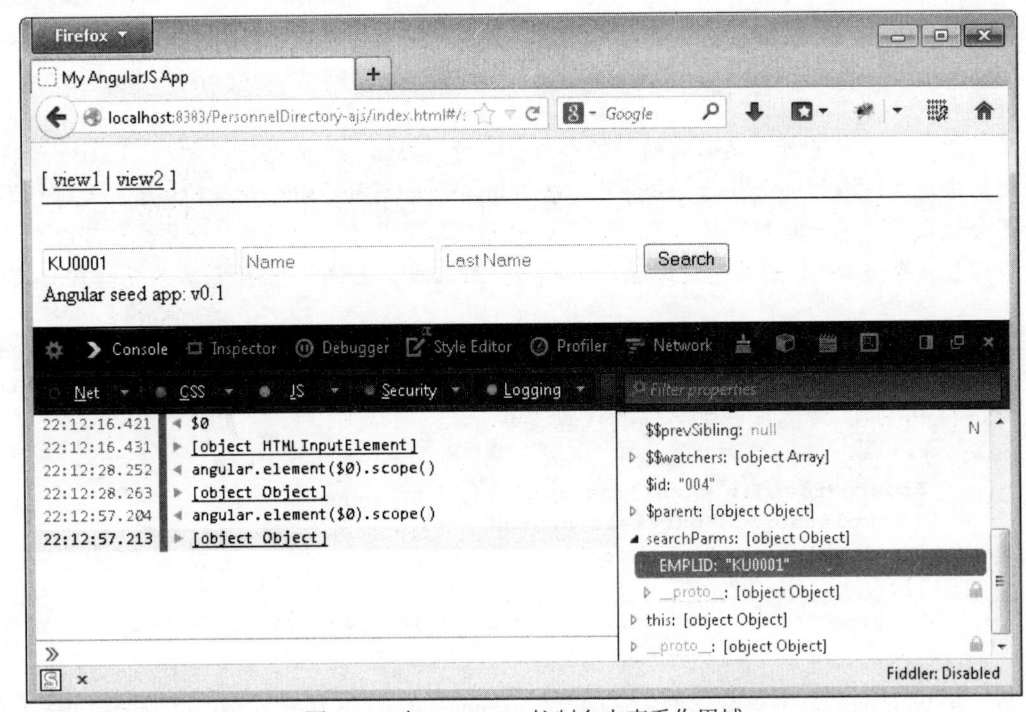

图 6-12 在 JavaScript 控制台内查看作用域

1. 清理 index.html 文件

index.html 文件包含了不需要使用的示例代码。例如，页面顶端包含了对两个导航用例的引用，而这两个用例在 app.js 中并不存在。实际上，当在 Web 浏览器中查看 index.html，并单击 view1 和 view2 时并不会发生任何事情。页面将保持不变。而地址栏中的 URL 也不会发生变化。这是因为 AngularJS 没有找到所请求的路由#/view1 或#/view2。app.js 文件中的默认路由(otherwise)指定了 search.html 作为针对所有未知 URL 显示的页面。

在编辑器中打开 index.html，从顶部开始删除那些不需要使用的项。首先是任何指向 bower_components 的样式表链接和脚本元素。head HTML 元素应该仅包含以下内容：

```
<head>
    <meta charset="utf-8">
    <meta http-equiv="X-UA-Compatible" content="IE=edge">
    <title>My AngularJS App</title>
    <meta name="description" content="">
```

```
    <meta name="viewport"
        content="width=device-width, initial-scale=1">
    <link rel="stylesheet" href="css/app.css"/>
  </head>
```

注意：

上面所示的 HTML 的标题被设为“My AngularJS App”。这是 angular-seed 项目的默认标题。可以将其更改为更有意义的标题，比如“Personnel Directory”。

接下来，删除表示单页面应用导航的 ul 元素。我们将使用 HTML nav 元素替换 ul 元素。在随后的导航中，可能会看到一些 IE 浏览器注释，建议页面用户进行升级。如果你认为用户可能在 IE 7 之前的旧 Internet Explorer 浏览器上浏览该移动应用，那么请保留这些注释。否则，也一并删除。

在带有 ng-view 特性的 div 之后，应可以找到一个引用自定义指令(Angular seed app：v..)的 div。请将其删除。最终，body 元素应仅由 ng-view div 和几个 AngularJS JavaScript 文件组成：

```
  <body>

    <div ng-view></div>

    <script src="lib/angular.min.js"></script>
    <script src="lib/angular-route.min.js"></script>
    <script src="js/app.js"></script>
    <script src="js/services.js"></script>
    <script src="js/controllers.js"></script>
    <script src="js/filters.js"></script>
    <script src="js/directives.js"></script>
  </body>
```

注意：

此外，还删除了建议针对生产应用使用 ajax.googleapis.com 的注释。

重新加载页面，并验证一下是否仅显示了三个表单字段和一个提交按钮。

2. 对搜索页面进行样式设计

正如你在配置部分所看到的，我们使用了 Topcoat.io CSS 库。除此之外，还有许多流行的样式库，包括 Twitter Bootstrap。Bootstrap 有一些非常出色的样式创意，但同时带有大量的 JavaScript 组件。而 Topcoat 只包含 CSS(以及一些我们不会用到的图像)。

接下来，向搜索页面添加一些样式。打开 search.html 页面，并完成以下修改：

- 向表单添加 class=“margin”
- 向每个输入字段添加 class=“topcoat-text-input”
- 向按钮添加 class=“topcoat-button”和 data-icon=“search”

此时，搜索页面 HTML 应该包含以下内容：

```
<form ng-submit="search()" class="margin">
  <input type="text" placeholder="Employee ID"
        class="topcoat-text-input"
```

```
        ng-model="searchParms.EMPLID"/>
  <input type="text" placeholder="Name"
        class="topcoat-text-input"
        ng-model="searchParms.NAME"/>
  <input type="text" placeholder="Last Name"
        class="topcoat-text-input"
        ng-model="searchParms.LAST_NAME_SRCH"/>
  <button class="topcoat-button" data-icon="search"
         type="submit">Search</button>
</form>
```

我比较喜欢进行一些小的增量更改，然后在浏览器中查看所做的更改。你也可以这么做，但查看的结果不会太激动人心，因为还未告诉浏览器如何解释这些类特性值，比如 class=“topcoat-text-input”。为此，需要在 app.css 之前(index.html 的 head 部分)添加 Topcoat CSS 文件。此外，还可以添加对 FontAwesome 的引用。在搜索页面中将使用它向搜索按钮添加一个放大镜图标。请向 index.html 的 head 部分添加下面粗体显示的代码行。在此我添加了几行作为参考，但只需添加四个粗体显示行：

```
<meta name="viewport"
    content="width=device-width, initial-scale=1">
<link rel="stylesheet"
    href="topcoat-0.8.0/css/topcoat-mobile-light.css"/>
<link rel="stylesheet"
    href="font-awesome-4.1.0/css/font-awesome.min.css">
<link rel="stylesheet" href="css/app.css"/>
```

之所以在 app.css 之前添加这些引用，是为了在 app.css 中放置特定于应用的重写代码。这样一来，就可以在无需修改 topcoat CSS 文件的情况下更改浏览器显示 topcoat 样式的方式。

重新加载页面，并好好享受一下视觉上的变化吧。虽然它目前并不是非常美观，但至少更加接近一个移动应用的外观。调整页面的大小，会看到页面已经产生了响应，这意味着布局随着页面宽度而变化。图 6-13 是处于最小宽度的搜索页面的屏幕截图。

图 6-13 小宽度的搜索页面

专用的 CSS 框架

让我们先暂停一下，考虑一下前面输入到类特性的值：topcoat-input-text 和 topcoat-button。这些值看起来是不是有些多余？HTML 不是已经声明了正在设计输入文本和按钮元素吗？我们的样式表链接不是已经指定了正在使用 Topcoat 吗？每一种 CSS 框架都有它自己的前缀。Topcoat 使用 topcoat-。Pure 使用 pure-。虽然 Twitter Boostrap 没有前缀，但它有自己的一组冗余类。例如，如果想设计一个表单输入元素，则必须使用 form-control。CSS 可以智能地进行相应的处理。为什么这些框架要求清楚地说明框架名称？如果想要使用新的 CSS 框架，则必须修改 HTML，而不仅仅是替换 CSS 库。

搜索页面外观的剩余部分则来自自定义的CSS样式。angular-seed项目包括针对自定义CSS的 app.css 文件。当打开该文件时，会看到已经包含了一些 CSS 类定义。在浏览文件内容时，请着重注意 before 和 after 伪选择器的使用，以及 angular-seed 如何使用 content 特性。可以使用类似的语法添加图标和按钮。但遗憾的是，所有这些预定义样式都与本项目无关，所以删除文件的全部内容。

当开始在表单周围添加内容(如标题和侧边栏)时，可能还希望在表单周围添加一些间距或者边缘。前面，已经向表单添加了一个类特性，从而将表单与一个样式类 margin 关联起来。接下来，将下面文本添加到 css/app.css 文件中，从而定义 margin 样式类：

```
.margin {
  margin: 1rem;
}
```

保存之后，NetBeans 将重新加载 index.html，同时显示表单周围带有边距的搜索页面。

向 app.css 添加下面的文本，从而为搜索按钮图标定义样式信息：

```
[data-icon]:after {
  font-family: FontAwesome;
  padding-left: 1rem;
}

[data-icon=search]:after {
  content: "\f002";
}
```

保存并重新加载页面，此时在表单按钮的内部显示了一个放大镜。

通用选择器及其性能

我个人比较喜欢使用通用选择器，因为可以在整个应用中重复使用，从而提供了一致的外观。例如，在 Personnel Directory 中，定义了一个边距类，这样所有需要边距的元素都将拥有相同的边距定义。同样，所有需要图标的元素也可以有相同的图标规格。我经常使用特性和通配符选择器，而不考虑 CSS 选择器性能。

曾经有段时间在编写选择器时考虑过性能问题。而这恰恰是我 jQuery 经验的延续。对于早期的 jQuery，编写高效的选择器对应用性能来说至关重要。如果使用 jQuery，就如同使用 CSS 一样，ID 选择器是最快的，可以从一个 ID 开始，并找到合适的对象。jQuery 允许将选择器链接在一起作为单独的方法。而 CSS 却不能这样。jQuery 和 CSS 都是从右边(而不是左边)

开始评估和认证，并删除不合格元素的。

由于大多数人都习惯从左往右阅读，因此认为选择器引擎也是这么做的。首先应该编写一些高质量的选择器，从而缩小匹配元素列表，然后再进一步限制某一容器内的元素。很多时候，我们会使用伪选择器和特性选择器，认为选择器引擎将只会尝试匹配父元素。但 CSS 选择器引擎却不是这么工作。CSS 选择器引擎首先从右边开始，查找与选择器条件部分最匹配的元素子集。例如，根据 CSS3: last-of-type 伪类选择器进行匹配操作的选择器引擎将首先查找某一集合属于最后一种类型的所有元素，然后再从右到选择器的左边删除那些不合格的元素。

如今，有关 CSS 选择器性能的共识似乎是“不要尝试优化选择器”。CSS 优化涉及大量的 DOM 注意事项。每一个文档都需要以不同的方式进行优化。此外，每种浏览器以不同的方式优化相同的文档，从而进一步使问题复杂化。与其追求选择器的速度，不如编写有意义的选择器。要保持选择器足够小，并删除无用的选择器。选择器内的 CSS 对性能所产生的影响似乎比选择器本身更大。

如果想进一步了解相关内容，我推荐以下资源：

- http://css-tricks.com/efficiently-rendering-css/
- http://benfrain.com/css-performance-revisited-selectors-bloat-expensive-styles/
- http://csswizardry.com/2011/09/writing-efficient-css-selectors/

如果你喜欢表单的布局在较大的显示器上以单行方式显示字段，而在较小的显示器上以包裹的方式显示字段，那么现在就可以停止对表单进行样式设计了。但如果更喜欢在单独行显示每个字段，则可以向 app.css 中添加下面的代码：

```
.topcoat-text-input {
 display: block;
 width: 100%;
 margin: 1rem 0;
}
```

上面的 CSS 声明重写了 Topcoat 所指定的特性。例如，Topcoat 将边距定义为 0。我对边距进行了重新定义，使其拥有 1rem 的顶部边距和底部边距，以便每个输入元素之间拥有了一个垂直空间。图 6-14 是完成了相关更改后的搜索页面的屏幕截图。

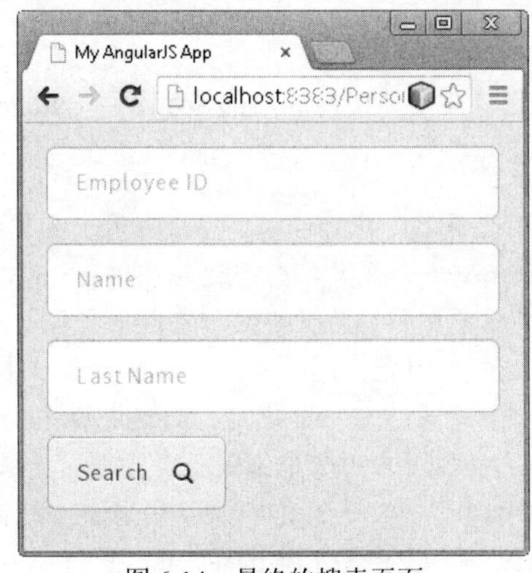

图 6-14 最终的搜索页面

注意：

在图 6-14 中的每个字段中，你是否看到了占位符文本？之所以使用占位符文本而不使用标签，是为了节约小设备上的显示空间。但使用该方法存在几个问题。首先，屏幕阅读者更喜欢使用标签。可能的解决方法是添加用来描述字段的标签，然后再使用 CSS 隐藏它们。另一个问题与用户的期望有关。我曾经见过很多用户尝试选择占位符文本，以便在向字段输入数据之前删除这些文本。然而，当单击带有占位符文本的字段时，这些文本会自动消失。而尝试选择消失的文本是非常令人沮丧的。

3. 搜索页面逻辑

搜索页面的目的是收集信息，并将其提交给结果页面。相比于标准的 HTML/HTTP 表单处理模型，AngularJS 表单处理过程略有不同。HTML/HTTP 表单处理模型并不适用于单页面应用。AngularJS 允许在当前页面和控制器内对表单结果进行处理，而不是提交给服务器端处理器处理。控制器的代码首先接收数据，然后生成一个 Ajax 请求，最后处理结果。对于视图和控制器来说，该逻辑似乎太多了。为了保持示例的简单易懂，搜索页面控制器将向 results 控制器和 results 视图传递收集到的请求。

注意：

搜索/结果模型的替换方法是在可折叠区域放置搜索表单，并在相同视图中紧跟在搜索表单之后显示结果。

search.html partial 页面的搜索表单已经使用 ng-submit 特性来告诉 AngularJS 如何处理表单。我们所需要做的只是在控制器范围内实现搜索方法。打开 js/controllers.js，并使用下面的代码更改其内容。该文件内容并不是很多，所以为了参考方便，显示了整个文件。要添加的文本以粗体显示：

```
'use strict';

/* Controllers */

angular.module('myApp.controllers', [])
    .controller('SearchCtrl', [
      '$scope',
      '$location',
      function($scope, $location) {
        // Declaration not necessary, but best practice. If someone
        // submits an empty form, searchParms won't exist unless we
        // declare it inside the controller.
        $scope.searchParms = {};

        $scope.search = function() {
          // send to results route
          console.log($scope.searchParms);
          $location.path("/results").search($scope.searchParms);
        };
      }]);
```

保存并切换到 Web 浏览器。此时如果单击提交按钮将不会完成任何操作，这是因为还没有创建搜索函数中引用的/results 路由。打开 JavaScript 控制台，并再次单击提交按钮，你会在 JavaScript 控制台中看到 searchParms 对象。向搜索表单输入一些值后再单击提交按钮，会发现 searchParms 对象中的值发生了变化，从而反映了表单中的值。这就是 AngularJS 双向数据绑定的强大功能所在。

SearchCtrl 控制器引入了$location 服务。该服务是仿照 JavaScript window.location 对象创建的，负责管理浏览器 URL，并且保持路由与浏览器 URL 同步。可以使用该服务切换到不同的路由，就好像使用 window.location.pathname 从相同服务器加载不同的资源一样。

6.4.2 结果页面

打开 app.js，针对路径/results 添加一个新路径。其中，模板为 partials/results.html，而控制器则命名为 ResultsCtrl。新路由的代码如下所示：

```
$routeProvider.when('/results', {
  templateUrl: 'partials/results.html',
  controller: 'ResultsCtrl'
});
```

在/search 路由和 otherwise 路由之间放置上述代码。下面的代码清单包含完整的.config 块，以便参考，其中新路由以粗体显示：

```
.config(['$routeProvider', function($routeProvider) {
  $routeProvider.when('/search', {
    templateUrl: 'partials/search.html',
    controller: 'SearchCtrl'
  });
  $routeProvider.when('/results', {
    templateUrl: 'partials/results.html',
    controller: 'ResultsCtrl'
  });
  $routeProvider.otherwise({redirectTo: '/search'});
}]);
```

在项目资源管理器内的 partials 文件夹上右击，并从上下文菜单中选择 New | HTML File。然后将新文件命名为 results。此时，NetBeans 会自动添加扩展名.html，并将新文件放置到 partials 文件夹中。最终的搜索结果就是一个列表。所以向 results.html 文件中添加一个 HTML 列表模板。然后使用下面的代码替换 result.html 文件的内容：

```
<ul class="topcoat-list">
  <li class="topcoat-list__item" ng-repeat="p in persons">
    <a ng-href="#/details/{{p.EMPLID}}"
      class="button">{{ p.NAME}}</a>
  </li>
</ul>
```

就这样，模板完成了！当 AngularJS 编译该模板时会看到 ng-repeat 特性，从而会针对 persons 数组中所找到的每一个 p(person 的缩写)重复使用 li 元素。

注意：

在上面的代码中，之所以使用 person 的缩写 p，而不是使用 person，是因为单词 person 太容易与用来表示搜索结果集合的复数形式的 persons 产生混乱。

在查看搜索结果之前必须使用一个搜索结果集合(即 results.html 模板中确定的 persons 数组)来填充$scope。请将下面所示的控制器添加到 controllers.js 文件中：

```
.controller('ResultsCtrl', [
  '$scope',
  '$routeParams',
  '$http',
  function($scope, $routeParams, $http) {
    // view the route parameters in your console by uncommenting
    // the following:
    // console.log($routeParams);
    $http({
      method: 'GET',
      url: 'test-data/SEARCH_RESULTS.json',
      params: $routeParams
    }).then(function(response) {
      // view the response object by uncommenting the following
      // console.log(response);
      // closure -- updating $scope from outer function
      $scope.persons = response.data.SEARCH_RESULTS.SEARCH_FIELDS;
    });
  }]);
```

警告：

当插入新的控制器时，要留意结束分号(;)。在前面所创建的 SearchCtrl 控制器的结尾处应该有一个分号。所以请确保将该分号移至文件的末尾(即新的 ResultCtrl 控制器之后)。由于控制器的定义使用了方法链接，因此在中间添加分号可能会中断该链接。

通过导航到 http://localhost:8383/PersonnelDirectory-ajs/index.html#/results，可以测试路由、Partial 以及控制器。由于使用的是硬编码测试数据，因此参数无关紧要。控制器将始终访问相同数据。结果页面应该如图 6-15 所示。当向搜索表单输入数据并单击搜索按钮时，通过观察 URL 的变化，可以验证搜索页面是否向结果页面传递了参数。

不需要在控制器中编写太多代码。你会发现这是使用 AngularJS 的一个共同的情况：不需要编写太多代码。该框架会处理大部分复杂的操作。因此，该控制器只接收通过$routeParams 服务传递而来的搜索页面参数，然后再使用$http 服务将相关参数转发给另一个服务。

注意：

目前的控制器使用了 Ajax 来获取一个硬编码的文本文件。由于该文本文件并不知道如何解释搜索参数，因此忽略了这些参数。在第 7 章和第 8 章，将使用 PeopleSoft 和 PeopleCode 编写端台服务，然后再将这些服务连接到 AngularJS 应用。

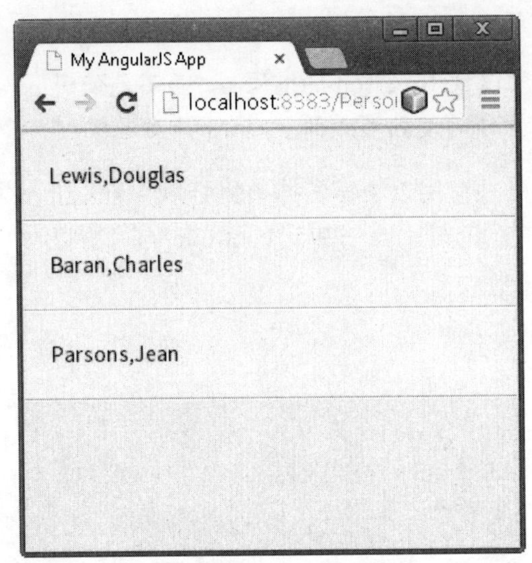

图 6-15 结果页面

该代码片段引入了两个新服务：

- $http
- $routeParams

$http 服务是用来与远程服务进行交互的 AngularJS 服务——更具体地讲，使用该服务生成 Ajax 请求。AngularJS 比较喜欢使用通过 Promise 对象实现的异步交互，而 Promise 对象的使用则是受到 Kris Kowal 的 Q 实现的启发。Promise 表示一个目前还不知道的值，而 Deferred 则表示尚未完成的工作。当生成一个 Ajax 请求时，$http 在从服务器获取到一个响应之前就会返回。而这恰恰是 Promise 对象的用武之地。$http 服务返回一个 Promise 对象，从而完成一次 HTTP 请求，并返回一个响应。Promise 有三个方法：then、catch 和 finally。目前仅使用 then 方法(该方法可能有一个与 catch 回调相匹配的可选 error 回调)。

$http 所返回的 Promise 对象与 AngularJS $q Promise 有点不一样。$http Promise 包含了额外的方法：success 和 error。success 和 then 方法就好比是同一个硬币的两面。它们都接收相同的信息，只不过接收信息的方式不同。then 方法可以接收一个参数、响应对象(公开响应数据)、HTTP 状态码、标题、配置以及 HTTP 状态文本等。而 success 方法也接收相同的信息，但每一项作为一个参数来接收。我个人比较喜欢使用 then 方法，因为我正在尝试去习惯 Promise 模式。可以从 AngularJS 文档中学习更多关于$http 服务的相关内容(https://docs.angularjs.org/api/ng/service/$http)。

$routeParams 服务是 AngularJS 服务，当访问路由时可以使用该服务访问 URL 中指定的 URL 参数。在本示例中，将使用该服务访问查询字符串参数。稍后，还将学习如何访问嵌入到 URL 路径中的参数。关于$routeParams 服务的更多信息，可以访问 https://docs.angularjs.org/api/ngRoute/service/$routeParams。

对结果页面进行样式设计

目前，我对列表样式并不太满意。如图 6-15 所示，链接看起来并不像链接。而列表项应该更像移动按钮。此外，列表看起来也过于普通。接下来，让我们添加一些 CSS 来解决这些问题。向项目的 css/app.css 文件中添加下面的规则：

```
.topcoat-list__item {
  padding: 0;
}

.topcoat-list__item > a {
  color: black;
  cursor: pointer;
  display:block;
  padding: 1.25rem;
  text-decoration:none;
}

.topcoat-list__item > a:hover {
  background-color:hsla(180,5%,83%,1);
}

.topcoat-list__item > a:active {
  background-color:hsla(180,5%,83%,1);
}

/* arrow after list item */
.topcoat-list__item > a:after {
    content: "\f054";
    float: right;
    font-family: FontAwesome;
}
```

在浏览器中重新加载页面，此时在每个列表项的右边会看到一个箭头。同时还为每个列表项添加了悬停效果。虽然该样式在移动设备上并没有太大的帮助，但却可以帮助桌面用户将列表项识别为一个链接。

6.4.3 详细信息页面

在从搜索结果列表中选择了一个结果之后，应该向用户显示该结果的详细信息视图。详细信息视图路由和控制器与前面所编写的类似。然而，HTML Partial(或模板)更加复杂。请向 app.js 文件添加下面的路由，并放置在 results 路由和 otherwise 路由之间：

```
$routeProvider.when('/details/:EMPLID', {
  templateUrl: 'partials/details.html',
  controller: 'DetailsCtrl'
});
```

注意：

如果你想问为什么没有 details.html 文件，答案是目前还没有创建 partials/details.html。

详细信息视图的 URL 模式遵循了 REST-ful 模式，即通过作为 URL 一部分的 ID 来标识一个资源，而不是使用查询字符串参数。路由 URL 的:EMPLID 部分将变为注入到 DetailsCtrl 控制器的$routeParam 服务的一个属性。

1. 详细信息控制器

下面所示的控制器代码应该非常熟悉。DetailsCtrl 控制器与 ResultsCtrl 控制器之间的唯一区别在于服务终结点。请确保将最后的分号放置在文件的末尾，而不要放在 ResultsCtrl 控制器后面的行上。

```
.controller('DetailsCtrl', [
  '$scope',
  '$routeParams',
  '$http',
  function($scope, $routeParams, $http) {
    // view the route parameters in your console by uncommenting
    // the following:
    // console.log($routeParams);
    $http.get('test-data/' + $routeParams.EMPLID)
        .then(function(response) {
          // view the response object by uncommenting the following
          // console.log(response);
          // closure -- updating $scope from outer function
          $scope.details = response.data.DETAILS;
        });
  }]);
```

模块化的 AngularJS 文件

本章之所以将所有的控制器都放置在相同的文件中，是因为这些控制器都比较小。更大规模的应用可能需要在控制器中编写更多的代码。同样，如果需要实现更多的功能，那么你可能希望使用一种模块化的方法，将控制器、Partial、指令以及相关的服务放置在一个根据功能划分的文件夹结构中。例如，可以将详细信息控制器和 Partial 放置在名为 detials 的文件夹中，从而与放置搜索控制器和 Partial 的名为 search 的文件夹分离开来。为了实现这种基于功能的模块化方法，需要创建一个名称类似于 controller.js 的 JavaScript 文件，并添加下面的内容：

```
angular.module('myApp.controllers', []);
```

该代码片段创建了一个名为 myApp.controllers 的新模块。其中 angular.module 方法的[]参数告诉 AngularJS 正在创建一个模块。随后，通过调用不带额外[]参数的相同方法，可以获取对 myApp.controllers 模块的引用。在每个功能文件夹中，可以添加一个内容类似如下代码的 controller.js 文件。该代码与 DetailsCtrl 控制器代码是相同的：

```
angular.module('myApp.controllers')
  .controller('DetailsCtrl', [
    '$scope',
    '$routeParams',
    '$http',
    function($scope, $routeParams, $http) {
      // view the route parameters in your console by uncommenting
      // the following:
      // console.log($routeParams);
      $http.get('test-data/' + $routeParams.EMPLID)
          .then(function(response) {
```

```
            // view the response object by uncommenting the following
            // console.log(response);
            // closure -- updating $scope from outer function
            $scope.details = response.data.DETAILS;
        });
    }]);
```

看起来是不是很熟悉？该控制器代码与其他控制器代码是相同的。唯一不同点是第一行代码：获取了对控制器模块的引用，而不是创建一个新控制器模块。现在，在index.html文件中，必须加载用来创建myApp.controllers模块的初始controller.js文件以及每个特定功能的控制器。此外，请确保在加载其他特定功能的控制器之前加载定义了myApp.controllers模块的controller.js文件。

2. 详细信息视图

创建一个名为details.html的新HTML文件，并将其放置在Partials目录中。然后删除文件中的内容，并插入下面的内容：

```
<div>
  <div class="margin clearfix">
    <img src="img/avatar.svg" class="avatar"
        alt="{{details.NAME}}'s Photo">
    <h2>{{details.NAME}}</h2>
    <p>{{details.EMPLID}}</p>
    <p>{{details.CITY}}, {{details.STATE}} {{details.POSTAL}}<br/>
      {{details.COUNTRY}}</p>
  </div>
  <ul class="topcoat-list">
    <li class="topcoat-list__item">

      <a data-icon-before="phone"
         class="icon-pull-right big-icon"
         href="tel:{{details.COUNTRY_CODE.length > 0 &&
              details.COUNTRY_CODE || ''}}{{details.PHONE}}">
        <div>Call Phone</div>
        {{details.COUNTRY_CODE.length > 0 &&
             '+' + details.COUNTRY_CODE || ''}} {{details.PHONE}}
      </a>
    </li>
    <li class="topcoat-list__item">
      <a data-icon-before="location"
         class="icon-pull-right big-icon"
         href="https://maps.google.com/?q={{details.ADDRESS1}}
 {{details.CITY}} {{details.STATE}} {{details.POSTAL}}
 {{details.COUNTRY}}">
        <div>Location</div>
        <div>{{details.ADDRESS1}}</div>
      </a>
    </li>
  </ul>
</div>
```

在应用任何样式之前，首先在 Web 浏览器中测试页面。此时应看到如图 6-16 所示的屏幕截图。

图 6-16 无样式的详细信息页面

3. 对详细信息页面进行样式设计

details.html Partial 页面定义使用了一些前面所定义的类。例如，详细信息页面的标题使用了前面所创建的边距类。然而对于图标来说，则有所不同。我们希望图像出现在文本的后面，并始终出现在右边。此外，还希望图标比文本要大。为了实现上述功能，创建了多个 CSS 选择器、类和特性。此时，你可能会问，是否可以在一个 CSS 类选择器中实现所有功能呢？答案是肯定的。然而，随后可能还需要添加出现在列表项元素前面的其他图标，到时你就会体会到创建多个 CSS 选择器、类和特性的好处了。目前仅定义 CSS。请将下面的代码添加到项目的 css/app.css 文件中：

```
[data-icon-before]:before {
 font-family: FontAwesome;
 padding-right: 1rem;
}

.icon-pull-right[data-icon-before]:before {
 float: right;
 padding-right: 0rem;
 padding-left: 1rem;
}
```

```
/* remove the arrow that an early rule placed on the right */
.topcoat-list__item >a.icon-pull-right[data-icon-before]:after {
  content: "";
}

.big-icon[data-icon-before]:before {
  font-size: 2em;
}

[data-icon-before=phone]:before {
  content: "\f095";
}

[data-icon-before=location]:before {
  content: "\f041";
}
```

注意：

你是否在疑惑我是从什么地方获取这些内容值的，比如\f041？其实，这些值都可以通过 http://astronautweb.co/snippet/font-awesome/获取。

该页面中可用来进行样式设计的唯一项是 avatar/information 区域。请向项目的 css/app.css 文件添加下面的内容，从而调整员工头像的大小，并使员工信息与头像的右边对齐：

```
.avatar {
  float: left;
  height: auto;
  margin: 0 20px 20px 0;
  max-width: 100px;
  width: 40%;
}

.clearfix {
  clear: both;
}

.clearfix:after {
  display: table;
  content: "";
}
```

注意：

Clearfix 类定义是基于 http://nicolasgallagher.com/micro-clearfix-hack/中所展示的 HTML5 Boilerplate/Twitter Bootstrap clearfix 而创建的。关键是要确保联系人详细信息列表显示在头像的下面，而不是在头像的旁边。

在应用了这些 CSS 更改之后，详细信息页面应该如图 6-17 所示。

图 6-17 运用了样式的详细信息页面

6.4.4 个人信息页面

个人信息页面允许用户更新自己的联系方式。它看起来很像详细信息页面，却包含了可进行数据输入的文本字段。在可以访问个人信息页面之前，必须创建一个路由。就像本章前面创建其他的路由一样，打开项目的 js/app.js 文件，并在 otherwise 路由之前添加下面所示的路由：

```
$routeProvider.when('/profile', {
 templateUrl: 'partials/profile.html',
 controller: 'ProfileCtrl'});
```

个人信息的 Partial 非常类似于详细信息页面。在 Partials 目录中创建一个名为 profile.html 的新 HTML 文件。然后使用下面的 HTML 片段替换该文件内容：

```
<div class="margin">
  <div class="margin clearfix">
    <img src="img/avatar.svg" class="avatar"
        alt="{{profile.NAME}}'s Photo">
    <h2>{{profile.NAME}}</h2>
    <p>{{profile.EMPLID}}</p>
  </div>
  <form ng-submit="save()" class="margin">
    <input type="phone" class="topcoat-text-input"
          placeholder="Phone" ng-model="profile.PHONE"/>
    <input type="text" class="topcoat-text-input"
          placeholder="Address" ng-model="profile.ADDRESS1"/>
    <input type="text" class="topcoat-text-input"
          placeholder="City" ng-model="profile.CITY"/>
    <input type="text" class="topcoat-text-input"
          placeholder="State" ng-model="profile.STATE"/>
    <input type="text" class="topcoat-text-input"
          placeholder="Postal Code" ng-model="profile.POSTAL"/>
    <input type="text" class="topcoat-text-input"
```

```
        placeholder="Country" ng-model="profile.COUNTRY"/>
    <button class="topcoat-button" data-icon="save"
          type="submit">Save</button>
  </form>
</div>
```

注意：

在上面的代码清单中使用了粗体突出显示与前面 details.html Partial 所不同的 Controller 和 CSS 要求。

通过该代码清单可以看到，$scope 必须有一个保存方法以及一个个人信息对象。由于没有用于数据的后端服务，因此使用了 KU0001 测试数据文件。这只是一个用于个人信息 Partial 的控制器示例。在第 7 章，将通过调用一个真实的服务来替换一些代码。请将下面的 JavaScript 添加到项目的 js/controller.js 文件中最后一个分号之前：

```
.controller('ProfileCtrl', ['$scope',
  '$routeParams',
  '$http',
  function($scope, $routeParams, $http) {
    $http.get('test-data/KU0001')
        .then(function(response) {
          $scope.profile = response.data.DETAILS;
        });

    $scope.save = function() {
      // TODO: implement during Chapters 7 and 8
    };
  }])
```

至于对该页面进行样式设计，前面已经针对其他页面完成了非常出色的工作，因此可以重复使用现有的样式类。此外，还需要添加一个新的样式类，即针对特性[data-icon=save]的规则。请将下面的代码添加到 app.css 中：

```
[data-icon=save]:after {
  content: "\f0c7";
}
```

与前面介绍的搜索 | 结果 | 详细信息流不同的是，目前并没有一种可以访问个人信息页面的方法。为了查看个人信息页面，需要将 URL 更改为 http://localhost:8383/PersonnelDirectory-ajs/index.html#/profile。图 6-18 是进行了样式设计的个人信息页面的屏幕截图。

6.4.5　添加标题

桌面应用都有一个用来描述网站或者页面总体主题的标题栏。因为移动 Web 浏览器并不像桌面 Web 浏览器那样拥有相同的屏幕大小，所以它们并不总是显示这些标题栏。接下来，让我们向前面的应用中添加一个标题，从而为用户提供某种类型的上下文。在 index.html 中的 <div ng-view>元素之前，添加下面的 HTML：

图 6-18 个人信息页面

```
<header class="topcoat-navigation-bar">
  <div class="topcoat-navigation-bar__item left quarter">
    <a id="slide-menu-button"
       class="topcoat-icon-button--quiet slide-menu-button">
      <i class="fa fa-bars"></i>
    </a>
  </div>
  <div class="topcoat-navigation-bar__item center half">
    <h1 class="topcoat-navigation-bar__title">
      Personnel Directory
    </h1>
  </div>
  <div class="topcoat-navigation-bar__item right quarter">
    <a class="topcoat-icon-button--quiet" href="#/search">
      <i class="fa fa-search"></i>
    </a>
  </div>
</header>
```

此时，刷新 Web 浏览器中的任何视图，都会看到一个标题。但“汉堡式”图标不再工作并且变得非常小。如果想要改正图标的大小，可以在项目的 css/app.css 文件中添加下面的 CSS：

```
header .topcoat-icon-button--quiet {
  vertical-align: middle;
}
header .fa {
```

```
  font-size: 1.5em;
}
```

注意：

为什么将其称之为一个汉堡？称之为“汉堡式按钮”是因为它非常像一个中间夹了一个肉饼的小圆面包。这是一个非常形象的比喻。该图标经常用在响应式设计中，从而告诉用户此处有更多的选项。如果触摸了汉堡式图标，那么会发生一些事情。

保存并刷新浏览器之后，应该可以看到类似图 6-19 所示的页面。如果没有看到，可以单击搜索按钮，导航到搜索页面，并再次确认。

6.4.6　实现一个导航侧边栏

虽然应用标题提供了一种访问搜索页面的简单方法，但并没有提供一种访问用户个人信息或者最近搜索结果的机制。接下来让我们实现一个侧边栏。在 index.html 文件的标题和 ng-view 指令之间添加下面的 HTML：

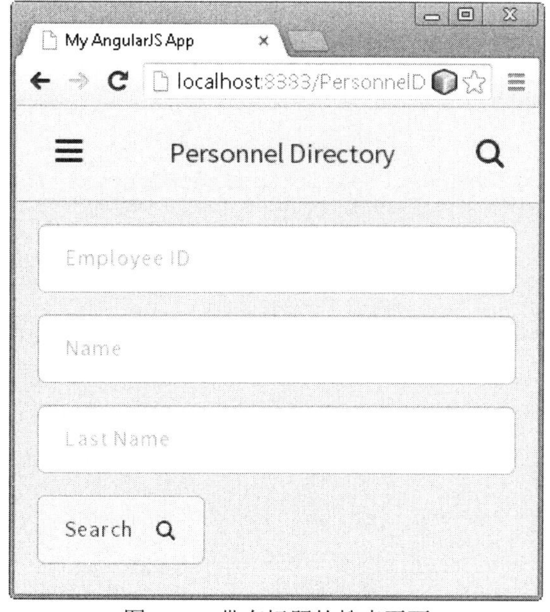

图 6-19　带有标题的搜索页面

```
<nav>
  <ul class="topcoat-list">
    <li class="topcoat-list__item">
      <a href="#/profile" class="fa-user">My Profile</a>
    </li>
    <li class="topcoat-list__item">
      <a href="#/search" class="fa-search">Search</a>
    </li>
    <li class="topcoat-list__item">
      <a href="#/results" class="fa-th-list">Results</a>
    </li>
  </ul>
</nav>
```

先别刷新页面，因为页面将非常难看。算了，还是刷新一下页面，看看会有什么变化。但我要说的是，该页面仍然不是非常美观。导航列表位于主文档的主体内部，而不是左边。只需添加少量的CSS就可以让页面更加美观。向项目的css/app.css文件中添加下面的代码：

```
nav {
 display:none;
 position:absolute;
 left:0;
 width: 14em;
 height: 100%;

 transition: padding-top .2s ease-out;
}
```

该 CSS 使左侧的导航消失了。现在，需要一种更加聪明的方法使该导航出现，最好是不要使用太多复杂JavaScript。何不通过在body元素上切换一个类来更改导航所使用的CSS选择器呢？可以向汉堡式按钮添加下面所示的onclick处理程序。下面的代码包括了整个按钮标记，只需添加粗体显示的文本：

```
<div class="topcoat-navigation-bar__item left quarter">
  <a id="slide-menu-button"
    class="topcoat-icon-button--quiet slide-menu-button"
     onclick="document.body.classList.toggle('left-nav')">
   <i class="fa fa-bars"></i>
  </a>
</div>
```

在前面的相关代码中，我始终引用了index.html文件中表示ng-view指令的区域，该区域由<div ng-view></div>所表示。但div元素并不是很语义化，所以将其更改main。请用<main ng-view></main>替换<div ng-view></div>。保存之后刷新页面，并确保一切都仍按预期方式工作。

接下来添加left-nav CSS选择器，并看看会发生什么。向css/app.css添加下面的代码：

```
body.left-nav .topcoat-navigation-bar,
body.left-nav main {
 margin-left:14rem;
}

body.left-nav nav {
  display: block;
}
```

现在，当单击汉堡式按钮时，标题和内容区域将会跳到右边，并出现侧边栏。但我对这种跳跃行为并不是很满意。可以使用一些动画来更好地解决该问题，但目前暂时不这么做，本章的后面将会添加相关动画。

1. 对导航侧边栏进行样式设计

目前的侧边栏太类似于列表项。我认为应该更改其外观，使其有别于列表项。向css/app.css中添加下面的代码：

```
nav .topcoat-list__item {
  border-top: none;
}

nav .topcoat-list__item > a {
  color: #c6c8c8;
}

nav .topcoat-list__item > a:hover {
  background-color:#747474;
}

nav .topcoat-list__item > a:active {
  background-color:#353535;
}
```

看起来侧边栏背景颜色应该跨越整个侧边栏，而不仅仅是链接区域。接下来通过设置 body 背景色来尝试解决该问题。向 css/app.css 中添加下面的代码：

```
body {
  background-color: #353535;
}
```

上述代码无疑改变了导航区域的颜色。但遗憾的是，它还改变了主内容区域的颜色。图 6-20 显示了所创建的混乱局面。

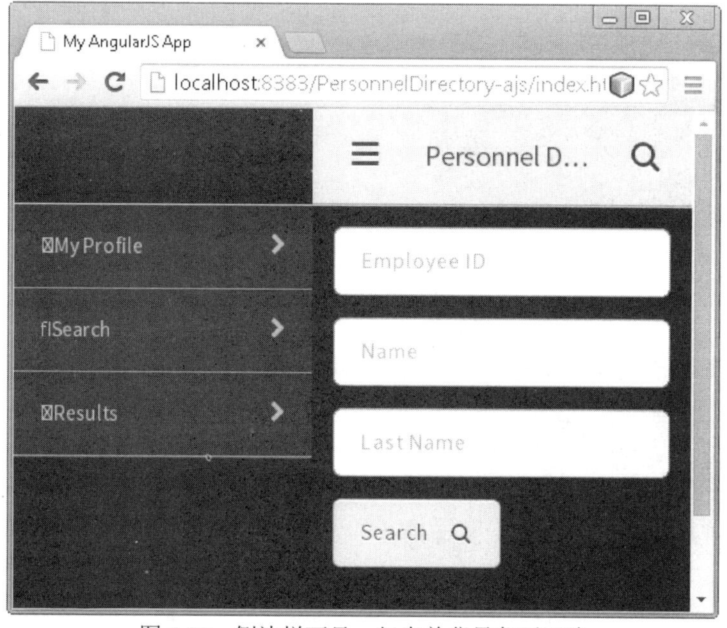

图 6-20　侧边栏可见，但表单背景色不正确

可以使用下面的 CSS 解决该外观问题：

```
.topcoat-navigation-bar {
    position: absolute;
    width: 100%;
```

```
  z-index: 100;
  box-shadow: inset 0 -1px #9daca9, 0 1px rgba(0,0,0,0.15);
}

main {
  background: #dfe2e2;
  box-shadow: 0px 0px 8px 2px rgba(0, 0, 0, 0.57);
  left: 0;
  min-height: 100%;
  padding-top: 4.375rem;
  position: absolute;
  width:100%;
}
```

导航中还有一个要修复的项目。如果仔细看一下图 6-20，会发现列表项旁边的图标包含了神秘的符号，而不是可识别的图标。为了解决该问题，向 css/app.css 文件中添加下面的 CSS 代码：

```
nav .topcoat-list__item > a:before {
  font-family: FontAwesome;
  margin-right: 2rem;
}
```

图 6-21 是完成样式设计后的导航栏的屏幕截图。

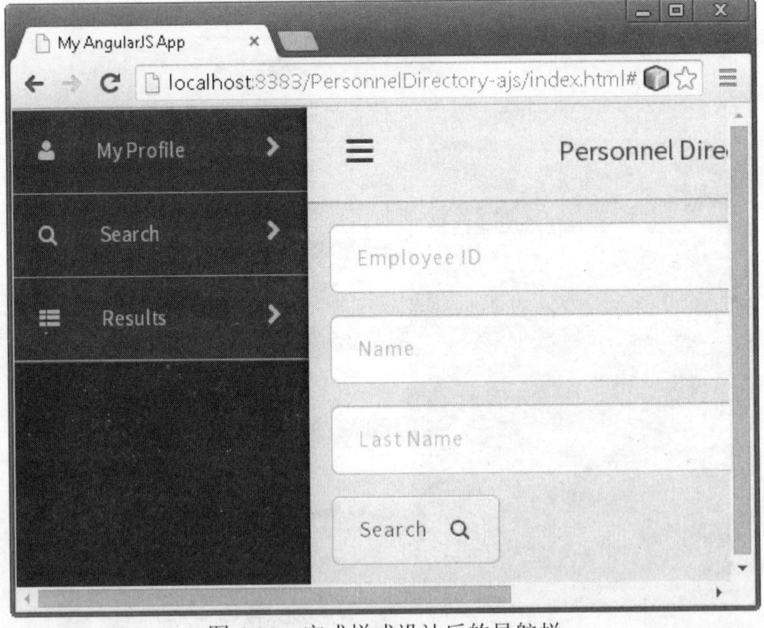

图 6-21 完成样式设计后的导航栏

2. 使导航侧边栏产生响应

目前，内容区域没有包含太多的信息。我们希望左边的导航只在需要时才显示，从而使应用更好地适应移动手机的屏幕大小。然而，当在平板电脑上显示时，则拥有足够的空间使侧边栏始终可见。可以使用媒体查询来实现这种响应式设计功能。

注意：

此处，我故意首先实现了移动 CSS，然后再实现台式机/平板电脑 CSS。移动手机拥有较弱的处理能力，并通常通过无线网络(如 3G 和 4G)运行。而平板电脑和台式机通常拥有更强的处理能力和更多宽带。一般来说应针对手机创建应用，然后使用媒体查询来增强台式机和平板电脑的显示，而不是针对台式机创建应用，再使用媒体查询进行缩减以便在手机上显示。

向 css/app.css 文件中添加下面的媒体查询和 CSS。重要的是这些定义要出现在 nav 和 main CSS 声明之后，因为它们重写了一些前面定义的值：

```
/* !! override, must follow main and side-nav declarations !! */
/* sidebar navigation visible on wider screen */
@media screen and (min-width: 600px) {
  .slide-menu-button {
    opacity: 0;
  }
  main {
    /* left: 14rem; */
    right:0;
    width:auto;

    margin-left: 14rem;
  }
  nav {
    padding-top: 4.375rem;
    display: block;

  }
  /* if hamburger hides because of resize,
     need to pretend like left-nav not set */
  body.left-nav .topcoat-navigation-bar {
    margin-left:0;
  }
}
```

保存并刷新页面，然后尝试更改页面的宽度，观察一下侧边栏是如何根据浏览器窗口的宽度显示和隐藏的。

6.4.7　自定义结果指令

侧边导航有一个名为“Results”的按钮，当单击该按钮时应该显示最近搜索结果。然而，目前它只是一个指向结果页面的链接。当需要转到最近搜索结果时，该按钮实际并不显示最近搜索结果，或者传递搜索页面参数执行一次新搜索。结果控制器负责获取数据。因为数据的作用域仅限制在结果控制器中，所以当转向其他路由时它会不见。同样，搜索参数仅在搜索控制器的生命周期内存在，但如果将它们传递给结果控制器，那么在结果控制器的生命周期内这些搜索参数也存在。如果想要让最近搜索结果超出 ResultsCtrl 控制器的生命周期之外存在，则必须创建一个服务。

另一个问题是 Results 按钮始终可见。如果侧边栏存在于一个 Partial 内，那么就可以根据控制器$scope 内的信息设置该按钮的可见性。但实际上该按钮并不存在于 Partials 中。AngularJS

控制用户体验的方法是使用指令。指令可以存在于Partial之外，并且可以访问服务。可以创建一个新指令，并将其连接到Search服务，从而确定何时显示Resutls按钮。

1. AngularJS服务

AngularJS将服务定义为“使用依赖注入(DI)连接在一起的可替换对象”。从根本上讲，该定义意味着服务表示带有属性和方法的对象，而这些属性和方法可以注入到其他服务和控制器中。AngularJS服务有两项主要功能：延迟实例化(lazy instantiation)和单个实例(single instance)，这意味着它们只在需要时才被创建，并且一旦被创建，就会在单页面应用的生命周期内始终存在。在某些情况下，该特性让服务变得非常有价值，比如可以使用服务存储最近搜索结果，然后再多次访问这些结果——从根本上讲就是一个结果缓存。

接下来将创建一个服务，但在此之前，首先学习一下AngularJS提供用来编写服务的三种机制：

- Factory
- Service
- Provider

Factory和Service非常类似。唯一的区别在于创建机制不同：Factory是一个可以调用并且返回一个值的函数。Factory创建服务。而Service是想要创建的对象，所以Angular使用JavaScript的新保留字创建Service的实例。此外，Provider也返回一个服务，但不同的是可以在应用配置页面对服务进行配置。可以通过访问AngularJS网站https://docs.angularjs.org/guide/providers，找到Factories、Services和Providers之间差异的详细概述(查找标题“Note:A Word on Modules.”)。

对我们来说，可以使用这些选项中的任何一个来定义一个搜索结果服务。为了简化过程，我们使用Factory来创建该服务。不过，更完善的解决方案是使用Provider，并添加服务端点URL作为一个配置参数。

接下来让我们看一下该Search服务的需求：

- 向Web服务终结点发送搜索条件。
- 必须在两个请求之间缓存搜索结果。
- 必须通知观察者已经拥有数据了。

可以在搜索控制器中实现第一个需求。由于服务存在于AngularJS应用的整个生命周期内，因此可以通过以下方法实现第二个需求：在一个变量中存储搜索结果，然后提供对这些结果的访问。接下来让我们着重实现第三个需求，因为实现该需求需要更多的思考和代码。

Observer服务 Observer模式是一种常见的软件设计模式，在该模式中，一个对象维护一个观察者(observers)列表，并且当对象发生变化时通知这些观察者。因为该模式非常常见，所以接下来创建一个可注入、可重用的服务ObserverService。在NetBeans中打开js/services.js。该文件包含了一个不会用到的示例服务。请使用下面的代码替换文件的内容：

```
'use strict';

/* Services */
angular.module('myApp.services', [])
    .factory('ObserverFactory', function() {

      // result that factory will return
```

```
  var observerService = {};

  // createObserver method
  observerService.createObserver = function() {
    // private object data (closure/module pattern)
    var observers = [];

    return {
      /*
       * use data parameter to send information as a parameter
       * to callback when invoked.
       */
      notify: function(data) {
        var observerIdx = observers.length - 1;
        for (; observerIdx >= 0; observerIdx--) {
          // invoke callback
          observers[observerIdx](data);
        }
      },
      register: function(callback) {
        observers.push(callback);
      },
      remove: function(callback) {
        var index = observers.indexOf(callback);
        if (index > -1) {
          observers.splice(index, 1);
        }
      }
    };
  };

  return observerService;
});
```

迭代数组

我是一名 Array.foreach 的超级粉丝，喜欢回调设计模式、内闭包以及通过 this 进行控制。但是在前面的代码中，当需要遍历观察者列表时，为什么我没有使用该模式呢？我曾经在 http://jsperf.com/angularjs-foreach-vs-native-foreach/14 做过一次测试，查看一下哪种迭代方法可以提供最佳性能。主要测试了以下方案：

```
// Native Array.forEach
arr.forEach(function(item) {
  item;
});

// AngularJS's forEach
angular.forEach(arr, function(item) {
  item;
});

// for key in Array
```

```
for (var key in arr) {
  arr[key];
}

// old-fashioned for loop
for (i = arr.length - 1; i >= 0; i--) {
  arr[i];
}
```

我在下面的浏览器中运行了该测试:

- Google Chrome 35
- Chromium 31
- Firefox 24 ESR
- Internet Explorer 10
- iPad IOS7
- Andriod 4.0.4

除了Firfox浏览器之外，在其他的浏览器上，较老的for循环都比其他三种迭代选项要快90%。而Firfox结果则呈现这样一个事实:不管选择哪种迭代选项，所有的迭代结构对于Firefox来说都是不理想的。

最终我的测试结论是什么呢?除非需要使用闭包、this控制或者其他只有forEach所具备的功能，否则应该使用老式的for循环。同时，要避免使用for(var key in object)模式。

对于对象来说应该如何选择呢?在过去，for(var key in object)结构是唯一可以遍历对象属性的方法。但现在，通过使用Object.keys，可以有新的选择，且该选择表现更好。下面是一个示例:

```
var obj = {
  fname: "Sarah",
  lname: "Marion",
  role: "Author"
};

var properties = Object.keys(obj);

// old-fashioned for loop
for(i=properties.length-1; i>=0; i--) {
  console.log(obj[properties[i]]);
}

// forEach alternative
Object.keys(obj).forEach(function(property) {
  console.log(obj[property]);
});
```

我个人认为，Array.forEach表现更加优雅，但如果想要获取更好的性能，老式的for循环似乎更胜一筹。你可以访问http://jsperf.com/angularjs-foreach-vs-native-foreach/14，并亲自运行一下该测试。

ObserverFactory 返回一个带有单个方法 createObserver 的对象。该方法创建一个带有以下方法的新对象：

- Register
- Remove
- Notify

此时已经拥有了一个可以创建工厂的工厂。由于 AngularJS 为应用创建了一个 ObserverFactory 实例，并且可以在不同的模块中使用 Observer 模式，因此不能将观察者数组放置在 ObserverFactory 内部。否则就会将所有模块的观察者合并到一个数组中。替换的方法是使用 createObserver 方法为每个模块返回一个新 Observer。

注意：

在这一点上，我曾经的想法是“为什么不创建一个带有 Observer 对象的普通 JavaScript 文件？为什么要创建一个可以创建工厂的工厂？”答案是依赖注入和测试驱动开发。通过使用依赖注入，可以模拟测试用例并将代码片断作为单位来进行测试。

Search 服务　当构建人员目录应用时，会发现需要从多个位置访问搜索结果，而不仅仅是从 ResultsCtrl 控制器。此外，你会意识到缓存搜索结果是很有价值的。接下来重构 ResultsCtrl 控制器，将 Ajax 请求从控制器移到一个名为 SearchService 的新服务中。在 js/services.js 文件的最后一个分号之前添加下面的内容(与 controllers.js 文件的文件布局类似)：

```
.factory('SearchService', [
  '$http',
  'ObserverFactory',
  function($http, observerFactory) {
    var searchResults = [];
    var observers = observerFactory.createObserver();

    var searchService = {};

    searchService.search = function(parms) {
      var promise = $http({
        method: 'GET',
        url: 'test-data/SEARCH_RESULTS.json',
        params: parms
      }).then(function(response) {
        if (!!response.data) {
            searchResults =
              response.data.SEARCH_RESULTS.SEARCH_FIELDS;
        } else {
          // no data
          searchResults = [];
        }

        observers.notify(searchResults);

        return searchResults;
      });
```

```
      return promise;
    };

    searchService.getLastResults = function() {
      return searchResults;
    };

    searchService.registerObserver = observers.register;
    searchService.removeObserver = observers.remove;

    return searchService;
  }])
```

现在，打开 js/controllers.js，并更改 ResultsCtrl 控制器，使其包含以下内容。这里包括了完整的控制器代码。你只需更改粗体显示的 JavaScript 即可。

```
.controller('ResultsCtrl', [
  '$scope',
  '$routeParams',
  'SearchService',
  function($scope, $routeParams, searchService) {
    // view the route parameters in your console by uncommenting
    // the following:
    // console.log($routeParams);

    if (Object.keys($routeParams).length > 0) {
      // has parameters, must have come from search form
      searchService.search($routeParams)
          .then(function(results) {
            //console.log(results);
            $scope.persons = results;
          });
    } else {
      // no parameters, assuming came from sidebar Results button
      $scope.persons = searchService.getLastResults();
      console.log("using cache");
    }
  }])
```

重新加载应用并运行一遍方案。如果在搜索页面输入搜索条件，则应会返回示例数据。单击左侧边栏的 Results 按钮，应返回相同的三行数据。如果打开 JavaScript 控制台，应看到单击左侧边栏 Results 按钮会向 JavaScript 控制台打印“using cache”。

友情提示 如果单击搜索页面上的搜索按钮，但同时又没有输入任何搜索条件，那么 ResultsCtrl 控制器将认为应该使用缓存。但问题是没有缓存。此时，可以创建一个状态消息，告诉用户没有任何搜索结果，或者禁用搜索页面上的搜索按钮，直到用户输入搜索条件为止。

2. AngularJS 指令

自定义指令是添加到 HTML 文档用以操作 DOM 的元素、特性、类名或者注释。在 Personnel Directory 应用中，我们希望操作左侧边栏中的 Results 按钮的可视状态。

为了创建新指令，需要打开 js/directives 文件。在该文件中可以看到一个示例 angular-seed 指令。删除该指令，并插入下面的指令。此处包括了完整的文件。你只需添加粗体显示的文本即可：

```
'use strict';

/* Directives */


angular.module('myApp.directives', [])
    .directive('bmaResultsHideClass', [
      'SearchService',
      function(searchService) {
        return {
          restrict: 'A',
          link: function(scope, element, attrs, ctrl) {
            var hiddenClassName = attrs.bmaResultsHideClass;

            var updateClass = function(results) {
              if (results.length > 0) {
                element.removeClass(hiddenClassName);
              } else {
                element.addClass(hiddenClassName);
              }
            };

            // set initial state
            updateClass(searchService.getLastResults());

            // register a callback
            searchService.registerObserver(updateClass);
          }
        };
      }]);
```

该 JavaScript 声明了一个名为 bma-results-hide-class 的新特性。该特性需要一个 CSS 类名作为其值。当 SearchService 报告已经拥有了相关数据时，该指令将删除由 bma-results-hide-class 标识的类名。相反，如果 SearchService 没有数据，那么该指令将添加 bma-results-hide-class。我们已经知道，因为 restrict: ‘A’ 属性限制的原因，该指令只会创建一个特性，而不是一个元素、注释或者类名。同时看一下指令方法的第一个参数就可以知道该特性的名称：

```
directive('bmaResultsHideClass'...
```

当编译一个文档时，AngularJS 使用了一条指令(如 bma-results-hide-class)，并将该指令转换为一个区分大小写且满足骆驼拼写法(camelCase)的规范名称。这意味着 AngularJS 将每个破折号后面的单词的首字母变为大写，并且删除破折号。这也就是为什么指令被命名为 bmaResultsHideClass 的原因。然而，在 HTML 中，引用该指令时仍是 bma-results-hide-class。

为了使用该新指令，请打开 index.html，并在 nav 元素内搜索 Results li 元素。在我的文档中，该元素位于第 50 行。然后添加新属性 bma-results-hide-class= “ng-hide”。示例代码片段如下所示：

```
<li class="topcoat-list__item"
    bma-results-hide-class="ng-hide">
  <a href="#/results" class="fa-th-list">Results</a>
</li>
```

注意：

诸如 NetBeans 之类的编辑器会将该新特性识别为一个错误。用于添加新特性的 HTML5 有效机制是在特性之前使用 data-作为前缀。为了使用该有效机制，特性应该为 data-bma-results-hide-class。开发人员在设计 AngularJS 时就已经使用了该标准，在 AngularJS 根据已知的指令列表进行指令匹配之前会从特性中剥离前缀 data-。

保存并在浏览器中重新加载 index.html。由于此时还没有访问结果路由，因此 Results 按钮应该是不可见的。在执行一次搜索并看到搜索结果列表之后，Results 按钮就出现了。

6.5 动画

当我向人们说起向应用添加动画时，最典型的反应是“哦，对的。可以令人赏心悦目。如果有时间并且也不碍事的话，可以添加一些动画。”不错，可以为了赏心悦目而使用动画，但我相信使用动画还有更多有关企业价值原因：即创建直观、可用的应用。动画提供了状态之间的转换。当一个侧边栏突然出现在现有内容的顶部时，我们就必须在脑中弄清楚以下问题：新内容是什么？它来自哪里？先前显示的内容哪去了？但如果该侧边栏是从左滑入屏幕，或者当前内容滑向右边，并显示一个侧边栏，那么上面所有的问题就迎刃而解了。这样一来就知道旧的内容到哪去了。知道如何重新显示旧的内容以及如何显示新的侧边栏。另一个示例就是购物车。当向一个在线购物车添加商品时，如何知道该商品是否已经在购物车内？同时如何找到购物车？通过一个将商品从搜索列表移动到购物车的动画，可以让我们知道到哪去寻找购物车。此外，毫无疑问的是所选择的商品已经在购物车里了，因为看到了商品移动到购物车内。这些都是应该添加到企业应用中的动画类型，而不仅仅是为了赏心悦目。这就是围绕用户想法和处理信息的方法所构建的可用且直观的应用。

在本章的剩余部分，将学习向 Personnel Directory 应用添加动画的三种不同方法：

- CSS3 转换
- 使用 animate.css 库，该库带有预定义关键帧的 CSS3 动画
- TweenMax GreenSock 动画平台

6.5.1 使用 CSS3 转换实现动画

首先需要使用动画的是侧边栏的显示。目前，当激活右上角的“汉堡式”按钮时会突然出现侧边栏。如前所述，这种显示有点不太和谐，需要用户暂停一下并弄明白发生了什么事情。通过添加一个显示转换过程，可以减少，甚至消除这种“不和谐的”体验。

向 css/app.css 文件添加下面的代码：

```
.topcoat-navigation-bar,
main {
```

```
  transition: margin-left 0.2s ease-out;
}
```

上述代码对 main 元素以及任何带有 topcoat-navigation-bar CSS 类的元素的 margin-left 特性应用了动画。只要 margin-left 值发生变化，CSS3 动画处理器就会在原始值和新 margin-left 值之间向左或向右移动目标。整个动画将持续 0.2 秒。

保存并重新加载页面，查看一下动画效果。更改浏览器的宽度，可以看到当浏览器超过响应媒体查询所定义的尺寸边界时就会激活动画。当页面缩小到汉堡式按钮可见时，单击该按钮显示侧边栏。然后再单击该按钮隐藏侧边栏。因为主内容区域存在框架阴影，所以侧边栏显示在主内容的下面。当单击汉堡式按钮时，主内容会滑向右边，以显示位于主内容下面的侧边栏。

转换是可应用的最简单的动画，是提高用户体验最简单且最雅致的方法。

6.5.2　使用 animate.css

animate.css 库是一个 CSS 文件，包含了为常见动画所定义的 CSS3 关键帧定义。可以从 http://daneden.github.io/animate.css/查看一下已定义的动画列表。接下来，让我们使用 animate.css 以动画的方式实现单页面应用中路由之间的转换。

AngularJS 通过 angular-animate 模块提供动画支持。在进行动画处理之前，先打开 index.html，并在 head 部分添加对 animate.css 文件的引用(请注意，在 app.css 文件之前添加该引用)。为了参考的需要，下面的代码片段包括了所需的链接元素以及前两行和后一行代码。你只需添加粗体显示的代码行即可：

```
<link rel="stylesheet"
     href="font-awesome-4.1.0/css/font-awesome.min.css">
<link rel="stylesheet" href="css/animate.css"/>
<link rel="stylesheet" href="css/app.css"/>
```

继续编辑 index.html 文件，查找<main ng-view，并插入类 route-transition。此时 main 元素应该如下所示(添加的代码以粗体显示)：

```
<main ng-view class="route-transition"></main>
```

接下来，添加一个 script 标签来引入 angular-animate.min.js。为了参考的需要，下面的代码片段包括了所需的 script 标签以及前一行和后一行代码。你只需添加粗体显示的代码行即可：

```
<script src="lib/angular-route.min.js"></script>
<script src="lib/angular-animate.min.js"></script>
<script src="js/app.js"></script>
```

随后，需要告诉 AngularJS 使用该动画模块。打开文件 js/app.js，向 myApp 模块构造函数的模块列表中添加 ngAnimate 模块。为了参考的需要，下面的代码片段包括了所需添加的代码行以及该行前后的代码行。只需添加粗体显示的代码行即可：

```
'ngRoute',
'ngAnimate',
'myApp.filters',
```

向文件css/app.css中添加下面的代码：

```
main[ng-view].ng-enter {
  -webkit-animation: slideInRight 0.5s;
  animation: slideInRight 0.5s;
}
```

在Web浏览器中重新加载index.html，查看页面从右边滑入的动画效果。然后使用一下该应用，当每个页面从右边进入时观察动画效果(都堆叠在前一个页面的上面)。

AngularJS通过向transition中的元素添加ng-animate、ng-enter和ng-leave CSS类名来管理该动画。当更改路由时，AngularJS将创建一个与带有ng-view特性的元素(即main元素)相匹配的新元素。而对于将要离开的main元素，AngularJS添加名为ng-leave的CSS类名。同时向将要显示的元素添加类名ng-enter。当动画结束后，AngularJS会删除使用ng-leave标记的元素。

6.5.3 使用GreenSokc动画平台实现动画

当浏览器优先采用CSS3动画时，许多Web开发人员需要从JavaScript动画切换到CSS3，因为CSS3动画是硬件加速的(从理论上讲是这样)，这意味着CSS3充分利用了硬件层的图形处理器，而不是使用时间线来操作DOM并强迫Web浏览器在每次转换时重新绘制。有一种假说认为CSS3硬件加速动画的表现优于JavaScript动画。GreenSock(GSAP)想要大家相信这一点并给出一个非常有说服力的案例。导航到http://www.greensock.com/js/speed.html，试用一下GSAP点动画测试。使用默认的300点设置来测试多个不同的引擎。当在笔记本电脑上运行该测试时看不出太明显的区别。但如果将点的数量增加到2000，则没有可比性。如果使用jQuery引擎，只会看到一个点环。而使用Zepto(该引擎更接近于纯CSS动画)，则会看到点环在屏幕上缓慢前进。但如果切换到纯GSAP引擎，则会马上开始处理这些点，并按照预想的那样飞起来。

接下来将使用GSAP创建一个复杂的页面转换。在开始之前，必须清除添加到animate.css文件中的CSS3动画。但最好保留ngAnimate模块和angular-animate.min.js更改。因为我们将创建一个需要ngAnimate模块的动画模块。此外，还会将animate.css文件保留在index.html文件中(虽然并不会使用该文件)。需要删除的是前面添加到css/app.css文件末尾的main[ng-view].ng-enter规则。

接下来在js文件夹中创建一个名为animations.js的新文件，并添加下面的JavaScript代码：

```
'use strict';

angular.module('myApp.animations', [])
  .animation('.route-transition', function() {
    return {
      enter: function(element, done) {
        var tween = TweenMax.from(element, 2, {
          left: "100%",
          rotation: "180deg",
          opacity: .2,
          scale: .1,
          ease: Power4.easeOut,
          onComplete: done}
        );
        return function(isCancelled) {
```

```
          if (isCancelled) {
            tween.kill();
          }
        };
      },
      leave: function(element, done) {
        var tween = TweenMax.to(element, 2, {
          rotation: "-180deg",
          opacity: 0,
          scale: 0,
          ease: Power4.easeOut,
          onComplete: done}
        );

        return function(isCancelled) {
          if (isCancelled) {
            tween.kill();
          }
        };
      }
    };
  });
```

该文件顶部的相关代码告诉 AngularJS 对带有类名 route-transition 的所有元素进行动画设计。对于带有该类名的元素来说，AngularJS 将在元素显示时调用 enter 方法，而在元素消失时调用 leave 方法。enter 和 leave 方法中的代码告诉 GSAP(TweenMax)同时对 left、rotation、opacity 和 scale 特性进行动画处理。

什么是 Tweening?

Tweening 是在起始位置和结束位置之间生成帧的过程。例如，如果想要从 left:0px 到 left:300px 之间以动画的方式移动一个物体，那么 Tweening 就是生成从 0 像素到 300 像素之间中间状态的过程。在 JavaScript 动画的早期，常见的做法是按照转换所允许的时间划分距离的变化，然后根据时钟的每一次滴答声移动动画元素指定的像素数量。“时钟的滴答声”则通过 JavaScript 方法 setTimeout 或者 setInterval 来触发。但该方法的问题是 setInterval 和 setTimeout 都受到所运行系统的可用资源的制约。如果笔记本电脑正在进行大量的计算，只留下了很少的 CPU 时间来处理动画，那么时钟滴答间隔将无法按照预期的那样发生。JavaScript 中的 Tweening 包含决定起始和结束位置以及起始和结束时间，然后重新计算每一间隔的移动距离。这样就能够解决中断周期的不稳定的行为，从而提供一个更加平滑的转换。

我最初是通过 Thomas Fuchs 在 Amsterdam 的演讲(https://fronteers.nl/congres/2009/sessions/roll-your-own-effects-framework)了解了关于 Tweening 的相关知识。可以从 https://github.com/madrobby/emile 找到较小的 emile 框架。

在运行该文件之前，需要向 index.html 添加 TweenMax 以及新模块，并将新动画模块加载到 AngularJS 应用配置中。在 index.html 中，分别添加对 TweenMax 和新动画模块的引用。下面的代码清单包含了所有需要的 JavaScript 文件，其中新添加的以粗体显示：

```
<script src="lib/TweenMax.min.js"></script>
```

```
<script src="lib/angular.min.js"></script>
<script src="lib/angular-route.min.js"></script>
<script src="lib/angular-animate.min.js"></script>
<script src="js/app.js"></script>
<script src="js/services.js"></script>
<script src="js/controllers.js"></script>
<script src="js/filters.js"></script>
<script src="js/directives.js"></script>
<script src="js/animations.js"></script>
```

接下来，打开 js/app.js，并在应用配置中包含新的动画模块。下面的代码清单包含了完整的 myApp 模块构造函数。仅添加以粗体显示的行。除了最后的模块之外，请确保在每个模块末尾处使用一个逗号来分隔下一行：

```
angular.module('myApp', [
  'ngRoute',
  'ngAnimate',
  'myApp.filters',
  'myApp.services',
  'myApp.directives',
  'myApp.controllers',
  'myApp.animations'
])
```

重新加载 index.html，观察搜索页面旋转、扩大并淡入到视图。然后输入搜索条件，继续观察搜索表单旋转出视图、收缩并淡出，与此同时结果视图旋转、扩大并淡入。可以说，我们已经越过了从微妙的企业应用到养眼花瓶的线。然而，必须承认的是这一切也使应用有更多的使用乐趣。

6.6 小结

在本章，使用 AngularJS 构建了一个 Personnel Directory 搜索应用。学习了如何使用外部服务以及如何通过媒体查询使应用具有响应。通过完成了本章的示例，学习了各种不同的动画方法。此外，还学习了许多关于 AngularJS 的知识。在接下来的两章，还将学习如何将本章所创建的应用连接到 PeopleSoft 服务。在第 7 章，将使用 iScripts 向 AngularJS Personnnel Directory 提供数据。而在第 8 章，则使用 PeopleSoft REST Web 服务。

第7章

基于 iScript 的控制器

在本章，我们将学习如何使用 iScript 将 HTML5 用户体验连接到 PeopleSoft。具体来说，就是创建为第 5 章和第 6 章所创建的 HTML5 视图提供内容和数据的 iScript。

7.1 什么是 iScript?

在我的另一本书 *PeopleSoft PeopleTools Tips & Techniques* 的第 5 章详细地介绍了 iScript。事实上，iScript 是该书整个用户体验部分的基石。本节只是简要地描述一下 iScript，而不会重复第 5 章的相关内容(有一篇较长的，但也只是简要描述的关于 iScript 的文章，具体可参见 http://jjmpsj.blogspot.com/2008/02/what-is-iscript.html 中的播客文章)：

iScript 是可以被 URL 调用的自定义 PeopleCode 函数。iScript 从 HTTP Request 对象中读取 URL 参数，并通过 HTTP Response 对象显示一个结果。iScript 与其他的 PeopleCode 程序非常类似，因为它们都可以完全访问 PeopleCode 函数、对象以及 PeopleSoft 应用数据库。

通常在一个记录字段事件内部将 iScript 定义为函数。PeopleTools 要求记录名以 WEBLIB_ 为前缀。虽然不是什么要求，但习惯将 iScript 函数定义在 FieldFormula 事件中。

7.2 带有 iScript 的 jQuery Mobile

在第 5 章，创建了一个 jQuery Mobile 人员目录原型。该原型包含了硬编码的搜索结果、详细信息以及个人信息页面。接下来，让我们将这些页面转换为可以执行 SQL 并返回实际结果的 PeopleSoft iScript。具体需要以下步骤：

(1) 创建一个 Web 库。
(2) 编写用来处理请求参数并返回所需数据的 iScript。
(3) 向权限列表添加新 iScript。
(4) 创建参数化的 HTML 模板。
(5) 重构 iScript，返回 jQuery Mobile HTML 片段。
(6) 将 jQuery Mobile 应用更新为引用新的 iScript。
(7) 将更新后的 jQuery Mobile 应用上传到 PeopleSoft Web 服务器。

7.2.1 搜索 iScript

启动 PeopleTools Application Designer 并创建一个新的记录定义。向该记录定义中添加字段 ISCRIPT1。然后将记录类型设置为 Derived/Work，最后保存为 WEBLIB_BMA_JQPD(我知道，该名称的描述性并不强，但除去所需的前缀以及网站特定的前缀，所剩下的可用字符数已经不多了，因为 PeopleTools 记录名称的最大字符长度为 15)。图 7-1 是新记录定义的屏幕截图。

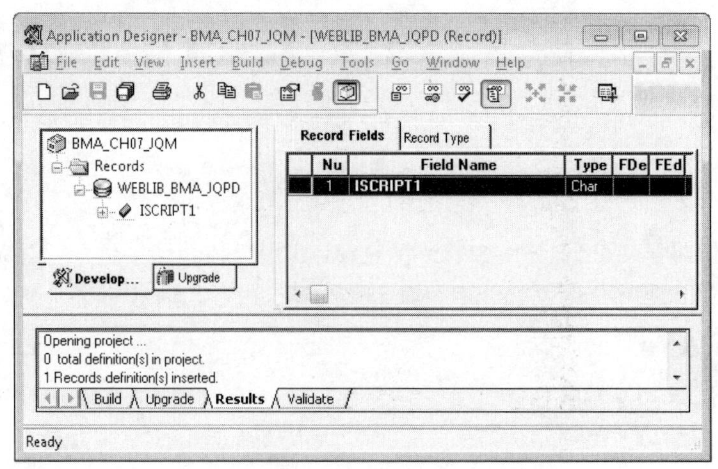

图 7-1 WEBLIB_BMA_JQPD 记录定义

打开 ISCRIPT1 字段的 FieldFormula 事件，并输入下面所示的 PeopleCode：

```
Function iScript_Search
   Local string &emplidParm =
```

```
        %Request.GetParameter("emplidSearch");
    Local string &nameParm = %Request.GetParameter("nameSearch");
    Local string &nameSrchParm =
      %Request.GetParameter("lastNameSearch");

    %Response.Write(&emplidParm | ", " | &nameParm | ", " |
        &nameSrchParm);
  End-Function;
```

在当前的开发阶段，可以编写足够的 PeopleCode 对 iScript 进行测试。测试之后，将添加一些 SQL 执行一次搜索，然后再编写一些 HTML 对结果进行格式化。

1. iScript 的安全性

在进行测试之前，必须向权限列表添加新 iScript。不同的企业对权限列表都有自己的建设计划和使用建议。如果有，则最好按照相关指导使用。否则，就需要创建新的权限列表和角色，然后针对本章以及下一章(即第 7 章和第 8 章)中所有的安全内容使用该相同的权限列表和角色。

为了创建一个权限列表，首先需要登录到你的 PeopleSoft 应用，并导航到 PeopleTools | Security | Permissions&Roles | Permission Lists。然后添加新值 BMA_PERSON_DIR，并将其描述信息设置为简短且有逻辑的内容，比如“Personnel Directory”。切换到 Web Libraries 选项卡(提示，可以使用底部的链接)，添加 Web 库 WEBLIB_BMA_JQPD。接下来，单击编辑链接和 Full Access 按钮。图 7-2 是 Web Libraries 选项卡的屏幕截图，而图 7-3 是 Web Libraries 权限对话框的屏幕截图。

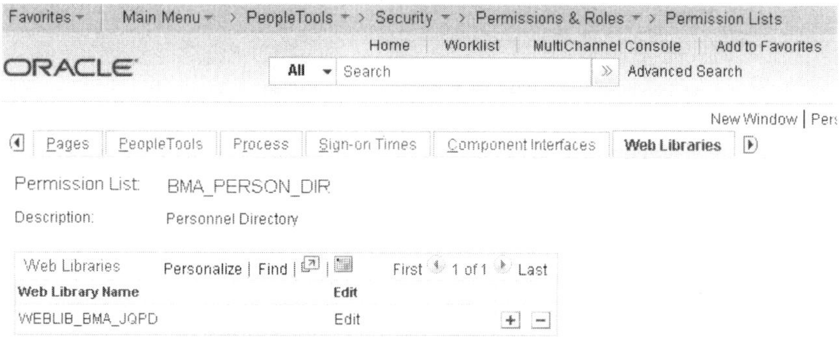

图 7-2　Web Libraries 选项卡

图 7-3　Web Libraries 权限对话框

保存权限列表，然后导航到 PeopleTools | Permissions&Roles | Roles。创建一个名为 BMA_PERSON_DIR 的新角色。与权限列表一样，请为该角色赋予一个合理的描述。我使用了一个比较巧妙的描述“Personnel Directory”。切换到 Permission Lists 选项卡，并添加权限列表 BMA_PERSON_DIR。图 7-4 是新 BMA_PERSON_DIR 角色的 Permission Lists 选项卡的屏幕截图。

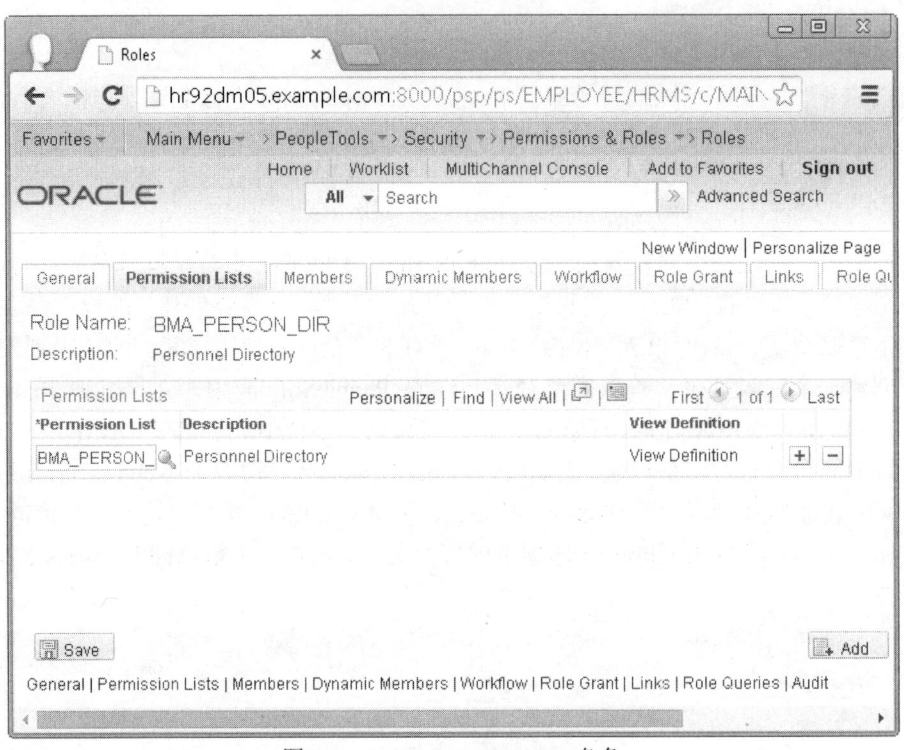

图 7-4 BMA_PERSON_DIR 角色

向用户个人信息添加新的 BMA_PERSON_DIR 角色。

输入 URL http://<server>:<port>/psc/<site>/EMPLOYEE/HRMS/s/WEBLIB_BMA_JQPD.ISCRIPT1.FieldFormula.iScript_Search 来测试该 iScript。请使用你自己特定的值替换 URL 中的 server、port 和 site。该 URL 来自我的 VirtualBox 演示映像：http://hr92dm05.example.com:8000/psc/ps/EMPLOYEE/HRMS/s/WEBLIB_BMA_JQPD.ISCRIPT1.FieldFormula.iScript_Search。由于目前还没有输入参数，因此在浏览器窗口应该只会看到几个逗号。

注意：

如果看到了响应“Authorization Error——Contact your Security Administrator”，那么请检查 URL。该错误消息表明 PeopleTools 无法找到任何可以访问的用户个人信息与所请求 URL 相匹配。这并不意味着目标存在，我曾经因为将记录、字段、事件或者函数名称拼写错误而碰到了类似的错误。

接下来向 URL 添加一些查询字符串参数，以匹配 jQuery Mobile 搜索表单中将要发送给 iScript 的字段。下面显示的是一个带有查询字符串字段和值(以粗体显示)的示例 URL：http://hr92dm05.example.com:8000/psc/ps/EMPLOYEE/HRMS/s/WEBLIB_BMA_JQPD.ISCRIPT1.FieldFormula.iScript_Search?**emplidSearch=KU0001&nameSearch=Sarah&lastNameSearch=**

Marion。加载该 URL，将会显示 KU0001，Sarah，Marion，如图 7-5 所示。

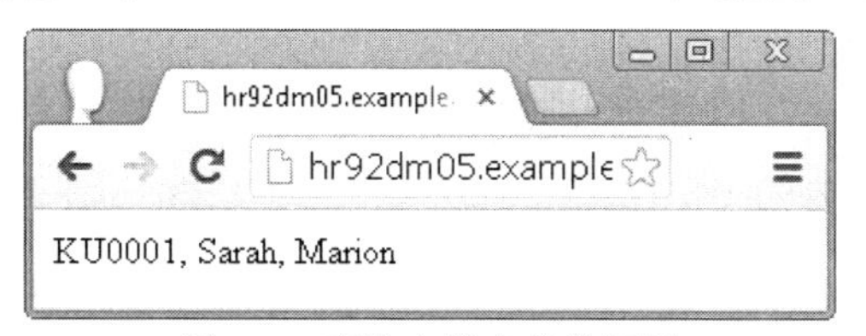

图 7-5　查询字符串参数回显

注意：

以这种方式回显查询字符串参数被认为是一种安全风险。安全性的最重要规则是“不要相信你的用户”。如果在地址栏中输入的任何内容又再次出现在浏览器中，那么就有可能在 URL 中放置一些恶意内容，而该 URL 将要在浏览器中运行。可以这么说，由于正在向我自己回显参数，因此将攻击我自己的计算机。从来没有人说过黑客攻击(或安全规则)必须有意义。

2. 实现搜索行为

需要构建一个 SQL 语句，以返回与搜索页面中输入的搜索条件匹配的结果列表。该搜索页面被设计为用户可以向其中的任何字段输入信息。但这些字段并不是必须要输入的。任何带有值的字段都将被添加到 SQL 语句条件中。这意味着 SQL 语句的 where 子句因请求而异。当为 PeopleCode 编写 SQL 时，必须考虑三点规则：

- 防止 SQL 注入攻击。
- 不要在字符串中嵌入托管的对象名称。
- 优化 SQL，以便获取最佳的性能。

条件值来自查询字符串参数。虽然将这些值直接转化为 SQL 语句是创建动态 SQL 的最简单方法，但却构成了 SQL 注入攻击的极大风险(永远不要使用未经检查的用户输入值来创建 SQL 语句)。替换方法是使用绑定变量。使用绑定变量还可以满足优化规则，因为允许 SQL 引擎对请求之间的语句进行缓存。

由于将动态地生成 SQL 语句，因此很多人喜欢在字符串中硬编码对象名称，比如表和字段名。嵌入式字符串致使一些生命周期管理工具变得不太可靠。替换方法是结合使用 SQL 托管定义(managed definitions)和命名定义(named definitions)。该方法的好处是托管定义的使用对生命周期管理工具(如 Find Definition References)是可见的。

接下来，让我们首先创建一个不带条件的基本 SQL select 语句。在 Application Designer 中创建一个 SQL 定义，并输入下面的 SQL。将该语句命名为 BMA_PERSON_SRCH。

```
SELECT EMPLID
  , NAME
  , LAST_NAME_SRCH
   FROM PS_PERS_SRCH_ALL
```

搜索 iScript 必须测试每个输入参数的值。如果某一参数有值，则需要向条件列表中添加一个字段，以及向参数列表中添加一个值。最后一句中出现的单词列表表明将需要一些数组。一个数组将包含针对每个条件的条目，而另一个数组则包含一个对应值列表。之所以使用条件数组，是为了日后可以通过使用单词 AND 作为连接方法分隔符将这些条件连接为一个单一字符串。这保证了仅在条件之间使用单词 AND。

总的来说，iScript PeopleCode 将完成以下工作：

- 从名为 BMA_PERSON_SRCH 的 SQL 定义中提取出基本的 SQL 语句。
- 评估查询字符串参数，以获取有效条件。
- 构建一个有效、安全的 WHERE 子句。
- 执行所构建的 SQL 语句。
- 遍历结果。
- 将每个结果发送回客户端设备，并显示为一个新行。

请使用下面的代码清单替换 iScript_Search：

```
Function iScript_Search
   Local string &emplidParm =
        %Request.GetParameter("emplidSearch");
   Local string &nameParm = %Request.GetParameter("nameSearch");
   Local string &nameSrchParm =
        %Request.GetParameter("lastNameSearch");

   REM ** build SQL based on parameters;
   REM ** careful of SQL injection!!;
   Local array of any &sqlParms = CreateArrayAny();
   Local array of string &criteriaComponents =
        CreateArrayRept("", 0);
   Local string &sql = FetchSQL(SQL.BMA_PERSON_SRCH);
   Local string &whereClause;

   REM ** query and column variables;
   Local SQL &cursor;
   Local string &emplid;
   Local string &name;
   Local string &nameSrch;

   REM ** build a WHERE clause;
   If (All(&emplidParm)) Then
      &sqlParms.Push(&emplidParm);
      &criteriaComponents.Push(Field.EMPLID | " LIKE :" |
           &sqlParms.Len | " %Concat '%'");
   End-If;

   If (All(&nameParm)) Then
      &sqlParms.Push(&nameParm);
      &criteriaComponents.Push(Field.NAME | " LIKE :" |
           &sqlParms.Len | " %Concat '%'");
   End-If;

   If (All(&nameSrchParm)) Then
      &sqlParms.Push(&nameSrchParm);
      &criteriaComponents.Push(Field.LAST_NAME_SRCH |
           " LIKE :" | &sqlParms.Len | " %Concat '%'");
   End-If;

   &whereClause = &criteriaComponents.Join(" AND ", "", "");
```

```
    If (All(&whereClause)) Then
      &whereClause = " WHERE " | &whereClause;
    End-If;

    REM ** iterate over rows, adding to response;
    &cursor = CreateSQL(&sql | &whereClause, &sqlParms);

    While &cursor.Fetch(&emplid, &name, &nameSrch);
      %Response.Write(&emplid | ", " | &name | ", " |
            &nameSrch | "<br/>");
    End-While;
    &cursor.Close();

End-Function;
```

在将 iScript 更新为上面的内容后，可以输入与数据匹配的查询字符串值，以便再次进行测试。例如，使用 HCM 示例数据库并通过请求 URL http://hr92dm05.example.com:8000/psc/ps/EMPLOYEE/HRMS/s/WEBLIB_BMA_JQPD.ISCRIPT1.FieldFormula.iScript_Search?emplidSearch=KU00&nameSearch=C&lastNameSearch=%25E，可以搜索 ID 以 KU 开头，姓以 C 开头且名包含 E 的所有员工。

注意：
E 前面的%25 是%的 URL 编码。%是用来匹配姓氏第一部分的 SQL 通配符。并且它恰巧也是一个保留的 URL 字符，所以必须使用一个等价的十六进制数替换它。

3. 确定搜索结果页面的参数

现在，已经完成了显示搜索结果所需的所有逻辑。接下来需要对这些结果进行格式化，以符合 jQuery Mobile 用户体验。在第 5 章，已经针对搜索结果创建了相关的格式。接下来将第 5 章中的搜索页面分成以下两个 HTML 定义：

- 页面模板
- 行模板

下面的代码清单包含了页面模板的 HTML。请将该 HTML 放到名为 BMA_JQPD_SEARCH_RESULT_PAGE 的 Application Designer HTML 定义中：

```
<div data-role="page" id="results">
  <div data-role="header">
    <h1>Personnel Directory</h1>
    <a href="#panel" class="show-panel-btn" data-icon="bars"
      data-iconpos="notext">Menu</a>
    <a href="#search" data-icon="search" data-iconpos="notext"
      class="ui-btn-right">Search</a>
  </div><!-- /header -->

  <div data-role="content">
    <ul id="resultsList" data-role="listview" data-filter="true"
       data-filter-placeholder="Filter results..."
       data-inset="true">
```

```
%Bind(:1)
    </ul>
  </div><!-- /content -->

  <div data-role="footer" data-position="fixed">
    <h4>
      Copyright &copy; Company 2014, All rights reserved
    </h4>
  </div><!-- /footer -->


</div><!-- /page -->
```

上面代码序列中的%Bind(:1)字符序列是一个行数据占位符。创建另一个名为BMA_JQPD_SEARCH_RESULT_LINK的HTML定义。然后向该定义中插入下面的HTML:

```
<li>
  <a href="%Bind(:1)">%Bind(:3) (%Bind(:2))</a>
</li>
```

上面的模板包含了三个参数:

- 详细信息iScript的URL
- 搜索结果行的Employee ID
- 员工的描述信息(姓名)

接下来，重构搜索结果iScript，以使用这些新的HTML模板。滚动到iScript的底部并找到&cursor.fetch…loop。从while循环开始，使用下面的代码替换该循环代码，直到函数结尾处为止:

```
   Local array of string &rows = CreateArrayRept("", 0);
   Local string &detailsLink = GenerateScriptContentURL(%Portal,
         %Node, Record.WEBLIB_BMA_JQPD, Field.ISCRIPT1,
         "FieldFormula", "iScript_Details");

   While &cursor.Fetch(&emplid, &name, &nameSrch);
      &rows.Push(GetHTMLText(HTML.BMA_JQPD_SEARCH_RESULT_LINK,
            &detailsLink | "?EMPLID=" | &emplid, &emplid,
            &name));
   End-While;
   &cursor.Close();

   %Response.Write(GetHTMLText(HTML.BMA_JQPD_SEARCH_RESULT_PAGE,
         &rows.Join("", "", "")));
End-Function;
```

简单地说，上面的代码遍历了结果行，将每一行放到一个数组中。然后再将所有的数组元素连接成一个单一字符串，从而成为页面模板的正文。最后一步是根据返回给客户端的结果编写页面模板。

在浏览器中重新加载搜索结果URL，对所做的更改进行测试。图7-6显示了原始且无样式的HTML，稍后jQuery Mobile会将其转换为一个绝佳的用户体验。

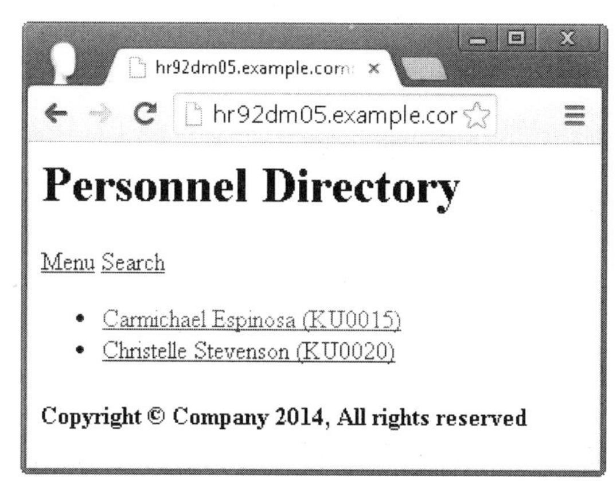

图 7-6　无样式的搜索页面

每一行都包含了一个指向详细信息 iScript 的链接。虽然该 iScript 目前还没有实现，但 Application Designer 仍然允许保存。刷新浏览器的结果页面并单击链接后，PeopleTools 将会显示一条错误消息“Missing function iScript_Details in PeopleCode program ???.??? -Other.(180,127).”。稍后，将通过创建 iScript_Details 函数来解决该问题。目前可以在 FieldFormula 事件编辑器的结尾处添加该函数的存根(stub)：

```
Function iScript_Details
   %Response.Write("Details will appear here");
End-Function;
```

7.2.2　详细信息 iScript

创建详细信息 iScript 和创建搜索 iScript 的模式类似：

1. 从请求中收集参数。
2. 查询数据库获取详细信息。
3. 使用一个 HTML 模板显示结果。

向记录和字段WEBLIB_BMA_JQPD ISCRIPT1的FieldFormula事件添加下面的PeopleCode：

```
Function iScript_Details
   Local string &emplid = %Request.GetParameter("EMPLID");
   Local string &NAME;
   Local string &ADDRESS1;
   Local string &CITY;
   Local string &STATE;
   Local string &POSTAL;
   Local string &COUNTRY;
   Local string &COUNTRY_CODE;
   Local string &PHONE;

   SQLExec(SQL.BMA_PERSON_DETAILS, &emplid, &NAME, &ADDRESS1,
         &CITY, &STATE, &POSTAL, &COUNTRY, &COUNTRY_CODE,
         &PHONE);
   Local string &photoUrl = GenerateScriptContentURL(%Portal,
         %Node, Record.WEBLIB_BMA_JQPD, Field.ISCRIPT1,
         "FieldFormula", "iScript_Photo");
   &photoUrl = &photoUrl | "?EMPLID=" | &emplid;
```

```
    %Response.Write(GetHTMLText(HTML.BMA_JQPD_DETAILS_PAGE,
          &emplid, &NAME, &ADDRESS1, &CITY, &STATE, &POSTAL,
          &COUNTRY, &COUNTRY_CODE, &PHONE, &photoUrl,
          "/pdjqm/css/details.css"));
End-Function;
```

注意：
在第 4 章，已经创建了 SQL 定义 BMA_PERSON_DETAILS 作为数据模型的一部分。

通过该代码片段可以看到，还需要创建一个新的 HTML 页面模板以及一个 iScript：iScript_Photo。该 HTML 模板是从第 5 章的详细信息页面派生而来。请将该 HTML 放在名为 BMA_JQPD_DETAILS_PAGE 的 Application Designer HTML 定义中。

注意：
上面所示的 PeopleCode 包含了 Web 服务器上目前还不存在的路径“/pdjqm/css/details.css”。本章的后面将会创建该路径。

```
<div data-role="page" id="details">
  <style type="text/css" scoped>
    @import url("%Bind(:11)");
  </style>

  <div data-role="header">
    <h1>Personnel Directory</h1>
    <a href="#panel" class="show-panel-btn" data-icon="bars"
       data-iconpos="notext">Menu</a>
    <a href="#search" data-icon="search" data-iconpos="notext"
       class="ui-btn-right">Search</a>
  </div><!-- /header -->

  <div data-role="content">
    <h2>%Bind(:2)</h2>
    <div>
      <img src="%Bind(:10)" class="avatar"
         alt="%Bind(:2)'s Photo">
      <p>%Bind(:1)</p>
      <p><a href="tel:%Bind(:8)%Bind(:9)">%Bind(:8) %Bind(:9)
        </a></p>
      <p>
        <a href="https://maps.google.com/?q=%Bind(:3)+%Bind(:4)+
%Bind(:5)+%Bind(:6)+%Bind(:7)">%Bind(:3)</a><br>
        %Bind(:4), %Bind(:5) %Bind(:6)<br>
        %Bind(:7)
      </p>
    </div>
  </div><!-- /content -->

  <div data-role="footer" data-position="fixed">
    <h4>
      Copyright &copy; Company 2014, All rights reserved
```

```
    </h4>
  </div><!-- /footer -->

</div><!-- /page -->
```

注意：

第 5 章的详细信息页面与本章上面所示的 HTML 模板之间的区别以粗体文本显示。特别需要注意的是更改了 details.css 的路径。该路径目前在 Web 服务器上暂时不存在。本章后面将会创建该路径。

员工照片 iScript 来自第 5 章 PeopleSoft PeopleTools 提示与技巧。代码如下所示：

```
Function IScript_Photo
   Local string &emplid = %Request.GetParameter("EMPLID");
   Local any &data;

   SQLExec("SELECT EMPLOYEE_PHOTO FROM PS_EMPL_PHOTO " |
         "WHERE EMPLID = :1", &emplid, &data);
   %Response.SetContentType("image/jpeg");
   %Response.WriteBinary(&data);
End-Function;
```

注意：

PeopleSoft PeopleTools Tips & Techniques 中原始函数名为 IScript_EmployeePhoto。但此时我将该名称缩短了，以便更容易输入。

在开始测试之前，请确保向权限列表 BMA_PERSON_DIR 添加了这些新的 iScript。详细信息页面的示例测试 URL 为 http://hr92dm05.example.com:8000/psc/ps/EMPLOYEE/HRMS/s/WEBLIB_BMA_JQPD.ISCRIPT1.FieldFormula.iScript_Details?EMPLID=KU0001。但遗憾的是，示例 PeopleSoft 实例没有员工照片。为了解决该问题，可以使用被称为 PT_DUMMY_PHOTO 的 PeopleTools 占位符头像。可以对 iScript_Photo 函数进行一些微小的修改，以便在所请求的员工没有对应的照片时提供“虚拟照片(Dummy Photo)”。所做的修改以粗体文本显示：

```
Function IScript_Photo
   Local string &emplid = %Request.GetParameter("EMPLID");
   Local any &data;

   SQLExec("SELECT EMPLOYEE_PHOTO FROM PS_EMPL_PHOTO " |
         "WHERE EMPLID = :1", &emplid, &data);
   If (None(&data)) Then
      %Response.RedirectURL(%Response.GetImageURL(
            Image.PT_DUMMY_PHOTO));
   Else
      %Response.SetContentType("image/jpeg");
      %Response.WriteBinary(&data);
   End-If;
End-Function;
```

图7-7是无样式的详细信息页面的屏幕截图。

图7-7 无样式的详细信息页面

7.2.3 个人信息页面

个人信息页面是该移动应用中唯一的数据驱动页面(没有任何参数)。此外，它还是应用中唯一可读写的页面。因为该页面实现了读写功能，所以需要两个服务：

- 读取服务，显示登录用户的相关信息。
- 更新服务，保存更新。

相对于应用中其他的页面，实现读取服务的方法略有不同。由于个人信息页面并不需要参数，因此可以充分利用已发布的iScript配置工具Pagelet Wizard，该工具专门用来从数据库读取数据，然后再将数据转换为丰富的用户体验。

1. 使用Pagelet Wizard来配置移动显示

对于大多数北美地区的人来说，春季可能就在两个星期后正式到来。然而，对于那些在拉斯维加斯参加Higher Education Alliance会议的人来说，感觉像到了夏天最炎热时。经过了从会议场到演示场之间短暂但愉快的阳光漫步之后，我受到了我的朋友Ciber Consulting的Chris Coutre的热烈欢迎。Chris一直在从事企业门户的实现，并且有许多想法想要和我分享。我总想知道我们的客户和合作伙伴是如何使用Oracle产品的，特别是想听听Chris Coutre的想法。Chris很聪明、精力充沛，并实现了很多创新的想法。他与我分享的内容促使我以一种全新的方式来思考Pagelet Wizard。我以前只知道Pagelet Wizard是PeopleSoft开发者工具箱中最灵活但未被充分利用的PeopleTool。Chris曾说过“我们正在使用Pagelet Wizard创建移动应用。”。Chris的话是什么意思？Pagelet Wizard适合进行移动应用开发吗？在思考了几分钟后，我突然意识到这句话的真正含义。在本章，将创建两个只读页面。每个页面需要一个单独的iScript。而iScript需要PeopleCode和安全性。如何在不编写任何代码的情况下创建移动应用呢？这恰恰是Pagelet Wizard的真正价值所在。通过使用Pagelet Wizard，可以查询数据库(通过查询数据类型)，并将结果转换为任何类型的响应，甚至可以是 jQuery Mobile 用户体验。接下来让我们看一下 Pagelet Wizard 是什么样子的。

iScript 数据源查询 登录到 PeopleSoft 应用，并导航到 Reporting Tools | Query | Query Manager。创建一个新查询并添加 PERSONAL_DATA 记录。在 Query 选项卡上选择下面的字段：

- EMPLID
- NAME
- COUNTRY
- ADDRESS1
- CITY
- STATE
- POSTAL
- COUNTRY_CODE
- PHONE

注意：
Pagelet Wizard 所生成的 XSL 按顺序(或者位置)引用 Pagelet Wizard XML 中的列。而本章稍后所生成的 XSL 则按照名称引用字段。查询中的字段位置无关紧要，因为我们所用的是字段名称而不是其位置。然而，为了保持一致性且避免出现错误，建议完全按照上面所示的顺序列出查询字段。

切换到 Criteria 选项卡，并向 EMPLID 字段添加一个提示。通过 Pagelet Wizard 将该提示绑定到一个系统变量。下面的代码清单包含了查询所需的 SQL：

```
SELECT A.EMPLID
 , A.NAME
 , A.COUNTRY
 , A.ADDRESS1
 , A.CITY
 , A.STATE
 , A.POSTAL
 , A.COUNTRY_CODE
 , A.PHONE
  FROM PS_PERSONAL_DATA A
   , PS_PERALL_SEC_QRY A1
  WHERE ( A.EMPLID = A1.EMPLID
    AND A1.OPRID = 'PS'
    AND ( A.EMPLID = :1 ) )
```

注意：
在上面的代码中我并没有添加PS_PERALL_SEC_QRY或相关条件。这些条件都是PeopleSoft查询添加的，用以保护敏感数据。

将查询命名为 BMA_JQPD_PROFILE，并使其公共化。图 7-8 是查询保存对话框的屏幕截图。

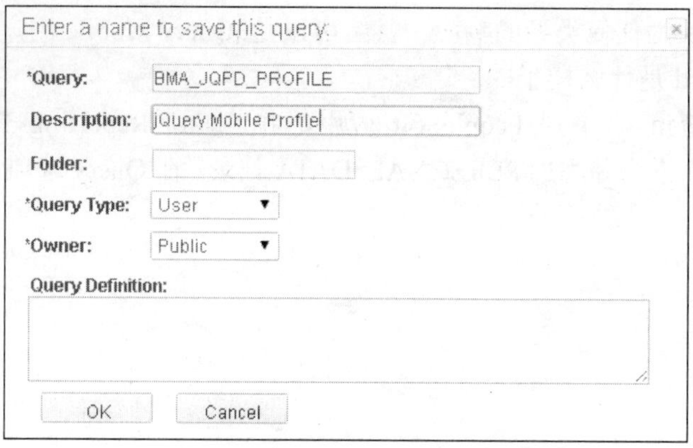

图 7-8 查询保存对话框

个人信息 Pagelet Wizard 定义 现在已经创建了一个有效的查询，接下来配置必要的元数据，以便向jQuery Mobile应用公开该查询。导航到PeopleTools | Portal | Pagelet Wizard | Pagelet Wizard，创建一个名为 BMA_JQPD_PROFILE 的新 Pagelet。单击 Add，进入 Pagelet Wizard 的第 1 步。对于本示例来说，第 1 步中并没有什么非常重要的信息，因为我们并不会实际发布该 Pagelet。然而，向每一个所需的字段中输入有意义的值还是很有必要的。例如，向 Title 字段输入 jQuery Mobile Profile，然后单击 Next 按钮，进行第 2 步。

在第 2 步中，将 Data Type 设置为 PS Query，然后选择查询 BMA_JQPD_PROFILE(即前面所创建的查询)。图 7-9 是第 2 步的屏幕截图。单击 Next 按钮，进入第 3 步。

图 7-9 Pagelet Wizard 的第 2 步

第 3 步允许我们指定提示的值，也是我们指定 Pagelet Wizard 应仅向已登录的用户显示结果的地方。对于 EMPLID 字段，选择 System Variable 使用类型，然后再将 Default Value 设置为%EmployeeId。图 7-10 是第 3 步的屏幕截图。单击 Next 按钮，进入第 4 步。

Pagelet Wizard　Step 3 of 6

1 2 3 4 5 6　< Previous　Next >

Specify Data Source Parameters

Specify the parameters and their associated options specific to the data source you have selected for your pagelet. Rows showing a selected 'Required' require a Default Value.

jQuery Mobile Profile

Data Source Parameters　Find | First 1-2 of 2 Last

Field Name	Description	*Usage Type	Required	Default Value
EMPLID	ID	System Variable	✓	%EmployeeId
MAXROWS	Max Rows	Fixed	✓	10

Reset to Default

Save　Notify

图 7-10　Pagelet Wizard 的第 3 步

第4步允许确定如何显示查询结果。每一种数据类型都有自己的Display Format列表。其中一些格式(如Custom格式)是由多个数据类型所共享的。而另外一些格式(如Table)则特定于并仅应用于一种数据类型。图7-11所示的Display Formats是针对PS Query数据类型而创建的。此外，也可以创建自己的Display Formats。我个人比较喜欢的自定义Display Format是用来执行meta-HTML转换的显示格式。例如，在将要创建的XSL中可以对iScript的路径进行硬编码。但我并不喜欢这种硬编码路径，因为开发、测试和生产系统之间的URL是存在差异的。因此编写了一个自定义Display Format，从而允许使用meta-HTML序列，比如%ScriptContentURL(...)，而不是硬编码的URL。在第4步，选择Custom Display Format，从而允许使用XSL将查询结果转换为一个jQuery Mobile页面片段。图7-11是第4步的屏幕截图。单击Next按钮，进入第5步。

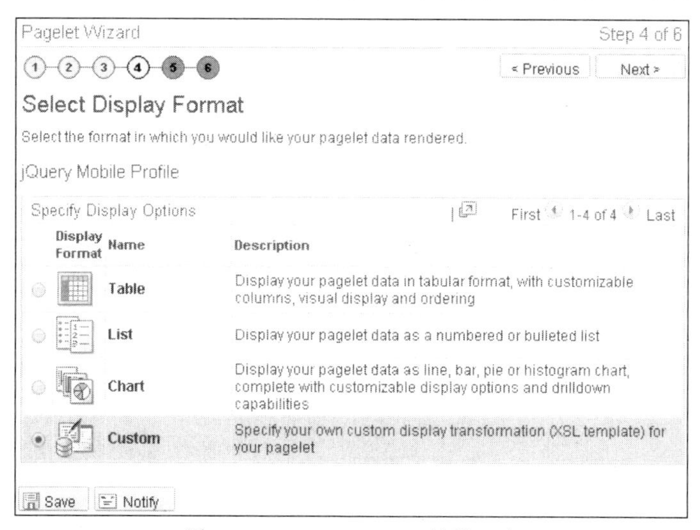

图 7-11　Pagelet Wizard 的第 4 步

第 5 步是 Pagelet Wizard 的最后一步。在该步骤中，可以输入用来将 Query XML 转换为 jQuery Mobile 标记的 XSL。该 XSL 实际上就是第 5 章所创建的带有一些 XSL 模板标签以及 XSL 和 XPath 值选择语句的 profile.html 页面。当使用 Pagelet Wizard XSL 时，我个人喜欢将 XML 从 Pagelet Wizard 复制到一个本地文件中，然后再构建自己的 XSL，在诸如 NetBeans 或 Eclipse 之类的编辑器中实现转换。此外，在将创建好的 XSL 粘贴到 Pagelet Wizard 之前，还可以对其进行验证并观察输出。下面的代码清单包含了用来将查询结果转换为 jQuery Mobile 个人信息页面片段所需的 XSL。

```
<?xml version="1.0" encoding="UTF-8"?>

<!--
   Document   : profile2jqm.xsl
   Created on : July 20, 2014, 5:13 PM
   Author     : sarah
   Description:
      Transform query results into jQuery Mobile markup.
-->

<xsl:stylesheet xmlns:xsl="http://www.w3.org/1999/XSL/Transform"
   version="1.0">
  <xsl:output method="html"/>

  <xsl:template match="/">
   <div data-role="page" id="profile">
     <style type="text/css" scoped="true">
      @import url("/pdjqm/css/details.css");

      @media (min-width:28em) {
        img.avatar {
         margin-bottom: 20px;
        }
      }
     </style>

     <div data-role="header">
      <h1>Personnel Directory</h1>
      <a href="#panel" class="show-panel-btn" data-icon="bars"
         data-iconpos="notext">Menu</a>
      <a href="#search" data-icon="search"
        data-iconpos="notext" class="ui-btn-right">Search</a>
     </div><!-- /header -->

     <xsl:apply-templates/>

     <div data-role="footer" data-position="fixed">
      <h4>
        Copyright (c) Company 2014, All rights reserved
      </h4>
     </div><!-- /footer -->

   </div><!-- /page -->
  </xsl:template>

  <xsl:template match="row">
   <div data-role="content">
     <form action="#" method="POST">
      <img src="/psc/ps/EMPLOYEE/HRMS/s/
WEBLIB_BMA_JQPD.ISCRIPT1.FieldFormula.iScript_Photo
```

```
?EMPLID={querydata[@fieldname='EMPLID']}"
          class="avatar"
          alt="{querydata[@fieldname='NAME']}'s Photo"/>
      <h2>
        <xsl:value-of select="querydata[@fieldname='NAME']"/>
      </h2>
      <div>
        <xsl:value-of
            select="querydata[@fieldname='EMPLID']"/>
      </div>
      <div class="ui-field-contain">
        <label for="phone">Phone:</label>
        <input type="tel"
            value="{querydata[@fieldname='PHONE']}"
            name="phone" id="phone"/>
      </div>
      <div class="ui-field-contain">
        <label for="address">Address:</label>
        <input type="text"
            value="{querydata[@fieldname='ADDRESS1']}"
            name="address" id="address"/>
      </div>
      <div class="ui-field-contain">
        <label for="city">City:</label>
        <input type="text"
            value="{querydata[@fieldname='CITY']}"
            name="city" id="city"/>
      </div>
      <div class="ui-field-contain">
        <label for="state">State:</label>
        <input type="text"
            value="{querydata[@fieldname='STATE']}"
            name="state" id="state"/>
      </div>
      <div class="ui-field-contain">
        <label for="postal">Postal Code:</label>
        <input type="text" value="30014"
            name="{querydata[@fieldname='POSTAL']}"
            id="postal"/>
      </div>
      <div class="ui-field-contain">
        <label for="country">Country:</label>
        <input type="text"
            value="{querydata[@fieldname='COUNTRY']}"
            name="country" id="country"/>
      </div>

      <input type="submit" value="Save" data-theme="b"/>
    </form>
  </div><!-- /content -->
 </xsl:template>
```

```
  <!-- delete unmatched text -->
  <xsl:template
     match="@*|text()|comment()|processing-instruction()">
  </xsl:template>
</xsl:stylesheet>
```

注意：

该 XSL 模板包含指向#的 HTML 表单。这表示 save 按钮实际上不起作用。

图 7-12 是第 5 步的屏幕截图。在输入完 XSL 并在 XSL 框之外单击(以触发 XSL 字段的 FieldChange 事件)之后，保存该 Pagelet。

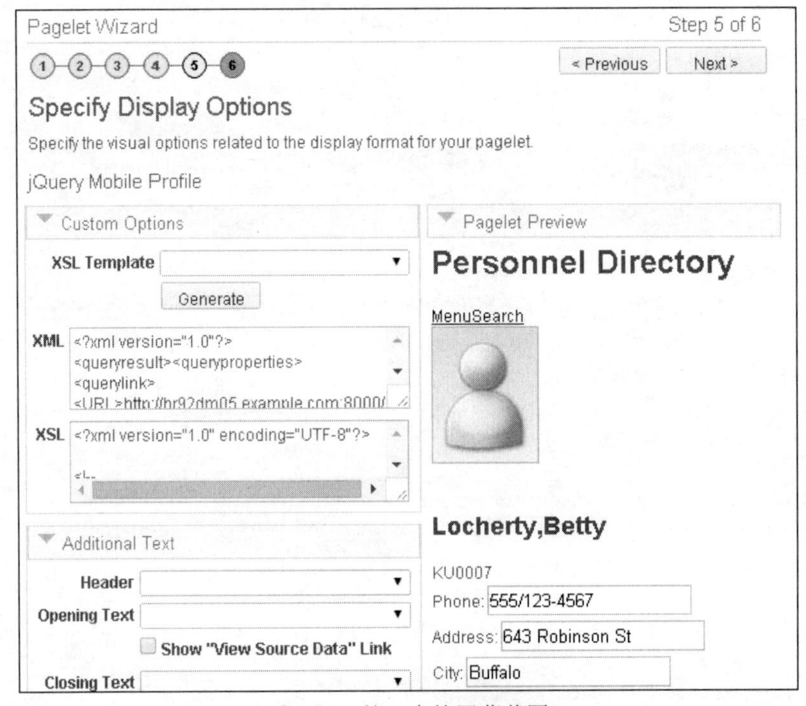

图 7-12 第 5 步的屏幕截图

通过访问 Pagelet Wizard 运行时 iScript URL，可以在 Pagelet Wizard 之外对上面的 iScript 进行测试。下面是一个演示实例示例：http://hr92dm05.example.com:8000/psc/ps/EMPLOYEE/HRMS/s/WEBLIB_PTPPB.ISCRIPT1.FieldFormula.IScript_PageletBuilder?PTPPB_PAGELET_ID=BMA_JQPD_PROFILE。与先前所创建的其他 iScript 页面类似，该页面并不是非常的美观。还需要一些步骤将这些页面片段挂钩到第 5 章所创建的 jQuery Mobile 应用，从而允许 jQuery Mobile 渐进增强每个页面。

7.2.4 将 iScript 与 jQuery Mobile 进行集成

到目前为止，已经拥有了全功能的页面片段，包括：

- 带有实时数据的搜索结果页面
- 详细信息页面
- 个人详细信息页面

虽然这些页面片段包含了一些 jQuery Mobile 标记，但它们还不太完美、没有响应或者缺乏移动性。这些片段的设计目的是在包括 jQuery Mobile 的容器页面上下文中使用。只需对第 5 章所构建的 search.html 页面进行一些修改，就可以大大改善这些新 iScript 页面片段的外观。

1. 更新第 5 章源代码

在你喜欢的集成开发环境(比如 NetBeans)中打开第 5 章的 jQuery Mobile 项目。然后找到并打开 search.html 页面。该页面是应用的起点，也是唯一需要更新的页面。事实上，search.html 是该项目中目前仍然需要使用的唯一 HTML 页面。其他的页面都只是用来开发 iScripts 的原型。在 search.html 中，找到文本 profile.html 并使用/psc/ps/EMPLOYEE/HRMS/s/WEBLIB_PTPPB.ISCRIPT1.FieldFormula.IScript_PageletBuilder?PTPPB_PAGELET_ID=BMA_JQPD_PROFILE 替换该文本。下面显示了示例代码片段，其中已更改的 URL 以粗体文本显示：

```
<nav data-role="panel" id="panel" data-display="push"
     data-theme="b">
  <ul data-role="listview">
    <li data-icon="delete" class="hide-panel-btn">
      <a href="#" data-rel="close">Close menu</a>
    </li>
    <li data-icon="user">
      <a href="/psc/ps/EMPLOYEE/HRMS/s/WEBLIB_PTPPB.ISCRIPT1
.FieldFormula.IScript_PageletBuilder?PTPPB_PAGELET_ID=
BMA_JQPD_PROFILE">My Profile</a>
    </li>
  </ul>
</nav><!-- /panel -->
```

接下来，找到search.html内的搜索表单。其中有一个值为results.html的特性action。请使用前面所创建的搜索iScript的URL(/psc/ps/EMPLOYEE/HRMS/s/WEBLIB_BMA_JQPD. ISCRIPT1.FieldFormula.iScript_Search)替换文本results.html。

2. 上传项目

目前，移动原型是通过一个内嵌的 NetBeans Web 服务器运行。而另一方面，PeopleSoft iScript 则运行在一个 PeopleSoft Web 服务器上，两个服务器的主机名和/或端口完全不一样。为了完成 jQuery Mobile Ajax 页面加载，浏览器需要认为两者在相同的 Web 服务器实例中运行。完成该工作的方法并不多，主要有以下四种方法：

(1) 通过相同的 Web 服务器将 PeopleSoft 代理为 jQuery Mobile 应用。

(2) 使用附带 PeopleTools 的 jQuery 和 jQuery Mobile 版本，并将第 5 章项目中的所有内容移到一个 PeopleTools 托管定义中。

(3) 将 jQuery Mobile 原型部署到 PeopleSoft Web 服务器。

(4) 将 jQuery Mobile 库部署到 PeopleSoft Web 服务器，并上传所有的应用文件作为 iScript 可访问页面。

针对本章，可以选择第三种方法：部署到 PeopleSoft Web 服务器。代理示例将在第 8 章中完成。将第 5 章项目的 public_html 文件夹复制到 PeopleSoft Web 服务器。在 HCM 演示映像中，Web 服务器的根目录为/home/psadm2/psft/pt/8.53/webserv/peoplesoft/applications/peoplesoft/

PORTAL.war。可以使用pscp复制public_html文件夹的一个压缩文档。

注意：

传输文件的机制有很多。对于Linux和Unix服务器来说，pscp是常用的一种，因为它使用了SSH服务，该服务通常用于远程管理。其他的复制方法还包括FTP、SFTP、FTPS以及标准的SAMBA文件传输。

什么是pscp?

pscp实用程序是一个scp (Secure File Copy)客户端程序，它是非常流行的PuTTY套件的一部分。scp协议使用了与SSH(Secure SHell)相同的数据传输和验证机制。可以从http://www.chiark.greenend.org.uk/~sgtatham/putty/download.html下载PuTTY套件。在对下载的压缩文件解压之后，我建议将PuTTY套件文件夹添加到%PATH%环境变量中。

下面所示的命令行演示了如何使用7zip和pscp向PeopleSoft Web服务器上传所修改的第5章项目。此时使用了My Oracle Support中可用的HCM 9.2 VirtualBox演示映像。

```
C:\>cd C:\Users\sarah\Documents\NetBeansProjects\
PersonnelDirectory-jqm>
PersonnelDirectory-jqm>"C:\Program Files\7-Zip\7z" a -r
PersonnelDirectory-jqm.zip public_html
PersonnelDirectory-jqm>pscp PersonnelDirectory-jqm.zip
root@hr92dm05:/home/psadm2/psft/pt/8.53/webserv/peoplesoft
/applications/peoplesoft/PORTAL.war/PersonnelDirectory-jqm.zip
```

注意：

由于使用的是一个VirtualBox演示映像，因此我知道根密码是什么。除非你是一名PeopleSoft服务器的系统管理员，否则很有可能并不知道根用户密码。但重要的是你拥有PeopleSoft Web服务器目录的写访问权限。如果你的生产系统和凭据与我的类似，那么就拥有了Linux服务器的凭据，但并不知道拥有对Web服务器目录写访问权限的用户的密码。在这种情况下，我将文件复制下来，使用SSH进行登录，然后使用sudo命令变为Web服务器用户。作为Web服务器用户，可以移动和展开压缩文件。

一旦该文件位于服务器中，我就成为了Web服务器的拥有者，然后可以将文件解压到PeopleSoft Web服务器根目录。下面列出了从PuTTY SSH会话执行的命令：

```
[root@hcm92 ~]# su - psadm2
[psadm2@hcm92 PORTAL.war]$ cd psft/pt/8.53/webserv/peoplesoft/\
> applications/peoplesoft/PORTAL.war/
[psadm2@hcm92 PORTAL.war]$ unzip PersonnelDirectory-jqm.zip
[psadm2@hcm92 PORTAL.war]$ mv public_html pdjqm
```

测试上传的文件，以确保iScript根据jQuery用户界面正确执行。首先导航到前面所创建的pdjq目录中的search.html文件。VirtualBox VM的URL如下所示：http://hr92dm05.example.com:8000/pdjqm/search.html。在输入了搜索条件之后，所看到的搜索结果应该与图7-13所示的内容类似(当然，数据会有所不同)。

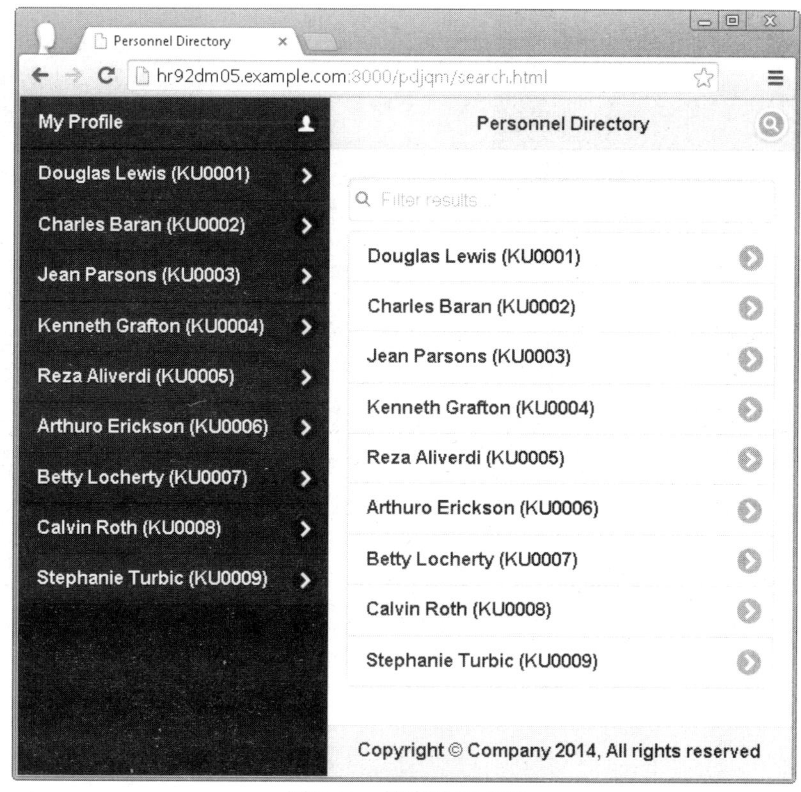

图 7-13　搜索结果页面

注意：

目前我们并没有实现身份验证。使用 PeopleTools 8.53 的一个好处是身份验证由 PeopleSoft 应用进行处理。所以在尝试访问移动 URL 之前请确保登录到 PeopleSoft。

7.2.5　处理身份验证

iScript 需要一个 PS_TOKEN Cookie。获取该 Cookie 的唯一方法是登录到 PeopleSoft。假设清除浏览器的 Cookie，然后从 http(s)://<yourserver>/pdjqm/search.html 加载 jQuery 移动应用。此时将显示搜索页面，很好。输入一些搜索条件，然后按搜索按钮。随后应该看到 PeopleSoft 登录页面。然而，尝试登录并不会成功！图 7-14 显示的是通过 jQuery Mobile 查看登录页面的屏幕截图。

jQuery Mobile 尝试通过 Ajax 执行所有的服务器端交互。jQuery Mobile 首先解析 Ajax 响应，然后尝试在正确的位置放置页面内容。PeopleSoft 登录之所以不成功，是因为 PeopleSoft 所提供的 JavaScript 位于 body 标签之外——jQuery Mobile 会忽略位于 body 标签之外的内容。

解决该问题的一种方法是在显示搜索页面之前进行身份验证。这就要求将搜索页面置于 PeopleSoft 控制之下——即将其移动到 PeopleSoft 托管元数据中。实现这种转换的最简单方法是使用 Pagelet Wizard(就像前面个人信息页面那样)，但遗憾的是，search.html 的内容与 Pagelet Wizard 的第 5 步相冲突。在可以使用 Pagelet Wizard iScript 之前第 5 步是必需的。

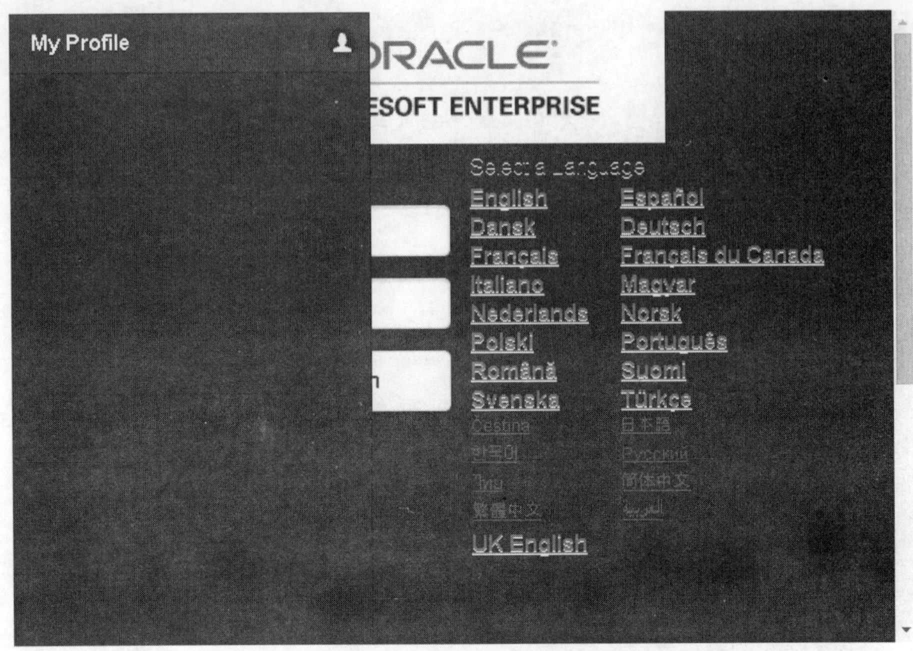

图 7-14 存在缺陷的登录屏幕

另外一种方法是创建自己的 iScript。登录到 Application Designer，并创建一个新的 HTML 定义。在将现有的 search.html 页面内容粘贴到新 HTML 定义之前(或者之后)，需要更改一些文件路径。search.html 文件路径引用库使用了相对路径，但我们需要将这些路径更改为半绝对路径(属于绝对路径，但不包括服务器名称)。由于正在修改 HTML，让我们更新一下搜索表单的动作特性和个人信息链接，从而使用绑定变量作为 URLs。然后让 PeopleTools 构建正确的 iScript URLs，而不是对节点名称、门户名称等进行硬编码。下面所示的 HTML 片段确定了需要修改的行。为了参考目的，还包括了其他一些行。所做的修改以粗体文本的形式显示。在更改完毕之后，将新 HTML 定义命名为 BMA_JQPD_SEARCH_PAGE。

```
<!DOCTYPE html>
<html>
  <head>
    <title>Search</title>
    <meta charset="UTF-8">
    <meta name="viewport" content="width=device-width">

    <link rel="stylesheet"
        href="/pdjqm/js/libs/jquery-mobile/jquery.mobile.css">
    <style>
      @media (min-width:42em) {
        ...
      }
    </style>

    <script src="/pdjqm/js/libs/jquery/jquery.js"></script>
    <script src="/pdjqm/js/libs/jquery-mobile/jquery.mobile.js">
    </script>
 ...
```

```
  </head>
  <body class="ui-responsive-panel">
    <main data-role="page" id="search">

      <header data-role="header">
        <h1>Personnel Directory</h1>
        <a href="#panel" class="show-panel-btn" data-icon="bars"
          data-iconpos="notext">Menu</a>
      </header><!-- /header -->

      <article data-role="content">
        <form action="%Bind(:1)" method="GET">
...
        </form>
      </article><!-- /content -->
...
    </main><!-- /page -->

    <nav data-role="panel" id="panel" data-display="push"
        data-theme="b">
      <ul data-role="listview">
        <li data-icon="delete" class="hide-panel-btn">
          <a href="#" data-rel="close">Close menu</a>
        </li>
        <li data-icon="user">
          <a href="%Bind(:2)?PTPPB_PAGELET_ID=BMA_JQPD_PROFILE">
            My Profile
          </a>
        </li>
      </ul>
    </nav><!-- /panel -->
  </body>
</html>
```

接下来，打开 WEBLIB_BMA_JQPD 记录定义以及 ISCRIPT1 FieldFormula 事件编辑器。此时，还需要创建一个新的 iScript 来提供 BMA_JQPD_SEARCH。滚动到事件的末尾，并添加下面的 PeopleCode：

```
Function iScript_SearchForm
   Local string &searchUrl = GenerateScriptContentURL(%Portal, %Node,
         Record.WEBLIB_BMA_JQPD, Field.ISCRIPT1, "FieldFormula",
         "iScript_Search");
   Local string &profileUrl = GenerateScriptContentURL(%Portal, %Node,
         Record.WEBLIB_PTPPB, Field.ISCRIPT1, "FieldFormula",
         "IScript_PageletBuilder");

   %Response.Write(GetHTMLText(HTML.BMA_JQPD_SEARCH_PAGE,
         &searchUrl, &profileUrl));
End-Function;
```

在开始测试之前，请确保向 BMA_PERSON_DIR 权限列表中添加该新 iScript 函数。然后通过导航到 URL http(s)://<yourserver>/psc/<site>/EMPLOYEE/HRMS/s/WEBLIB_BMA_JQPD.ISCRIPT1.FieldFormula.iScript_SearchForm(请使用你的服务器连接信息修改该 URL)对搜索页面进行测试。下面显示的是针对我的虚拟机的 URL(仅出于参考目的)：http://hr92dm05.example.com:8000/psc/ps/EMPLOYEE/HRMS/s/WEBLIB_BMA_JQPD.ISCRIPT1.FieldFormula.iScript_SearchForm。当需要进行身份验证时，通过该 URL，PeopleSoft 将显示一个登录页面。在下一章，将学习如何使用 REST 服务创建一个匿名的人员目录。

7.3 带有 iScript 的 AngularJS

接下来，将注意力转移到第 6 章所创建的原型上来。创建原型是比较困难的。如果已经拥有了一个工作原型，那么现在可以将静态 JSON 文件转换为动态的数据源。即使你目前没有工作原型，我也建议继续往下读。第 6 章的原型需要使用 JSON(JavaScript Object Notation，JavaScript 对象表示法)。通过下面介绍的一些页面，可以学习如何使用 PeopleCode 生成 JSON。

所遵循的模式与使用 jQuery Mobile 时所遵循的模式相同，即创建一个新的 Web 库以及几个用来提供所需数据的 iScript。在确认 iScript 服务按照预期方式工作之后，将它们连接到 AngularJS 原型。主要完成以下步骤：

(1) 使用第 4 章创建的 Document 定义创建 iScript 数据源。

(2) 创建一个 iScript 入口点来管理身份验证。

(3) 将 AngularJS 服务 URL 更新为新的 iScript URLs。

(4) 上传所修改的 AngularJS 应用。

7.3.1 搜索 iScript

启动 PeopleTools Application Designer，并创建一个新的记录定义。然后向该记录定义中添加字段 ISCRIPT1。随后，将记录类型设置为 Derived/Work，并保存为 WEBLIB_BMA_AJPD。图 7-15 是新记录定义的屏幕截图。

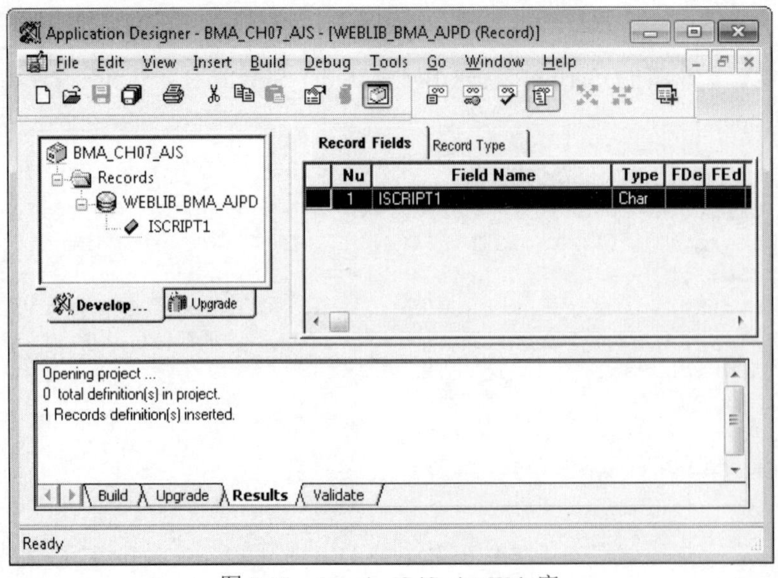

图 7-15 AngularJS iScript Web 库

前面已经创建了针对搜索结果和详细信息 iScripts 的逻辑，所以可将这些逻辑复制到新的 Web 库中。然而，不能使用完全相同的 iScripts，因为这些 iScripts 的 jQuery Mobile 版本使用了 HTML 模板，而 AngularJS 版本则需要 JSON 数据。下面所示的 iScript_Search 代码清单与 jQuery Mobile 版本的类似，但做了以下内容的更改：

- 参数名称不一样。
- 代码清单使用了第 4 章所创建的 Documents 来生成 JSON 数据，而不是创建新的 HTML 定义。

向 ISCRIPT1 字段的 FieldFormula 事件添加下面所示的 PeopleCode。其中与 jQuery Mobile 版本不同的地方以粗体文本显示。

```
Function iScript_Search
   Local string &emplidParm = %Request.GetParameter("EMPLID");
   Local string &nameParm = %Request.GetParameter("NAME");
   Local string &nameSrchParm =
         %Request.GetParameter("LAST_NAME_SRCH");

   REM ** build SQL based on parameters;
   REM ** careful of SQL injection!!;
   Local array of any &sqlParms = CreateArrayAny();
   Local array of string &criteriaComponents =
         CreateArrayRept("", 0);
   Local string &sql = FetchSQL(SQL.BMA_PERSON_SRCH);
   Local string &whereClause;

   REM ** query and column variables;
   Local SQL &cursor;
   Local string &emplid;
   Local string &name;
   Local string &nameSrch;

   REM ** build a WHERE clause;
   If (All(&emplidParm)) Then
      &sqlParms.Push(&emplidParm);
      &criteriaComponents.Push(Field.EMPLID | " LIKE :" |
            &sqlParms.Len | " %Concat '%'");
   End-If;

   If (All(&nameParm)) Then
      &sqlParms.Push(&nameParm);
      &criteriaComponents.Push(Field.NAME | " LIKE :" |
            &sqlParms.Len | " %Concat '%'");
   End-If;

   If (All(&nameSrchParm)) Then
      &sqlParms.Push(&nameSrchParm);
      &criteriaComponents.Push(Field.LAST_NAME_SRCH |
            " LIKE :" | &sqlParms.Len | " %Concat '%'");
   End-If;
```

```
&whereClause = &criteriaComponents.Join(" AND ", "", "");

If (All(&whereClause)) Then
   &whereClause = " WHERE " | &whereClause;
End-If;

REM ** iterate over rows, adding to response;
&cursor = CreateSQL(&sql | &whereClause, &sqlParms);

Local Document &resultsDoc =
      CreateDocument("BMA_PERSONNEL_DIRECTORY",
      "SEARCH_RESULTS", "v1");
Local Compound &resultsRoot = &resultsDoc.DocumentElement;
Local Collection &resultsColl =
      &resultsRoot.GetPropertyByName("RESULTS");
Local Compound &item;
Local boolean &ret;

While &cursor.Fetch(&emplid, &name, &nameSrch);
   &item = &resultsColl.CreateItem();
   &item.GetPropertyByName("EMPLID").Value = &emplid;
   &item.GetPropertyByName("NAME").Value = &name;
   &item.GetPropertyByName("LAST_NAME_SRCH").value =
       &nameSrch;
   &ret = &resultsColl.AppendItem(&item);
End-While;

&cursor.Close();

%Response.SetContentType("application/json");
%Response.Write(&resultsDoc.GenJsonString());
End-Function;
```

PeopleTools 8.53之前的JSON

在针对PeopleTools 8.51的PeopleBooks中，首先提及的是Documents模块。该模块的设计目的是在所显示的数据与编程结构之间提供一个抽象，而到了8.53，Documents模块仅生成XML格式数据。8.53添加了对JSON显示和解析的支持。如何使用早前的PeopleTools版本生成一个JSON响应呢？

生成JSON有一点棘手，因为JSON看起来很像JavaScript，但需要符合以下要求：

- JSON结构要么是数组，要么是对象(或者对象数组)，这意味着JSON结构以[或{开始。
- 属性名称必须使用引号括起来。JavaScript允许使用属性没有被引号括起来的对象定义，但JSON要求每个属性名称必须使用引号括起来。
- 在字符串中，某些字符必须被转义，即使它们所表示的是有效的JavaScript字符串。

注意：

通过网站json.org，可以找到更多关于JSON数据格式的相关信息。

因为这些特殊的要求，所以无法使用EscapeJavascriptString PeopleCode内置函数生成

JSON。此时可以有两种选择:

- 使用 Java JSON 库，比如 json.simple 或者 json.org。
- 组合使用 HTML 定义、字符串连接以及 PeopleCode 来构建 JSON 结构。

第一种选择是最安全的方法，因为它可以保证生成有效的 JSON。在我的另一本书 *PeopleSoft PeopleTools Tips & Techniques* 中可以找到 json.simple java 库的使用示例。此外，在我的微博上也有 json.org parser 的使用示例(http://jjmpsj.blogspot.com/2008/09/parsing-json-with-peoplecode.html)。而使用自定义 Java 库的问题是在升级过程中，需要对自定义库进行特殊处理。具体来说，升级后必须针对每个应用服务器和/或进程调度程序更新 Java 类路径。

第二个选项的风险稍大。你负责转义值以及适当地连接字符串等。为了正确地转义字符串值，我在博客 http://jjmpsj.blogspot.com/2010/04/json- encoding-in-peoplecode.html 上发布了一个 PeopleCode JSON Encoder。你还要负责进行正确连接。在早期 People Tools 版本中生成 JSON 时，我在 http://jsonlint.org/测试结果，确认生成了有效的 JSON。

将新的 Web 库和 iScript 添加到 BMA_PERSON_DIR 权限列表中，然后导航到 http(s)://<yourserver>/psc/<site>/EMPLOYEE/HRMS/s/WEBLIB_BMA_AJPD.ISCRIPT1.FieldFormula.iScript_Search?EMPLID=KU00&NAME=C&LAST_NAME_SRCH=%25E(请根据你的环境修改相应变量)对iScript进行测试。针对我的服务器，所使用的URL为http://hr92dm05.example.com:8000/psc/ps/EMPLOYEE/HRMS/s/WEBLIB_BMA_AJPD.ISCRIPT1.FieldFormula.iScript_Search?EMPLID=KU00&NAME=C&LAST_NAME_SRCH=%25。如果没有使用演示数据库，那么请更改相关参数，从而确保与你的实例数据相匹配。下面所示的是我的演示数据库所返回的结果:

```
{"SEARCH_RESULTS": {
"SEARCH_FIELDS": [
{"EMPLID": "KU0015","NAME": "Carmichael Espinosa",
"LAST_NAME_SRCH": "ESPINOSA"},{
"EMPLID": "KU0020","NAME": "Christelle Stevenson",
"LAST_NAME_SRCH": "STEVENSON"}
]}
}
```

注意:

如果你的 Web 浏览器提示下载该文件而不是显示文件，那么请将%Response.SetContentType()的参数从 application/json 更改为 text/plain。

为了确认该响应是有效的 JSON，建议复制该响应，然后导航到 http://jsonlint.org，并将该响应粘贴到 Validation 框中。JSON Lint 将对数据进行格式化并显示一个通知，从而告知该响应数据是否有效。下面是格式化后的响应:

```
{{
    "SEARCH_RESULTS": {
        "SEARCH_FIELDS": [
            {
                "EMPLID": "KU0015",
                "NAME": "Carmichael Espinosa",
                "LAST_NAME_SRCH": "ESPINOSA"
```

```
            },
            {
                "EMPLID": "KU0020",
                "NAME": "Christelle Stevenson",
                "LAST_NAME_SRCH": "STEVENSON"
            }
        ]
    }
}
```


使用 Documents

Documents 描述了一种分层数据结构。可以使用 PeopleCode 与该结构中的数据进行交互。Document 对象模型与 XML 文档的对象模型(即 XmlDoc 对象)非常类似。与 XmlDoc 对象一样，Document 也有一个被称为 DocumentElement 的根元素。该根元素是一个 Compound，也就是说它包含两个或者更多独立元素。一个 Compound 的子元素可以是以下三种类型中的一种:

- 集合类型
- 复合类型
- 原始类型

本书的示例使用了所有这三种类型。首先是从根元素开始，SEARCH_RESULTS 复合，然后是 RESULTS 集合(一个 SEARCH_FIELDS 复合对象数组)。每个 Document 树的末尾都包含一个或者更多原始类型的叶子。在本示例中，这些叶子分别为 EMPLID、NAME 和 LAST_NAME_SRCH。

7.3.2 详细信息 iScript

AngularJS 详细信息 iScript 的逻辑与 jQuery Mobile iScript 相同。只需要换掉第 4 章所创建的 Document 定义的 HTML 模板即可。下面所示的 PeopleCode 是详细信息 iScript 的 AngularJS 版本，其中不同点以粗体方式显示。

```
Function iScript_Details
   Local string &emplid = %Request.GetParameter("EMPLID");

   If (None(&emplid)) Then
      &emplid = %EmployeeId;
   End-If;

   Local string &NAME;
   Local string &ADDRESS1;
   Local string &CITY;
   Local string &STATE;
   Local string &POSTAL;
   Local string &COUNTRY;
   Local string &COUNTRY_CODE;
   Local string &PHONE;

   SQLExec(SQL.BMA_PERSON_DETAILS, &emplid, &NAME, &ADDRESS1,
         &CITY, &STATE, &POSTAL, &COUNTRY, &COUNTRY_CODE, &PHONE);
```

```
    Local Document &detailsDoc = CreateDocument(
         "BMA_PERSONNEL_DIRECTORY", "DETAILS", "v1");
    Local Compound &detailsRoot = &detailsDoc.DocumentElement;
    &detailsRoot.GetPropertyByName("EMPLID").Value = &emplid;
    &detailsRoot.GetPropertyByName("NAME").Value = &NAME;
    &detailsRoot.GetPropertyByName("ADDRESS1").Value = &ADDRESS1;
    &detailsRoot.GetPropertyByName("CITY").Value = &CITY;
    &detailsRoot.GetPropertyByName("STATE").Value = &STATE;
    &detailsRoot.GetPropertyByName("POSTAL").Value = &POSTAL;
    &detailsRoot.GetPropertyByName("COUNTRY").Value = &COUNTRY;
    &detailsRoot.GetPropertyByName("COUNTRY_CODE").Value =
         &COUNTRY_CODE;
    &detailsRoot.GetPropertyByName("PHONE").Value = &PHONE;

    %Response.SetContentType("application/json");
    %Response.Write(&detailsDoc.GenJsonString());
End-Function;
```

注意：

CreateDocument 函数的字符串参数是区分大小写的。比较常见的错误是在 Document 定义中使用了大写 V，而当调用 CreateDocument 函数时使用了小写 v。反之亦然。

我在 iScript 的开头添加了一个参数测试。Personnel Directory 的 jQuery Mobile 版本发送带有显示标记的数据。而 AngularJS 版本则不同。数据与显示逻辑的分离允许我们使用针对不同显示的 AngularJS 版本的服务 URL。例如，可以针对详细信息页面和个人信息页面使用相同的 iScript。该 iScript 顶端的 EMPLID 参数测试假设在没有提供 EMPLID 的情况下调用该 iScript 那么该用户是在请求他或她的个人信息页面。

将这个新 iScript 添加到 BMA_PERSON_DIR 权限列表中，然后导航到 http(s)://<yourserver>/psc/ <site>/EMPLOYEE/HRMS/s/WEBLIB_BMA_AJPD.ISCRIPT1.FieldFormula.iScript_Details?EMPLID=KU0015(请根据你的环境修改相应变量)对其进行测试。在我的服务器上，该 URL 为 http://hr92dm05.example.com:8000/psc/ps/EMPLOYEE/HRMS/s/WEBLIB_BMA_AJPD.ISCRIPT1.FieldFormula.iScript_Details?EMPLID=KU0015。此外，请更新 EMPLID，以确保与你系统上的数据相匹配。当访问该 URL 时，Web 浏览器将显示下面的 JSON(已使用 jsonlint.org 进行了格式化)：


```
{
   "DETAILS": {
      "EMPLID": "KU0015",
      "NAME": "Espinosa,Carmichael",
      "ADDRESS1": "4122 West Avenue",
      "CITY": "San Antonio",
      "STATE": "TX",
      "POSTAL": "78220",
      "COUNTRY": "USA",
      "COUNTRY_CODE": "",
      "PHONE": "925\/694-7915"
   }
}
```

7.3.3 将 iScript 与 AngularJS 进行集成

通过更新五个 URL，可以将前面所创建的 iScript 集成到 AngularJS 应用中：

- SearchService 服务
- DetailsCtrl 控制器
- ProfileCtrl 控制器
- 详细信息照片 URL
- 个人信息照片 URL

1. 更新 searchService 服务

在 AngularJS 项目中，打开 js/services.js 文件，并找到 searchService URL。在我的项目中，该 URL 位于第 53 行。请使用下面所示的 iScript URL 替换该 URL。为了便于参考，下面的代码片段包含了多行代码，其中进行了更改的代码行以粗体显示。

```
searchService.search = function(parms) {
  var promise = $http({
    method: 'GET',
    url: '/psc/ps/EMPLOYEE/HRMS/s/WEBLIB_BMA_AJPD.
ISCRIPT1.FieldFormula.iScript_Search',
    params: parms
  }).then(function(response) {
```

2. 更新 DetailsCtrl 控制器

在 AngularJS 项目中，打开 js/controller.js 文件。然后找到 DetailsCtrl 控制器，并将其 URL 更新为详细信息 iScript URL。下面的代码片段包含了完整的 DetailsCtrl 控制器，其中修改后的 URL 以粗体显示：

```
.controller('DetailsCtrl', [
  '$scope',
  '$routeParams',
  '$http',
  function($scope, $routeParams, $http) {
    // view the route parameters in your console by uncommenting
    // the following:
    // console.log($routeParams);
    $http.get('/psc/ps/EMPLOYEE/HRMS/s/WEBLIB_BMA_AJPD.
ISCRIPT1.FieldFormula.iScript_Details?EMPLID=' +
        $routeParams.EMPLID)
        .then(function(response) {
          // view the response object by uncommenting the
          // following:
          // console.log(response);
          // closure -- updating $scope from outer function
          $scope.details = response.data.DETAILS;
        });
  }])
```

3. 更新 ProfileCtrl 控制器

个人信息控制器与详细信息控制器非常相似。针对个人信息控制器完成相同的 URL 更改(没有 EMPLID 参数)。下面列出了个人信息控制器的代码，其中的 URL 以粗体文本显示：

```
.controller('ProfileCtrl', ['$scope',
  '$routeParams',
  '$http',
  function($scope, $routeParams, $http) {
    $http.get('/psc/ps/EMPLOYEE/HRMS/s/WEBLIB_BMA_AJPD.
ISCRIPT1.FieldFormula.iScript_Details')
        .then(function(response) {
          // closure -- updating $scope from outer function
          $scope.profile = response.data.DETAILS;
        });

    $scope.save = function() {
      // TODO: implement during Chapters 7 and 8
    };
  }]);
```

4. 更新详细信息模板照片 URL

打开 partials/details.html，并在模板顶部找到 img 标签。然后使用 ng-src 替换 src 特性和值，如下所示：

```
<img ng-src="/psc/ps/EMPLOYEE/HRMS/s/WEBLIB_BMA_JQPD.ISCRIPT1.
FieldFormula.iScript_Photo?EMPLID={{details.EMPLID}}"
    class="avatar" alt="{{details.NAME}}'s Photo">
```

注意：
之所以将 src 换为 ng-src，是为了防止在 AngularJS 绑定并替换所有值之前浏览器对 src 特性进行解析。

5. 更新个人信息模板照片 URL

打开 partials/profile.html，并在模板的顶部找到 img 标签。然后使用 ng-src 替换 src 特性名和值，如下所示：

```
<img ng-src="/psc/ps/EMPLOYEE/HRMS/s/WEBLIB_BMA_JQPD.ISCRIPT1.
FieldFormula.iScript_Photo?EMPLID={{profile.EMPLID}}"
    class="avatar" alt="{{details.NAME}}'s Photo">
```

6. 上传项目

上传 AngularJS 项目与上传 jQuery Mobile 项目类似。与 jQuery Mobile 一样，AngularJS 也使用 Ajax 来获取数据。因此需要让浏览器认为 iScript 数据源来自与 Web 应用相同的域。最简单的方法是将 AngularJS 应用复制到 PeopleSoft Web 服务器中。在 AngularJS 项目的 PersonnelDirectory-ajs 文件夹中找到 app 文件夹，并将其复制到 PeopleSoft Web 服务器。所需的步骤与 jQuery Mobile 项目所需的步骤相同。为简单起见，我只包括了用来进行压缩、复制，以及将项目文件解压到Web服务器上正确位置的命令。

在Windows命令提示符中执行以下命令：

```
C:\>cd C:\Users\sarah\Documents\NetBeansProjects\
PersonnelDirectory-ajs
PersonnelDirectory-ajs>"C:\Program Files\7-Zip\7z" a -r
PersonnelDirectory-ajs.zip app
PersonnelDirectory-jqm>pscp PersonnelDirectory-ajs.zip
root@hr92dm05:/home/psadm2/psft/pt/8.53/webserv/peoplesoft
/applications/peoplesoft/PORTAL.war/PersonnelDirectory-ajs.zip
```

在SSH会话中，执行以下命令：

```
[root@hcm92 ~]# su - psadm2
[psadm2@hcm92 PORTAL.war]$ cd psft/pt/8.53/webserv/peoplesoft/\
> applications/peoplesoft/PORTAL.war/
[psadm2@hcm92 PORTAL.war]$ unzip PersonnelDirectory-ajs.zip
[psadm2@hcm92 PORTAL.war]$ mv app pdajs
```

注意：

在上面的代码中，压缩文件被解压为一个名为app的文件夹。并且使用了mv命令将该文件夹重命名为pdajs(Personnel Directory AngularJS)，该文件夹名比app更有意义。

导航到http://hr92dm05.example.com:8000/pdajs/(请根据你的服务器名更改URL中的参数，其中pdajs是Web服务器上的文件夹名)，对应用进行测试。图7-16是已上传应用的屏幕截图(使用iScript作为数据源)。

注意：

如果使用URL /pdajs/无法让应用正常工作，那么请将文件夹名改回/app/，并尝试使用URL /app/。

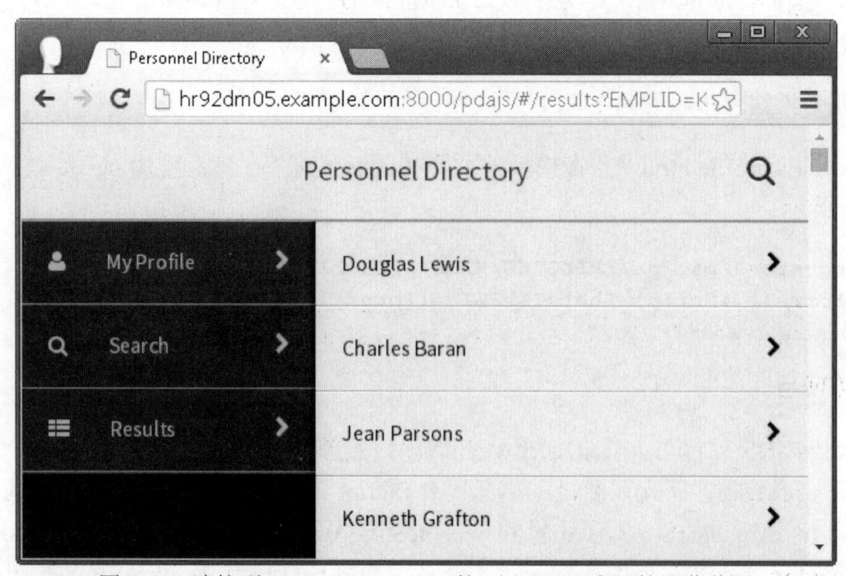

图7-16 连接到PeopleSoft iScripts的AngularJS应用的屏幕截图

7.4 友情提示

本章中演示的每种解决方案所使用的个人信息模板都包括了保存按钮。读者可以自己创建实现保存功能的 iScript，从而检验一下是否真正理解了本章所介绍的相关概念。提示：可以使用%Request.GetParameter()来读取表单参数，并使用一个组件接口来更新数据库。

7.5 小结

在本章，学习了如何使用 iScript 将第 5 章和第 6 章的原型连接到真实的 PeopleSoft 数据。本章所演示的 iScript 方法只是一种方法。一些开发人员之所以认为该方法比其他方法简单，是因为它只需使用最少数量的托管定义。然而，该方法获得了效率，但却放弃了灵活性。在第 8 章将会看到，REST 服务方法具有很多优点，其中包括匿名访问。

第8章

REST 控制器

在本章，将学习如何通过 REST 服务将 HTML5 用户体验连接到 PeopleSoft。在阅读本章的过程中，还将学习使用 JSON、PeopleSoft Query 以及 Apache Web 服务器的相关经验。

8.1 什么是 REST?

单词 REST 是 REpresentational State Transfer 的首字母缩写。Roy Fielding 在其博士论文 *Architectural Styles and the Design of Network-based Software Architectures* 中首次提出了该术语。该论文的第 5 章介绍了 REST，可以通过 http://www.ics.uci.edu/~fielding/pubs/dissertation/rest_arch_style.htm 在线查看相关内容。

我将REST描述为SOAP Web服务的相反服务。REST完全使用已经存在的标准和词汇，而不是像SOAP那样添加新的标准和词汇。REST的关注点是目标资源(或者数据)，而SOAP则更关注远程方法调用。这也使得REST更加适合完成标准的Create、Read、Update和Delete数据操作。REST请求的本质使其可以更容易地在客户端Web请求中使用，因为它不需要复杂的WSDL、数据结构、安全策略以及“信封”。

8.2 构建REST服务操作

PeopleSoft REST服务操作需要以下元数据定义：

- Documents
- Messages
- Services
- Service Operations
- PeopleCode Service Operation Handlers
- Routings

PeopleTools REST支持因版本而异。PeopleTools 8.52是第一个带有RESTListeningConnector的PeopleTools版本。然而，自从PeopleTools对Internet产生冲击后，类似REST的服务也逐步出现。在本章，将学习如何通过一个URL向PeopleCode传递值，并接收一个被正确格式化的结果。PeopleTools 8.42到8.51都是通过IBConnectorInfo对象实现上述功能，并且仅支持通过查询字符串参数提供的URL值(更多详细内容，请参见http://jjmpsj.blogspot.com/2011/10/rest-like-peoplesoft-services.html)。而PeopleTools 8.52提供了真正的REST URL模式以及HTTP(S)授权标题和常见的REST内容类型。在本章，将使用RESTListeningConnector读取REST URL，并提供JSON和HTML响应。我们的jQuery Mobile和AngularJS应用将使用第4章所创建的Documents BMA_PERSONNEL_DIRECTORY. SEARCH_FIELDS和BMA_PERSONNEL_DIRECTORY.EMPLID。由于jQuery Mobile和AngularJS应用需要不同的响应文件格式，因此需要针对它们创建不同的Service Opeations。

8.3 使用了RESTListeningConnector的jQuery Mobile

与第7章类似，在本章需要将jQuery Mobile静态应用转换为一个数据驱动工具。

8.3.1 创建Message定义

Message定义是Service Operation有效载荷的抽象描述符。它是Interface或Abstract Class的Web服务结构同义词。Service Operation指向Message，而不考虑Message的实现细节。为了在Service Operations中使用Documents，需要创建相应的Message定义。通过在线的PeopleSoft应用导航到PeopleTools|Integration Broker|Integration Setup|Messages。

1. 定义搜索参数Document的Message定义

当导航到Messages组件时，PeopleSoft将显示一个搜索页面。单击Add a New Value链接，转到 Add 模式。将表 8-1 中的值输入到 Add New Message 页面中。

表 8-1 BMA_PERS_DIR_SEARCH_PARMS 值

字段标签	值
Type	Document
Message Name	BMA_PERS_DIR_SEARCH_PARMS
Message Version	v1
Package	BMA_PERSONNEL_DIRECTORY
Document	SEARCH_FIELDS
Version	v1

当单击 Add 按钮时，所显示的屏幕看起来与原始 Document 定义屏幕非常相似。这是有意而为之的。Document 已经包含了 Integration Broker 所需的所有元数据。然而，Integration Broker 还需要一个 Message 定义来充当 Service Operation 和其结构定义之间的抽象层。请保存新定义，否则 Message 将不会存在。

注意：

即使 Message 定义看起来与底层 Document 定义非常相似，也一定要确保单击 Save 按钮进行保存。

2. 定义详细信息参数 Document 的 Message 定义

我们想要通过选择搜索结果页面列表中的某一项来查看所选项的详细信息。为了查看项目(个人)详细信息，需要向 Service Operation 发送一个唯一标识符(即员工 ID)，从而确定所选项。创建一个新的 Message 定义，命名为 BMA_PERS_DIR_DETAILS_PARMS。然后使用表 8-2 所示的值填充 Message 元数据。

表 8-2 BMA_PERS_DIR_DETAILS_PARMS 值

字段标签	值
Type	Document
Message Name	BMA_PERS_DIR_DETAILS_PARMS
Message Version	v1
Package	BMA_PERSONNEL_DIRECTORY
Document	EMPLID
Version	v1

注意：

当添加另一个 Message 时，如果面包屑导航(navigation breadcrumbs)显示你正在处理 Messages 组件，但组件内容与 Documents 组件内容相类似，那么不要单击 Return to Search 链接。单击该链接将会进入 Document 搜索页面，而不是 Messages 搜索页面。

8.3.2 REST 服务容器

PeopleTools 要求所有的 Service Operation 都属于一个 Service 定义。接下来，让我们为 jQuery Mobile Service Operations 创建一个 Service 定义容器。登录到 PeopleSoft 应用，并导航到 PeopleTools|Integration Broker|Integration Setup|Services。然后添加新值 BMA_PERS_DIR_JQM，并选中 REST Service 框。图 8-1 是 Add New Service 页面的屏幕截图。单击 Add 按钮，切换到下一个页面。

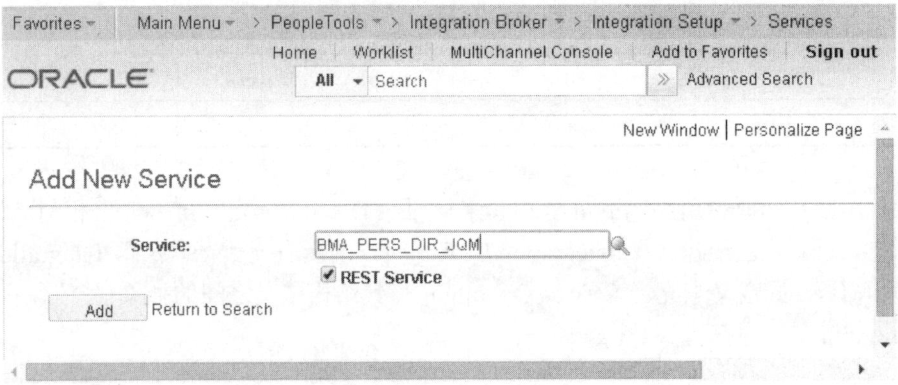

图 8-1 Add New Service 页面

当 Service 定义页面显示时，输入描述信息 Personnel Directory JQ Mobile，然后单击 Save 按钮。图 8-2 是 Service 定义的屏幕截图。

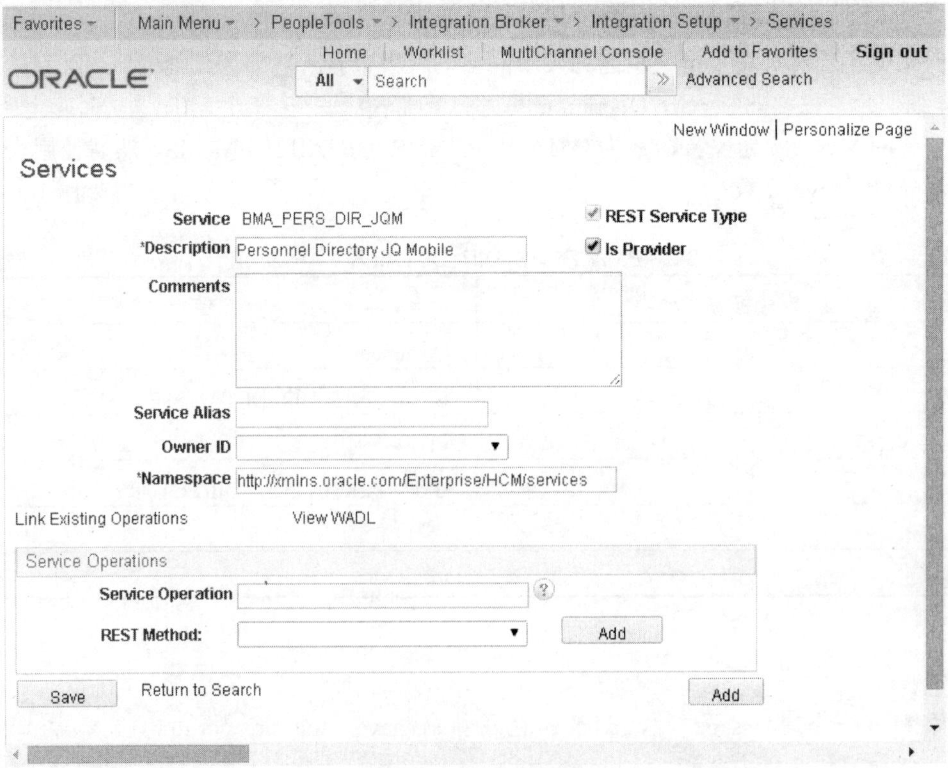

图 8-2 Service 定义

8.3.3　创建 Service Operations

可以将 Service Operations 直接添加到 Service 定义中。新的 Service Operations 与前一章所创建的 iScripts 非常类似。它们都接收 URL 中的条件，并返回 jQuery Mobile 页面片段。事实上，很多 Service Operations 都使用了第 7 章所创建的相同的 HTML 模板。两者唯一的不同在于所使用的 URL 模式和传递机制。

1. 详细信息 Service Operation

当考虑用户如何与 Personnel Directory 应用进行交互时，搜索结果页面是第一个要动态生成的页面。然而，因为该页面链接到详细信息页面，所以，将从详细信息 Service Operation 开始创建。正如 iScript 示例所示，我们想要动态生成详细信息服务的链接。但与 iScript 示例不同的是，如果目标不存在，该链接是无法生成的。

在 Service 定义的底部，可以看到一个名为“Service Operation”的分组框。在 Service Operation 字段输入文本 BMA_PERS_DIR_DTL_JQM。系统将通过该名称(或者别名)来确定 Service Operation。选择值 Get 作为 REST Method。动词 GET HTTP 告诉 REST 提供者(PeopleSoft)获取数据。该动词与其他动词(如 POST、PUT 和 DELETE)形成对比，这些词也都是用来操作数据的。图 8-3 是 Service Operation 分组框的屏幕截图。单击 Add 按钮，创建并定义 Service Operation。

图 8-3　Service Operation 分组框

在 Service Operation 页面，输入描述信息 Person directory details JQM。图 8-4 是 Service Operation 页面顶部的屏幕截图。

Service Operation　BMA_PERS_DIR_DTL_JQM_GET
REST Method　GET
*Operation Description　Person directory details JQM
Operation Comments
User/Password Required
*Req Verification　None
Owner ID
Operation Alias　BMA_PERS_DIR_DTL_JQM
Used with Think Time Methods

图 8-4　Service Operation 页面的顶部

注意：

当创建 Service Operation 时，我们输入了名称 BMA_PERS_DIR_DTL_JQM。然而，PeopleTools 却创建了一个名为 BMA_PERS_DIR_DTL_JQM_GET 的 Service Operation。这是因为在创建新的 REST Service Operation 时，PeopleTools 将 REST 方法附加到 Service Operation 名称中。

进一步向下移动页面，会看到 REST Resource Definition 分组框。REST Resource Definition

描述了与该 Service Operation 关联的 URL 模式。Integration Broker 使用该信息将 URL 的不同片段映射到 Document 结构的对应属性。在本示例中，请选择 Document Template BMA_PERS_DIR_DETAILS_PARMS.v1。选择完 Document 之后，还可以：

- 手动输入与 jQuery Mobile 搜索表单的输入字段相匹配的 URL 模板。
- 使用 Build 按钮创建 URL 模板。

URL 模板文本如下所示：

```
{EMPLID}
```

图 8-5 是 Service Operation 定义中 REST Resource Definition 部分的屏幕截图。

REST Resource Definition
REST Base URL http://hr92dm05:8000/PSIGW/RESTListeningConnector/PSFT_HR/
URI Template Format Example: weather/{state}/{city}?forecast={day}
URI Personalize | Find | First 1 of 1 Last
Index Template Validate Build
{EMPLID} Validate Build
Document Template BMA_PERS_DIR_DETAILS_PARMS.v1 View Message

图 8-5 REST Resource Definition

注意：

如果 REST Base URL 为空，那么导航到 PeopleTools | Integration Broker | Configuration | Service Configuration，并单击 Setup Target Locations 链接。验证 REST Target Location 是否有值。

向下移动到 Default Service Operation 分组框，并输入适当的版本描述信息。由于版本标识符为 v1，因此值 Version 1 似乎更合适。仍然停留在 Default Service Operation 部分，并向下滚动到 Message Instance 分组框。将 Message.Version 值指定为 IB_GENERIC_REST.v1。由于 jQuery Mobile REST 响应都是 HTML 页面片段，而不是结构化数据，因此可以使用非结构化、可传递的 Message 定义。针对 Content-Type 选择 text/html。最后保存新的 Service Operation。图 8-6 是保存后 Default Service Operation Version 部分的屏幕截图。

图 8-6 Default Service Operation Version

保存完 Service Operation 之后，在顶部会出现一个新的链接 Service Operation Security。单

击该链接，将该 Service Operation 添加到权限列表中。出于开发目的，可以将该 Service Operation 添加到 PTPT1000 和 PTPT1200。在将应用部署到生产系统之前，可以和你的系统安全管理员一起来确定对 Service Operation 转为合适的权限列表。

注意：

Service Operation Security 将以弹出式窗口的方式打开。所以，请确保你的浏览器允许显示来自 PeopleSoft 实例的弹出式窗口。

详细信息 Service Operation Hanlder 到目前为止所生成的元数据告诉了 Integration Broker 生成什么数据(响应 Message 定义)、谁可以生成这些数据(Service Operation 安全性和路由)以及何时生成响应(URL 模式)。接下来，还需要告诉 Integration Broker 如何生成响应。当 Service Operation Handler 接收到针对 BMA_PERS_DIR_DTL_JQM 服务的请求时，会告诉 Integration Broker 执行相关 PeopleCode。在对该处理程序进行配置之前，需要编写一些 PeopleCode。该处理程序的 PeopleCode 与第 7 章 iScript 请求处理程序的 PeopleCode 看起来非常相似，但有更改：

- REST 处理程序没有使用%Request 和%Response 系统变量。相反，Service Operation Handler 必须收集来自&MSG 方法的传入参数，并返回一个新的包含 Service Operation 响应的 Message 对象。
- 不能使用%Response.WriteBinary 向客户端浏览器发送人员的照片。

完成第一项更改非常简单，因为我们将使用标准的 Service Operation Handler 设计模式。而完成第二项更改则有点困难。如果想要通过一个 Service Operation Handler 向浏览器发送照片，则需要将图像数据转换成浏览器可以解析的文本格式。

登录到PeopleTools Application Designer，并创建一个名为BMA_PERS_DIR_JQM的新Application Package。然后向该Package中添加类DetailsRequestHandler。打开DetailsRequestHandler PeopleCode事件编辑器，并输入下面的PeopleCode。其中该处理器的PeopleCode与第7章iScript_Details函数之前的区别以粗体形式显示。

```
import PS_PT:Integration:IRequestHandler;

class DetailsRequestHandler implements
      PS_PT:Integration:IRequestHandler
   method OnRequest(&MSG As Message) Returns Message;
   method OnError(&MSG As Message) Returns string;

   method getPhotoDataUrl(&emplid As string) Returns string;

private
   method getImageB64(&sqlId As string, &imgId As string,
         &size As number) Returns string;

end-class;

method OnRequest
   /+ &MSG as Message +/
   /+ Returns Message +/
   /+ Extends/implements
         PS_PT:Integration:IRequestHandler.OnRequest +/
```

```
    REM ** read parameters from URI using a document;
    Local Compound &parmCom = &MSG.GetURIDocument().DocumentElement;
    Local string &emplid = &parmCom.GetPropertyByName("EMPLID").value;

    REM ** write response to a document;
    Local Message &response = CreateMessage(
        Operation.BMA_PERS_DIR_DTL_JQM_GET, %IntBroker_Response);

    Local string &NAME;
    Local string &ADDRESS1;
    Local string &CITY;
    Local string &STATE;
    Local string &POSTAL;
    Local string &COUNTRY;
    Local string &COUNTRY_CODE;
    Local string &PHONE;
    Local string &photoUrl;

    SQLExec(SQL.BMA_PERSON_DETAILS, &emplid, &NAME, &ADDRESS1, &CITY,
        &STATE, &POSTAL, &COUNTRY, &COUNTRY_CODE, &PHONE);

    &photoUrl = %This.getPhotoDataUrl(&emplid);

    Local boolean &tmp = &response.SetContentString(GetHTMLText(
        HTML.BMA_JQPD_DETAILS_PAGE, &emplid, &NAME, &ADDRESS1, &CITY,
        &STATE, &POSTAL, &COUNTRY, &COUNTRY_CODE, &PHONE,
        &photoUrl, "/pdjqm/css/details.css"));
    Return &response;

end-method;

method OnError
    /+ &MSG as Message +/
    /+ Returns String +/
    /+ Extends/implements PS_PT:Integration:IRequestHandler.OnError +/
    Return "He's dead, Jim";
end-method;
```

PeopleCode首先声明Application Class结构，然后实现OnRequest方法。OnRequest方法实际上是在类的基接口PS_PT:Intergration: IRequestHandler中定义的。之所以需要实现该方法，是因为当Integration Broker接收到一个REST请求时将要执行OnRequest方法。

该OnRequest处理程序使用与第7章iScript版本处理程序相同的逻辑、SQL以及HTML定义。两者之间关键的区别在于处理照片URL的方法不同。在本示例中，会将二进制图像转换为base64表示形式，而不是生成一个URL。这是因为Integration Broker并没有提供处理二进制数据的相关机制。这样处理之后的结果是所包含的字节数比原始图像字节数多大约三分之一。

数据库中包含了需要转换为base64文本的二进制数据。完成该转换的一种方法是组合使用PeopleCode以及特定于数据库的函数来实现base64编码。为什么不能仅使用PeopleCode呢？

这是因为 PeopleCode 不包含用来操作二进制数据的相关函数或数据类型。下面列出了生成&photoUrl 的 PeopleCode。请将该代码添加到 Application Class 事件处理程序的末尾。

```
method getPhotoDataUrl
   /+ &emplid as String +/
   /+ Returns String +/
   Local number &size;

   SQLExec(SQL.BMA_EMPL_PHOTO_LENGTH, &emplid, &size);

   If (All(&size)) Then
      Return "data:image/jpeg;base64," |
            %This.getImageB64(SQL.BMA_EMPL_PHOTO_B64, &emplid,
            &size);
   Else
      SQLExec(SQL.BMA_DUMMY_PHOTO_LENGTH, Image.PT_DUMMY_PHOTO,
            &size);
      Return "data:image/jpeg;base64," |
            %This.getImageB64(SQL.BMA_DUMMY_PHOTO_B64,
            Image.PT_DUMMY_PHOTO, &size);
   End-If;
end-method;

method getImageB64
   /+ &sqlId as String, +/
   /+ &imgId as String, +/
   /+ &size as Number +/
   /+ Returns String +/
   Local number &start = 1;
   Local number &chunkSize = 1455;
   Local string &b64;
   Local string &result;

   Repeat
      If ((&start + &chunkSize) > &size) Then
         &chunkSize = &size - &start;
      End-If;

      SQLExec("%SQL(" | &sqlId | ", :1, :2, :3)", &chunkSize,  &start,
            &imgId, &b64);

      &result = &result | &b64;

      &start = &start + &chunkSize;
   Until ((&start >= &size) Or
      (&start < 1));

   Return &result;
end-method;
```

上面的代码清单包含了两个方法：

- getPhotoDataUrl
- getImageDataUrl

getPhotoDataUrl 方法确定某一员工照片是否存在。如果存在，则调用带有员工照片 SQL 语句的 getImageDataUrl。而如果不存在，则使用“虚拟照片”的 SQL 语句。

getImageDataUrl 方法实际上执行的是 base64 转换 SQL。由于 Oracle 数据库 base64 转换例程(UTL_ENCODE.BASE64_ENCODE)有大小的限制，因此 getImageDataUrl 方法分块完成 base64 转换，然后再将转换后的文本连接成最终的结果。

在保存新 Application Class 之前，还需要创建以下四个 SQL 定义：

BMA_EMPL_PHOTO_LENGTH:

```
SELECT DBMS_LOB.GETLENGTH(EMPLOYEE_PHOTO)
  FROM PS_EMPL_PHOTO
 WHERE EMPLID = :1
```

BMA_EMPL_PHOTO_B64:

```
SELECT UTL_RAW.CAST_TO_VARCHAR2(UTL_ENCODE.BASE64_ENCODE(
    DBMS_LOB.SUBSTR(EMPLOYEE_PHOTO
 , %P(1)
 , %P(2))))
  FROM PS_EMPL_PHOTO
 WHERE EMPLID = %P(3)
```

BMA_DUMMY_PHOTO_LENGTH:

```
SELECT DBMS_LOB.GETLENGTH(CONTDATA)
  FROM PSCONTENT
 WHERE CONTNAME = :1
```

注意：

PSCONTENT 中的数据可能会跨多个行。而 PT_DUMMY_PHOTO 图像足够小以仅占一行。如果你占位符图像较大，那么就必须修改 getImageDataUrl PeopleCode 方法，以遍历多行。

BMA_DUMMY_PHOTO_B64:

```
SELECT UTL_RAW.CAST_TO_VARCHAR2(UTL_ENCODE.BASE64_ENCODE(
    DBMS_LOB.SUBSTR(CONTDATA
 , %P(1)
 , %P(2))))
  FROM PSCONTENT
 WHERE CONTNAME = %P(3)
```

注意：

Microsoft SQL Server 以及其他 PeopleTools 数据平台都拥有自己特定于平台的 base64 例程。除了使用 Oracle PL/SQL 解决方案之外，还可以使用 File.WriteRaw 将二进制数据移至一个文件，然后再使用 File.GetBase64StringFromBinary 方法将二进制数据转换为 base64 文本。

现在，可以将 PeopleCode OnRequest 处理程序与 BMA_PERS_DIR_DTL_JQM_GET Service Operation 关联起来。返回到 PeopleSoft 在线应用的 BMA_PERS_DIR_DTL_JQM_GET Service Operation 定义，并切换至 Handlers 选项卡。在 Handlers 部分，输入一个 Name，并选择 Type 为 On Request 以及 Implementation 为 Application Class。在网格中所输入的名称并不重要。当输入了 Application Class 详细信息后，组件会自动将 Name 字段设置为 REQUESTHDLR。图 8-7 显示了单击 Details 链接之前的已配置处理程序的屏幕截图。

图 8-7　On Request PeopleCode 处理程序

单击 Details 链接，然后在 Package Name 中输入 BMA_PERS_DIR_JQM，在 Path 中输入“:”以及在 Class ID 中输入 DetailsRequestHandler。最后选择 Method OnRequest。图 8-8 是处理程序详细信息的屏幕截图。

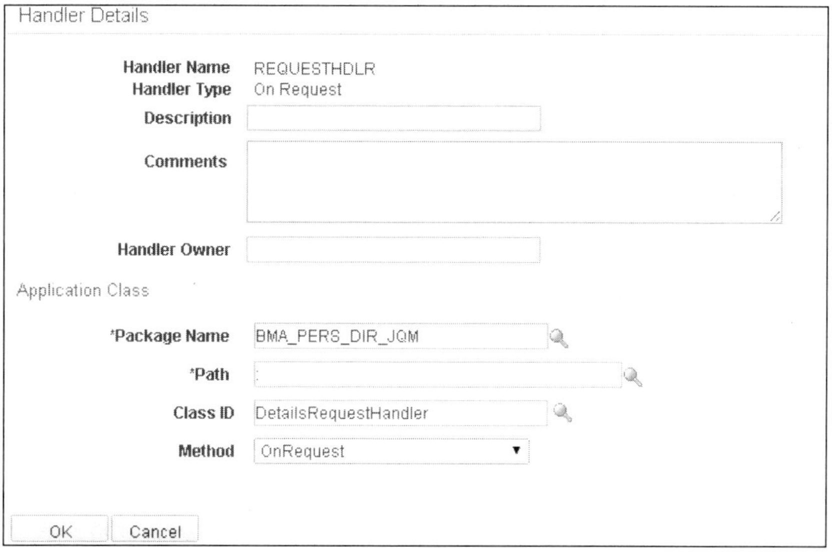

图 8-8　Service Operation OnRequest 处理程序详细信息

保存完毕之后，导航到http://<server>:<port>/PSIGW/RESTListeningConnector/<default local node>/BMA_PERS_DIR_DTL_JQM.v1/<emplid>，对处理程序进行测试。请根据你的特定环境值替换URL中的值。在我的演示系统中，该URL为http://hr92dm05:8000/PSIGW/RESTListeningConnector/PSFT_HR/BMA_PERS_DIR_DTL_JQM.v1/KU2001。当加载页面时，应该会看到所选择员工的详细信息页面。图8-9是员工KU2001的详细信息的屏幕截图(她恰巧也是本书的作者之一)。

图 8-9 作为一个 REST 服务进行访问的详细信息 jQuery Mobile 页面片段

注意：

PSFT_HR 是默认本地节点的名称。当配置 PeopleSoft 系统时，第一步应该是对默认本地节点进行重命名。该节点名称将被用来创建 PeopleSoft 实例之间的信任关系。如果节点名称没有更改好，则可能危及应用的安全。

2. 搜索 Service Operation

搜索 Service Operation 以与第 7 章 iScript_Search 函数类似的方式接收搜索条件作为查询字符串参数。

返回到 BMA_PERS_DIR_JQM Service 定义。在 Service Operation 字段，输入文本 BMA_PERS_DIR_SRCH_JQM，从而创建一个新的Service Operation。同时选择值Get作为REST Method。图 8-10 是Service Operation分组框的屏幕截图。单击Add按钮，创建并定义该Service Operation。

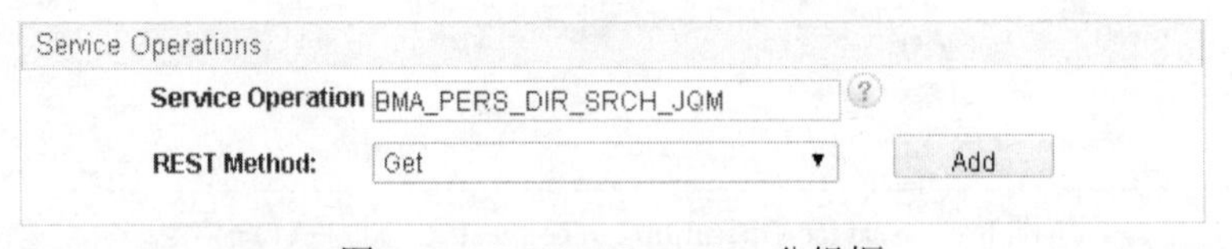

图 8-10 Service Operation 分组框

在 Service Operation 页面，输入描述信息 Person directory search JQM。图 8-11 是 Service Operation 页面顶端部分的屏幕截图。

在 REST Resource Definition 部分，选择 BMA_PERS_DIR_SEARCH_PARMS.v1 作为 Document Template。然后将 URL 模板文本设置为：

```
?emplidSearch={EMPLID}&nameSearch={NAME}&lastNameSearch={LAST_NAME_SRCH}
```

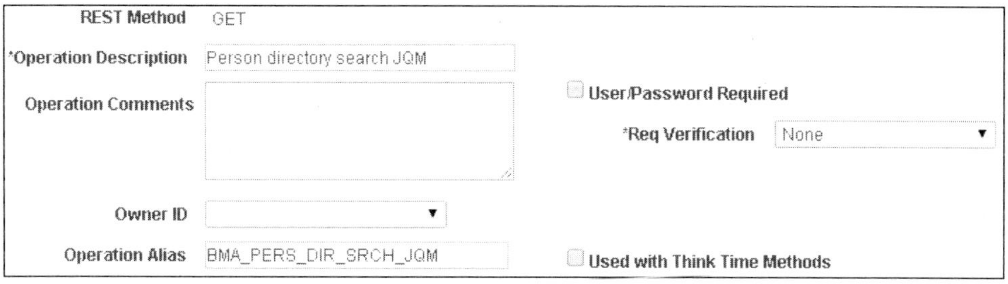

图 8-11 Service Operation 页面的顶端部分

图 8-12 是 Service Operation 定义的 REST Resource Definition 部分的屏幕截图。

图 8-12 REST Resource Definition

注意：

图 8-12 是保存完 Service Operation 之后所截取的。在保存之前，REST Base URL 为 http://hr92dm05:8000/PSIGW/RESTListeningConnector/PSFT_HR//，并且能够进行编辑。

向下滚动到 Default Service Operation 分组框，并输入合适的版本描述信息。由于目前的版本标识符为 v1，因此值 Version 1 看起来更加合适。还是在 Default Service Operation 部分，然后继续向下滚动到 Message Instance 分组框。将 Message.Version 的值指定为 IB_GENERIC_REST.v1。因为此时的 jQuery Mobile REST 响应都是 HTML 页面片段，而不是结构化数据，所以可以使用非结构化的 Message 定义。针对 Content-Type 选择 text/html。最后保存 Service Operation。图 8-13 是保存之后 Default Service Operation Version 部分的屏幕截图。

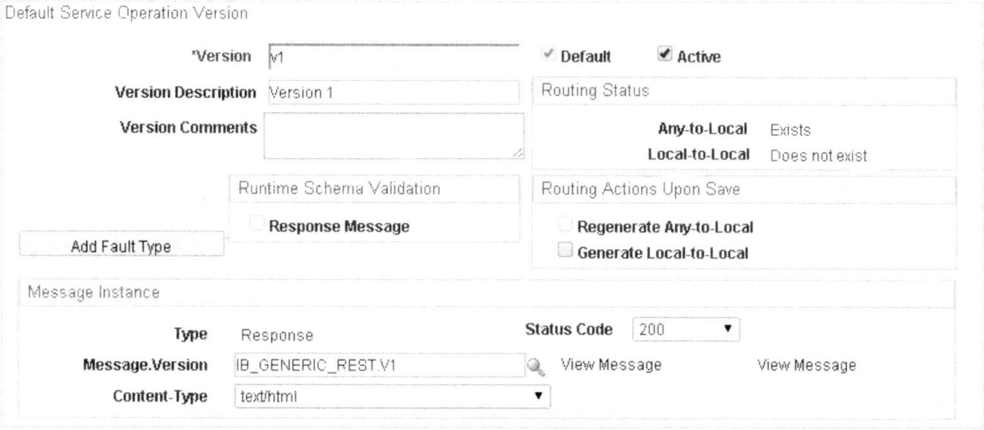

图 8-13 Default Service Operation 版本

滚动回 Service Operation 的顶端，并选择 Service Operation Security 链接。首先添加合适的

权限列表。当缺少特定于应用的权限列表时，PTPT1000 和 PTPT1200 将起作用。

搜索 Service Operation Handler 登录到 PeopleTools Application Designer，并打开 Application Package BMA_PERS_DIR_JQM。向该程序包中添加类SearchRequestHandler。然后打开SearchRequestHandler的PeopleCode事件编辑器，输入下面所示的PeopleCode。其中与第7章 jQuery Mobile iScript_Search函数不同的地方以粗体显示。

```
import PS_PT:Integration:IRequestHandler;

class SearchRequestHandler implements
      PS_PT:Integration:IRequestHandler
   method OnRequest(&MSG As Message) Returns Message;
   method OnError(&MSG As Message) Returns string;
end-class;

method OnRequest
   /+ &MSG as Message +/
   /+ Returns Message +/
   /+ Extends/implements
      PS_PT:Integration:IRequestHandler.OnRequest +/

   REM ** read parameters from URI using a document;
   Local Compound &parmCom = &MSG.GetURIDocument().DocumentElement;
   Local string &emplidParm = &parmCom.GetPropertyByName(
      "EMPLID").value;
   Local string &nameParm = &parmCom.GetPropertyByName("NAME").value;
   Local string &nameSrchParm = &parmCom.GetPropertyByName(
      "LAST_NAME_SRCH").value;

   REM ** write response to a document;
   Local Message &response = CreateMessage(
      Operation.BMA_PERS_DIR_SRCH_JQM_GET, %IntBroker_Response);

   REM ** build SQL based on parameters -- careful of SQL injection!!;
   Local array of any &sqlParms = CreateArrayAny();
   Local array of string &criteriaComponents = CreateArrayRept("", 0);
   Local string &sql = FetchSQL(SQL.BMA_PERSON_SRCH);
   Local string &whereClause;

   REM ** query and column variables;
   Local SQL &cursor;
   Local string &emplid;
   Local string &name;
   Local string &nameSrch;

   REM ** build a WHERE clause;
   If (All(&emplidParm)) Then
      &sqlParms.Push(&emplidParm);
      &criteriaComponents.Push(Field.EMPLID | " LIKE :"
            | &sqlParms.Len | " %Concat '%'");
   End-If;
```

```
   If (All(&nameParm)) Then
      &sqlParms.Push(&nameParm);
      &criteriaComponents.Push(Field.NAME | " LIKE :" |
            &sqlParms.Len | " %Concat '%'");
   End-If;

   If (All(&nameSrchParm)) Then
      &sqlParms.Push(&nameSrchParm);
      &criteriaComponents.Push(Field.LAST_NAME_SRCH | " LIKE :" |
            &sqlParms.Len | " %Concat '%'");
   End-If;

   &whereClause = &criteriaComponents.Join(" AND ", "", "");

   If (All(&whereClause)) Then
      &whereClause = " WHERE " | &whereClause;
   End-If;

   REM ** iterate over rows, adding to response;
   &cursor = CreateSQL(&sql | &whereClause, &sqlParms);

   Local array of string &rows = CreateArrayRept("", 0);
   Local string &detailsLink;
   Local Document &linkDoc = CreateDocument(
         "BMA_PERSONNEL_DIRECTORY", "EMPLID", "v1");
   Local Compound &linkCom = &linkDoc.DocumentElement;

   While &cursor.Fetch(&emplid, &name, &nameSrch);
      &linkCom.GetPropertyByName("EMPLID").Value = &emplid;
      &detailsLink = %IntBroker.GetURL(
            Operation.BMA_PERS_DIR_DTL_JQM_GET, 1, &linkDoc);

      &rows.Push(GetHTMLText(HTML.BMA_JQPD_SEARCH_RESULT_LINK,
            &detailsLink, &emplid, &name));
   End-While;

   &cursor.Close();

   Local boolean &tmp = &response.SetContentString(GetHTMLText(
         HTML.BMA_JQPD_SEARCH_RESULT_PAGE, &rows.Join("", "", "")));
   Return &response;

end-method;

method OnError
   /+ &MSG as Message +/
   /+ Returns String +/
   /+ Extends/implements PS_PT:Integration:IRequestHandler.OnError +/
   Return "He's dead, Jim";
end-method;
```

注意：

上面所示的 PeopleCode 使用了来自第 4 章的 SQL 定义以及来自第 7 章的 HTML 定义。

除了在一个 Application Class 中封装了代码以及使用了 Documents 和 Service Operations 这些显而易见的区别之外，REST 事件处理程序在生成 URLs 的方式上也与 iScript 版的不相同。由于 REST 没有%Portal 以及其他在线交互变量之类的概念，因此不能使用标准的 GenerateXxx 函数创建 URLs。相反，必须使用%IntBroker.GetURL 方法并传入一个 Document 对象作为参数，当填充目标 Service Operation URL 模板时需要使用该对象。

在线返回到 BMA_PERS_DIR_SRCH_JQM_GET Service Operation，并切换到 Handlers 选项卡。在 Handlers 部分，输入一个 Name，然后分别针对 Type 和 Implementation 选择 On Request 和 Application Class。随后单击 Details 链接，在 Package Name 中输入 BMA_PERS_DIR_JQM，在 Path 中输入“:”以及在 Class ID 中输入 SearchRequestHandler。最后选择 Method OnRequest。

搜索 Service URL 模板导航到 http://hr92dm05:8000/PSIGW/RESTListeningConnector/PSFT_HR/BMA_PERS_DIR_SRCH_JQM.v1?emplidSearch=KU00&nameSearch=A&lastNameSearch=S(请根据你的环境设置 URL 中的相关参数)，并使用与你的环境数据相匹配的测试数据对该 Service Operation 进行测试。此时，应该看到与图 8-14 类似的基本搜索结果列表。

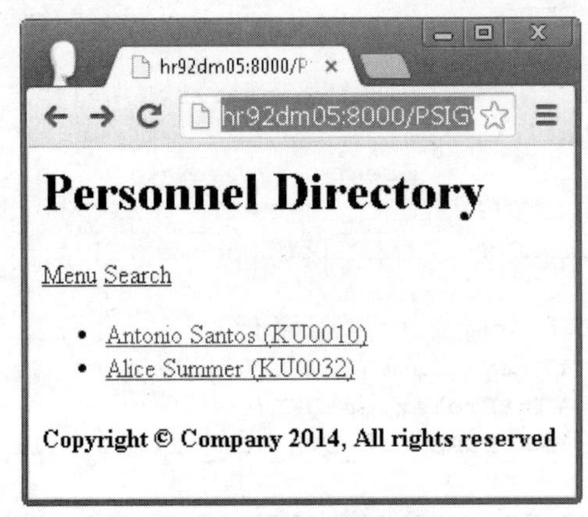

图 8-14 REST 搜索结果

我们的搜索页面应该可以接受不同数量的参数。可以尝试删除其中一个参数(例如，lastNameSearch)并验证结果。此时，根据所使用工具版本以及缓存状态的不同，可能会看到不带有任何结果的搜索页面片段，或者一个异常消息。之所以用较少的参数不行，是因为 Integration Broker 无法找到与浏览器地址栏中的 URL 相匹配的 URI 模板。请返回到 BMA_PERS_DIR_SRCH_JQM_GET Service Operation，并添加下面所示的额外URI模板：

```
?emplidSearch={EMPLID}
?emplidSearch={EMPLID}&nameSearch={NAME}
?emplidSearch={EMPLID}&lastNameSearch={LAST_NAME_SRCH}
?nameSearch={NAME}
?nameSearch={NAME}&lastNameSearch={LAST_NAME_SRCH}
?lastNameSearch={LAST_NAME_SRCH}
```

保存，然后测试不同的 URL 搜索模板。此时应该都可以看到有效的结果。接下来可以再做个试验，交换一些参数并查看结果。例如，将 nameSearch 放到查询字符串的前面，而将

emplidSearch 放在后面。请注意，如果更改了参数位置，将无法与任何一个 URI 模板相匹配，因此也就无法返回结果。图 8-15 是 URI 模板的屏幕截图。

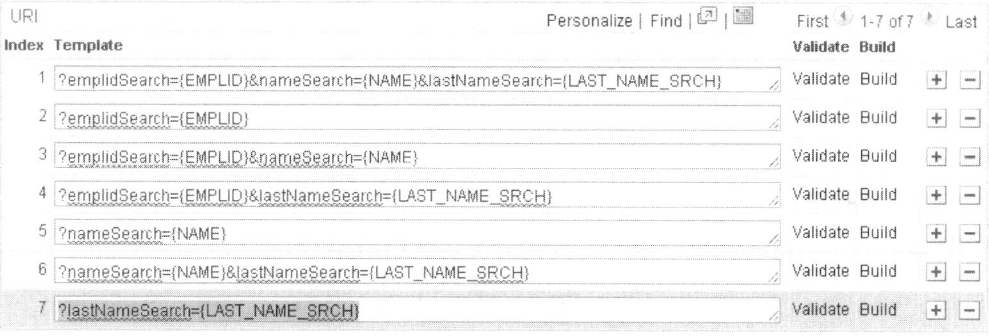

URI　Personalize | Find |　First 1-7 of 7 Last

Index	Template	Validate	Build
1	?emplidSearch={EMPLID}&nameSearch={NAME}&lastNameSearch={LAST_NAME_SRCH}	Validate	Build
2	?emplidSearch={EMPLID}	Validate	Build
3	?emplidSearch={EMPLID}&nameSearch={NAME}	Validate	Build
4	?emplidSearch={EMPLID}&lastNameSearch={LAST_NAME_SRCH}	Validate	Build
5	?nameSearch={NAME}	Validate	Build
6	?nameSearch={NAME}&lastNameSearch={LAST_NAME_SRCH}	Validate	Build
7	?lastNameSearch={LAST_NAME_SRCH}	Validate	Build

图 8-15　URI 模板

3. 个人信息 Service Operation

个人信息页面 Service Operation 与详细信息 Service Operation 的不同之处在于：

- 个人信息页面返回登录用户的信息。
- 个人信息页面需要进行身份验证，从而识别当前用户。

返回到BMA_PERS_DIR_JQM Service定义，并创建新的Service Operation BMA_PERS_DIR_PROF_JQM(即个人信息Service Operation)。与其他的Service Operation一样，选择值Get作为REST方法，然后单击Add按钮。

当出现 Service Operation 定义页面时，输入描述信息 Person directory profile JQM。选中 User/Password Required 复选框，然后针对 Req Verification 选择 Basic Authentication。这样一来，就可以强迫用户在访问个人信息服务之前进行身份验证。图 8-16 是 Service Operation 定义的顶端部分的屏幕截图。

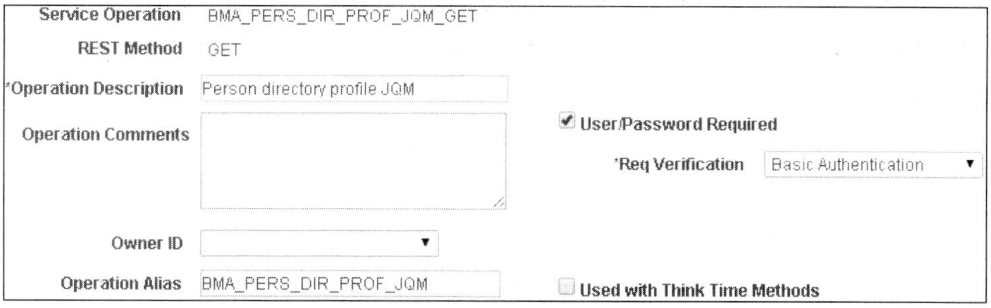

Service Operation　BMA_PERS_DIR_PROF_JQM_GET
REST Method　GET
*Operation Description　Person directory profile JQM
Operation Comments
User/Password Required
*Req Verification　Basic Authentication
Owner ID
Operation Alias　BMA_PERS_DIR_PROF_JQM
Used with Think Time Methods

图 8-16　安全 Service Operation 的顶端部分

注意：

PeopleTools 8.54 为 Req Verification 值添加了 PeopleSoft Token 和 PeopleSoft Token and SSL 两个选项。

即使该 Service Operation 不需要任何参数，Integration Broker 也会要求每个 Service Operation 至少包含一个 URI 模板。在 REST Resource Definition 部分，创建一个包含单词 profile 的 URI 模板。图 8-17 是 REST Resource Definition 的屏幕截图。

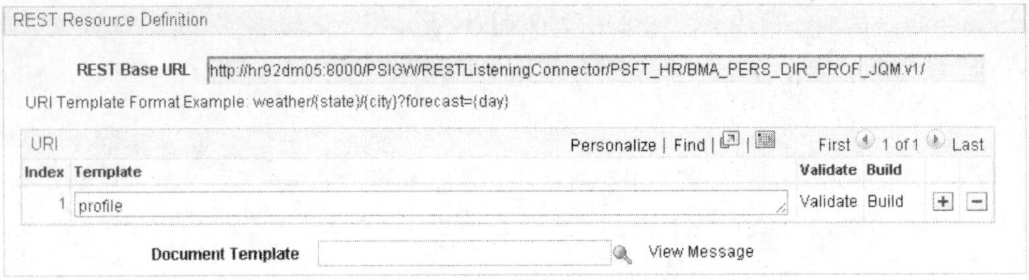

图 8-17 个人信息 Service Operation URI 定义

向下滚动到 Default Service Operation Version，并填写与前面搜索 Service Operation 所使用的相同值(如图 8-13 所示)。保存之后，滚动回 Service Operation 的顶部，并选择 Service Operation Security 链接。添加合适的权限列表。对于本次开发，可以添加 PTPT1000 和 PTPT1200。

个人信息 Service Operation Handler 除了使用不同的模板，个人信息页面与详细信息页面是类似的。虽然可以使用与详细信息页面相同的 SQL 语句，但这次我们不那么做。在第 7 章，我们使用 PeopleSoft Query 和 Pagelet Wizard 显示了个人信息页面。下面让我们在 REST 服务处理程序中使用相同的查询。此时，并不需要使用 Application Designer 创建一个 HTML 定义，而是使用在线 Branding Objects 组件(PeopleTools 8.53 中添加的组件)上传 HTML 即可。通过将数据和显示模板移动到在线组件中，可以将应用的这部分内容转换为设计人员、开发人员和超级用户不需要 Application Designer 访问就可以维护的内容。

注意：

如果正在使用比 PeopleTools 8.53 更早的版本，那么就需要使用 Application Designer 创建你的 HTML 定义。

首先，编写一个 PeopleCode 处理程序来运行上一章所创建的查询。登录到 PeopleTools Application Designer，并打开 Application Package BMA_PERS_DIR_JQM。然后向该程序包中添加类 ProfileRequestHandler。随后打开 ProfileRequestHandler 的 PeopleCode 事件编辑器，输入下面的 PeopleCode。

```
import BMA_PERS_DIR_JQM:DetailsRequestHandler;
import PS_PT:Integration:IRequestHandler;

class ProfileRequestHandler implements
      PS_PT:Integration:IRequestHandler
  method OnRequest(&MSG As Message) Returns Message;
  method OnError(&MSG As Message) Returns string;
end-class;

method OnRequest
  /+ &MSG as Message +/
  /+ Returns Message +/
  /+ Extends/implements
      PS_PT:Integration:IRequestHandler.OnRequest +/

  REM ** write response to a document;
  Local Message &response = CreateMessage(
```

```
        Operation.BMA_PERS_DIR_PROF_JQM_GET, %IntBroker_Response);

    Local BMA_PERS_DIR_JQM:DetailsRequestHandler &photoEncoder;
    Local Rowset &rs;
    Local Row &row;
    Local Record &promptRec;
    Local Record &rec;
    Local ApiObject &qry;
    Local string &photoUrl;
    Local boolean &tmp;

    &qry = %Session.GetQuery();

    REM ** The SQL for the query BMA_JQPD_PROFILE is in Chapter 7;
    &tmp = &qry.Open("BMA_JQPD_PROFILE", True, False);
    &promptRec = &qry.PromptRecord;
    &promptRec.GetField(Field.EMPLID).Value = %EmployeeId;

    &rs = &qry.RunToRowset(&promptRec, 1);

    &rec = &rs.GetRow(1).GetRecord(1);

    &photoEncoder = create BMA_PERS_DIR_JQM:DetailsRequestHandler();
    &photoUrl = &photoEncoder.getPhotoDataUrl(%EmployeeId);

    &tmp = &response.SetContentString(GetHTMLText(
         HTML.BMA_JQPD_PROFILE_PAGE, &rec.GetField(1).Value,
         &rec.GetField(2).Value, &rec.GetField(4).Value,
         &rec.GetField(5).Value, &rec.GetField(6).Value,
         &rec.GetField(7).Value, &rec.GetField(3).Value,
         &rec.GetField(8).Value, &rec.GetField(9).Value, &photoUrl));

    Return &response;

end-method;

method OnError
   /+ &MSG as Message +/
   /+ Returns String +/
   /+ Extends/implements PS_PT:Integration:IRequestHandler.OnError +/
   Return "He's dead, Jim";
end-method;
```

与详细信息页面一样，个人信息页面也显示了一张照片。如果将 DetailsRequestHandler 照片编码方法 getPhotoDataUrl 公共化，则可以在个人信息处理程序中使用相同的方法。

返回到 PeopleSoft 在线应用并打开 BMA_PERS_DIR_PROF_JQM_GET Service Operation。在 Handlers 部分中，输入一个 Name，选择 On Request 作为 Type，以及 Application Class 作为 Implementation。图 8-18 是在单击 Details 链接之前的已配置处理程序的屏幕截图。请记住，所输入的名称无关紧要，因为组件 PeopleCode 会自动将处理程序重命名为 REQUESTHDLR。

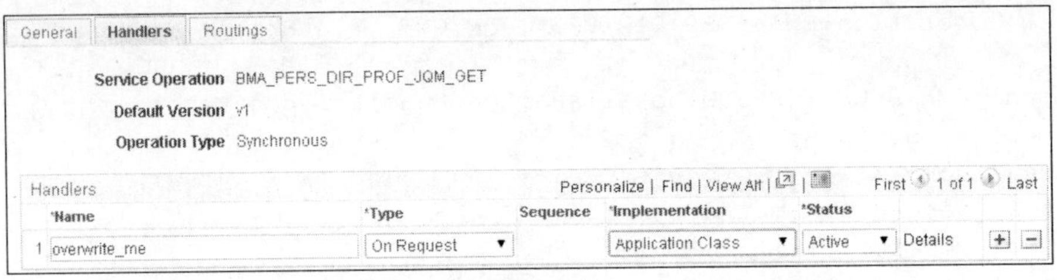

图 8-18 个人信息 Service Operation Handler 元数据

单击 Details 链接，并填充该处理程序的 Application Class 信息：

- Package Name：BMA_PERS_DIR_JQM
- Path：“:”
- Class ID：ProfileRequestHandler
- Method：OnRequest

图 8-19 是处理程序的 Application Class 元数据的屏幕截图。

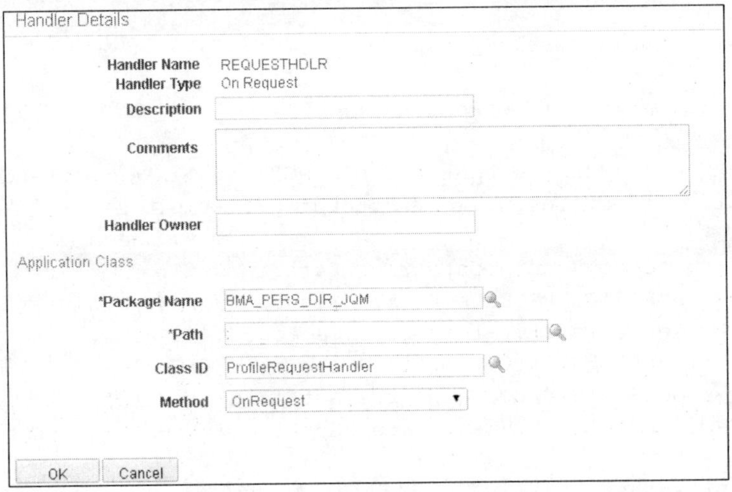

图 8-19 Application Class 元数据

保存该 Service Operation 并复制 REST Base URL。在我的演示服务器上，该 REST Base URL 为 http://hr92dm05:8000/PSIGW/RESTListeningConnector/PSFT_HR/BMA_PERS_DIR_PROF_JQM.v1/。可以暂时先保存好该 URL，待创建完 HTML 定义后再进行测试。

使用 Web 浏览器登录到 PeopleSoft 应用，然后导航到 PeopleTools | Portal | Branding | Branding Objects。在 HTML 选项卡中单击 Upload HTML Object 链接，从而创建一个新的 HTML 定义，将其命名为 BMA_JQPD_PROFILE_PAGE，并提供合理的描述信息。请将下面的代码粘贴到 Add/Edit Branding Object 对话框主要的长编辑字段中：

```
<div data-role="page" id="profile">
  <style type="text/css" scoped>
    @import url("css/details.css");

    @media (min-width:28em) {
      img.avatar {
        margin-bottom: 20px;
      }
```

```
  }
</style>

<div data-role="header">
  <h1>Personnel Directory</h1>
  <a href="#panel" class="show-panel-btn" data-icon="bars"
     data-iconpos="notext">Menu</a>
  <a href="#search" data-icon="search" data-iconpos="notext"
     class="ui-btn-right">Search</a>
</div><!-- /header -->

<div data-role="content">
  <form action="#" method="POST">
      <img src="%Bind(:10)" class="avatar" alt="%Bind(:2)'s Photo">
    <h2>%Bind(:2)</h2>
    <div>%Bind(:1)</div>
    <div class="ui-field-contain">
      <label for="phone">Phone:</label>
      <input type="tel" value="%Bind(:9)" name="phone"
             id="phone">
    </div>
    <div class="ui-field-contain">
      <label for="address">Address:</label>
      <input type="text" value="%Bind(:3)" name="address"
             id="address">
    </div>
    <div class="ui-field-contain">
      <label for="city">City:</label>
      <input type="text" value="%Bind(:4)" name="city" id="city">
    </div>
    <div class="ui-field-contain">
      <label for="state">State:</label>
      <input type="text" value="%Bind(:5)" name="state" id="state">
    </div>
    <div class="ui-field-contain">
      <label for="postal">Postal Code:</label>
      <input type="text" value="%Bind(:6)" name="postal"
         id="postal">
    </div>
    <div class="ui-field-contain">
      <label for="country">Country:</label>
      <input type="text" value="%Bind(:7)" name="country"
         id="country">
    </div>

    <input type="submit" value="Save" data-theme="b">
  </form>
</div><!-- /content -->

<div data-role="footer" data-position="fixed">
  <h4>
    Copyright &copy; Company 2014, All rights reserved
```

```
      </h4>
    </div><!-- /footer -->

  </div><!-- /page -->
```

图 8-20 是 HTML 定义在线编辑器的屏幕截图。

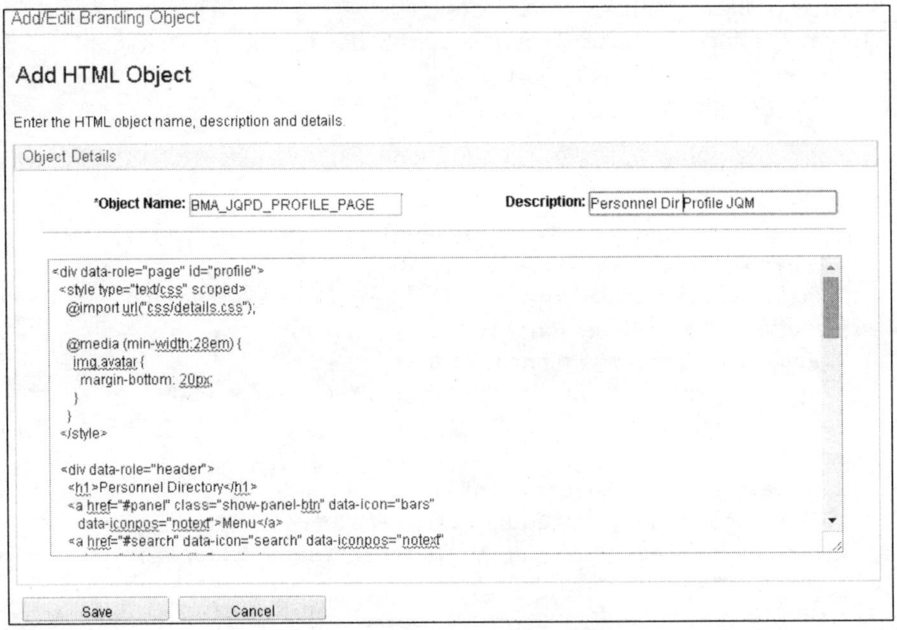

Add/Edit Branding Object

Add HTML Object

Enter the HTML object name, description and details.

Object Details

*Object Name: BMA_JQPD_PROFILE_PAGE Description: Personnel Dir Profile JQM

```
<div data-role="page" id="profile">
  <style type="text/css" scoped>
    @import url("css/details.css");

    @media (min-width:28em) {
      img.avatar {
        margin-bottom: 20px;
      }
    }
  </style>

  <div data-role="header">
    <h1>Personnel Directory</h1>
    <a href="#panel" class="show-panel-btn" data-icon="bars"
      data-iconpos="notext">Menu</a>
    <a href="#search" data-icon="search" data-iconpos="notext"
```

Save Cancel

图 8-20 在线 HTML 定义编辑器

保存该HTML定义，并对该Service Operation进行测试。为了完成测试，需要使用前面所复制的REST Base URL并添加文本profile：http://hr92dm05:8000/PSIGW/RESTListeningConnector/PSFT_HR/BMA_PERS_DIR_PROF_JQM.v1/profile。当浏览器尝试加载目标URL时，会提示你提供凭据。请输入你的PeopleSoft用户名和密码。这是与第 7 章iScript原型之间的一个关键区别：通过配置，可以确定哪些内容需要保护。最终的结果如图 8-21 所示。

Personnel Directory

Menu Search

Locherty,Betty

KU0007

Phone: 555/123-4567

Address: 643 Robinson St

City: Buffalo

State: NY

Postal Code: 74940

Country: USA

Save

Copyright © Company 2014, All rights reserved

图 8-21 无样式的个人信息页面

8.3.4　准备 jQuery Mobile 应用

你是否还拥有第 5 章中 jQuery Mobile 原型的副本？如果没有，那么请阅读下面“重置 jQuery Mobile 原型”中的内容。如果准备好了，那么打开搜索页面(search.html)，并找到表单元素。然后使用/PSIGW/RESTListeningConnector/<DEFAULT_LOCAL_NODE_NAME>/BMA_PERS_DIR_SRCH_JQM.v1 替换操作 URL。滚动到该页面的底部，找到个人信息超链接，随后使用 /PSIGW/RESTListeningConnector/<DEFAULT_LOCAL_NODE_NAME>/BMA_PERS_DIR_PROF_JQM.v1/profile 替换该链接的 URL。完成这些更改后，search.html 文件应该包含下面所示的代码片段。为了便于参考，我在每一个修改代码的旁边包含了几行代码。所必需的更改代码以粗体文本显示。

```
      </header><!-- /header -->
      <article data-role="content">
        <form action="/PSIGW/RESTListeningConnector/PSFT_HR
/BMA_PERS_DIR_SRCH_JQM.v1" method="GET">
          <div class="ui-field-contain">
            <label for="emplidSearch">Employee ID:</label>
            <input type="text" name="emplidSearch" id="emplidSearch">
...
        <li data-icon="user">
          <a href="/PSIGW/RESTListeningConnector/PSFT_HR/
BMA_PERS_DIR_PROF_JQM.v1/profile">My Profile</a>
        </li>
```

注意：

下面所示的 HTML 示例使用了已发布的默认本地节点 PSFT_HR。出于安全考虑，应该重命名默认的本地节点。

重置 jQuery Mobile 原型

如果没有第5章的jQuery Mobile原型的备份该怎么办呢？搜索页面是重置应用所需要更新的唯一页面。其他页面都由REST服务提供。在search.html页面中，找到<link rel=”stylesheet”...和<script标签，并删除URL前缀/pdjqm/。下面的代码清单包含了一些示例片段：

```
<meta name="viewport" content="width=device-width">

<link rel="stylesheet"
   href="js/libs/jquery-mobile/jquery.mobile.css">

. . .

<script src="js/libs/jquery/jquery.js"></script>
<script src="js/libs/jquery-mobile/jquery.mobile.js"></script>
```

滚动到 search.html 文件的底部，查找 My Profile 链接。应该在离底部差不多 6 行的位置。

8.4 配置反向代理

虽然 REST 服务由 PeopleSoft 服务器提供，但是 jQuery Mobile 应用可以通过内嵌 NetBeans 的 Web 服务器实现本地运行。与上一章的 iScript 版本一样，由于浏览器阻止跨域的 Ajax 请求，因此必须在相同的域中运行。在本节中，不会将修改后的 jQuery Mobile 应用上传到 PeopleSoft 服务器，相反，这次会通过第 1 章所安装的本地 Apache Web 服务器实例反向代理 PeopleSoft REST 服务。

8.4.1 配置 Apache httpd

每一种操作系统(以及 Linux 发行版)都使用了不同的方法配置 Apache Web 服务器。例如，针对某些 Linux 发行版的 Apache 配置包含了规则 Include conf.d/*.conf，这意味要着通过向 conf.d 目录添加配置文件来配置 Apache httpd 实例。然而，针对其他操作系统的安装(比如 Microsoft Windows)则要求向默认的 httpd.conf 添加自己的 Include 指令和配置。下面的内容假设了与第 1 章所描述类似的 Windows 安装。请根据自己的操作系统进行相应调整。

1. 创建 URL 别名

使用你喜欢的文本编辑器打开 c:\Apache2.4\conf 目录中的 httpd.conf 文件。然后滚动到文件的底部，并添加下面的指令：

```
Include conf/bma/*.conf
```

接下来，在 c:\Apache2.4\conf 目录中创建一个名为 bma 的新目录。在该目录中将放置自定义的 Apache 配置。

注意：
如果你的 httpd.conf 文件已经包含规则 conf/*.conf，那么就无需添加自定义 bma 规则。任何添加到 conf 目录中的文件都会被自动添加到 Apache Web 服务器配置中。使用已发布的 conf 规则的好处是不需要更改自己的配置就可以升级 Apache。

在 bma 目录中，创建一个名为 pdjqm.conf 的文本文件。我们将向该文件中添加规则，从而告诉 Aapche Web 服务器通过 NetBeans 项目目录访问 jQuery Mobile 应用。首先，将项目的长文件夹路径映射到一个较短且易于通过 URL 访问的别名。下面的代码清单包含了两个对 NetBeans 项目的 public_html 文件夹的引用。打开新 pdjqm.conf 文件，添加下面的文本，然后更改文件的引用，以与你项目的目录位置匹配。每一条指令都应该单独在一行。但为了排版的要求，代码清单中的路径和文件名跨了多行。

```
Alias /pdjqm C:/Users/sarah/Documents/NetBeansProjects/
PersonnelDirectory-jqm/public_html

<Directory "C:/Users/sarah/Documents/NetBeansProjects/
PersonnelDirectory-jqm/public_html">
  ## directives for older httpd versions
  # Order allow,deny
```

```
  # Allow from all
  Require all granted
</Directory>
```

注意：

Apache 2.4 使用了 Require 指令，但较老的版本则使用 Allow 指令。请根据你所使用的版本选择对应的指令。

现在，可以对上面的配置进行测试，以确保可以通过 Web 浏览器访问 jQuery Mobile 应用。首先，保存对 pdjqm.conf 文件所做的更改，然后启动 Apache Web 服务器。为了启动服务器，请打开命令提示符并导航到 c:\Apache2.4\bin。运行该目录下的 httpd.exe。接下来打开一个 Web 浏览器并尝试加载 http://localhost/pdjqm/search.html。现在，应该可以看到你的 jQuery Mobile 搜索页面。如果该页面没有正确加载，请检查 Web 浏览器的 JavaScript 控制台和网络资源选项卡，看是否存在错误。

目前暂不要尝试进行搜索，因为还没有添加代理规则，从而将 PeopleSoft 实例反向代理成与 jQuery Mobile 应用相同的 URL。所以接下来让我们添加这些规则。

2. 配置一个反向代理

警告：

如果对一个 Apache Web 服务器进行了不正确的配置，那么将可能使其成为一个开放的中继。更多内容，请参阅 http://httpd.apache.org/docs/current/mod/mod_proxy.html#access。

有一些规则是特定于应用的，比如前面所定义的 Alias。而另一些规则则可以应用于整个服务器，所以应该在一个集中位置定义它们(如 httpd.conf)。加载模块是常见的配置之一。可以从特定于应用的配置文件中加载 Apache 模块。然而，这种分散式的方法可能使得难以启用和禁用模块。因此，我们直接在 httpd.conf 文件中完成下面的修改。但首先请确保正确配置 Apache Web 服务器实例，以通过搜索 httpd.conf 文件并查找以下行来加载代理模块：

- LoadModule headers_module
- LoadModule proxy_module
- LoadModule proxy_html_module
- LoadModule proxy_http_module
- LoadModule xml2enc_module

如果找到了这些行，但它们都带有一个前缀#，那么请删除这些#(#符号的出现会禁用某一行)。你的 LoadModule 部分应该与下面的内容类似：

```
LoadModule headers_module modules/mod_headers.so
...
LoadModule proxy_module modules/mod_proxy.so
...
LoadModule proxy_html_module modules/mod_proxy_html.so
LoadModule proxy_http_module modules/mod_proxy_http.so
...
LoadModule xml2enc_module modules/mod_xml2enc.so
```

接下来，滚动到文件的底部，并在 Include conf/bma/*.conf 行的前面添加下面所示的代理配置：

```
ProxyRequests Off
<Proxy *>
  ## directives for 2.3 and earlier
  # Order allow,deny
  #Allow from all
  # directive for Apache 2.4 and later
  Require all granted
</Proxy>
```

其他的代理配置都是特定于应用(或 PeopleSoft)的，并且属于一个不太通用(但仍然有些通用)的配置文件。请创建文件 bma\proxy.conf，然后添加下面的内容：

```
# In the following listing, replace <server:port> with your
# PeopleSoft webserver name and port number
# Mine is http://hr92dm05:8000/PSIGW/
ProxyPass /PSIGW/ http://<server:port>/PSIGW/

<Location /PSIGW/ >
    ProxyPassReverse /PSIGW/
    ProxyHTMLEnable On
    ProxyHTMLURLMap http://<server:port>/PSIGW /PSIGW

    # Eliminate compression -- more network traffic, less CPU
    RequestHeader unset Accept-Encoding

    # mod_deflate alternative if compression desired
    # -- more CPU, less network traffic
    #SetOutputFilter INFLATE;DEFLATE
</Location>
```

注意：

这个通用代理配置允许任何人通过该反向代理访问 PeopleSoft Integration Broker 服务。当需要反向代理不同的 PeopleSoft Service Operations 时，这种松散的配置就会派上用场。

在前面的内容中，曾经使用%IntBroker.GetURL 将搜索结果项转换为指向详细信息服务的超链接。当直接通过 Integration Broker 测试搜索 Service Operation 时，这种方法是可行的。但遗憾的是，当反向代理该内容时，这些链接仍然指向原来的 PeopleSoft 服务器，而不是反向代理服务器。因此上面的配置使用了 mod_proxy_html 指令重写了超链接 URLs，以匹配反向代理配置。

此外，该配置还使用了 mod_headers 指令关闭了压缩功能。浏览器通常会发送一个请求标头告诉 PeopleSoft 它可以接收压缩的响应。对于那些使用较少宽带的人来说，压缩的好处是可以减少网络下载量。对于移动应用来说尤其如此。但遗憾的是，mod_proxy_html 不能直接为 PeopleSoft 响应充气(inflate)。或者可以使用 mod_deflate 和 mod_proxy_html 为 PeopleSoft 响应充气，然后在将其通过 Internet 传输到客户端浏览器之前对内容进行压缩。我曾经使用过 SetOutputFilter 指令来启用 mod_deflate 和 mod_proxy_html，但针对本次原型请注释掉该行。充气和压缩需要额外的处理时间。由于大多数的反向代理方案的内容都在一个相对封闭的内部网络中传输，因此浪费的 CPU 周期所引起的性能下降将远大于通过压缩所带来的网络优势。

注意：

http://www.apachetutor.org/admin/reverseproxies 上的文档包含有关如何将 Apache Web 服务器配置为一个反向代理服务器的信息。

创建反向代理规则

前面所介绍的反向代理规则是非常通用的。其目的是帮助开发人员以最小的复杂度运行自己的应用。如果想要获取更好的性能，可对这些过于简单的配置进行调整。例如，本章的配置对所有 Integration Broker Service Operations 都启用了 HTML 重写，虽然我们只想重写搜索结果 Service Operation 的 URL。下面的一些示例规则是针对搜索 Service Operation 的：

```
# Replace <default_local_node> with your PeopleSoft node name
# Replace <server:port> with your web server's host name and port
# number
ProxyPass /PSIGW/RESTListeningConnector/default_local_node\
/BMA_PERS_DIR_SRCH_JQM.v1 http://<server:port>/PSIGW/\
RESTListeningConnector/PSFT_HR/BMA_PERS_DIR_SRCH_JQM.v1

<Location /PSIGW/RESTListeningConnector/<default_local_node>\
/BMA_PERS_DIR_SRCH_JQM.v1 >
   ProxyPassReverse /PSIGW/RESTListeningConnector\
/<default_local_node>/BMA_PERS_DIR_SRCH_JQM.v1
   ProxyHTMLEnable On
   # Replace <server:port> with your server's host name and port
   # number
   ProxyHTMLURLMap http://<server:port>/PSIGW /PSIGW
   RequestHeader  unset  Accept-Encoding

</Location>
```

重新启动 Apache httpd，然后执行一次搜索。例如，尝试 URL http://localhost/PSIGW/RESTListeningConnector/PSFT_HR/BMA_PERS_DIR_SRCH_JQM.v1?emplidSearch=KU%25&nameSearch=&lastNameSearch=。此时，应该看到一个不太好看且基本的搜索结果的 HTML 列表(与图 8-14 所示的屏幕截图类似)。两者唯一的不同在于访问该内容所使用的主机名。

单击其中一个搜索结果超链接，然后查看地址栏。会看到 URL 发生了变化，以匹配反向代理服务器的主机名。验证一下详细信息页面是否与预期的一样，即无样式的普通 HTML。

8.4.2　测试反向代理 jQuery Mobile 应用

导航到 http://localhost/pdjqm/search.html，对 jQuery Mobile 应用进行测试。此时应看到样式化的 jQuery Mobile 搜索页面(与第 5 章和第 7 章的相似)。现在搜索员工。应看到完全样式化的结果。单击一个详细信息链接，应显示该员工的详细信息和照片。如果尝试单击个人信息链接，会看到什么不同的地方吗？如果你还没有登录到 PeopleSoft，那么单击个人信息超链接会导致 Web 浏览器提示你提供凭据。虽然我已经对此多次强调，但这是非常重要的一点：将不同的安全规则应用于内容的能力是第 7 章的 iScript 解决方案与本章 Service Operation 解决方案的一个关键区别。通过配置，可以提供对人员目录的匿名访问，并要求对敏感信息进行身份验证。而另一方面，iScript解决方案则要求在用户可以访问搜索页面之前就进行身份验证。

8.5 带有RESTListeningConnector的AngularJS

与RESTListeningConnector集成的AngularJS与jQuery Mobile解决方案类似，但有一点不同：Service Operation将填充Document定义，并返回JSON结果。

8.5.1 创建Message定义

本章前面所演示的jQuery Mobile解决方案需要使用Message定义，从而将URI变量映射到Document定义。针对AnularJS URIs可以重复使用这些相同的Message定义，然后再创建针对JSON响应的新Messages。

1. 定义结果Document的Message定义

登录到PeopleSoft在线应用，导航到PeopleTools | Integration Broker | Integration Setup | Messages。使用表8-3所示的值创建一个新Message定义。

表8-3 BMA_PERS_DIR_SRCH_RESULTS Message值

字段标签	值
Type	Document
Message Name	BMA_PERS_DIR_SRCH_RESULTS
Message Version	v1
Package	BMA_PERSONNEL_DIRECTORY
Document	SEARCH_RESULTS
Version	v1

2. 定义详细信息参数Document的Message定义

使用表8-4所示的值创建另一个名为BMA_PERS_DIR_DETAILS_PARAMS的Message定义。记得保存新Message定义。

表8-4 BMA_PERS_DIR_DETAILS_PARMS Message值

字段标签	值
Type	Document
Message Name	BMA_PERS_DIR_DETAILS_PARMS
Message Version	v1
Package	BMA_PERSONNEL_DIRECTORY
Document	EMPLID
Version	v1

3. 定义详细信息 Document 的 Message 定义

最后一次返回到 Messages 组件，以创建 Message 定义 BMA_PERS_DIR_DETAILS。使用表 8-5 中的值。

表 8-5 BMA_PERS_DIR_DETAILS_PARMS Message 值

字段标签	值
Type	Document
Message Name	BMA_PERS_DIR_DETAILS
Message Version	v1
Package	BMA_PERSONNEL_DIRECTORY
Document	DETAILS
Version	v1

8.5.2 REST Service Operation

就像 jQuery Mobile 应用一样，为我们的 AngularJS 创建一些 Service Operations。

1. 定义 Personnel Directory Service

登录到 PeopleSoft 在线应用，导航到 PeopleTools|Integration Broker|Integration Setup|Sevices。在 Service 搜索页面，单击 Service 搜索框右边的 Add a New Value 链接。进入 Add 模式，将新 Service 命名为 BMA_PERS_DIR，并选中 REST Service 复选框。图 8-22 是 Add Service 对话框的屏幕截图。单击 Add 按钮以定义该 Service 及其相关的 Service Operations。

图 8-22 添加一个 Service

将 Service 定义的 Description 字段值设置为 Personnel Directory，并确保选中 REST Service Type 和 Is Provider 复选框。图 8-23 是该 Service 定义的屏幕截图。最后单击页面左下角的 Save 按钮。

2. 定义搜索 Service Operation

搜索请求页面将会向 PeopleSoft 提交搜索参数，并期望接收到一个匹配结果的列表。Service Operation 是 Integration Broker 用来将传入请求映射到响应处理程序的元数据定义。

搜索 Service Operation 的常规设置 继续查看 BMA_PERS_DIR Service 定义，并向下滚动到 Service Operation 分组框，然后输入 BMA_PERS_DIR_SEARCH。从 REST Method 下拉框中选择 Get。图 8-24 是该 Service Operation 定义的屏幕截图。

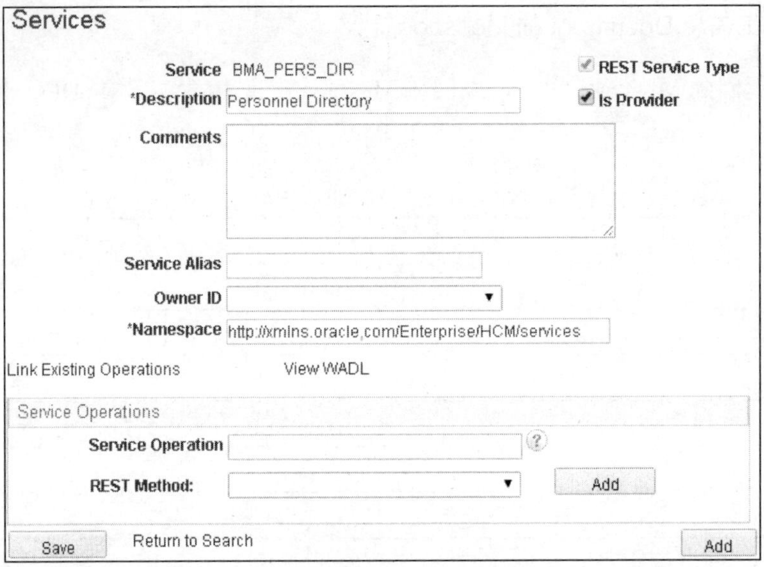

图 8-23 Service 定义

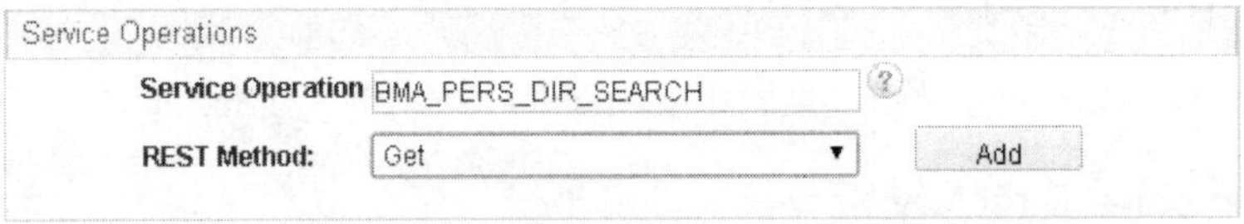

图 8-24 BMA_PERS_DIR_SEARCH Service Operation 定义

接下来单击下拉框 REST Method 右边的 Add 按钮(而不是位于屏幕底部的 Add 按钮)。此时将进入 Service Operation 定义页面。

在 Service Operation definition 组件中，将描述信息设置为 Person directory search。BMA_PERS_DIR_SEARCH_GET Service Operation 的上半部分看起来类似图 8-25 所示。

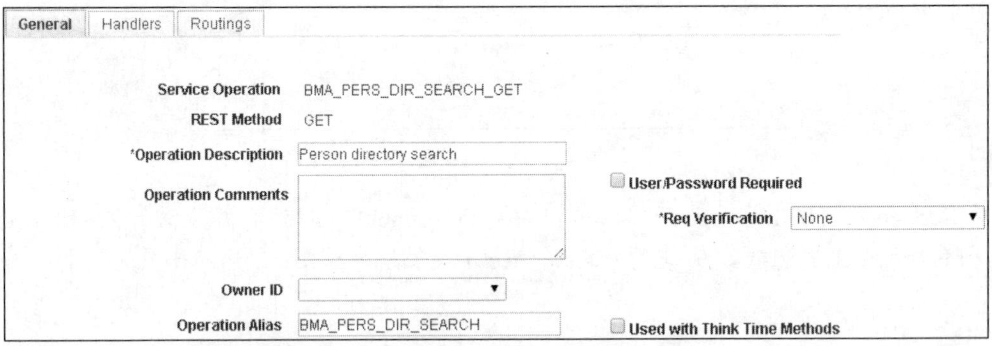

图 8-25 Service Operation 定义的上半部分

搜索 Service Operation URI 定义 向下滚动到 Service Operation 定义的 REST Resource Definition 区域。在该区域中，可以将 Service Operation URI 模式映射到 Document 的结构属性。实际的操作步骤是从该分组框的底部开始，然后再逐步到达顶部。在 Document Template 字段中选择 BMA_PERS_DIR_SEARCH_PARMS.v1。随后针对 Template URI 输入?EMPLID={EMPLID}&NAME={NAME}&LAST_NAME_SRCH={LAST_NAME_SRCH}。图 8-26 是保存之前 REST Resource Definition 的屏幕截图(保存之后将会显示额外信息)。

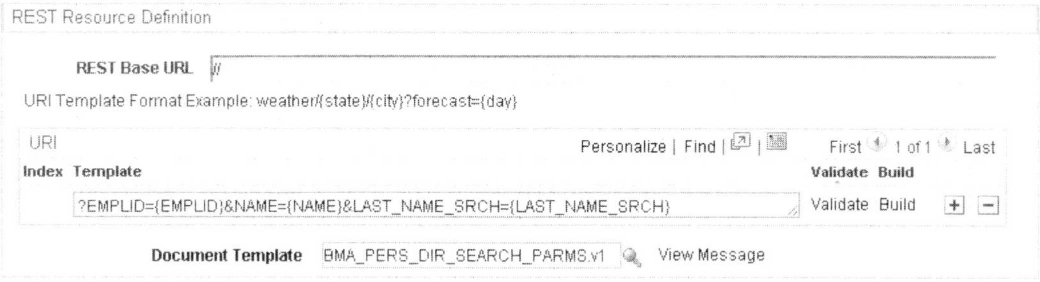

REST Resource Definition

REST Base URL //

URI Template Format Example: weather/{state}/{city}?forecast={day}

URI　Personalize | Find | | First 1 of 1 Last

Index	Template	Validate	Build
	?EMPLID={EMPLID}&NAME={NAME}&LAST_NAME_SRCH={LAST_NAME_SRCH}	Validate	Build

Document Template BMA_PERS_DIR_SEARCH_PARMS.v1 View Message

图 8-26　REST Resource Definition

搜索 Service Operation 响应定义　在配置完 Service Operation 的请求部分之后，继续配置响应元数据。向下滚动页面到 Default Service Operation Version 信息。按照图 8-27 所示完成该部分的配置。在 Version 字段输入 v1，在 Version Description 字段输入 Version 1。对于 Message Instance 部分，在 Message.Version 字段中输入 BMA_PERS_DIR_SRCH_RESULTS.v1，并从 Content-Type 中选择 application/json。

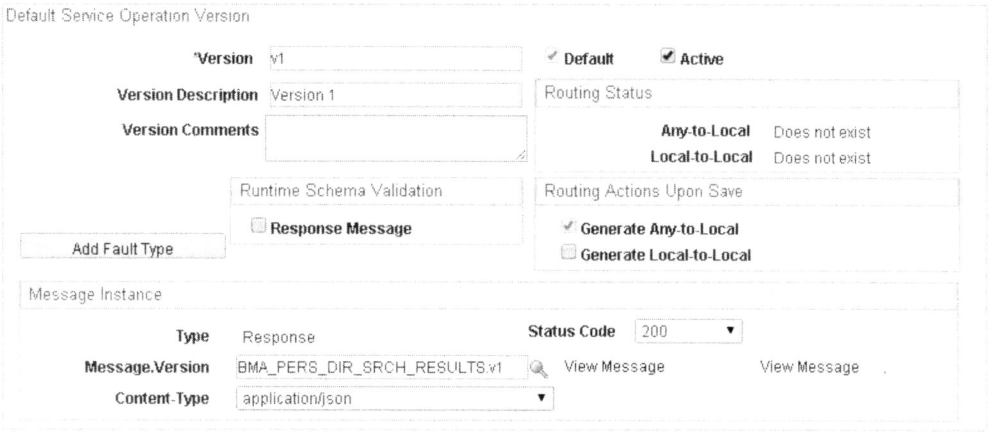

Default Service Operation Version

*Version v1　Default　Active

Version Description Version 1

Version Comments

Routing Status

Any-to-Local Does not exist

Local-to-Local Does not exist

Runtime Schema Validation

Response Message

Routing Actions Upon Save

Generate Any-to-Local

Generate Local-to-Local

Add Fault Type

Message Instance

Type Response　Status Code 200

Message.Version BMA_PERS_DIR_SRCH_RESULTS.v1 View Message　View Message

Content-Type application/json

图 8-27　BMA_PERS_DIR_SEARCH_GET Service Operation 版本

注意：

如果你正在使用 PeopleTools 8.52，那么内容类型可以选择 application/xml，而不是 application/json。

在继续后面的操作之前请保存该 Service Operation。保存之后，移动到页面顶端并单击 Service Operation Security 链接。添加一个可以访问的权限列表，以便对 Service Operation 进行测试。如果使用的是某一演示系统中的演示数据，那么可以添加权限列表 PTPT1000 或者 PTPT1200。

搜索 Service Operation Handler 的 PeopleCode　启动 Application Designer，创建一个名为 BMA_PERS_DIR 的新 Application Package。向该 Application Package 中添加一个 Application Class 名为 SearchRequestHandler。打开该 Application Class 的 PeopleCode 编辑器，输入下面所示的 Service Operation 存根处理程序。所有的 Service Operation 处理程序都以这样相同的样板文件代码开头。

```
import PS_PT:Integration:IRequestHandler;
```

```
class SearchRequestHandler implements
      PS_PT:Integration:IRequestHandler
  method OnRequest(&MSG As Message) Returns Message;
  method OnError(&MSG As Message) Returns string;
end-class;

method OnRequest
  /+ &MSG as Message +/
  /+ Returns Message +/
  /+ Extends/implements
       PS_PT:Integration:IRequestHandler.OnRequest +/
  Return null;
end-method;

method OnError
  /+ &MSG as Message +/
  /+ Returns String +/
  /+ Extends/implements PS_PT:Integration:IRequestHandler.OnError +/
  Return "He's dead, Jim";
end-method;
```

特定于 Service Operation 的代码应放在 OnRequest 方法中。接下来让我们一次构建一些 OnRequest 方法。首先需要编写一些代码来访问传入的请求参数：

```
REM ** read parameters from URI using a document;
Local Compound &parmCom = &MSG.GetURIDocument().DocumentElement;
Local string &emplidParm =
      &parmCom.GetPropertyByName("EMPLID").value;
Local string &nameParm = &parmCom.GetPropertyByName("NAME").value;
Local string &nameSrchParm =
      &parmCom.GetPropertyByName("LAST_NAME_SRCH").value;
```

请注意 Document 的层次结构。首先，从请求 Message 开始，我们遍历到 URI Document 中。URI Document 在 Service Operation 元数据(使用了 BMA_PERS_DIR_SEARCH_PARMS.v1 Document 模板)中描述。然后再遍历到根 Compound 对象——该对象包含了三个 URI 查询字符串值：EMPLID、NAME 和 LAST_NAME_SRCH。

现在添加一段用来声明响应 Message 和 Document 结构的代码片段：

```
REM ** write response to a document;
Local Message &response = CreateMessage(
      Operation.BMA_PERS_DIR_SEARCH_GET, %IntBroker_Response);
Local Compound &responseCom =
      &response.GetDocument().DocumentElement;

Local Collection &items =
      &responseCom.GetPropertyByName("RESULTS");
Local Compound &resultItem;
Local boolean &result;
```

REST 响应变量和 Document 声明看起来与上面的请求 PeopleCode 类似。这是因为使用了完全相同的定义类型。Documents 并没有请求或响应的概念。它们只是简单的结构容器。请求与响应 PeopleCode 之间存在的一个关键不同点：响应包括一个 Collection 定义。搜索结果可能包含多个行。必须将每一行添加到响应集合中。

下面的代码片段包含了与第 7 章相同的变量声明。将下面的代码添加到 OnRequest 方法中：

```
REM ** build SQL based on parameters -- careful of SQL injection!!;
Local array of any &sqlParms = CreateArrayAny();
Local array of string &criteriaComponents = CreateArrayRept("", 0);
Local string &sql = FetchSQL(SQL.BMA_PERSON_SRCH);
Local string &whereClause;
```

请注意，该代码片段包含了两个数组。第一个数组是 SQL 绑定值(&sqlParms)，第二个数组是动态的 SQL where 子句(&criteriaComponents)。第二个数组呈现了一种我经常用来组装文本碎片的字符串生成器设计模式。稍后将会看到如何使用 Array Join 方法将文本碎片连接成一个字符串。

此外，该代码片段还演示了鲜为人知的函数 FetchSQL 的用法。FetchSQL 函数返回存储在 PeopleTools SQL 定义中的 SQL 语句。最佳实践推荐在 SQL 定义中存储 SQL 语句，而不是作为文本存储在 PeopleCode 定义中。FetchSQL 函数允许检索以前存储的 SQL 片段，因此可以使用一个重要且动态的 SQL where 子句来修饰该片段。

接下来添加与 SQL select 列对应的变量，从而完成变量声明：

```
REM ** query and column variables;
Local SQL &cursor;
Local string &emplid;
Local string &name;
Local string &nameSrch;
```

下一步是构建一个动态 SQL where 子句。该代码与第 7 章搜索 iScript PeopleCode 类似。

```
REM ** build a WHERE clause;
If (All(&emplidParm)) Then
   &sqlParms.Push(&emplidParm);
   &criteriaComponents.Push("EMPLID LIKE :" | &sqlParms.Len |
         " %Concat '%'");
End-If;

If (All(&nameParm)) Then
   &sqlParms.Push(&nameParm);
   &criteriaComponents.Push("NAME LIKE :" | &sqlParms.Len |
         " %Concat '%'");
End-If;

If (All(&nameSrchParm)) Then
   &sqlParms.Push(&nameSrchParm);
   &criteriaComponents.Push("LAST_NAME_SRCH LIKE :" |
         &sqlParms.Len | " %Concat '%'");
End-If;

&whereClause = &criteriaComponents.Join(" AND ", "", "");

If (All(&whereClause)) Then
```

```
    &whereClause = " WHERE " | &whereClause;
End-If;
```

该代码片段检查每个参数的值。如果某一参数有值，则将该值添加到绑定值集合中，同时将其所代表的字段添加到SQL where子句中。当构建动态SQL语句时，有一点至关重要，那就是不要附加任何来自请求的信息。在上面的代码中会看到使用了独立于数据库平台的meta-SQL %Concat。这是另一种PeopleTools最佳实践。只要有可能，就应该避免使用特定于平台的构造方法来提高跨平台的兼容性，同时也避免受制于供应商。在代码中，使用了特定于数据库的连接运算符向搜索字符串的末尾添加一个通配符搜索字符。在这种情况下，假设用户想要完成一次begins with类型的搜索。如果想让用户对搜索结果有更多的控制，可以删除此通配符，并让用户需要的位置输入通配符。

最后一步，遍历SQL结果，并将匹配行添加到响应中。

```
REM ** iterate over rows, adding to response;
&cursor = CreateSQL(&sql | &whereClause, &sqlParms);

While &cursor.Fetch(&emplid, &name, &nameSrch);
   &resultItem = &items.CreateItem();
   &resultItem.GetPropertyByName("EMPLID").Value = &emplid;
   &resultItem.GetPropertyByName("NAME").Value = &name;
   &resultItem.GetPropertyByName("LAST_NAME_SRCH").Value =
        &nameSrch;
   &result = &items.AppendItem(&resultItem);
End-While;

Return &response;
```

搜索Service Operation Handler元数据　继续查看BMA_PERS_DIR_SEARCH_GET Service Operation，并切换到Handlers选项卡。在Handlers部分，输入一个Name，分别针对Type和Implementation选择On Request和Application Class。在网格中输入的名称并不重要。在输入完Application Class详细信息后，组件会自动将Name字段设置为REQUESTHDLR。图8-28是Handlers选项卡的屏幕截图。

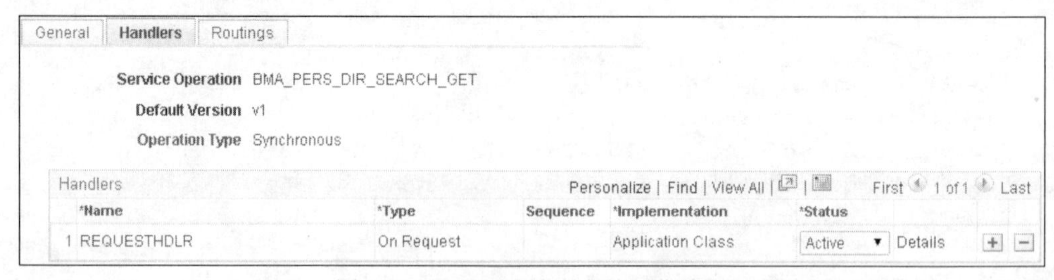

图8-28　Handlers选项卡的屏幕截图

单击Details链接，选择一个Application Class。分别将Description设置为Search request handler。Package Name设置为BMA_PERS_DIR。Path设置为“:”，Class ID设置为SearchRequestHandler以及Method设置为OnRequest。在继续后面的操作之前保存该Service Operation。

测试搜索Service Operation　现在已有足够的信息来对BMA_PERS_DIR_SEARCH_GET

Service Operation进行测试了。在Service Operation的General选项卡中选择REST Base URL和URI Template。首先将这两个值连接成一个字符串，然后使用一个实际值替换每个模板中括号内的项目。下面的示例是来自HCM 9.2 演示映像的URL：http://hr92dm05:8000/PSIGW/RESTListeningConnector/PSFT_HR/BMA_PERS_DIR_SEARCH.v1/?EMPLID=KU00&NAME=A&LAST_NAME_SRCH=S。在我的演示映像中，该URL返回如下所示的JSON(已通过http://jsonlint.com/对其格式化)：

```
{
    "SEARCH_RESULTS": {
        "SEARCH_FIELDS": [
            {
                "EMPLID": "KU0010",
                "NAME": "Antonio Santos",
                "LAST_NAME_SRCH": "SANTOS"
            },
            {
                "EMPLID": "KU0032",
                "NAME": "Alice Summer",
                "LAST_NAME_SRCH": "SUMMER"
            }
        ]
    }
}
```

在学习创建下一个Service Operation之前，让我们再进行一次测试。在URL中，清除除EMPLID之外的其他字段的值。而对于EMPLID字段，输入一个完整的EMPLID。从上面的示例结果可以看出，我选择了KU0010。我的示例URL为http://hr92dm05:8000/PSIGW/RESTListeningConnector/PSFT_HR/BMA_PERS_DIR_SEARCH.v1/?EMPLID=KU0010&NAME=&LAST_NAME_SRCH=。最终的响应如下所示：

```
{
    "SEARCH_RESULTS": {
        "SEARCH_FIELDS": {
            "EMPLID": "KU0010",
            "NAME": "Antonio Santos",
            "LAST_NAME_SRCH": "SANTOS"
        }
    }
}
```

将该响应与前面的响应进行比较。尤其是要看一下跟在 SEARCH_FIELDS 属性声明后面的 JavaScript 符号。前一个响应结果使用了方括号 ([) JavaScript 数组表示法。然而，该上一次测试只返回了一行，并且使用了大括号({}) JavaScript 对象表示法。如果 JSON 响应包括了多行，那么 Integration Broker 将使用数组表示法。相反则使用对象表示法。底层 Document 是否将 SEARCH_FIELDS Compound 指定为某一集合的成员并不重要。

搜索 Service Operation 可选参数 接下来，针对为每个可选查询字符串参数创建 URI 模板，从而完成该 Service Operation 定义。请添加下面的 URI 模板：

- ?EMPLID={EMPLID}

- ?EMPLID={EMPLID}&NAME={NAME}
- ?EMPLID={EMPLID}&LAST_NAME_SRCH={LAST_NAME_SRCH}
- ?NAME={NAME}
- ?NAME={NAME}&LAST_NAME_SRCH={LAST_NAME_SRCH}
- ?LAST_NAME_SRCH={LAST_NAME_SRCH}

关于Content-Type的友情提示 可以做一个小实验，返回到Service Operation并将Message Instance Content Type更改为application/xml，然后在浏览器中重新运行测试。会看到此时的响应是XML。这就是使用Documents作为模型数据的一大优点：从Document结构中抽象出所呈现的数据格式。最后，请确保将响应的内容类型改回application/json。

3. 定义详细信息 Service Operation

返回到BMA_PERS_DIR Service定义，并添加使用了Get REST方法的新Service Operation BMA_PERS_DIR_DETAILS。当出现该Service Operation定义时，将描述信息设置为Personnel Directory Details。向下滚动到URI部分，并选择Document Template BMA_PERS_DIR_DETAILS_PARMS.v1。针对URI模板，输入{EMPLID}。该URI模板使用了与本章前面所介绍的jQuery Mobile Details Service Operation相同的值(如图 8-5 所示)。

滚动到 Service Operation 定义的底部，选择响应消息 BMA_PERS_DIR_DETAILS.v1。将响应的 Content Type 设置为 application/json。保存，然后返回到顶部，单击 Service Operation Security 链接。为便于测试，将该 Service Operation 添加到 PTPT1000 和 PTPT1200 权限列表中。

详细信息 Service Operation Handler 启动 Application Designer，打开 Application Package BMA_PERS_DIR。添加新的 Application Class DetailsRequestHandler。在 PeopleCode 编辑器中添加下面的代码：

```
import PS_PT:Integration:IRequestHandler;

class DetailsRequestHandler implements
      PS_PT:Integration:IRequestHandler
   method OnRequest(&MSG As Message) Returns Message;
   method OnError(&MSG As Message) Returns string;
end-class;

method OnRequest
   /+ &MSG as Message +/
   /+ Returns Message +/
   /+ Extends/implements
      PS_PT:Integration:IRequestHandler.OnRequest +/

   REM ** read parameters from URI using a document;
   Local Compound &parmCom = &MSG.GetURIDocument().DocumentElement;
   Local string &emplid = &parmCom.GetPropertyByName("EMPLID").value;

   REM ** write response to a document;
   Local Message &response = CreateMessage(
      Operation.BMA_PERS_DIR_DETAILS_GET, %IntBroker_Response);
   Local Compound &responseCom =
```

```
        &response.GetDocument().DocumentElement;

    Local string &NAME;
    Local string &ADDRESS1;
    Local string &CITY;
    Local string &STATE;
    Local string &POSTAL;
    Local string &COUNTRY;
    Local string &COUNTRY_CODE;
    Local string &PHONE;

    SQLExec(SQL.BMA_PERSON_DETAILS, &emplid, &NAME, &ADDRESS1, &CITY,
        &STATE, &POSTAL, &COUNTRY, &COUNTRY_CODE, &PHONE);

    &responseCom.GetPropertyByName("EMPLID").Value = &emplid;
    &responseCom.GetPropertyByName("NAME").Value = &NAME;
    &responseCom.GetPropertyByName("ADDRESS1").Value = &ADDRESS1;
    &responseCom.GetPropertyByName("CITY").Value = &CITY;
    &responseCom.GetPropertyByName("STATE").Value = &STATE;
    &responseCom.GetPropertyByName("POSTAL").Value = &POSTAL;
    &responseCom.GetPropertyByName("COUNTRY").Value = &COUNTRY;
    &responseCom.GetPropertyByName("COUNTRY_CODE").Value =
        &COUNTRY_CODE;
    &responseCom.GetPropertyByName("PHONE").Value = &PHONE;

    Return &response;
  end-method;

  method OnError
    /+ &MSG as Message +/
    /+ Returns String +/
    /+ Extends/implements PS_PT:Integration:IRequestHandler.OnError +/
    Return "He's dead, Jim";
  end-method;
```

返回到 Service Operation，并创建一个包含以下细节信息的 OnRequest Application Class 处理程序。

Package Name: BMA_PERS_DIR

Path: “:”

Class ID: DetailsRequestHandler

Method: OnRequest

使用类似于 http://hr92dm05:8000/PSIGW/RESTListeningConnector/PSFT_HR/BMA_PERS_DIR_DETAILS.v1/KU0007 的 URL 对该 Service Operation 进行测试。示例模板如下所示：http://<server>:<port>/PSIGW/RESTListeningConnector/<default_local_node>/BMA_PERS_DIR_DETAILS.v1/<employee_id>。更新模板中的服务器名、端口、节点以及员工 ID，以与你的系统数据相匹配。最终的结果应该如下所示：

```
{
  "DETAILS": {
```

```
        "EMPLID": "KU0007",
        "NAME": "Locherty,Betty",
        "ADDRESS1": "643 Robinson St",
        "CITY": "Buffalo",
        "STATE": "NY",
        "POSTAL": "74940",
        "COUNTRY": "USA",
        "COUNTRY_CODE": "",
        "PHONE": "555/123-4567"
    }
}
```

4. 创建一个员工照片 Service

对于详细信息视图照片，可以向详细信息 Document 添加一个 base64 成员，但考虑到 base64 编码照片的可能长度，这样做似乎不太对。接下来，创建一个新 Service，它返回与前面 jQuery Mobile 员工照片方法所产生的数据相同的 base64 数据。

通过BMA_PERS_DIR Service，使用Get REST方法创建Service Operation BMA_PERS_DIR_PHOTO。所使用的Document和URI模板与BMA_PERS_DIR_DETAILS Service Operation的相同。Document模板为BMA_PERS_DIR_DETAILS_PARMS.v1。URI模板为{EMPLID}。

对于响应 Message，我们将只返回纯文本，因此将 Content Type 设置为 text/plain。由于我们的响应无结构，所以可以使用 IB_GENERIC_REST.V1 消息。保存，然后返回到顶部，通过 Service Operation Security 超链接添加权限列表。

员工照片 Service Operation Handler 在 Application Designer 中，打开 Application Package BMA_PERS_DIR。然后添加类 PhotoRequestHandler。打开 PeopleCode 事件编辑器，输入下面的 PeopleCode：

```
import BMA_PERS_DIR_JQM:DetailsRequestHandler;
import PS_PT:Integration:IRequestHandler;

class PhotoRequestHandler implements PS_PT:Integration:IRequestHandler
   method OnRequest(&MSG As Message) Returns Message;
   method OnError(&MSG As Message) Returns string;
end-class;

method OnRequest
   /+ &MSG as Message +/
   /+ Returns Message +/
   /+ Extends/implements
        PS_PT:Integration:IRequestHandler.OnRequest +/

   REM ** read parameters from URI using a document;
   Local Compound &parmCom = &MSG.GetURIDocument().DocumentElement;
   Local string &emplid = &parmCom.GetPropertyByName("EMPLID").value;

   REM ** write response to a document;
   Local Message &response = CreateMessage(
        Operation.BMA_PERS_DIR_PHOTO_GET, %IntBroker_Response);
```

```
    Local BMA_PERS_DIR_JQM:DetailsRequestHandler &photoEncoder =
          create BMA_PERS_DIR_JQM:DetailsRequestHandler();

    Local boolean &tmp = &response.SetContentString(
          &photoEncoder.getPhotoDataUrl(&emplid));

    Return &response;

end-method;

method OnError
    /+ &MSG as Message +/
    /+ Returns String +/
    /+ Extends/implements PS_PT:Integration:IRequestHandler.OnError +/
    Return "He's dead, Jim";
end-method;
```

返回到 BMA_PERS_PHOTO_GET Service Operation，切换到 Handlers 选项卡。添加一个 On Request Application Class 处理程序。在 Application Class 详细信息中输入以下内容：

Package Name: BMA_PERS_DIR

Path: “:”

Class ID: PhotoRequestHander

Method: OnRequest

使用类似于 http://hr92dm05:8000/PSIGW/RESTListeningConnector/PSFT_HR/BMA_PERS_DIR_PHOTO.v1/KU0007 的 URL 测试该 Service Operation。此时，浏览器应该显示许多莫名其妙的 base64 数据。

5. 定义个人信息 Service

个人信息 Service 与详细信息 Service 的不同之处在于前者使用了已登录用户的员工 ID。接下来开始创建个人信息 Service。返回到 Service BMA_PERS_DIR 定义，并创建一个名为 BMA_PERS_DIR_PROFILE 的 Get Service Operation。将描述信息设置为一些有意义的内容，比如 Person directory profile。然后选择 User/Password Required 复选框，同时将 Req Verification 设置为 Basic Authentication。

向下移动到 REST Resource Definition 分组框，将 URI 模板设置为文本 profile。该 REST Service Operation 没有参数，因此不需要使用 Document Template 或复杂的 URI。

在 Default Service Operation Version 部分，将 Message.Version 设置为 BMA_PERS_DIR_DETAILS.v1。然后再将 Content-Type 设置为 application/json。最后保存该 Service Operation。

保存之后，会出现 Service Operation Security 链接。请确保添加一个测试用户所属的权限列表。一般来说，PTPT1000 是 PTPT1200 常见的权限列表。当需要对本书中的内容进行测试时，它们是可以胜任的，但我并不建议使用它们来部署一个真实的解决方案。

个人信息 Service Operation Handler　返回到 Application Designer，为个人信息 Service Operation 编写一个 Service Operation Handler。其实，这做起来非常简单，因为它使用了与 DetailsRequestHandler 相同的代码，但没有参数。打开 BMA_PERS_DIR Application Package，添加类 ProfileRequestHandler。保存之后，打开 ProfileRequestHandler PeopleCode 编辑器，然后

输入下面的 PeopleCode。或者，如果你已经编写了 DetailsRequestHandler PeopleCode，可以复制该代码，并进行一些更改(更改的部分以粗体文本显示)。

```
import PS_PT:Integration:IRequestHandler;

class ProfileRequestHandler implements
      PS_PT:Integration:IRequestHandler
   method OnRequest(&MSG As Message) Returns Message;
   method OnError(&MSG As Message) Returns string;
end-class;

method OnRequest
   /+ &MSG as Message +/
   /+ Returns Message +/
   /+ Extends/implements PS_PT:Integration:IRequestHandler.OnRequest +/

   REM ** write response to a document;
   Local Message &response = CreateMessage(
       Operation.BMA_PERS_DIR_PROFILE_GET, %IntBroker_Response);
   Local Compound &responseCom =
        &response.GetDocument().DocumentElement;

   Local string &NAME;
   Local string &ADDRESS1;
   Local string &CITY;
   Local string &STATE;
   Local string &POSTAL;
   Local string &COUNTRY;
   Local string &COUNTRY_CODE;
   Local string &PHONE;

   SQLExec(SQL.BMA_PERSON_DETAILS, %EmployeeId, &NAME, &ADDRESS1,
       &CITY, &STATE, &POSTAL, &COUNTRY, &COUNTRY_CODE, &PHONE);

   &responseCom.GetPropertyByName("EMPLID").Value = %EmployeeId;
   &responseCom.GetPropertyByName("NAME").Value = &NAME;
   &responseCom.GetPropertyByName("ADDRESS1").Value = &ADDRESS1;
   &responseCom.GetPropertyByName("CITY").Value = &CITY;
   &responseCom.GetPropertyByName("STATE").Value = &STATE;
   &responseCom.GetPropertyByName("POSTAL").Value = &POSTAL;
   &responseCom.GetPropertyByName("COUNTRY").Value = &COUNTRY;
   &responseCom.GetPropertyByName("COUNTRY_CODE").Value =
       &COUNTRY_CODE;
   &responseCom.GetPropertyByName("PHONE").Value = &PHONE;

   Return &response;
end-method;

method OnError
   /+ &MSG as Message +/
   /+ Returns String +/
```

```
    /+ Extends/implements PS_PT:Integration:IRequestHandler.OnError +/
    Return "He's dead, Jim";
end-method;
```

组合(Composition)优于继承(Inheritance)

DetailsRequestHandler 和 ProfileRequestHandler 类包含了几乎相同的代码。DRY(don't repeat yourself)原则建议将通用代码移动到一个单独的位置，然后再对其进行参数化。为此，面向对象编程最佳实践提供了三种选择：

- 使用继承的方式将代码移动到一个基类中。
- 将代码移动到一个完全独立且不相关的类中。
- 将通用代码移动到一个参数化的 FUNCLIB 函数中。

因为 Integration Broker 处理程序必须直接实现接口 PS_PT:Integration:IRequestHandler，所以不能使用继承的方法，故留给我们的唯一选择就是使用组合的方法。组合迫使开发人员以不同的方式进行思考，通常会产生更好的代码。下面是 Wikipedia 对组合的描述：

"在面向对象编程中，组合优于继承(或者说合成复用原则，Composite Reuse Principle)是一种技术，通过该技术，一个类只需包含实现了所需功能的其他类就可以实现多态行为和代码重用，而无需使用继承的方法" (http://en.wikipedia.org/wiki/Composition_over_inheritance)。

并不能因为正在讨论面向对象编程而忽略功能设计模式。由于 OnRequest PeopleCode 是无状态的，因此可以非常容易地使用一个 FUNCLIB 函数来实现处理程序的通用代码。

保存 Application Package 和类，然后返回到 BMA_PERS_DIR_PROFILE_GET Service Operation。切换到 Handlers 选项卡，并按照其他 Service Operation 那样填充 Handlers 表格。为处理程序赋予一个名称(REQUESTHDLR 似乎比较合适)，将 Type 设置为 On Request，并针对 Implementation 选择 Application Class。单击 Details 连接，输入以下内容：

Package Name: BMA_PERS_DIR

Path: ":"

Class ID: ProfileRequestHandler

Method: OnRequest

保存之后，通过访问 URL http://hr92dm05:8000/PSIGW/RESTListeningConnector/PSFT_HR/BMA_PERS_DIR_PROFILE.v1/profile(请根据你的环境更改服务器、端口和节点)对该 Service Operation 进行测试。

8.5.3　反向代理 AngularJS 原型

当创建 proxy.conf 文件时已经为 Integration Broker 创建了反向代理规则。可以使用下面所示的 URL 对现有的代理配置进行测试。请确保更改相关节点，以与你环境中的节点名称匹配(节点名称以粗体文本显示)：

- http://localhost/PSIGW/RESTListeningConnector/**PSFT_HR**/BMA_PERS_DIR_SEARCH.v1?EMPLID=KU00&NAME=A
- http://localhost/PSIGW/RESTListeningConnector/**PSFT_HR**/BMA_PERS_DIR_DETAILS.v1/KU0007

- http://localhost/PSIGW/RESTListeningConnector/**PSFT_HR**/BMA_PERS_DIR_PHOTO.v1/KU0007
- http://localhost/PSIGW/RESTListeningConnector/**PSFT_HR**/BMA_PERS_DIR_PROFILE.v1/profile

1. 更新 AngularJS 项目的源代码

在 NetBeans 中打开 PersonnelDirectory-ajs 项目，然后找到 services.js 和 controllers.js 文件。这两个文件都包含了指向静态文本文件的 JavaScript。接下来，需要使用指向新 Integration Broker REST Services 的引用替换这些静态文本文件引用。

Controller.js 找到 DetailsCtrl 控制器，并按照下面代码清单所示的内容更新 URL。所需的代码更改以粗体文本显示：

```
.controller('DetailsCtrl', [
  '$scope',
  '$routeParams',
  '$http',
  function($scope, $routeParams, $http) {
    // view the route parameters in your console by uncommenting
    // the following:
    // console.log($routeParams);
    $http.get('/PSIGW/RESTListeningConnector/PSFT_HR/
BMA_PERS_DIR_DETAILS.v1/' + $routeParams.EMPLID)
          .then(function(response) {
            // view the response object by uncommenting the following:
            // console.log(response);
            // closure -- updating $scope from outer function
            $scope.details = response.data.DETAILS;
          });
    $http.get('/PSIGW/RESTListeningConnector/PSFT_HR/
BMA_PERS_DIR_PHOTO.v1/' + $routeParams.EMPLID)
          .then(function(response) {
            $scope.photo = response.data;
          });
  }])
```

你是否注意到我悄悄地添加了一些代码来调用照片服务？接下来，让我们更新 partials/details.html 文件，以使用新的 photo 作用域字段：

```
<img ng-src="{{photo}}" class="avatar"
     alt="{{details.NAME}}'s Photo">
```

注意：

在上面的代码中，将 src 属性更改为 ng-src 属性。这样一来可以防止浏览器在我们没有准备好的情况下尝试显示相关内容。

ProfileCtrl 控制器与详细信息控制器非常类似。在 js/controllers.js 文件中找到 ProfileCtrl 控制器，并按照下面的代码进行更新：

```
  .controller('ProfileCtrl', ['$scope',
  '$routeParams',
  '$http',
  function($scope, $routeParams, $http) {
    $http.get('/PSIGW/RESTListeningConnector/PSFT_HR/
BMA_PERS_DIR_PROFILE.v1/profile')
          .then(function(response) {
            // closure -- updating $scope from outer function
            $scope.profile = response.data.DETAILS;
            $http.get('/PSIGW/RESTListeningConnector/
PSFT_HR/BMA_PERS_DIR_PHOTO.v1/' + $scope.profile.EMPLID)
                  .then(function(response) {
                    $scope.photo = response.data;
                  });
          });

    $scope.save = function() {
      // TODO: implement during Chapters 7 and 8
    };
  }]);
```

注意：

在上面的代码中，我又一次悄悄地编写了一些代码来调用照片服务。但这一次，故意设置为等待个人信息服务返回一个值，而不是异步地调用照片服务。这是因为照片服务需要一个员工 ID，但在个人信息服务返回之前无法获取登录用户的员工 ID。

除了更新控制器之外，还需要更新 partials/profile.html 文件。

Services.js 打开 js/services.js 文件，找到 SearchService 工厂。在$http 中，使用/PSIGW/RESTListeningConnector/PSFT_HR/BMA_PERS_DIR_SEARCH.v1 替换URL test-data/SEARCH_RESULTS.json。更改完后，代码应该与下面的代码片段类似：

```
searchService.search = function(parms) {
  var promise = $http({
    method: 'GET',
    url: '/PSIGW/RESTListeningConnector/PSFT_HR/
BMA_PERS_DIR_SEARCH.v1',
    params: parms
  }).then(function(response) {
```

注意：

对于书中所示的所有 URL，请验证特定于网站的信息，比如节点名称，并相应地更新 URL。例如，如果你的 HRMS 默认本地节点为 HC92SBX，那么就使用 HC92SBX 替换 PSFT_HR。

2. 为了适合于 Apache httpd，为 AngularJS 项目起一个别名

通过创建一个别名，可以让 AngularJS 项目在本地 Apache Web 服务器上使用。导航到 c:\apache24\conf\bma\目录，将文件 pdjqm.conf 复制到 pdajs.conf。打开新的 pdajs.conf 文件，并使用 ajs 替换每个 jqm 实例。此时，pdajs.conf 文件应该包含了下面所示的文本(当然，路径可能会不同)：

```
Alias /pdajs C:/Users/sarah/Documents/NetBeansProjects/
PersonnelDirectory-ajs/app

<Directory "C:/Users/sarah/Documents/NetBeansProjects/
PersonnelDirectory-ajs/app">
  ## directives for older httpd versions
  # Order allow,deny
  # Allow from all

  Require all granted
</Directory>
```

保存文件并重启 Apache httpd。现在，可以使用浏览器访问 URL http://localhost/pdajs/，对你的 AngularJS 移动应用的工作情况进行验证。如果一切正常，那么祝贺你工作非常出色。如果没有按照预期的那样工作，也要祝贺你，因为你在本章中已经完成了大量的工作。可以使用相关工具，比如 Firefox Firebug、Chrome 开发者工具等解决应用中的相关问题。虽然 JavaScript 控制台和网络选项卡会显示浏览器所识别的错误，但不必要这么做。

8.6 小结

在本章，学习了如何：

- 创建返回 JSON 和 HTML 的 REST 服务。
- 使用 PeopleSoft Query 创建可配置数据源。
- 使用 Branding Objects 组件在线编辑 HTML 定义。
- 将 Apache Web 服务器配置为一个反向代理。
- 将数据库二进制对象转换为 base64。
- 使用上面所有的内容创建匿名和安全的移动应用。

第 III 部分

构建原生应用

第9章

获得最佳效果的原生应用

在本章，将学习如何创建原生应用(Native Application)和混合应用。原生应用运行在移动设备上，需要使用特定于某一操作系统的工具包来进行开发。例如，Android 原生开发需要 Android SDK。而混合应用是运行在一个原生容器并访问原生服务(比如地理位置、相机、联系人等)的 HTML5 应用。在本章，将使用以下工具构建原生和混合解决方法：

- Eclipse 和 Android Developer Tools(通常被称为 Eclipse+ADT)
- Apache Cordova 混合容器
- Oracle Mobile Application Framework

接下来的几章将围绕着同样的演示方案进行展开：即 Personnel Directory(在此只是提醒一下)。虽然我对你的感受并不了解，但我确实有点厌倦了再创建一个新的人员目录。所以为什么要再创建一个人员目录呢？可以重复使用相同的示例，以便有机会对各种开发模型进行一个比较。这将有助于在各种移动技术之间进行一次“apples to apples”比较(同类比较)。继续使用相同示例的另一个原因是可以充分利用前几章所创建的 PeopleTools 定义，从而可以将注意力集中在开发方法和非 PeopleSoft 开发工具上，而不是分散注意力来创建新的 PeopleTools 定义。在第III部分将创建一些新的 PeopleTools 定义，但涉及 PeopleTools 和移动的基本元素已在本书的第 I 部分和第 II 部分中介绍。

9.1 第Ⅲ部分介绍

接下来简要介绍一下本书剩余章节的主要内容。

9.1.1 第 9 章简介

在本章，将创建人员目录应用的原生Android版本。我们将使用第 8 章所创建的REST Service Operation以及第 4 章的数据模型。首先使用Eclipse和ADT编写代码，然后使用一个Android模拟器测试应用。第 9 章的主要目的是介绍如何通过Android SDK来使用PeopleSoft REST服务。

9.1.2 第 10 章简介

第 10 章将演示如何构建一个混合移动应用。我们将学习如何在 Apache Cordova/PhoneGap 容器中运行第 6 章(以及第 8 章)的 AngularJS 移动应用。我们将使用 Cordova JavaScript API 来访问移动设备相机，从而上传一张自拍照作为员工照片。

9.1.3 第 11 章简介

Oracle 拥有自己的混合容器，被称为 MAF(Mobile Application Framework)。MAF 允许开发人员组合使用 Java 和声明式结构来创建混合应用，而不是使用 HTML、JavaScript 和 CSS 来构建应用。在第 11 章，将学习如何使用 JDeveloper 和 Oracle MAF 来创建人员目录的另一种版本。

9.1.4 关于 iOS

iOS怎么样？是否有介绍如何为iPhone和iPad创建移动人员目录的章节？从PeopleTools的角度来看，Android和iOS应用之间没有什么区别。如果你已经知道如何创建iOS应用，那么第 4 章和第 8 章所介绍的PeopleTools数据和REST服务定义将是取得成功所需的全部内容。但如果对iOS不熟悉，那么在网络上有很多可供学习iOS开发的在线和打印资源。

注意：
第 10 章和第 11 章将介绍创建混合移动应用的两种不同方法，这些应用都可以在 Android 和 iOS 上运行。

接下来让我们创建一些高性能的原生 PeopleSoft 应用！

9.2 构建移动 Android Personnel Directory

编写关于原生移动开发的相关内容就好比在干燥的沙子中挖一个洞。挖掘者不断向下挖，但前景的变化就和挖掘者挥舞的铁锹一样快。每当挖了满满一铁锹沙子出来，总会有一部分重新掉落到洞中。之所以使用该比喻来形容 Android 开发，是因为 Android 应用开发领域是不断变化的。如今，主要是使用 Eclipse 和 ADT 插件来构建 Android 应用。然而，在本书出版之前，开发人员已经可以使用 Android Studio(目前还是 beta 版)来构建 Android 应用了。考虑到这一点，本章将不会花费过多的精力来创建一个连接到 PeopleSoft 实例的移动应用。我将不会过多地扩展相关领域，并且尽量少介绍一些可能变化的相关主题。本章的主要目的不是介绍 Android 开发，而是介绍如何从原生 Android 应用调用 PeopleSoft REST 服务。

9.2.1 为什么选择原生？

选择原生应用而不选择移动 Web 或者混合应用的最主要原因是性能。在进行性能判断时，需要考虑网络利用率、内存、CPU 开销以及文件安装大小。虽然通过良好的移动 Web 和混合应用设计，可以达到许多目标。然而，Web 和混合应用都寄居在一个从原生 Android API 抽象出来的容器中。相比于 Web 和混合应用，原生移动应用开发提供了更大程度的控制。

9.2.2 Android 开发介绍

虽然本书并不是一本专门介绍 Android 开发的书，但接下来通过创建一个简单的 Android 应用让读者对 ADT SDK 有一个感性认识。

1. 创建项目

启动第 1 章所安装的带有 Android SDK 的 Eclipse 实例。我的安装目录为 C:\apps\adt-bundle-windows-x86_64-20140702\eclipse。当 Eclipse IDE 出现时，从 Edipse 菜单栏选择 File | New | Android Application Project。在 New Android Application 对话框中，输入一个 Application Name，比如 HelloAndroid。该名称并不重要，因为这只是一个示例应用。Project 和 Package Name 字段会自动更新，从而与 Application Name 匹配。图 9-1 是 New Android Application 对话框的屏幕截图。你是否注意到带有感叹号的黄色三角形？它告诉我们不应该使用 com.example 作为 Package Name 的前缀。Package Name 是一个唯一标识符，在应用的整个生命周期内必须保持不变。此处之所以使用 com.example，是因为该 HelloAndroid 应用是一个示例，除了部署到一个模拟器之外，不会再部署到其他地方。

在应用名称下面选择设备目标平台范围。Minimum Required SDK 确定了可用于该应用的 APIs。请选择你希望支持的最低平台，但不要太低。如果所选择的平台太低，则会减少可用的 APIs，从而限制了开发的灵活性。单击 Next 按钮，进入到 New Android Application 向导的下一步。

在第 2 步中，验证一下是否选择了 Create custom launcher icon、Create activity 和 Create Project in Workspaces 复选框。选择这些复选框将会创建安装和启动新 HelloAndroid 应用所需的默认应用结构。图 9-2 是第 2 步的屏幕截图。单击 Nex 进入到第 3 步。

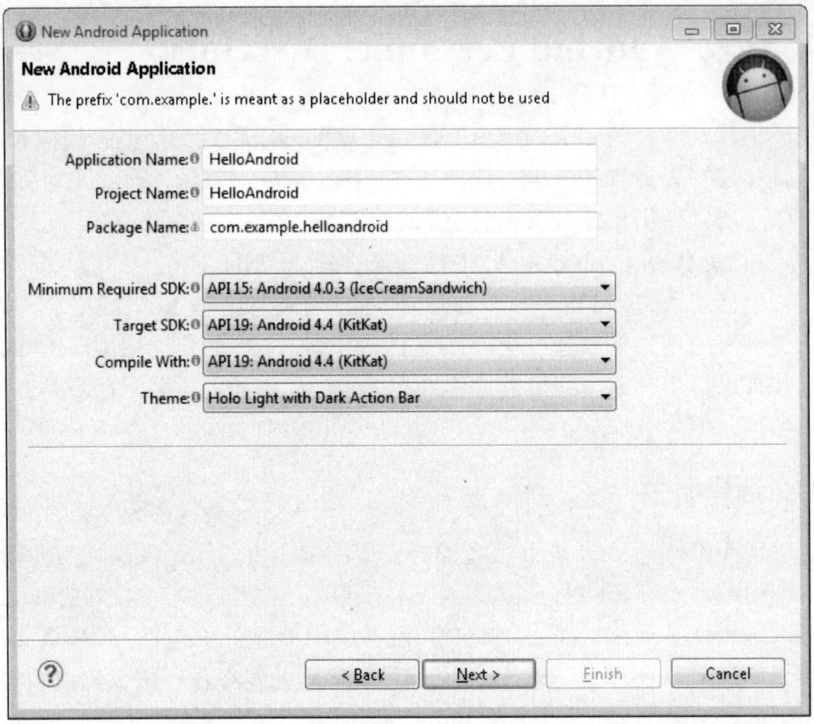

图 9-1 New Android Application 向导第 1 步

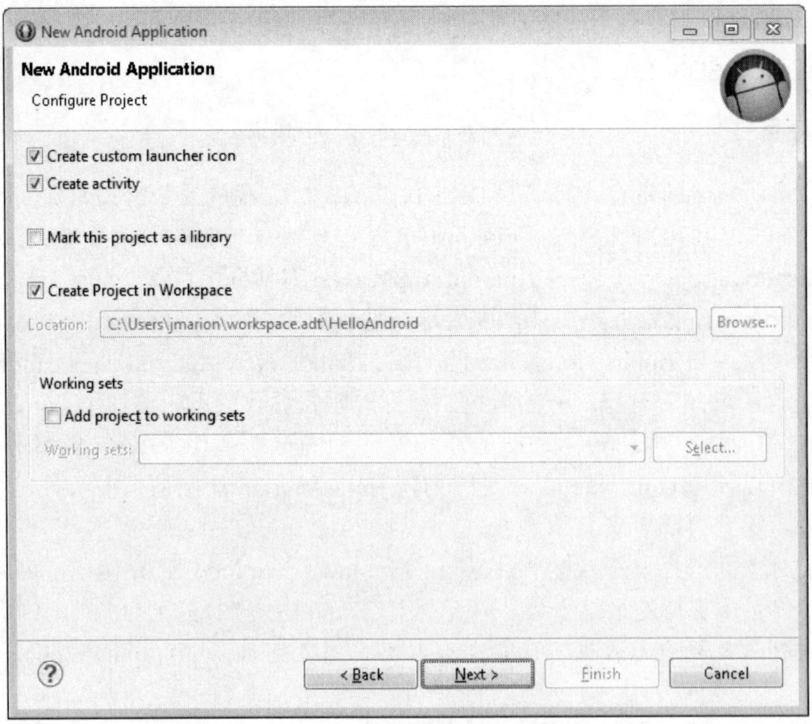

图 9-2 New Android Application 向导第 2 步

当被要求配置一个启动器图标时单击 Next 按钮。对于本示例，将使用默认的图标配置。在第 4 步，针对活动模板选择 Blank Activity，单击 Next 按钮。向导的最后一步允许更改活动的名称。在此请保持默认活动名称 MainActivity 和默认布局名称 activity_main 不变。图 9-3 是向导最后一步的屏幕截图。单击 Finish 按钮，完成向导。

图 9-3　New Android Application 向导的最后一步

2. 审查项目

新项目包含几个重要文件：

- AndroidManifest.xml
- res/layout/activity_main.xml
- res/values/strings.xml
- src/com/example/helloandroid/MainActivity.java

针对每个文件，Android Eclipse ADT 插件都包含了一个不同的编辑器。AndroidManifest.xml 文件包含了运行应用所需的所有元数据，包括 Activities 和权限。

Android 项目的资源文件夹包含了图像、页面设计(也称为布局)、字符串表以及其他非编码资源。请重点查看一下 activity_main.xml 布局文件。该文件描述了应用的 MainActivity 活动的内容。请注意，该文件只包含了一个文本框(包含文本 Hello World)。文本 Hello World 并不是硬编码的，而是来自文件 values/strings.xml 中存在的一个字符串资源。

在 src 文件夹中，可以找到一个名为 MainActivity.java 的文件。该文件包含了初始化活动所需的 Java 代码，包括指定布局定义以及任何特定于活动的菜单项。

3. 启动应用

从 Eclipse 菜单栏选择 Run | Run，启动 HelloAndroid 应用。当出现提示时，选择 Run as Android Application。Eclipse 会提示选择目标设备，然后部署并启动新的 HelloAnnroid 应用。

图9-4是运行在NexusOne模拟器(使用了WQVGA400外观)上的HelloAndroid应用的屏幕截图。

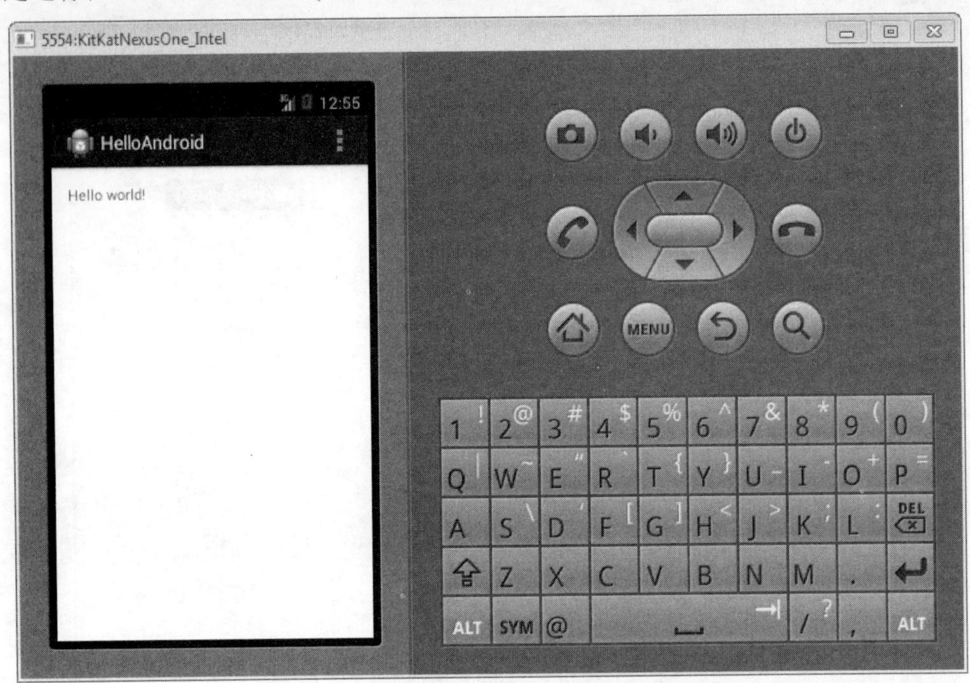

图9-4 运行在模拟器中的HelloAndroid应用

9.2.3 使用Android进行网络连接

虽然我们的人员目录应用比HelloAndroid示例略微复杂一点，但也不是太复杂。除了对布局进行了一些修改之外，人员目录应用还需要通过网络连接获取的外部信息。网络是一种常见的Android应用任务。许多应用，比如Facebook、Linkedln和TripCase都使用Android网络功能来发送和接收信息。Android包括两个HTTP客户端库：java.net.HttpURLConnection和Apache HttpClient，但这两个库都不是非常适合移动开发。它们都是基础的HTTP客户端协议处理程序，没有考虑调度、缓存、并发以及移动网络所特有的其他因素。为了构建高性能的原生应用，开发人员通常需要在已发布的HttpClient和HttpURLConnection客户端库的基础之上编写自己的网络客户端。在2013年的Google I/O大会上，Google的Ficus Kirkpartirck发布了一个新的网络库Android Volley。该库的设计目的是使用最少的代码提升性能以及实现Android网络最佳实践。在本章，将使用Android Volley来管理网络请求。

准备Android Volley

Android Volley是作为一个独立的项目存在的，并没有包括在Android开发人员工具中。如果想要使用该库，首先需要下载，然后将其打包成一个Java库(JAR文件)，或者在Eclipse中将其引入为一个Android库项目。在本章，选择后一种方法：即在Eclipse中将Android Volley引入为一个Android库。

启动Eclipse的ADT捆绑实例(如果还没有运行的话)，然后从Eclipse菜单栏选择File | Import。当出现Import对话框时，选择Git | Projects from Git，如图9-5所示。单击Next，进入下一步。

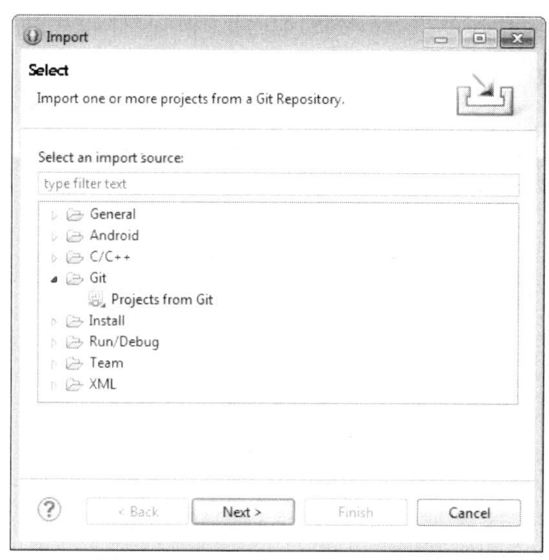

图 9-5　Select import source 对话框

在第 2 步中，选择一个存储库源，以及 URI。单击 Next 进入第 3 步。当出现第 3 步时，输入 URI https://android.googlesource.com/platform/frameworks/volley。此时 Eclipse 将自动填充 Host 和 Repository 路径。图 9-6 是存储库位置对话框的屏幕截图。单击 Next 按钮，进入 Branch Selection 对话框。

图 9-6　Import Git 存储库位置选择对话框

Git 存储库可以有许多分支。我们只对 master 分支感兴趣。当 Branch Selection 对话框出现时，请选择 master 分支(提示：首先单击 Deselect All 按钮，然后只选择 master)。单击 Next 进入 Local Destination 选择步骤。接受默认值，单击 Next 进入选择项目导入向导类型步骤。请按照图 9-7 所示的内容选择 Import existing projects 选项。

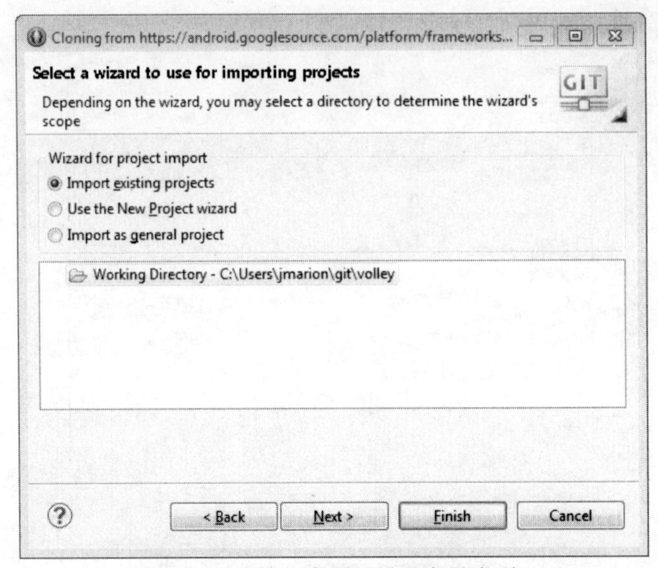

图 9-7 选择一个项目导入向导类型

当单击 Next 按钮时，Eclipse 将显示一个从下载的 Git 存储库中找到的项目列表。请选择 Volley 项目，同时取消选择 VolleyTests 项目。图 9-8 是导入向导的最后一步的屏幕截图。单击 Finish，完成导入向导。

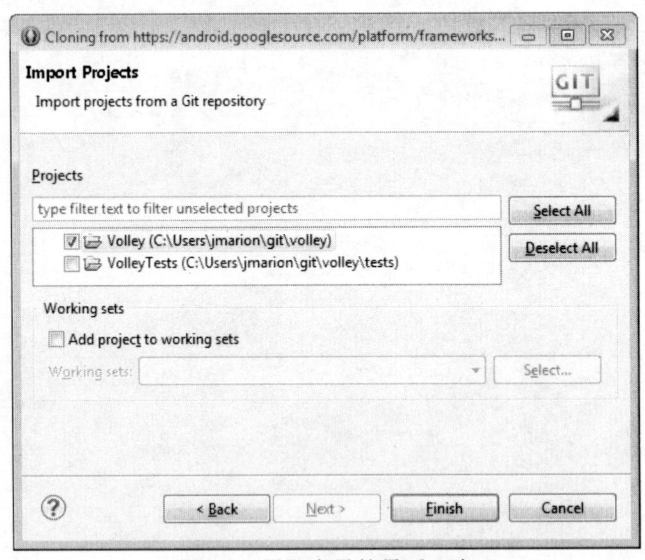

图 9-8 导入向导的最后一步

注意：

在导入 Volley 项目的同时导入 VolleyTests 项目是没有什么问题的。但我们并不会使用 VolleyTests 项目。如果你已经导入，可以选择将其删除，或者忽略。

一旦单击了 Finish 按钮，Eclipse 将处理和编译 Volley 项目。此时，可能会在控制台中显示一个错误，告知 Android 工具无法找到 Volley 项目的 res 目录。相关的错误消息如下所示：

```
[2014-11-11 20:35:46 - Volley] ERROR: resource directory
'C:\Users\jmarion\git\volley\res' does not exist
```

忽略该错误。Volley 是一个没有用户界面的库项目。容器项目将提供布局、字符串表、图标以及其他创建 Android 应用所需的任何 Android 资源。

右击新的 Volley 项目，从上下文菜单中选择 Properties。然后在左边的列表中找到并选择 Android 项。同时选中右下角的 Is Library 复选框，从而将该项目标记为一个 Android 库。图 9-9 是属性对话框的屏幕截图。

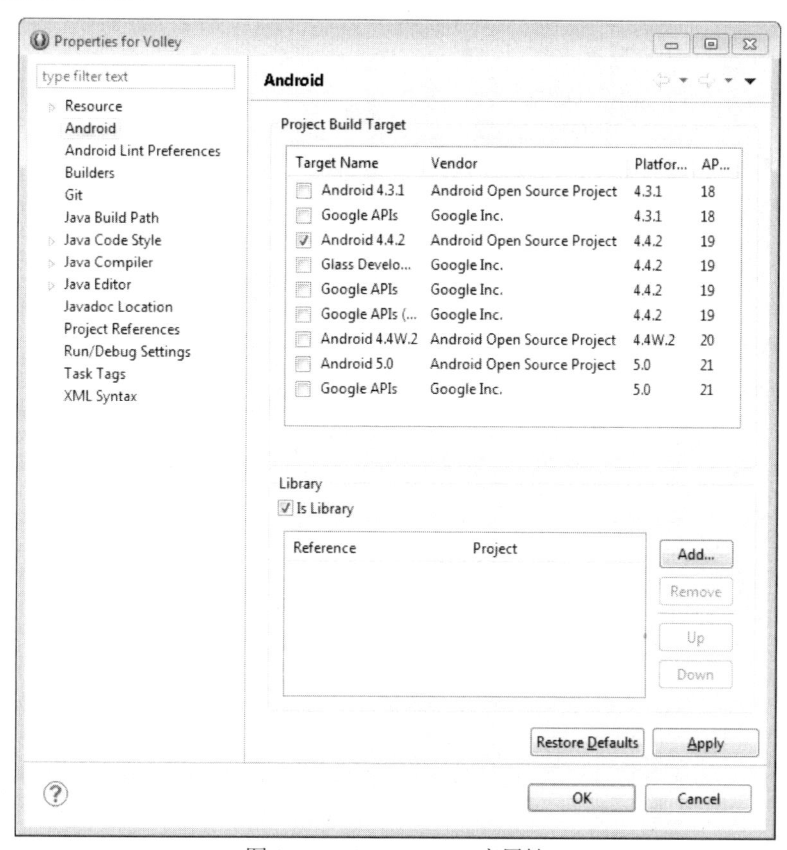

图 9-9　Volley Android 库属性

9.2.4　构建本地目录

创建一个名为 PersonnelDirectory 的新 Android 应用项目。在 New Android Application 对话框中，允许 Eclipse 填充 Project Name 和 Package Name 详细信息。同时指定 Minimum、Target 和 Compile SDK 的值。针对 Minimum Required SDK，我选择了 IceCreamSandwich，而对于 Target SDK 和 Compile SDK 则选择了 KitKat。图 9-10 是 New Android Application 对话框的屏幕截图。单击 Next 按钮，进行下一步。在后续的步骤中依次单击 Next 按钮，接受所有的默认值。在最后一步，单击 Finish 按钮。与 HelloAndroid 项目一样，Eclipse 所创建的项目包含将新应用部署到 Android 模拟器所需的所有文件。

接下来，让我们将该项目与Volley库关联起来。在Package Explorer中右击PersonnelDirectory项目节点，并从上下文菜单中选择Properties。当Properties窗口出现时，从左边的分级显示大纲中选择Android节点。然后在Properties窗口的右下角找到Library部分，并使用Add按钮选择Volley库。单击OK，保存所做的更改，并关闭Properties对话框。图 9-11 是选择了Volley库之后的Properties窗口的屏幕截图。

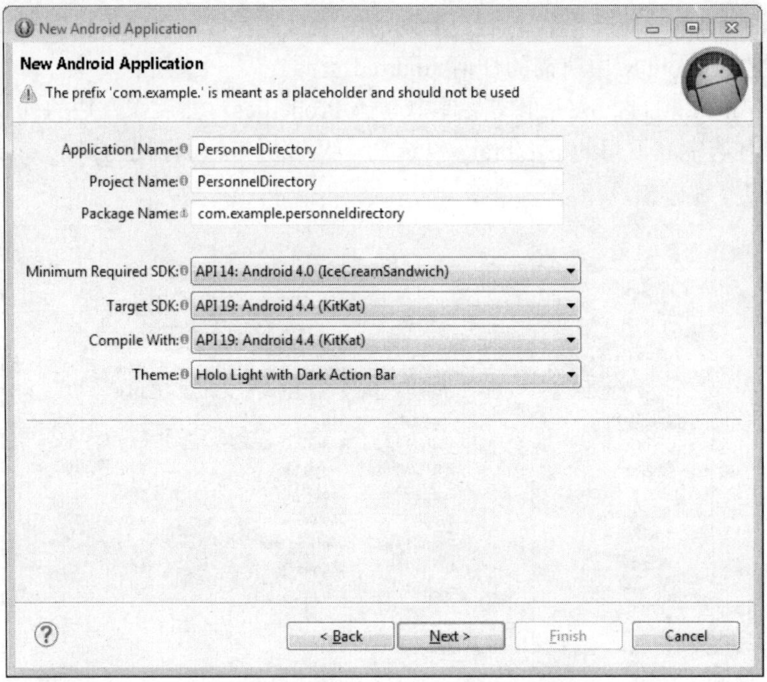

图 9-10 New Android Application 对话框

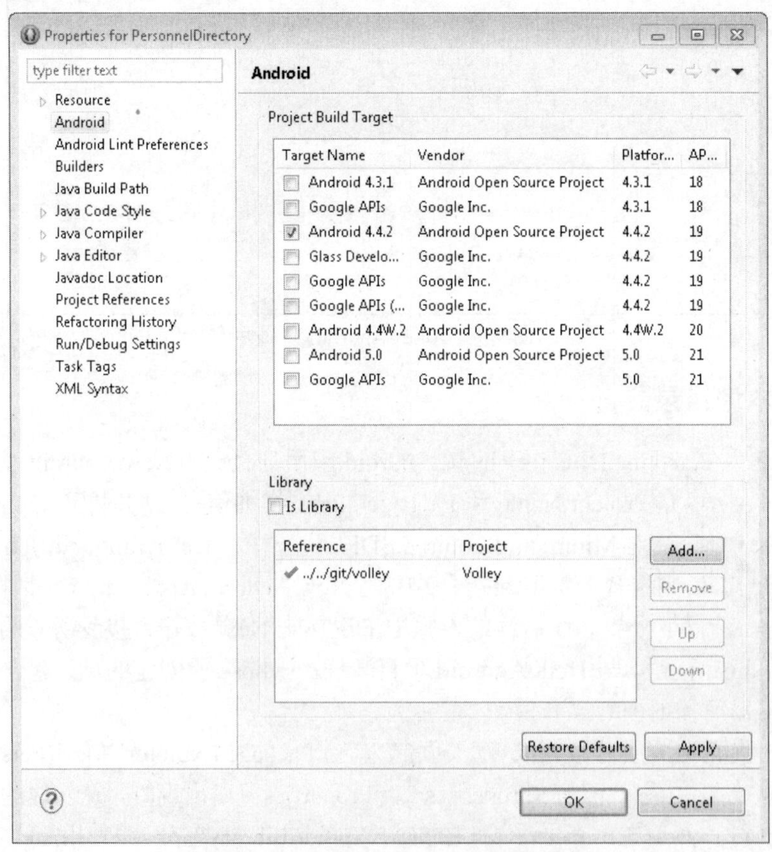

图 9-11 Android 项目 Properties 对话框

1. 设计搜索布局

现在，应该可以看到 activity_main.xml 文件的 Graphical Layout 选项卡。如果没有看到，请在 Eclipse Package Explorer 中找到 res/layout/activity_main.xml 文件，并打开 activity_main.xml。我们想要将 activity_main.xml 文件变为图 9-12 所示的搜索页面。

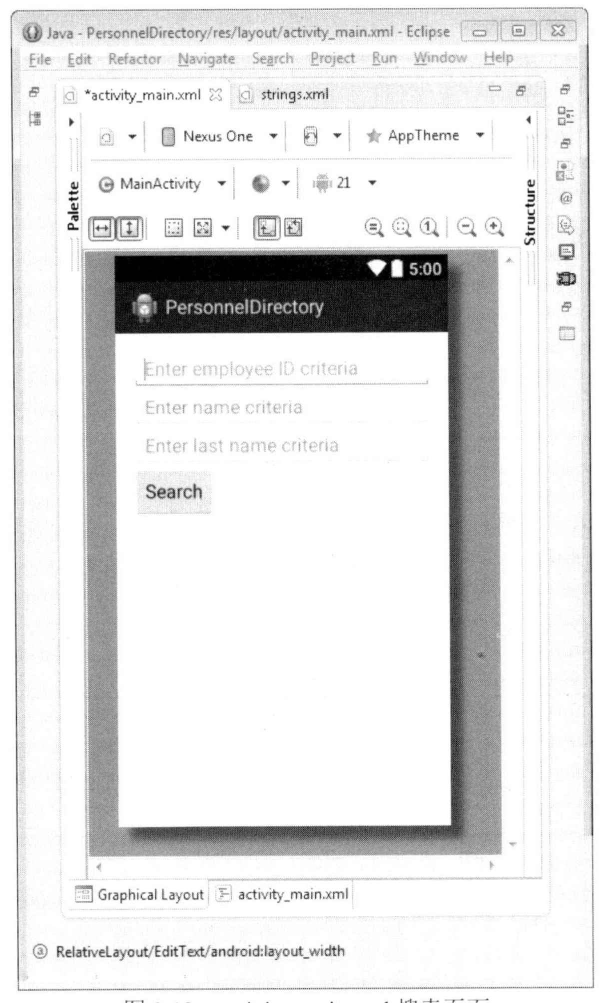

图 9-12　activity_main.xml 搜索页面

如果想要将当前的 activity_main.xml 设计成图 9-12 所示的布局，首先要删除现有的"Hello World"文本视图，然后向 activity_main.xml 添加三个 Plain Text EditText 字段。添加完新字段后，将每个字段的 Id 属性依次更改为@+id/emplid_search、@+id/name_search 和@+id/last_name_search。当出现提示时，选择 Yes 更新应用。此外，还需要更新每个字段的提示文本。为此，请在图形编辑器中选择字段，然后从右边的结构查看器中找到 Hint 属性。单击省略号(...，三个点)按钮，并单击 Resource Chooser 对话框中的 New String 按钮，弹出 Create New Android String 对话框。输入一个字符串值 Enter employee ID criteria 以及 emplid_search_hint 资源 ID。图 9-13 是 Create New Android String 对话框的屏幕截图。

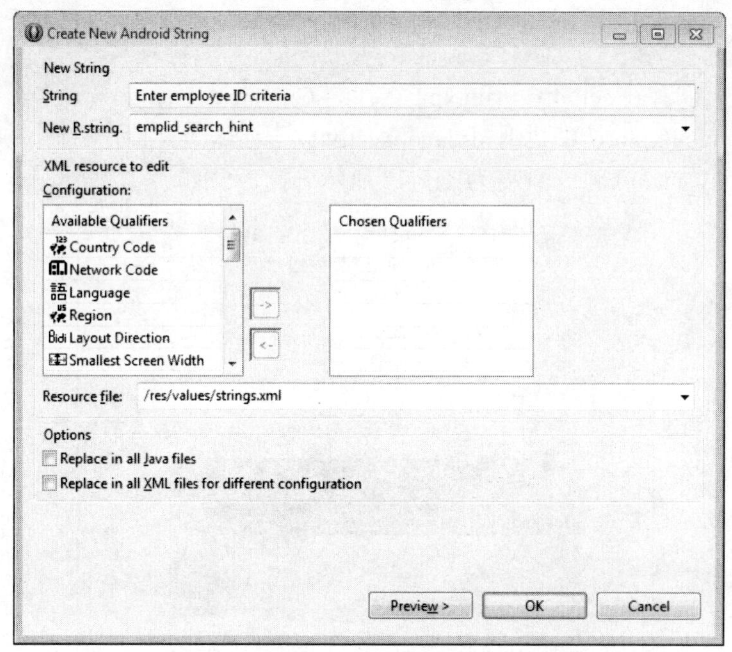

图 9-13 Create New Android String 对话框

单击 OK 按钮，保存新建的字符串资源。当返回到 Resource 选择器时，再次单击 OK 按钮，更新 EditText 字段提示属性。针对剩下的 EditText 字段重复上述步骤，并按照表 9-1 所示的值进行相关的设置。

表 9-1 EditText 提示值

字段 ID	字符串值	资源 ID
name_search	Enter name criteria	name_search_hint
last_name_search	Enter last name criteria	last_name_search_hint

创建搜索布局的最后一步是从组件面板的窗体部件中拖动一个按钮放置到布局中(放在姓搜索字段的下面)。拖放完毕后，选中该按钮，并在 Properties 窗口中找到 Text 属性。然后使用省略号按钮创建一个新的字符串资源。将新字符串的资源 ID(R.string) 设置为 search_button_label，并赋予值 Search。

注意：

虽然可以针对每个显示字段以硬编码的方式设置字符串值，但这样一来就不能重复使用且不可转移。

仍然选择 Search 按钮并查看 Properties 窗口，然后找到 On Click 事件。将其值设置为 execSearch。随后我们将创建 execSearch 方法。

单击 Graphical Layout 选项卡右边的 activity_main.xml 选项卡，切换到布局的 XML 视图。针对每个 EditText 元素，将 android:layout_width 属性值从 wrap_content 更改为 match_parent。这样一来就可以对文本字段的宽度进行拉伸，从而与父容器的宽度相匹配。下面所示的代码清单包含了用来描述 activity_main.xml 布局的 XML。其中 layout_width 属性值以粗体显示。

```
<RelativeLayout
    xmlns:android="http://schemas.android.com/apk/res/android"
  xmlns:tools="http://schemas.android.com/tools"
  android:layout_width="match_parent"
  android:layout_height="match_parent"
  android:paddingBottom="@dimen/activity_vertical_margin"
  android:paddingLeft="@dimen/activity_horizontal_margin"
  android:paddingRight="@dimen/activity_horizontal_margin"
  android:paddingTop="@dimen/activity_vertical_margin"
  tools:context="com.example.personneldirectory.MainActivity" >

  <EditText
     android:id="@+id/emplid_search"
     android:layout_width="match_parent"
     android:layout_height="wrap_content"
     android:layout_alignParentLeft="true"
     android:layout_alignParentTop="true"
     android:ems="10"
     android:hint="@string/emplid_search_hint" >

     <requestFocus />
  </EditText>

  <EditText
     android:id="@+id/name_search"
     android:layout_width="match_parent"
     android:layout_height="wrap_content"
     android:layout_alignParentLeft="true"
     android:layout_below="@+id/emplid_search"
     android:ems="10"
     android:hint="@string/name_search_hint" />

  <EditText
     android:id="@+id/last_name_search"
     android:layout_width="match_parent"
     android:layout_height="wrap_content"
     android:layout_alignParentLeft="true"
     android:layout_below="@+id/name_search"
     android:ems="10"
     android:hint="@string/last_name_search_hint" />

  <Button
     android:id="@+id/button1"
     android:layout_width="wrap_content"
     android:layout_height="wrap_content"
     android:layout_alignLeft="@+id/last_name_search"
     android:layout_below="@+id/last_name_search"
     android:onClick="execSearch"
     android:text="@string/search_button_label" />

</RelativeLayout>
```

2. 实现搜索行为

当创建 PersonnelDirectory 项目时，就相当于告知 Eclipse 要创建一个名为 MainActivity 的默认活动。此外，我们还将该活动的布局确定为 activity_main.xml。前面，我们已经完成了 activity_main.xml(即搜索页面布局)的设计。接下来需要编写一些 Java 代码来实现布局行为。尤其是要告诉 Android 设备当用户单击 Search 按钮时如何响应。

当单击一个图标时，Android 如何知道应该完成什么操作？

在对 MainActivity.java 进行编码之前，该文件已经包含了一些代码行。要着重看一下 OnCreate 方法。请注意，该方法引用了 R.layout.activity_main。该布局前面已经介绍过。它们之间的关系是：

```
AndroidManifest.xml → MainActivity.java → activity_main.xml
```

清单文件确定默认活动(即 MainActivity.java)，而默认活动加载对应布局(即 activity_main.xml)。

在 Package Explorer 中，找到并打开位于 src/com.example.personneldirectory 文件夹中的 MainActivity.java 文件。需要向该文件中添加一个按钮单击处理程序。按钮单击处理程序首先获取用户所输入的搜索值，然后再将这些值传送给一个新活动。在 MainActivity.java 的顶部找到定义 MainActivity 类的行，该代码行如下所示：

```
public class MainActivity extends Activity {
```

然后在该代码行下面添加以下代码行：

```
public final static String EMPLID_SEARCH_KEY =
   "com.example.personneldirectory.EMPLID_SEARCH_KEY";
public final static String NAME_SEARCH_KEY =
   "com.example.personneldirectory.NAME_SEARCH_KEY";
public final static String LAST_NAME_SEARCH_KEY =
   "com.example.personneldirectory.LAST_NAME_SEARCH_KEY";
```

在将搜索字段值传递给新活动之后，将使用这三个声明来确定这些被传递的值。滚动到文件底部，在最后的右大括号(})上面输入下面的代码：

```
    public void execSearch(View v) {
       Intent intent = new Intent(this, SearchResultsActivity.class);

       EditText emplidText = (EditText) findViewById(
             R.id.emplid_search);
       intent.putExtra(EMPLID_SEARCH_KEY,
             emplidText.getText().toString());

       EditText nameText = (EditText) findViewById(R.id.name_search);
       intent.putExtra(NAME_SEARCH_KEY,
             nameText.getText().toString());

       EditText lastNameText = (EditText) findViewById(
             R.id.last_name_search);
```

```
        intent.putExtra(LAST_NAME_SEARCH_KEY,
                lastNameText.getText().toString());

        startActivity(intent);
    }
```

人员目录应用的用户通过单击 activity_main.xml 布局中的搜索按钮触发 execSearch 方法。当调用时，该方法将用户输入的搜索条件复制到一个 Android Intent 对象的保留区域中。然后该方法使用此 Android Intent 对象启动一个新的活动。但由于目前新活动 SearchResultsActivity 还不存在，因此 Eclipse 将显示一个错误。稍后我们将解决该错误。但首先需要创建一个用来存储用户搜索结果的数据模型。

3. 搜索结果数据模型

在单击搜索按钮之后，用户希望应用连接到一个 PeopleSoft 服务器，并获取一个匹配结果的列表。Android 内置了一个用来显示相关结果的列表视图。只需要创建一个对象将每个结果项转换成一个可显示的字符串即可。选择 Eclipse 菜单栏中的 File | New | Class，创建这个转换对象。当出现 New Java Class 对话框时，将 Package 值设置为 com.example.personneldirectory.model。然后再将 Name 值设置为 Person。单击 Finish 按钮，关闭对话框，从而创建新类。图 9-14 是 New Java Class 对话框的屏幕截图。

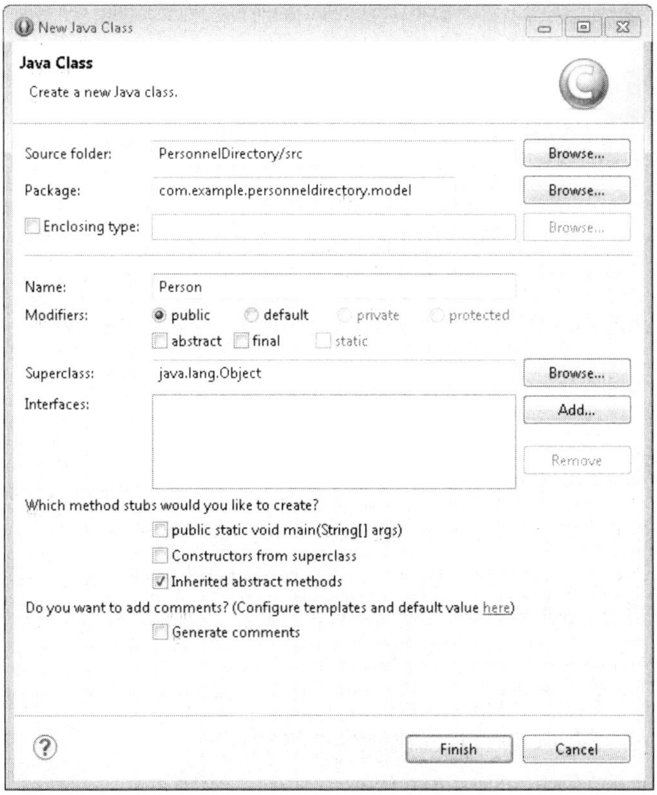

图 9-14　New Java Class 对话框

请使用下面的代码替换新Java类的内容：

```
package com.example.personneldirectory.model;

import org.json.JSONException;
import org.json.JSONObject;

public class Person {
   private String employeeId;
   private String name;

   public Person(JSONObject json) throws JSONException {
      this.employeeId = json.getString("EMPLID");
      this.name = json.getString("NAME");
   }

   public String getEmployeeId() {
      return employeeId;
   }

   public String getName() {
      return name;
   }

   @Override
   public String toString() {
      return this.getName() + " (" + this.getEmployeeId() + ")";
   }
}
```

虽然该类是一个平淡无奇且简单的Java对象，但具备两个重要功能：

- 该类的构造函数使用了JSONObject参数来初始化自身。
- 该类重写了toString方法，从而允许Android内置列表视图显示一些文本。

4. 创建搜索结果活动

浏览Package Explorer，可以看到Eclipse将MainActivity.java标记为具有一个错误。图9-15是MainActivity.java的屏幕截图。请注意，Eclipse在Package Explorer中MainActivity.java的旁边放置了一个错误图标。打开MainActivity.java之后，为了找到该错误的确切位置，可以滚动MainActivity.java文件，直到到达每个文件装订线(gutters)处存在红色标记点的位置。在图9-15中，这些标记点指出SearchResultsActivity.class存在一个问题。这是因为我们还没有定义SearchResultsActivity.class。

创建SearchResultsActivity Java类的最简单方法是通过单击左边装订线中的错误标记，从而尝试解决Eclipse在MainActivity.java中识别的这个错误。当下划线文本的下面出现上下文菜单时，选择Create class“SearchResultsActivity”选项，将显示New Java Class对话框，此时，除了SuperClass外，其他内容都已经预先填写了。可以将Superclass的值更改为android.app.ListActivity，从而允许该类访问特定于列表的相关行为。图9-16是New Java Class对话框的屏幕截图。

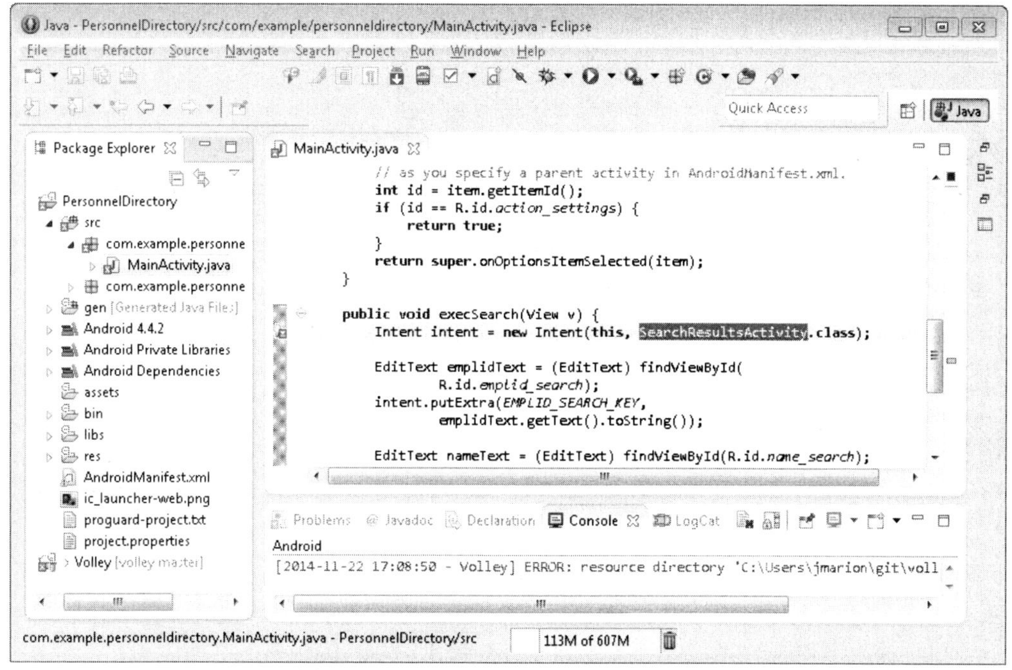

图 9-15　Eclipse 识别出 MainActivity 错误

New
Java Class
Create a new Java class.

Source folder: PersonnelDirectory/src　Browse...
Package: com.example.personneldirectory　Browse...
☐ Enclosing type: com.example.personneldirectory.MainActivity　Browse...

Name: SearchResultsActivity
Modifiers: ◉ public ○ default ○ private ○ protected
☐ abstract ☐ final ☐ static
Superclass: android.app.ListActivity　Browse...
Interfaces:　Add...　Remove

Which method stubs would you like to create?
☐ public static void main(String[] args)
☐ Constructors from superclass
☑ Inherited abstract methods
Do you want to add comments? (Configure templates and default value here)
☐ Generate comments

Finish　Cancel

图 9-16　New Java Class 对话框

单击 OK 按钮，关闭对话框，然后在类声明中添加下面的声明。为了便于参考，还包括了类定义的第一行。新添加的部分以粗体显示。

```
public class SearchResultsActivity extends ListActivity {
  private static final String BASE_URL =
      "http://192.168.56.102:8000/PSIGW/RESTListeningConnector/PSFT_HR/" +
      "BMA_PERS_DIR_SEARCH.v1";
  private List<Person> people = new ArrayList<Person>();
  private ArrayAdapter<Person> adapter;
```

第一个变量 BASE_URL 指向第 8 章所创建的一个 Service Operation(正在我的本地 VirtualBox 演示映像中运行)。请使用你的开发服务器 IP 地址或主机名替换其中的 IP 地址。

注意：

如果你正在使用一个真实的设备而不是一个模拟器来测试应用，那么请将 BASE_URL 中的 IP 地址替换为你的开发服务器的 IP 地址或主机名。上面代码所示的 IP 地址指向我的 VirtualBox 映像上的主机适配器。大多数 PeopleSoft Update Manager 映像都使用带有相似 IP 地址的主机适配器。

是否需要对 IP 地址进行硬编码？

上面的示例直接在代码中插入了一个 IP 地址。这样做的目的是为了保证示例尽可能简单。如果所开发的移动应用需要被不同的 PeopleSoft 客户所重用，那么就需要创建一个配置页面，在该页面中，用户可以输入目标 PeopleSoft 服务器。而另一方面，如果移动应用仅仅是在你的企业中使用，那么你可能更希望对主机名进行硬编码，而不是进行相关配置。谁会为难自己的用户呢？例如，FaceBook 并不要求用户在使用它们的移动应用时输入目标 FaceBook URL。

如果你喜欢对主机名进行硬编码，但同时又没有做好将移动应用指向生产服务器的准备，那么可以向模拟器的主机文件中添加一行代码，从而让模拟器误以为开发服务器就是真实的生产服务器(你是否还记得在第 1 章曾经使用过这种“欺骗”方法)。打开一个终端窗口(在 Windows 中是使用 cmd 命令)，并在提示符处输入下面的命令(具体命令以粗体显示)：

```
C:\>adb remount
remount succeeded

C:\>adb shell
root@generic_x86:/ # echo '192.168.56.102 hcmdb.example.com' >>
 /etc/hosts
echo '192.168.56.102 hcmdb.example.com' >> /etc/hosts
```

可以在 adb shell 提示符处输入下面的命令，对模拟器主机文件的内容进行验证：

```
root@generic_x86:/ # cat /etc/hosts
cat /etc/hosts
127.0.0.1                   localhost
192.168.56.102 hcmdb.example.com
```

当下次启动模拟器时，Android 将会重写该自定义主机文件，所以，每次启动模拟器时都要应用此更改。此时你可能会想，是否使用开发服务器 URL 更容易，等做好了部署准备再用这种方法。

在私有成员声明的下面添加以下方法声明：

```
@Override
 protected void onCreate(Bundle savedInstanceState) {
   super.onCreate(savedInstanceState);

   adapter = new ArrayAdapter<Person>(this,
       android.R.layout.simple_list_item_1, people);
   setListAdapter(adapter);
 }
```

该代码告诉 Android 设备 SearchResultsActivity 活动将显示一个列表。但与 MainActivity 不同的是(MainActivity 活动需要一个 Java 类和一个布局)，该活动只需要一个 Java 类即可。在此不需要定义自己的布局，可以使用一个特殊的 Android 定义布局 simple_list_item_1。接下来还需要指定一些数据。

注意：

Android 包含了多个内置的布局。可参考博客帖子 http://arteksoftware.com/androids-built-in-list-item-layouts/ describes，其中列出了所有特定的布局。

请将下面的代码放置在 onCreate 方法的 setListAdapter 行之后。

```
// Get the message from the intent
Intent intent = getIntent();
String emplid = intent
    .getStringExtra(MainActivity.EMPLID_SEARCH_KEY);
String name =
    intent.getStringExtra(MainActivity.NAME_SEARCH_KEY);
String lastName = intent
    .getStringExtra(MainActivity.LAST_NAME_SEARCH_KEY);
```

这些行获取了从MainActivity传递给SearchResultsActivity的搜索条件。接下来将使用Android Uri.Builder来构建搜索服务URL，其中使用了通过Intent对象发送给SearchResultsActivity的相关参数。在onCreate方法的末尾(右大括号以内)添加下面的代码行：

```
// Build the target URL with parameters from search page
Uri.Builder builder = Uri.parse(BASE_URL).buildUpon();

if ((emplid != null) && (emplid.length() > 0)) {
  builder.appendQueryParameter("EMPLID", emplid);
}

if ((name != null) && (name.length() > 0)) {
  builder.appendQueryParameter("NAME", name);
}

if ((lastName != null) && (lastName.length() > 0)) {
  builder.appendQueryParameter("LAST_NAME_SRCH", lastName);
}
```

最后一步是调度异步请求。在响应过程中，代码首先将服务 JSON 响应转换成一个 Person

对象列表，然后告知 Android 更新结果列表。请在 onCreate 方法的末尾添加下面的代码：

```
// Instantiate the RequestQueue.
RequestQueue queue = Volley.newRequestQueue(this);

// Request a string response from the provided URL.
JsonObjectRequest request = new JsonObjectRequest(
    Request.Method.GET, builder.toString(), null,
    new Response.Listener<JSONObject>() {
      @Override
      public void onResponse(JSONObject response) {
        try {
          JSONArray results = response.getJSONObject(
              "SEARCH_RESULTS").getJSONArray("SEARCH_FIELDS");
          for (int i = 0; i < results.length(); i++) {
            Person p = new Person(results.getJSONObject(i));

            people.add(p);

          }
          // notifying list adapter about data changes
          // so that it renders the list view with updated
          // data
          adapter.notifyDataSetChanged();
        } catch (JSONException e) {
          // TODO: Tell user something went wrong
          e.printStackTrace();
          return;
        }

      }
    }, new Response.ErrorListener() {
      @Override
      public void onErrorResponse(VolleyError error) {
        // TODO: Tell user something went wrong
      }
    });
// Add the request to the RequestQueue.
queue.add(request);
```

该 Java 代码创建了一个新的 Volley 请求，并对其进行了排队，然后指定了如何对响应进行处理。通过使用 Volley，可以让我们将注意力放在那些更加重要的事情上：如何封装一个有效请求并使用响应。而对于缓存、分块、状态或任何其他特定于协议的事宜则无需关心。Volley 搞定这些。

该代码之所以关键还有另外一个原因。它满足了本章的主要要求：演示如何调用一个 PeopleSoft REST 服务以及处理服务响应。

此时，Eclipse 可能会非常沮丧，并通过在 SearchResultsActivity 类中的许多单词下都画上红色的波浪线来让你明白它的感受。大多数的波浪线都标识了需要导入到 SearchResultsActivity 类中的相关类定义。解决这些错误的方法很简单，只需将鼠标放在标有错误的单词上并选择建议的类即可。请注意要选择正确的导入类。有些建议包含了多个选项。请根据下面的代码清单来验证你的选择，该清单包含了完整的 SearchResultsActivity 定义(当然也包含导入语句)：

```
package com.example.personneldirectory;

import java.util.ArrayList;
import java.util.List;

import org.json.JSONArray;
import org.json.JSONException;
import org.json.JSONObject;

import com.android.volley.Request;
import com.android.volley.RequestQueue;
import com.android.volley.Response;
import com.android.volley.VolleyError;
import com.android.volley.toolbox.JsonObjectRequest;
import com.android.volley.toolbox.Volley;
import com.example.personneldirectory.model.Person;

import android.app.ListActivity;
import android.content.Intent;
import android.net.Uri;
import android.os.Bundle;
import android.view.View;
import android.widget.ArrayAdapter;
import android.widget.ListView;

public class SearchResultsActivity extends ListActivity {
  private static final String BASE_URL =
      "http://192.168.56.102:8000/PSIGW/RESTListeningConnector/PSFT_HR/" +
      "BMA_PERS_DIR_SEARCH.v1";
  private List<Person> people = new ArrayList<Person>();
  private ArrayAdapter<Person> adapter;

  @Override
  protected void onCreate(Bundle savedInstanceState) {
    super.onCreate(savedInstanceState);

    adapter = new ArrayAdapter<Person>(this,
        android.R.layout.simple_list_item_1, people);
    setListAdapter(adapter);

    // Get the message from the intent
    Intent intent = getIntent();
    String emplid = intent
        .getStringExtra(MainActivity.EMPLID_SEARCH_KEY);
    String name = intent.getStringExtra(MainActivity.NAME_SEARCH_KEY);
    String lastName = intent
        .getStringExtra(MainActivity.LAST_NAME_SEARCH_KEY);
```

```
// Build the target URL with parameters from search page
Uri.Builder builder = Uri.parse(BASE_URL).buildUpon();

if ((emplid != null) && (emplid.length() > 0)) {
 builder.appendQueryParameter("EMPLID", emplid);
}

if ((name != null) && (name.length() > 0)) {
 builder.appendQueryParameter("NAME", name);
}

if ((lastName != null) && (lastName.length() > 0)) {
 builder.appendQueryParameter("LAST_NAME_SRCH", lastName);
}

// Instantiate the RequestQueue.
RequestQueue queue = Volley.newRequestQueue(this);

// Request a string response from the provided URL.
JsonObjectRequest request = new JsonObjectRequest(
    Request.Method.GET, builder.toString(), null,
    new Response.Listener<JSONObject>() {
      @Override
      public void onResponse(JSONObject response) {
        try {
          JSONArray results = response.getJSONObject(
              "SEARCH_RESULTS").getJSONArray("SEARCH_FIELDS");
          for (int i = 0; i < results.length(); i++) {
            Person p = new Person(results.getJSONObject(i));

            people.add(p);

          }
          // notifying list adapter about data changes
          // so that it renders the list view with updated
          // data
          adapter.notifyDataSetChanged();
        } catch (JSONException e) {
          // TODO: Tell user something went wrong
          e.printStackTrace();
          return;
        }

      }
    }, new Response.ErrorListener() {
      @Override
      public void onErrorResponse(VolleyError error) {
        // TODO: Tell user something went wrong
      }
    });
// Add the request to the RequestQueue.
queue.add(request);
```

```
    }

    @Override
    protected void onListItemClick(ListView l, View v, int position,
        long id) {
      // TODO: Add some code here to transfer to the details view
      super.onListItemClick(l, v, position, id);
    }

}
```

注意：

虽然上面的代码显示了一个列表，但单击列表中的某一项并不会导航到一个新的详细信息活动。该代码清单仅包含了 onListItemClick 事件的存根。如果想要查看列表项的详细信息，需要向 onListItemClick 方法中添加一个 Intent，从而转移到一个新活动。

接下来使用 Android 对上述活动进行注册。打开 AdroidManifest.xml，并切换到 Application 选项卡。然后滚动到页面的底部，找到 Application Nodes 部分。其中应该包含一个名为.MainActivity 的条目。单击 Add 按钮，从列表中选择 Activity，如图 9-17 所示。

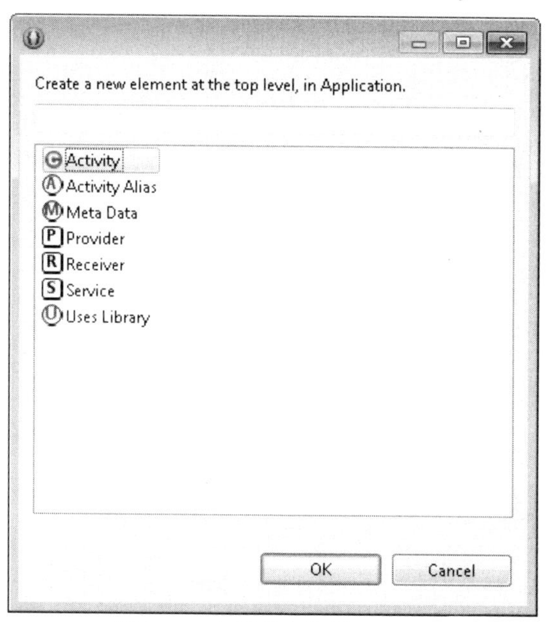

图 9-17　从列表中选择 Activity

此时，Eclipse 将向应用节点列表中添加一个新的活动。选择名为 Activity 的节点，并在应用节点列表的右边找到 Activity 属性，然后在 Name 字段中输入.SearchResultsActivity。在 Name 字段的下面可以看到 Label 字段。单击浏览按钮，添加一个新字符串(其键为 title_activity_search_results，值为 Search Results)。该标签的最终值应该为@string/title_activity_search_results。滚动到属性列表的底部附近，找到 Parent 活动名称字段，将其设置为.MainActivity。通过指定一个父活动，可以在当前活动标题处添加一个后退按钮，从而允许用户返回到前一步骤：即输入搜索条件。

切换到PersonnelDirectory.xml清单文件的Permissions选项卡，并向Permissions集合添加一个Uses Permission项。同时将新Uses Permission的名称设置为android.permission.INTERNET。这样一来就告诉Android该PersonnelDirectory应用需要进行Internet访问。在安装过程中，Android设备将读取该权限集合并提示用户接受或拒绝对Internet服务的访问。下面的代码清单包含了完整的PersonnelDirectory.xml清单文件内容：

```
<?xml version="1.0" encoding="utf-8"?>
<manifest xmlns:android="http://schemas.android.com/apk/res/android"
   package="com.example.personneldirectory"
   android:versionCode="1"
   android:versionName="1.0" >

   <uses-sdk
      android:minSdkVersion="16"
      android:targetSdkVersion="21" />

   <uses-permission android:name="android.permission.INTERNET" />

   <application
      android:allowBackup="true"
      android:icon="@drawable/ic_launcher"
      android:label="@string/app_name"
      android:theme="@style/AppTheme" >
      <activity
         android:name=".MainActivity"
         android:label="@string/app_name" >
         <intent-filter>
            <action android:name="android.intent.action.MAIN" />

            <category
             android:name="android.intent.category.LAUNCHER" />
         </intent-filter>
      </activity>
      <activity
         android:name=".SearchResultsActivity"
         android:label="@string/title_activity_search_results"
         android:parentActivityName=".MainActivity" >
      </activity>
   </application>
</manifest>
```

9.2.5 部署和测试Android应用

现在，Personnel Directory应用已经包含了演示Web服务访问所需的足够代码。在Package Explorer中右击PersonnelDirectory项目名称，并从上下文菜单中选择Run As | Android Application，从而将该应用部署到Android模拟器中。当出现提示时，选择一个模拟器。随后，Eclipse将在所选择的模拟器中部署并启动应用。在模拟器上运行的移动应用中输入搜索条件(比如KU000%)。单击搜索并等待搜索结果。图9-18是在NexusOne模拟器上显示的搜索结果列表的屏幕截图。

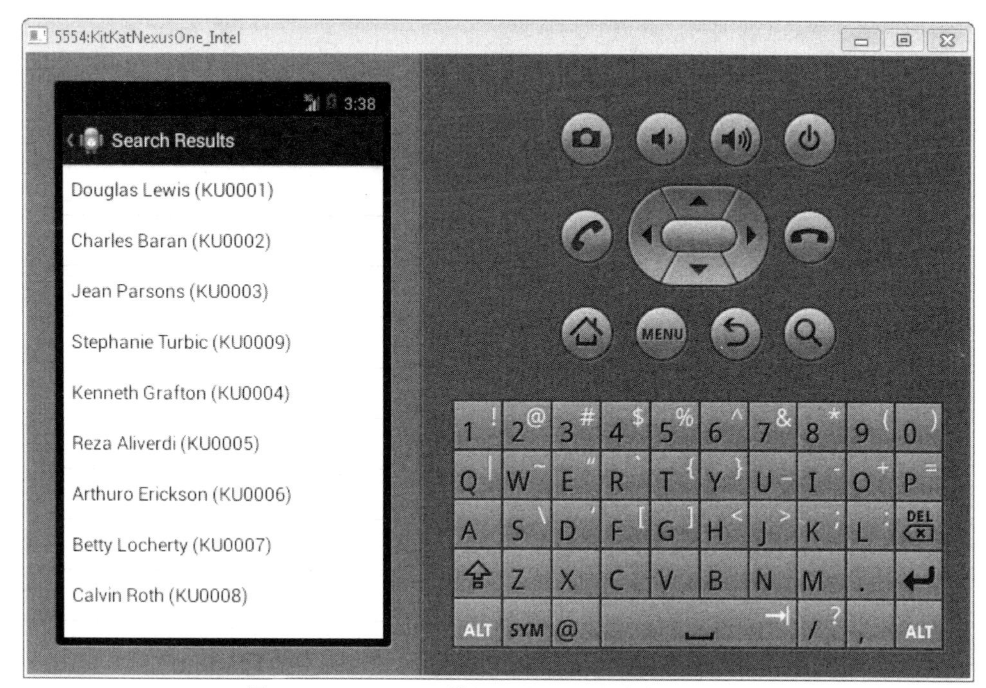

图 9-18　NexusOne 模拟器上显示的搜索结果列表

9.3　小结

在本章，首先借助了第 8 章所创建的自定义 PeopleSoft REST Web 服务。然后构建了一个 Android 原生人员目录来演示如何调用 PeopleSoft REST 服务。之所以不选择 HTML5 而选择原生应用的原因有很多，例如，可以对网络请求、性能和对设备能力的访问施加更多的控制。在本章，主要关注性能，所以只创建了一个瘦用户界面，并对网络请求施加了更多的控制。在第 10 章，将会在一个 Cordova 包装中封装第 8 章的 HTML5 人员目录，从而提升性能并提供对设备功能的访问。

第 10 章

鼓励使用 Cordova

在本章，将学习如何使用 Apache Cordova 平台将 HTML5 移动 Web 应用转换为一个混合多设备原生应用。主要是使用 NetBeans IDE、Apache Cordova 命令行界面以及 Android SDK 将第 6 章所创建的 AngularJS 人员目录(实际上最终在第 8 章完成)转换为一个原生应用。

为什么要使用 Apache Cordova？最主要的原因是出于平台独立性的考虑。Cordova 允许开发人员使用标准的 HTML5 技术创建一个单独的应用，并可以将该应用部署到多个设备操作系统上(如 Android、iOS 等)，而不需要学习特定于设备的开发工具。另一个使用 Cordova 的理由是它公开了一个本地设备功能的 JavaScript 接口，从而允许 Web 开发人员在无需学习特定于设备的 APIs 的情况下访问受保护的设备功能。

10.1 关于 Apache Cordova 平台

Apache Cordova 是一个由 Adobe Systems 捐赠给 Apache Software Foundation 的开源项目。Cordova 提供了一个命令行界面，用来从 HTML、CSS、JavaScript 和图像构建应用。通过插件，Cordova 向开发人员公开了可通过 JavaScript API 使用的特于定设备的功能，比如相机和地理定位。Adobe 最初购买的开源项目 PhoneGap 目前仍然作为 Cordova 的一个扩展而存在。在这两个平台之间存在许多的相似点。在本章，主要是使用 Apache Cordova，而不是 PhoneGap，从而可以使用 NetBeans 所包括的 Cordova 构建工具。

Cordova 允许开发人员使用常见的开发语言，比如 JavaScript、HTML 和 CSS 创建跨平台应用，并且可以将这些应用部署到不同的移动操作系统中。这样一来，开发人员只需编写应用的一个版本就可以将该应用部署到多个目标操作系统(Android、iOS、BlackBerry、Windows Mobile 等)。Cordova 并不直接编译应用。相反，它使用了特定于平台的开发工具包来编译和部署应用。例如，如果想要创建一个 Android 应用，那么 Cordova 就需要使用 Android SDK。同样，如果想要创建一个 iPhone 或 iPad 应用，则需要使用 Xcode。

10.2 安装 Apache Cordova 平台

虽然 NetBeans 集成了 Apache Cordova，但在 NetBeans 安装过程中并没有包括 Cordova 平台。当首次尝试创建一个 Cordova 项目时，NetBeans 将会提示安装 Cordova。接下来让我们通过安装所需的部件来获得一个良好的开端。NetBeans 需要 Node.js、Git 和一个移动平台 SDK。第 1 章已经介绍了如何在安装 Weinre 时安装 Node.js。如果在第 1 章你没有安装 Node.js，那么请访问 http://nodejs.org/download/，并安装适合你操作系统(Windows、Linux、Mac 等)的 Node.js 二进制文件。此外，还需要安装 Git。目前可用的 Windows Git 软件包有多种。可以从 http://git-scm.com/downloads 中选择一种。与 Node.js 一样，下载适合你操作系统的 Git 软件包。最后需要一个移动 SDK。由于在第 1 章已经下载并安装了 Android SDK，并且在第 9 章使用了该 SDK 构建了一个移动应用，因此目前已经满足了该需求。简而言之，安装 Cordova 的先决条件包括：

- Node.js
- Git
- 移动 SDK

在满足了这些要求之后，在命令提示符处输入命令 npm install –g cordova，从而安装 Apache Cordova 平台，如下所示：

```
C:\Users\jmarion>npm install -g cordova
```

注意：

在 http://netbeans.org 网站，Oracle 提供了一个简要的 NetBeans/Cordova“入门指南”。在编写本书时，可以从 https://netbeans.org/kb/docs/webclient/cordova-gettingstarted.html 获取该内容。

10.3　创建一个 NetBeans Cordova 项目

在 NetBeans 中创建 Cordova 项目的过程与创建 HTML5 项目的过程类似(因为 Cordova 项目就是一个 HTML5 项目)。启动 NetBeans，从其菜单栏中选择 File | New Project。当出现 New Project 的第 1 步时，分别选择 HTML5 类别和 Cordova Application 项目。单击 Next，进入下一步。在第 2 步中，将项目命名为 PersonnelDirectoryCordova。在第 3 步，选择 Cordova Hello World Online Template。图 10-1 是第 3 步的屏幕截图。

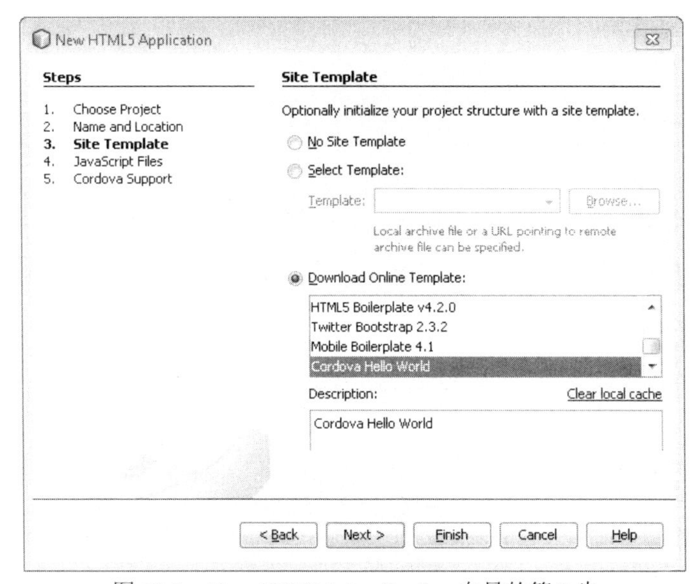

图 10-1　New HTML5 Application 向导的第 3 步

注意：

如果在尝试创建一个新的 Cordova 项目时 NetBeans 弹出一个异常，那么请确保正在使用的是 NetBeans 的最新版本。

在第 4 步，直接单击 Next 进入第 5 步。之所以不需要选择任何库，是因为我们将使用来自第 6 章的项目源。而在第 5 步，会被提示提供 Application ID 和 Application Name。可以保留默认的 Application ID，但需要将 Application Name 更改为 Personnel Directory。图 10-2 是第 5 步的屏幕截图。单击 Finish 按钮完成向导，并创建该项目。

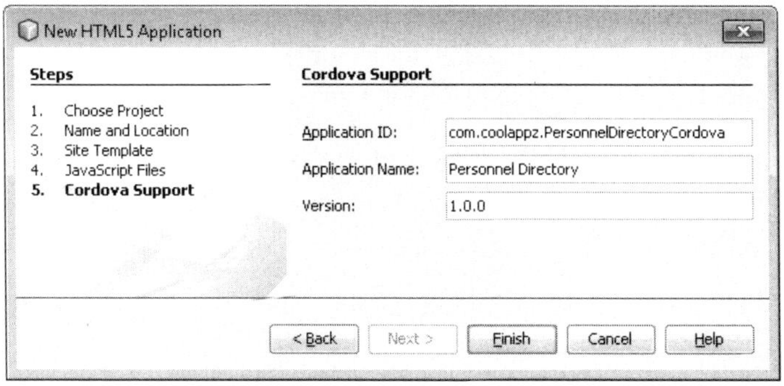

图 10-2　New HTML5 Application 向导的第 5 步

在 Project Explorer 中找到 Important Files 节点和 Cordova Plugins 节点。然后双击 Cordova Plugins 节点，打开 plugin.properties 文件。针对 Cordova 应用中所用的每个插件，该文件都包含了对应行。Cordova Hello World 模板已经使用常用的插件进行了预先配置。在本示例中，只需使用相机和控制台插件，所以请删除除了相机和控制台行之外的其他行。删除之后，plugin.properties 文件应该包含以下内容：

```
# This is a list of plugins installed in your project
# You can delete or add new plugins
#
# Format is following:
# name.of.plugin=url_of_repository
#
# This list contains all core cordova plugins.
#
# For more information about plugins see
http://cordova.apache.org/blog/releases/2013/07/23/cordova-3.html
#

org.apache.cordova.camera=
https://git-wip-us.apache.org/repos/asf/cordova-plugin-camera.git
org.apache.cordova.console=
https://git-wip-us.apache.org/repos/asf/cordova-plugin-console.git
```

首次运行 Cordova 应用时，NetBeans 将下载 plugins.properties 中所列出的每个插件。该过程可能需要一段时间。所以对于那些不需要使用的插件最好现在删除，否则将会花费大量的时间来下载它们。

10.4 从 NetBeans 中运行 Cordova 项目

在运行模拟器之后，返回到 NetBeans，并找到 Browser Select 工具栏图标。该图标应该在两个“锤子”图标的左边。单击该图标，选择 Cordova(Android Emulator)。图 10-3 是浏览器选择菜单的屏幕截图。

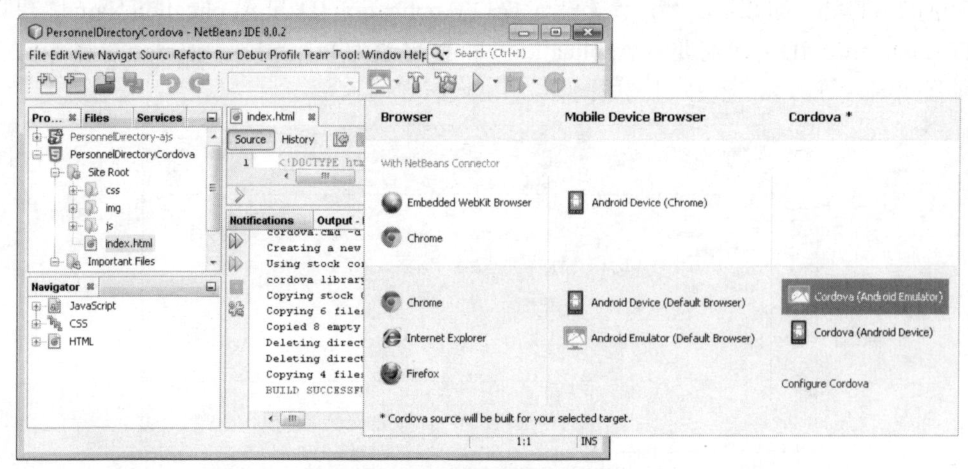

图 10-3 浏览器选择菜单

单击工具栏中的绿色运行(播放)按钮，或者从 NetBeans 菜单栏中选择 Run | Run Project，从而启动新应用。如果是第一次通过 NetBeans 运行 Cordova 应用，那么 NetBeans 将会显示图 10-4 所示的错误。

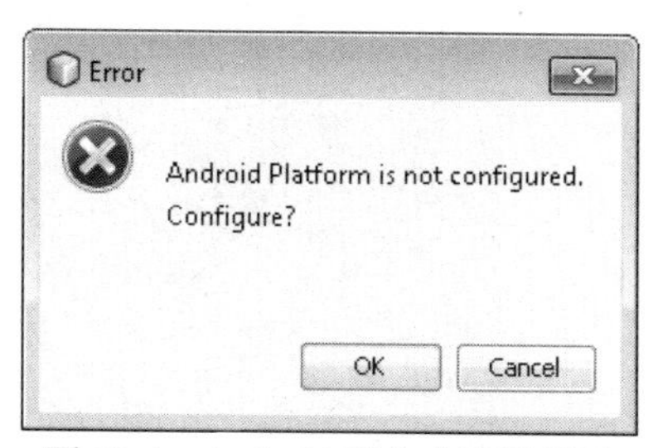

图 10-4　Android 平台未配置错误

单击 OK 按钮，打开 NetBeans 选项对话框，并输入 Android SDK 的位置。图 10-5 是 NetBeans 选项的屏幕截图，其中显示了 Android SDK 的路径(第 1 章已经介绍了如何下载 Android SDK)。随后，NetBeans 应着手开始生成和部署过程。如果没有开始，请再次运行项目。

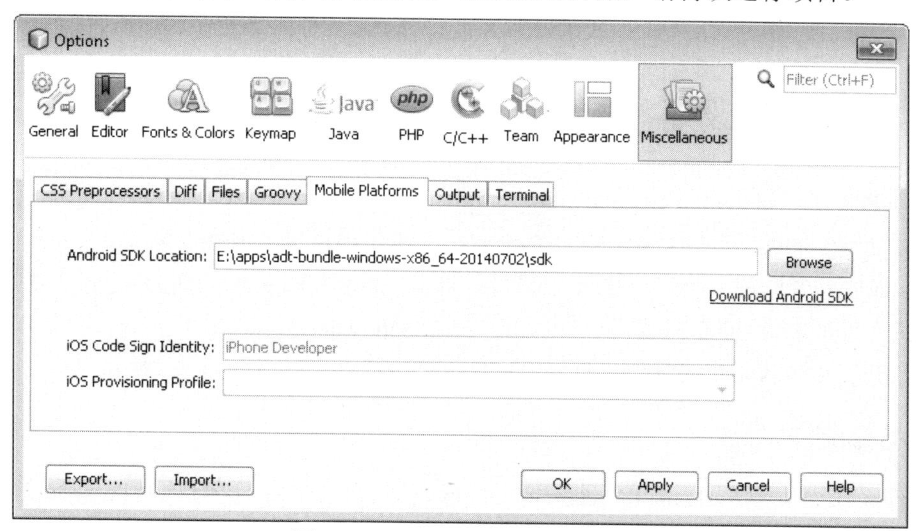

图 10-5　NetBeans 移动平台选项

注意：

首次启动项目时必须连接到 Internet，以便 Apache Cordova 可以下载 plugins.properties 文件中所确定的插件。

在项目运行之后，切换到模拟器。此时应该看到图 10-6 所示的相关内容。如果没有看到，请返回到 NetBeans，并检查 Output 窗口的两个选项卡。

注意：

Android 模拟器应该会自动启动 Cordova Hello World 应用。而不需要我们亲自启动。如果没有运行，则可以查找一下模拟器主屏幕上的 Personnel Directory 图标。

图 10-6 运行在 Android 模拟器中的 Cordova Hello World 模板

10.5 从网站到设备

接下来将第 6 章的 AngularJS Personnel Directory HTML5 远程移动网站转换为一个运行在 Cordova 容器中的内置(on-device)应用。下面是完成该转换所需的步骤：

- 复制第 6 章所创建的并在第 8 章最终完成的 AngularJS Personnel Directory 的源文件。
- 更改 URLs，以便模拟器可以连接到 PeopleSoft 实例。
- 实现个人信息页面的身份验证。

10.5.1 复制源文件

在文件系统中找到 PersonnelDirectory-ajs\app 目录。在第 8 章，我们通过 PersonnelDirectory-ajs NetBeans 项目创建了该文件夹。请将该文件夹的内容复制到新项目(PersonnelDirectoryCordova)的 www 目录中。例如，将 C:\Users\jmarion\Documents\NetBeansProjects\PersonnelDirectory-ajs\app 复制到 C:\Users\jmarion\Documents\NetBeansProjects\PersonnelDirectoryCordova\www。当提示是否覆盖文件或者合并文件夹时单击 yes。

注意：
如果想要确定某一项目的源目录，可以在 NetBeans 项目资源管理器中右击项目节点，并从上下文菜单中选择 Properties。

10.5.2 将模拟器连接到 PeopleSoft 实例

在第 8 章，出于开发的目的，运行了一个本地 Web 服务器。由于我们的 PeopleSoft Web 服务驻留在另一个不同的 Web 网站(域)，因此必须反向代理这些服务，从而让 Web 浏览器认为这些 Web 服务内容来自与 HTML 文件相同的 Web 服务器。而另一方面，第 9 章使用了相同的 Web 服务，因而不需要反向代理。第 9 章的应用可以直接连接到远程 PeopleSoft 服务。这两章的不同之处在于第 8 章的所有内容都来自一个远程位置，而第 9 章的大部分内容都被直接安装到设备上。虽然本章使用了与第 8 章相同的源文件，但并不会通过一个 Web 服务器来访问它们。相反，移动设备将采用与第 9 章类似的方法——本地安装内容，并允许直接连接到远程服务。这意味着会应用第 9 章的 URL 规则和相关概念。可以通过以下方法访问目标 Service Operation：

- IP 地址
- 主机名
- 模拟器主机文件中 IP 地址到主机名的映射(请参见第 9 章的示例)

复制到PersonnelDirectoryCordova项目的第 8 章代码引用了REST Service Operations作为相对URL。由于PersonnelDirectoryCordova项目的HTML和JavaScript将在本地设备上运行，而不需要反向代理内容，因此需要将Service Operation URL更改为指向PeopleSoft实例的绝对URL。打开文件js/controllers.js，搜索DetailsCtrl控制器定义。在DetailsCtrl控制器函数中，找到$http.get方法调用，并将相对URL转换为绝对URL。例如，将/PSIGW/RESTListeningConnector/更改为http://192.168.56.102:8000/PSIGW/RESTListeningConnector/。下面显示的是我的DetailsCtrl，其中更改后的URL以粗体显示：

```
.controller('DetailsCtrl', [
 '$scope',
 '$routeParams',
 '$http',
 function($scope, $routeParams, $http) {
   // view the route parameters in your console by uncommenting
   // the following:
   // console.log($routeParams);
   $http.get('http://192.168.56.102:8000/PSIGW/
RESTListeningConnector/PSFT_HR/BMA_PERS_DIR_DETAILS.v1/' +
$routeParams.EMPLID)
       .then(function(response) {
         // view the response object by uncommenting the following
         // console.log(response);
         // closure -- updating $scope from outer function
         $scope.details = response.data.DETAILS;
       });
   $http.get('http://192.168.56.102:8000/PSIGW/
RESTListeningConnector/PSFT_HR/BMA_PERS_DIR_PHOTO.v1/' +
$routeParams.EMPLID)
       .then(function(response) {
         $scope.photo = response.data;
       });
 }])
```

对 ProfileCtrl 控制器完成相同的更改：

```
.controller('ProfileCtrl', ['$scope',
 '$routeParams',
 '$http',
 function($scope, $routeParams, $http) {
```

```
    $http.get('http://192.168.56.102:8000/PSIGW/
RESTListeningConnector/PSFT_HR/BMA_PERS_DIR_PROFILE.v1/profile')
          .then(function(response) {
            // closure -- updating $scope from outer function
            $scope.profile = response.data.DETAILS;
            $http.get('http://192.168.56.102:8000/PSIGW/
RESTListeningConnector/PSFT_HR/BMA_PERS_DIR_PHOTO.v1/' +
$scope.profile.EMPLID)
                .then(function(response) {
                  $scope.photo = response.data;
                });
          });
```

js/services.js 文件也包含了一个对相对 Service Operation URL 的引用。打开 js/services.js，并找到 SearchService 工厂方法。在该工厂定义中应该可以找到 searchService.search 方法定义。而在该方法中，可以看到 URL /PSIGW/RESTListeningConnector/PSFT_HR/BMA_PERS_DIR_SEARCH.v1。将该 URL 转换为一个绝对 URL。下面的代码是 services.js 文件的一个片段，其中以粗体显示了需要更改的地方。同时在引用前后还包括了若干行：

```
  searchService.search = function(parms) {
   var promise = $http({
     method: 'GET',
     url: 'http://192.168.56.102:8000/PSIGW/RESTListeningConnector/
PSFT_HR/BMA_PERS_DIR_SEARCH.v1',
     params: parms
   }).then(function(response) {
```

从 NetBeans 菜单栏中选择 Run | Run Project，对所做的更改进行测试，从而确保连接正常。图 10-7 是作为 Cordova 应用在 NexusOne Android 模拟器中运行的 AngluarJS Personnel Directory 的屏幕截图。

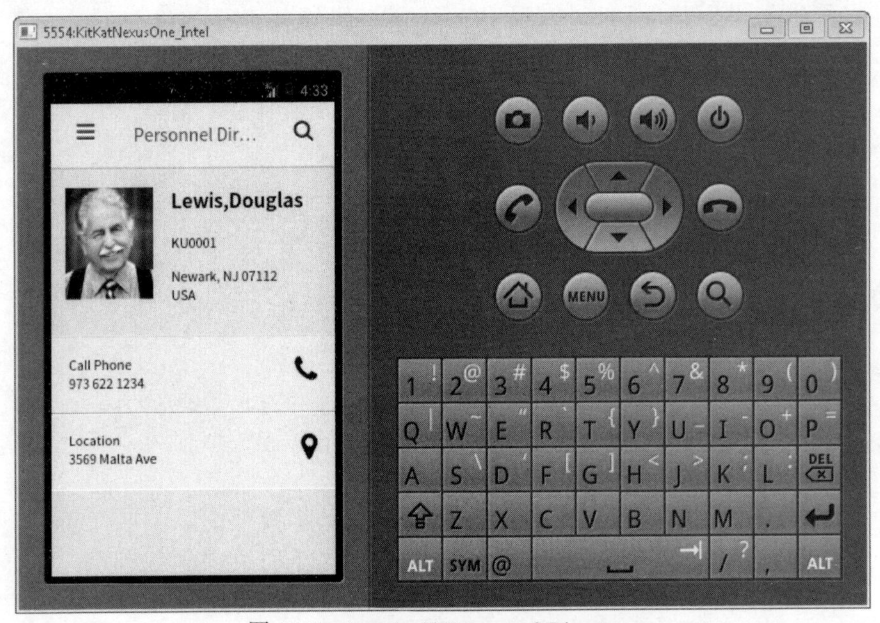

图 10-7 AngularJS Personnel Directory

调试 Cordova 应用

在第 1 章，我们学习了如何使用 Weinre。Weinre 是一款调试 CSS、页面布局以及 JavaScript 的功能强大的工具。而在本章，你已经拥有了一个可运行的应用。目前需要完成的是对连接问题进行调试。我发现当调试连接问题时 Fiddler 是非常有帮助的。从根本上讲，只需查明 Cordova 应用尝试访问什么，以及为什么没有接收到我们所期望的响应即可。第 1 章介绍了如何配置 Fiddler，从而接收来自模拟器的连接，以及如何得到一个使用 Fiddler 作为代理服务器的模拟器。请首先回顾一下第 1 章的相关步骤，然后重新加载 Personnel Directory Cordova 应用。图 10-8 显示了 Cordova 应用以及突出显示 Cordova PeopleSoft HTTP 请求的 Fiddler。

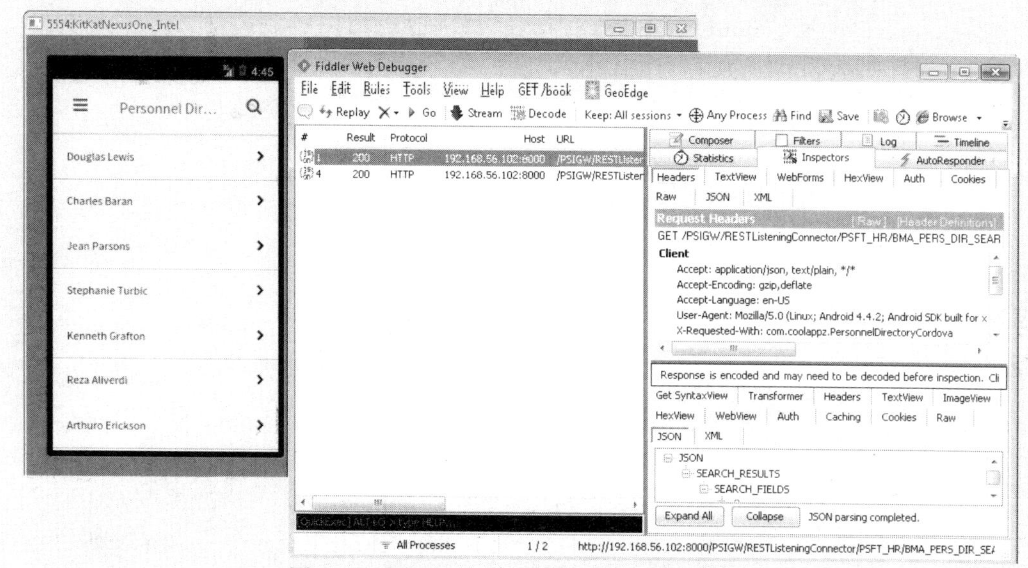

图 10-8　Fiddler 中显示的 Cordova HTTP 请求

另一种选择是使用带有 console.log 语句的 JavaScript(但这样会使 JavaScript 变得非常混乱)。这些语句的输出在 Android Device Monitor(monitor.bar)以及 NetBeans Browser Log(当通过 NetBeans 启动 Cordova 应用时就会看到该日志)中显示。

消除烦恼

在本书的第 II 部分，已经创建了将要移植到 Cordova 中的用户界面。在构建这些用户界面时，主要使用了桌面 Web 浏览器，相比于移动手机，该浏览器略微大了些。然而，在本章，我们将使用一个带有更小屏幕尺寸的模拟器。虽然我并不知道你怎么想，但有一件事确实困扰着我，当单击其中一个链接时侧边菜单并不会自动关闭。如果你没有类似的经历，可以尝试单击 Personnel Directory 应用左上角的“汉堡式”菜单按钮，并在出现的菜单中单击任意一个链接。此时会加载新的内容，但菜单仍然可见。如果想要在单击后隐藏菜单，可以向 index.html 文件中添加几行代码。在 NetBeans 中打开 index.html，然后滚动文本，找到<nav>元素。在 nav 元素中的每个链接内添加属性 onclick=“document.body.classList.remove(‘left-nav’)”。下面的代码显示了更改后的 nav 片段，其中新添加的属性以粗体显示。

```
<nav>
  <ul class="topcoat-list">
    <li class="topcoat-list__item">
```

```
      <a href="#/profile" class="fa-user"
       onclick="document.body.classList.remove('left-nav')">
         My Profile</a>
    </li>
    <li class="topcoat-list__item">
      <a href="#/search" class="fa-search"
       onclick="document.body.classList.remove('left-nav')">Search</a>
    </li>
    <li class="topcoat-list__item"
       data-bma-results-hide-class="ng-hide">
      <a href="#/results" class="fa-th-list"
       onclick="document.body.classList.remove('left-nav')">
        Results</a>
    </li>
  </ul>
</nav>
```

完成上述更改后，再次运行 Cordova 应用，并验证一下当单击菜单栏中的某一链接时侧边菜单是否隐藏了。

10.5.3 实现身份验证

尝试从侧边菜单访问 My Profile。此时是否会提示输入凭据呢？当加载页面时，你是否看到了任何数据呢？答案是否定的。Cordova 应用不会提示输入凭据。但由于你没有进行身份验证，因此也就看不到任何数据。而这恰恰是运行在 Cordova 中的 HTML 应用与通过 Web 浏览器显示的 Web 应用之间的关键区别。基本的身份验证已经内置到 Web 浏览器中。如果使用前面所介绍的某一种调试技术(比如 Fiddler)，将会看到 PeopleSoft Integration Broker 返回的 401 状态码。该状态码意味着必须自己来处理身份验证。

接下来让我们创建以下内容，从而实现身份验证功能：

- 一个在用户会话期间用来保存凭据的服务。
- 一个用来获取凭据的登录页面。
- 一个用来将登录数据模型和上述用来保存凭据的服务进行数据整合的控制器。

1. 身份验证服务

打开项目的 js/services.js 文件，并滚动到文件底部。然后找到并删除文件中最后一个分号。最后在文件底部添加下面的 JavaScript 代码：

```
.factory('AuthenticationService', [
  '$location',
  function($location) {
    var username;
    var password;
    var token;
    var haveCredentials = false;
    var lastUrl;

    return {
      getToken: function() {
```

```
        if(haveCredentials) {
          return token;
        } else {
          lastUrl = $location.url();
          $location.path("/login");
        }
      },
      setCredentials: function(user, pwd) {
        username = user;
        password = pwd;
        token = window.btoa(username + ":" + password);
        console.log("setCredentials token: " + token);
        haveCredentials = true;
        $location.url(lastUrl);
      }
    };
}]);
```

上面的工厂方法创建了一个名为 AuthenticationService 的服务，并带有两个方法 getToken 和 setCredentials。其中，setCredentials 方法需要一个用户名和密码。

2. 登录模板

现在，需要一种方法来提示用户输入 setCredentials 方法的参数。在 Partials 文件夹中创建一个名为 login.html 的新 HTML 文件。然后使用下面的代码替换该文件的内容：

```
<div class="margin">
  <form ng-submit="login()" class="margin">
    <input type="username" class="topcoat-text-input"
          placeholder="Username" ng-model="username"/>
    <input type="text" class="topcoat-text-input"
          placeholder="Password" ng-model="password"/>
    <button class="topcoat-button" data-icon="lock"
           type="submit">Login</button>
  </form>
</div>
```

向代码示例的 data-icon=“lock”属性中添加额外的内容。该属性的作用是在登录/提交按钮上插入一个锁形图标。然而，该图标的 CSS 还不存在。请打开 PersonnelDirectoryCordova 项目中的 css/app.css 文件，并添加以下内容：

```
 [data-icon=lock]:after {
  content: "\f023";
}
```

3. 登录控制器

打开 js/controller.js 文件，滚动到底部。然后删除文件中最后一个分号，并添加以下内容：

```
.controller('LoginCtrl', [
  '$scope',
  'AuthenticationService',
```

```
function($scope, auth) {
  // Declaration not necessary, but best practice. If someone
  // submits an empty form, searchParms won't exist unless we
  // declare it inside the controller.
  $scope.username;
  $scope.password;

  $scope.login = function() {
    // send to results route
    //console.log($scope.searchParms);
    auth.setCredentials($scope.username, $scope.password);
  };
}]);
```

该代码为 login.html Partial 创建了一个控制器。该控制器首先管理 login.html Partial 的数据模型，然后当用户单击登录按钮时向 AuthenticationService 发送数据。

但遗憾的是，仅添加一个新控制器是远远不够的。还必须告诉个人信息控制器(ProfileCtrl)使用新的 AuthenticationService。为此，找到 ProfileCtrl 控制器，并按照下面的代码片段所示插入 AuthenticationService 依赖：

```
.controller('ProfileCtrl', ['$scope',
  '$routeParams',
  '$http',
  'AuthenticationService',
  function($scope, $routeParams, $http, auth) {

    var token = auth.getToken();
```

我在上述代码片段的最后添加了一行额外代码。既然已经引用了 AuthenticationService，那么代码片段最后一行要求该服务提供其令牌。如果该服务有令牌，则可以调用 PeopleSoft REST 服务。但如果没有令牌，也不必太担心。前面对 getToken 方法的调用会重定向到登录 Partial，并要求用户提供凭据。

在 ProfileCtrl 控制器接下来的代码片段中包含了$http.get，然后紧接着是$scope.save。$http.get 包含在逻辑 if 语句中，并且在$scope.save 之前结束该 if 语句。随后，需要向每个个人信息的$http.get 请求添加凭据。下面的代码片段是完成了相关更改后的最终的 ProfileCtrl 控制器(所做的更改以粗体文本显示)：

```
.controller('ProfileCtrl', ['$scope',
  '$routeParams',
  '$http',
  'AuthenticationService',
  function($scope, $routeParams, $http, auth) {

    var token = auth.getToken();

    if(!!token) {
      $http.get('http://192.168.56.102:8000/PSIGW/
RESTListeningConnector/PSFT_HR/BMA_PERS_DIR_PROFILE.v1/profile',
        {headers: {'Authorization': "Basic " + token}})
```

```
            .then(function(response) {
              // closure -- updating $scope from outer function
              $scope.profile = response.data.DETAILS;
              $http.get('http://192.168.56.102:8000/PSIGW/
RESTListeningConnector/PSFT_HR/BMA_PERS_DIR_PHOTO.v1/' +
$scope.profile.EMPLID,
                  { headers: {'Authorization': 'Basic ' + token} })
                    .then(function(response) {
                      $scope.photo = response.data;
                    });
            }, function(response) {
              console.log(response);
            });
      }

      $scope.save = function() {
      };
    }])
```

注意：

由于 getToken 会重定向到登录 Partial，并提示输入凭据，因此你可能会疑惑为什么需要对令牌变量进行测试。这是因为在控制器完成相关操作之前并不会进行重定向。逻辑 if 语句可以帮助加快该过程。

现在需要一个路由将相关内容联系在一起。打开 js/app.js 文件，在文件底部找到 otherwise 路由。然后在该路由之前添加下面的内容：

```
    $routeProvider.when('/profile', {
      templateUrl: 'partials/profile.html',
      controller: 'ProfileCtrl'});
    $routeProvider.when('/login', {
      templateUrl: 'partials/login.html',
      controller: 'LoginCtrl'});
    $routeProvider.otherwise({redirectTo: '/search'});
  }]);
```

注意：

为便于参考，上面的代码中包含了 profile 和 otherwise 路由。

再次部署并测试该 Cordova 应用。这一次，当尝试访问个人信息页面时，会显示一个图 10-9 所示的登录页面。在完成身份验证之后，会在个人信息页面中看到相关的数据。

注意：

该示例的代码假设个人信息服务已经被保护起来，并且预先插入了凭据。这就是自定义应用访问已知的受保护资源的方法，但该方法并不是 Internet 上所采用的基本身份验证方法。当浏览器尝试访问一个受保护的资源时，服务器将返回一个 401 Not Authorized 的响应。该响应告诉 Web 浏览器提示用户输入凭据。可以对本示例进行一些修改，从而在身份验证之前对 401 返回代码进行测试。这样一来虽然会因为额外的 HTTP 请求而降低一定的性能，但好处是可以确保不向那些不需要凭据的服务发送凭据。

图 10-9 Personnel Directory 身份验证页面

10.6 实现原生功能

通过对 Web 应用容器使用 Cordova，我们获得了以下好处：

- 仅需发送少量的数据(没有图像、CSS、HTML 等)，从而减少了宽带消耗
- 可以非常容易地通过屏幕图标进行访问
- 实现了跨域 AJAX

之所以选择原生应用而不是移动 Web 应用的一个主要原因是可以利用诸如相机之类的安全设备功能。接下来，让我们扩展该 Cordova 应用，使其可以使用设备相机。可以向个人信息页面的照片添加 on-click 行为，从而启动相机。这样一来可以允许用户替换自己的个人信息照片。

10.6.1 更新 ProfileCtrl 控制器

通常，第 1 步是下载和安装相机 Cordova 插件(或者在 NetBeans 中对其进行配置)。但目前该插件已经安装完毕，因为我们在首次配置项目时在 plugins.properties 文件中保留了该插件。下一步是向 index.html 文件中添加 Cordova JavaScript 文件，从而使应用可使用这些 Cordova 功能。打开 index.html 文件，并滚动到底部，找到第一个<script>标签。然后在<main>元素下面，第一个<script>标签之前插入下面的内容：

```
<script type="text/javascript" src="cordova.js"></script>
```

向 ProfileCtrl 控制器中添加一个用来获取相片的作用域方法。稍后会将该方法与个人信息 Partial 的 img 标签的 ng-click 属性绑定。打开 js/controllers.js 文件，并滚动到 ProfileCtrl 控制器定义处(该定义接近于文件的底部)。在$scope.save 方法定义之前添加下面的 JavaScript：

```
$scope.takePhoto = function() {

  var cameraOptions = { quality : 75,
    destinationType : Camera.DestinationType.DATA_URL,
    sourceType : Camera.PictureSourceType.CAMERA,
    allowEdit : true,
    encodingType: Camera.EncodingType.JPEG,
    targetWidth: 100,
    targetHeight: 100,
    saveToPhotoAlbum: false };

  navigator.camera.getPicture(function(imageURI) {
    $scope.$apply(function(){
      $scope.photo = "data:image/jpeg;base64," + imageURI;
      console.log($scope.photo);
    });
  }, function(err) {
    console.log(err);
  }, cameraOptions);
};
```

上面的 JavaScript 将相机配置为返回 base64 编码数据的图像。就像本章前面所学的那样，可以指定 base64 编码数据作为 HTML 图像标签的源。在配置完相机之后，就可以调用相机了(navigator.camera.getPicture)，并传入对一个匿名回调函数的引用。该回调使用合适的数据 URL 更新$scope.photo 变量，而该 URL 包含了相机所拍摄的 base64 编码照片。该代码中一项非常有趣的功能是$scope.$apply。由于上述回调是在 AngularJS 框架之外被调用，因此 AngularJS 不会被告知作用域的变化。$scope.$apply 告诉 AngularJS 要更新对$apply 闭包中已更新变量的引用。下面是 ProfileCtrl 控制器的完整代码清单，其中所做的更改以粗体显示：

```
.controller('ProfileCtrl', ['$scope',
  '$routeParams',
  '$http',
  'AuthenticationService',
  function($scope, $routeParams, $http, auth) {

    var token = auth.getToken();
    console.log(token);
    // Note: the $scope.photo declaration here is optional
    $scope.photo;

    if(!!token) {
      $http.get('http://192.168.56.102:8000/PSIGW/
RESTListeningConnector/PSFT_HR/BMA_PERS_DIR_PROFILE.v1/profile',
          {headers: {'Authorization': "Basic " + token}})
              .then(function(response) {
                // closure -- updating $scope from outer function
                $scope.profile = response.data.DETAILS;
                $http.get('http://192.168.56.102:8000/PSIGW/
RESTListeningConnector/PSFT_HR/BMA_PERS_DIR_PHOTO.v1/' +
$scope.profile.EMPLID,
```

```
                { headers: {'Authorization': 'Basic ' + token} })
                  .then(function(response) {
                    $scope.photo = response.data;
                  });
            }, function(response) {
              console.log(response);
            });
    }

    $scope.takePhoto = function() {

      var cameraOptions = { quality : 75,
        destinationType : Camera.DestinationType.DATA_URL,
        sourceType : Camera.PictureSourceType.CAMERA,
        allowEdit : true,
        encodingType: Camera.EncodingType.JPEG,
        targetWidth: 100,
        targetHeight: 100,
        saveToPhotoAlbum: false };

      navigator.camera.getPicture(function(imageURI) {
        $scope.$apply(function(){
          $scope.photo = "data:image/jpeg;base64," + imageURI;
          console.log($scope.photo);
        });
      }, function(err) {
        console.log(err);
      }, cameraOptions);
    };

    $scope.save = function() {
    };
  }])
```

10.6.2 更新个人信息 Partial

现在是时候将头像绑定到$scope.photo 模型属性上，同时将头像的 ng-click 属性绑定到$scope.takePhoto 方法。打开 partials/profile.html 文件，并找到<img>元素。然后按照下面的代码更新其属性(所做的更改以粗体显示)：

```
<img ng-src="{{photo}}" ng-click="takePhoto()" class="avatar"
   alt="{{profile.NAME}}'s Photo">
```

从 NetBeans 菜单栏选择 Run | Run Project，运行项目。当 Personnel Directory 应用出现在模拟器中时，露出侧边栏菜单并访问 Profile 项。在加载完个人信息后，单击照片。此时模拟器相机应该出现。请拍摄一张自己的照片，然后会看到模拟器对 Profile 页面进行更新，从而显示你的照片。图 10-10 是我在酒店房间内自拍后的个人信息页面的屏幕截图。

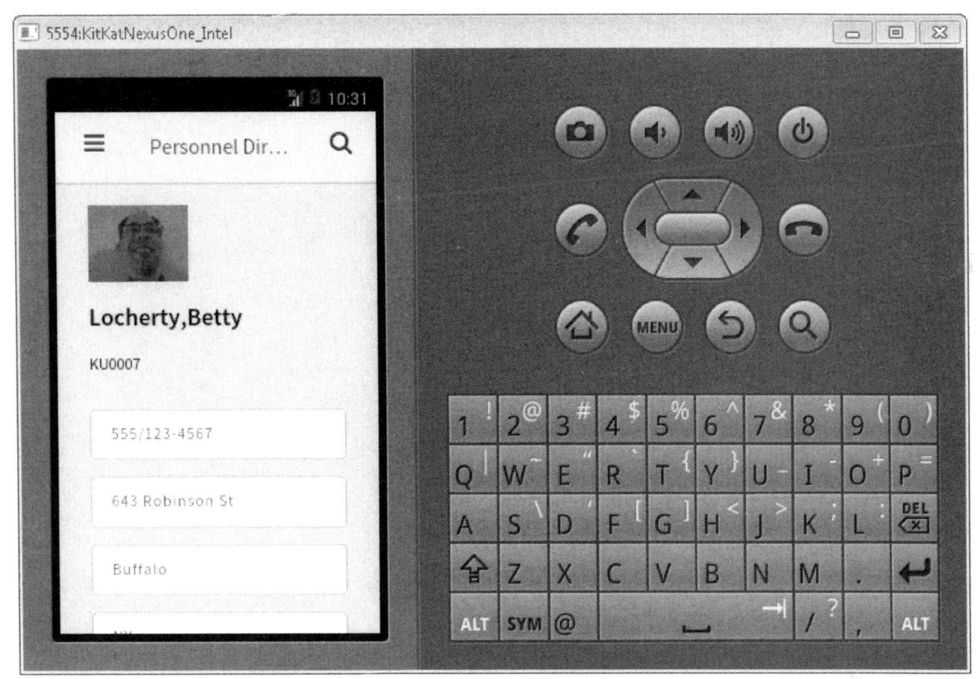

图 10-10　个人信息页面中准备上传的自拍照片

10.7　小结

通过本章的示例，我们学习了如何安装 Apache Cordova，如何通过 Cordova 混合应用访问 PeopleSoft REST Service Operation 以及如何使用 Cordova 相机插件。如何将自拍照片上传到 PeopleSoft 应用呢？实现该 Service Operation 的 PeopleSoft 部分的代码已经超出了本书的讨论范围，但我可以给大家一点提示：

- 由于照片中包含了许多的信息，因此应该 POST 到 REST Service Operation，而不是使用 GET HTTP 方法。
- 服务器将接收一个 JSON 文档，其中包含了来自个人信息页面的值。因此应该创建一个包含相匹配结构的 Document，以便访问 JSON Document 的属性。
- 浏览器将发送 base64 编码数据。如果对 base64 进行解码完全是个人喜好问题。例如，可以使用 PeopleTools 8.52+File.WriteBase64StringToBinary 方法。在将图像移动到某一文件后，可以使用 PutAttachment PeopleCode 函数将文件复制到 PeopleSoft 应用表中。另外一种方法是通过使用特定于数据库的程序将 base64 转换为二进制，从而将 base64 数据直接以流的方式存储于数据库。

第 11 章将是本书的最后一章，将介绍如何用 Oracle Mobile Application Framework(MAF) 来使用 PeopleSoft REST Service Operation。开发的方法与第 9 章中使用 Android SDK 的方法类似，但结果将是一个混合应用，与本章相同。

第 11 章

使用 Oracle Mobile Application Framework 构建移动应用

Oracle Mobile Application Framework(MAF)是一个用来构建企业移动应用的混合平台，它允许开发人员创建可部署到 Android 和 iOS 设备上的单源(single-source)应用。借助于 MAF，开发人员可以使用 Java、HTML5、CSS、JavaScript 和 Cordova 插件以声明的方式构建跨平台的混合应用。在本章，将使用 Oracle MAF 构建另一个仍然使用第 8 章的 REST 服务的 Personnel Directory(你是否觉得我应该把这本书更名为 Personnel Directory 的 101 种实现方法？)。虽然本章会对 MAF 进行一个全面的介绍，但主要目的是演示如何通过 MAF 使用 PeopleSoft REST 服务。本章并不打算成为 MAF 的完整参考资料。在学习本章的过程中，我建议阅读一下 Oracle

出版社出版的由 Luc Bors 编写的 *Oracle Mobile Application Framework Developer Guide* 一书。我发现这是一个非常宝贵的资源。

移动应用开发的另一个重要的方面是用户体验。本章将会介绍关于 MAF 应用的基本知识。关于 Oracle 移动设计指南的更多知识，可以参阅 http://www.oracle.com/webfolder/ux/mobile/index.html。

11.1 建立和运行 JDeveloper 12*c*

Oracle 提供了一套关于如何安装 Oracle JDeveloper 和 MAF 扩展的教程。在我编写本书时，可以从 http://docs.oracle.com/cd/E53569_01/tutorials/tut_jdev_maf_setup/tut_jdev_maf_setup.html 找到最新的教程。接下来对安装和配置 JDeveloper 和 MAF 扩展所需的步骤进行一个总结。

第 1 步是下载和安装 JDeveloper 12*c* Studio Edition。在编写本书时，可以从 http://www.oracle.com/technetwork/developer-tools/jdev/downloads/index.html 下载 JDeveloper。下载并安装 JDeveloper。在下载过程中，请确保选择了 Studio Edition。当 JDeveloper 完成安装之后，从其菜单栏中选择 Help | Check For Updates。出现 Update Center 对话框。请选择 Oracle Fusion Middleware Products 和 Official Oracle Extensions and Updates 选项。然后单击 Next 按钮，并选择 Mobile Application Framework。

注意：

JDeveloper 需要使用 JDK 7。然而 MAF 扩展却需要 Java 8。在重启 JDeveloper 之后，会提示选择 JDK 8 的位置。此时请确保安装了 JDK 8 的副本。

接下来，必须配置 MAF 首选项。尤其是要告诉 JDeveloper MAF 在哪里寻找 Android (如果是在 Mac 上运行，则是寻找 iOS)SDK。通过 JDeveloper 菜单栏，选择 Tools | Preferences。然后选择 Mobile Application Framework 节点。如果看到了 Load Extension 按钮，则单击该按钮。否则，选择 Android Platform(或 iOS Platform)子节点，并指定 Android SDK 的位置。图 11-1 是 MAF 首选项的屏幕截图。

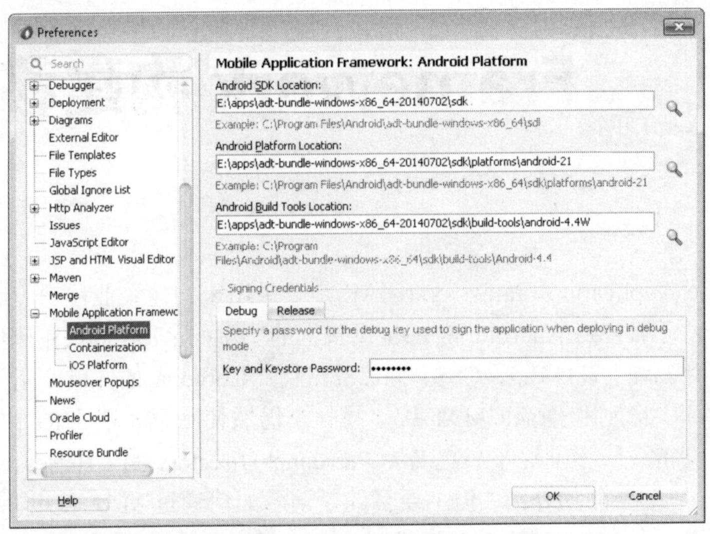

图 11-1 MAF 首选项

11.2　创建一个 MAF 项目

接下来，创建一个新的 MAF 项目，以构建另一个 Personnel Directory。从 Application 侧边栏中选择 New Application，或者从 JDeveloper 菜单栏中选择 File | New | Application。在 New Gallery 对话框中选择 General | Applications | Mobile Application Framework Application。图 11-2 是 New Gallery 对话框的屏幕截图。

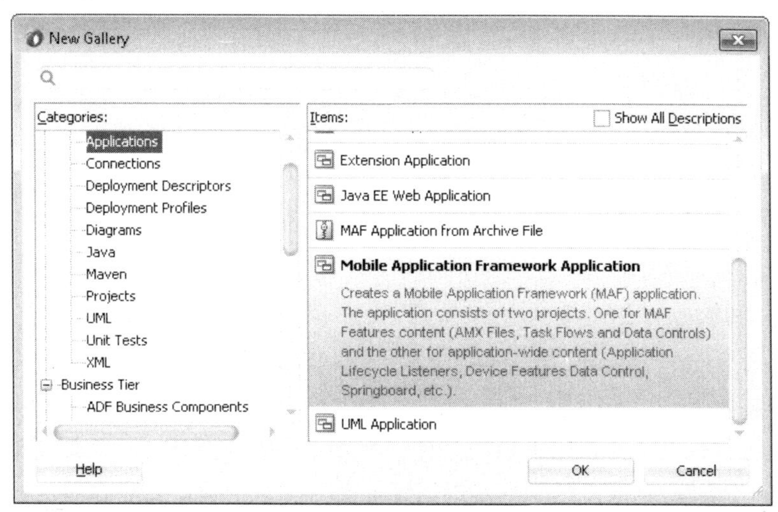

图 11-2　New Gallery 对话框

此时，将显示 Create MAF Application 对话框。在第 1 步中，针对 Application Name 输入 PersonnelDirectory。而对于 Application Package Prefix 则输入 com.example.ps.hcm。图 11-3 是第 1 步的屏幕截图。单击 Next 按钮，进入下一步。

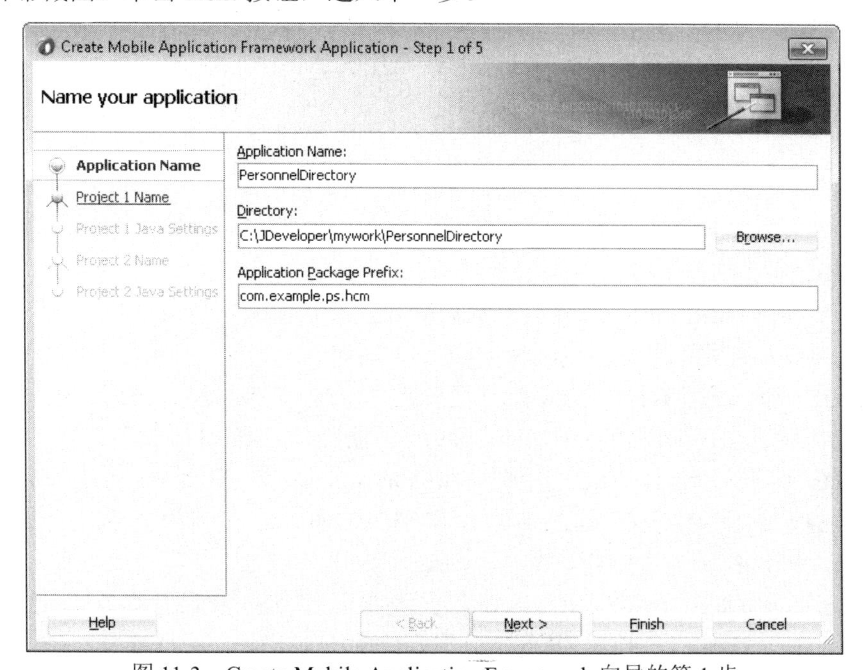

图 11-3　Create Mobile Application Framework 向导的第 1 步

继续执行向导，接受第 2 步到第 5 步的默认值，最后单击 Finish 按钮。JDeveloper 将创建一个名为 PersonnelDirectory 且带有两个项目(分别为 ApplicationController 和 ViewController)的新 Application。我们将在 ViewController 项目中完成大部分的工作。

11.2.1 客户端数据模型

如其他章节所示，客户端用户界面由四个主要视图构成：

- 搜索参数页面
- 搜索结果列表
- 详细信息视图
- 可编辑的个人信息视图

此外，服务器端 REST 控制器由四个服务组成：

- 搜索服务
- 详细信息服务
- 照片服务
- 个人详细信息服务

数据模型将包含两部分内容：可以映射到屏幕上所显示属性的结构以及可以调用远程服务的方法。通过前面所创建的 PersonnelDirectory 迭代和模型，可以知道应用中每个页面所显示的内容。请回想一下，在搜索页面上看到了什么内容呢？对了，是数据输入字段，那么需要输入什么呢？当然是员工属性。再想一下搜索结果页面上又看到了什么呢？应该看到一个员工列表，其实它就是一个员工属性列表。然后在详细信息页面上看到了更多的员工属性。应用中的所有页面都仅处理了一个实体，即 Employee。而应用中的每个视图将获取和显示某一位员工或者某一组员工的属性。

你可能已经对 JDeveloper Web Service Data Control 非常熟悉了。带有 MAF 2.1 的 JDeveloper 12*c* 对基于 XML 的 Web 服务提供了很好的支持，但对于 JSON 的支持却不是很好。在这种情况下，针对 JSON 服务的开发需要直接通过 Java 调用 Service Operation。从开发人员的角度来看，这听起来有点复杂，但使用 JSON 和 REST 可以减轻网络压力，从而创建性能更好的应用。

1. Employee 实体

接下来，让我们创建该实体 Java 类来满足需求。在 JDeveloper 的 ViewController 项目中创建一个新的 Java 类。创建 Java 类的方法有多种：

- 右击 ViewController 项目，并从上下文菜单中选择 New | Java Class。
- 从 JDeveloper 菜单栏选择 File | New | Java Class。
- 单击 JDeveloper 工具栏中 New 工具栏按钮旁边的下拉箭头，并选择 Java Class。

不管采用哪种方法，都需要确保 ViewController 项目是活动项目。证实这一点的最简单方法是在 Projects 资源管理器侧边栏中选择 ViewController 节点。之所以要确保 ViewController 项目是活动项目，是因为我们希望 JDeveloper 在 ViewController 项目中创建新 Java 类，而不是在 ApplicationController 项目中创建。

当 Create Java Class 对话框出现时，将新类命名为 Employee，并将 Package 设置为 com.example.ps.hcm.mobile.entities，其他字段则保持默认值不变。图 11-4 是 Create Java Class 对话框的屏幕截图。

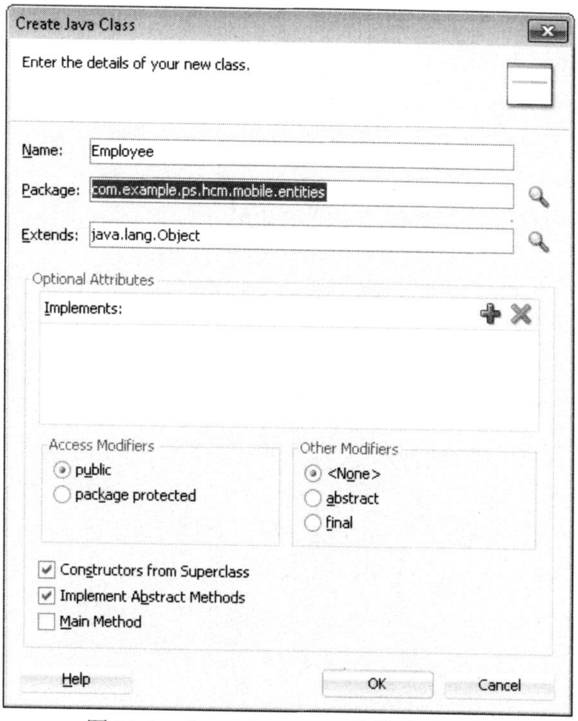

图 11-4　Create Employee 实体类对话框

针对该移动应用中任何屏幕或视图上显示的字段，Employee Java 类都有一个对应的属性。具体的属性列表如下所示：

- emplid
- name
- address1
- city
- state
- postal
- country
- countryCode
- phone
- photoDataUrl

这些属性包含字符串或文本、数据。将这些属性作为私有 String 字段添加到 Employee 类中，如下所示：

```
public class Employee {
   private String emplid;
   private String name;
   private String address1;
   private String city;
   private String state;
   private String postal;
   private String country;
   private String countryCode;
```

```
    private String phone;
    private String phototDataUrl;
    ...
}
```

注意：

为便于参考，我列出了该类的声明。可以将你的字段定义直接放在类声明的第一行后面。

在添加完这些新字段之后，JDeveloper 会通过右侧装订线中的标记提供反馈信息。这些标记告知该类包含了尚未使用的字段定义，在编写完相当数量的代码之后，这些标记是非常有价值的。目前可以暂时忽略这些警告。一旦实现了 getter 和 setter 方法，这些标记就会消失。在 Java 类编辑器的末尾右击并从上下文菜单中选择 Generate Accessors。显示 Generate Accessors 对话框。选中列表顶部 Employee 节点旁边的方框，选中该方框会选择其所有子节点，因为需要为 Employee 类中的所有字段生成访问器。同时，确保这些访问器的作用域都被设置为 public 以及选中 Notify listeners when property changes 框。对属性更改进行监听可以确保当使用 Java 更改实体属性时对 UI 进行更新。图 11-5 是 Generate Accesors 对话框的屏幕截图。当单击 OK 按钮时，JDeveloper 将针对 Generate Accessors 对话框中所选择的每个字段生成一个 getter 和一个 setter 方法。创建完访问器之后，右侧装订线内的标记应该会消失，同时顶部的概述标记变成绿色，从而告知当前的 Java 代码秩序良好。

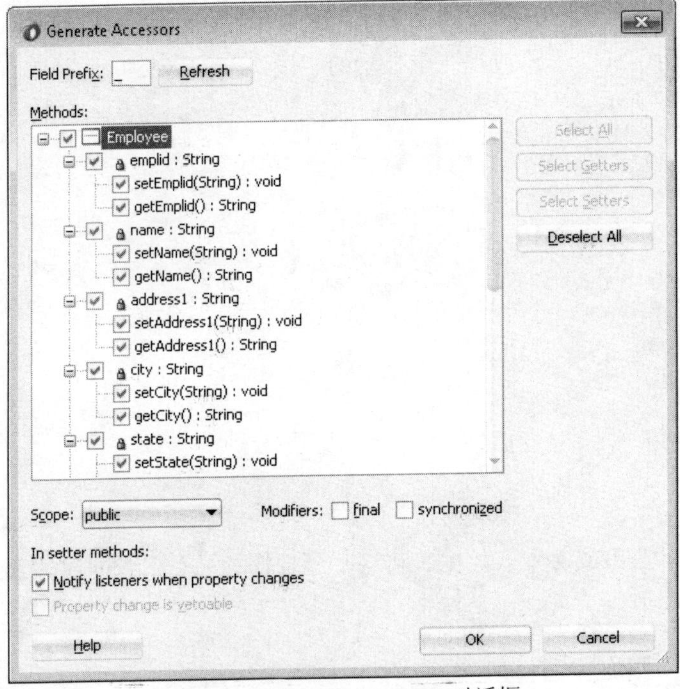

图 11-5 Generate Accessors 对话框

注意：

需要重点注意的是，应该在 Java 类的末尾右击，而不是在类中间某个位置。当添加访问器方法时，JDeveloper 将使用右击的位置作为插入位置。你应该也不会希望 JDeveloper 在除构造函数定义之后的其余位置插入这些方法。

Getter/Setter 或者构造函数参数？

前面所创建的 Employee 实体还没有任何身份标识，这是因为构造函数没有包含任何参数。可以通过调用 setEmplid 方法向 Employee 实体添加一个标识，或者创建一个以某一员工 ID 作为参数的构造函数，从而分配一个标识。哪种方法才是正确的方法呢？这要具体情况具体分析。针对创建功能齐全的类实例所需的每个属性，构造函数都应该包含一个对应参数。同样，只读属性应该通过构造函数来分配值，而不是使用 setter 方法。

在某些页面中，需要创建 Java 类将 JSON 对象以及 JSON 数组转换为 Employee 对象。此时，你可能会再问“应该使用构造函数还是 setter 方法来创建 Employee 实体实例呢？”对于这种情况，我想你可能会同意我的观点，setter 方法更易于阅读(虽然有时会讨厌打字)。尤其是 setter 方法可以清楚地说明正在更新的属性。而另一方面，构造函数依赖位置，从而提供了一种没有视觉感的队列。

下面是 Employee 类的完整代码清单：

```
package com.example.ps.hcm.mobile.entities;

import oracle.adfmf.java.beans.PropertyChangeListener;
import oracle.adfmf.java.beans.PropertyChangeSupport;

public class Employee {
   private String emplid;
   private String name;
   private String address1;
   private String city;
   private String state;
   private String postal;
   private String country;
   private String countryCode;
   private String phone;
   private String phototDataUrl;
   private PropertyChangeSupport propertyChangeSupport =
         new PropertyChangeSupport(this);

   public Employee() {
      super();
   }


   public void setEmplid(String emplid) {
      String oldEmplid = this.emplid;
      this.emplid = emplid;
      propertyChangeSupport.firePropertyChange("emplid", oldEmplid,
            emplid);
   }

   public String getEmplid() {
      return emplid;
   }
```

```
    public void setName(String name) {
       String oldName = this.name;
       this.name = name;
       propertyChangeSupport.firePropertyChange("name", oldName,
             name);
    }

    public String getName() {
       return name;
    }

    public void setAddress1(String address1) {
       String oldAddress1 = this.address1;
       this.address1 = address1;
       propertyChangeSupport.firePropertyChange("address1",
             oldAddress1, address1);
    }

    public String getAddress1() {
       return address1;
    }

    public void setCity(String city) {
       String oldCity = this.city;
       this.city = city;
       propertyChangeSupport.firePropertyChange("city", oldCity,
             city);
    }

    public String getCity() {
       return city;
    }

    public void setState(String state) {
       String oldState = this.state;
       this.state = state;
       propertyChangeSupport.firePropertyChange("state", oldState,
             state);
    }

    public String getState() {
       return state;
    }

    public void setPostal(String postal) {
       String oldPostal = this.postal;
       this.postal = postal;
       propertyChangeSupport.firePropertyChange("postal", oldPostal,
             postal);
    }

    public String getPostal() {
```

```
        return postal;
    }

    public void setCountry(String country) {
        String oldCountry = this.country;
        this.country = country;
        propertyChangeSupport.firePropertyChange("country",
                oldCountry, country);
    }

    public String getCountry() {
        return country;
    }

    public void setCountryCode(String countryCode) {
        String oldCountryCode = this.countryCode;
        this.countryCode = countryCode;
        propertyChangeSupport.firePropertyChange("countryCode",
                oldCountryCode, countryCode);
    }

    public String getCountryCode() {
        return countryCode;
    }

    public void setPhone(String phone) {
        String oldPhone = this.phone;
        this.phone = phone;
        propertyChangeSupport.firePropertyChange("phone", oldPhone,
                phone);
    }

    public String getPhone() {
        return phone;
    }

    public void setPhototDataUrl(String phototDataUrl) {
        String oldPhototDataUrl = this.phototDataUrl;
        this.phototDataUrl = phototDataUrl;
        propertyChangeSupport.firePropertyChange("phototDataUrl",
                oldPhototDataUrl, phototDataUrl);
    }

    public String getPhototDataUrl() {
        return phototDataUrl;
    }

    public void addPropertyChangeListener(PropertyChangeListener l) {
        propertyChangeSupport.addPropertyChangeListener(l);
    }

    public void removePropertyChangeListener(PropertyChangeListener l)
```

```
        {
    propertyChangeSupport.removePropertyChangeListener(l);
    }
}
```

2. JSON 助手类

遗憾的是，PeopleSoft REST 服务所返回的 JSON 数据结构与 Employee 对象不匹配。相匹配的 JSON 数据结构应该如下所示：

```
{
    "EMPLID": "KU0001",
    "NAME": "Lewis,Douglas",
    "ADDRESS1": "3569 Malta Ave",
    "CITY": "Newark",
    "STATE": "NJ",
    "POSTAL": "07112",
    "COUNTRY": "USA",
    "COUNTRY_CODE": "",
    "PHONE": "973 622 1234"
}
```

然而，PeopleSoft REST Service Operation 坚决要求包括一个对象标识。在本示例中将该标识命名为 DETAILS。如下所示(相关文本以粗体显示)：

```
{
    "DETAILS": {
        "EMPLID": "KU0001",
        "NAME": "Lewis,Douglas",
        "ADDRESS1": "3569 Malta Ave",
        "CITY": "Newark",
        "STATE": "NJ",
        "POSTAL": "07112",
        "COUNTRY": "USA",
        "COUNTRY_CODE": "",
        "PHONE": "973 622 1234"
    }
}
```

如果你的数据结构与之匹配，那么可以使用 MAF JSONBeanSerializationHelper 直接将员工详细信息的 JSON 响应转换为一个 Employee 对象。否则，就必须编写一些用来现实转换的代码。首先，创建一个用来将 JSON 对象转换为 Employee 实体的类，然后再创建一个将搜索结果服务响应转换为 Employee 实体数组的类。

将 JSON 对象转换为 Employee 实体 JSONBeanSerializationHelper.fromJSON(java.lang.Class type, java.lang.String jsonString)方法可以将一个 JSON 字符串(方法的第二参数)转换为一个类型与第一个参数相匹配的对象(或者是按照第一个参数设计的对象)。实际上，如果指定的类型实现了 JSONDeserializable，那么所返回对象的类型就与 JSONDeserializable.fromJSON 方法的返回值匹配。可以充分利用这种设计特点将转换器和实体分离。

在 ViewController 项目中创建一个名为 JsonObjectToEmployee 的新 Java 类，其包名为

com.example.ps.hcm.mobile.json.converters。在 Implements 部分，添加 JSONDeserializable 接口。图 11-6 是 Create Java Class 对话框的屏幕截图。

图 11-6　Create Java Class 对话框

按照下面的代码实现 fromJSON 方法。虽然仅需要实现 fromJSON 方法(以粗体显示)，但为了参考方便，列出了完整的类定义。其他的 Java 代码将由 JDeveloper 来编写。

```
package com.example.ps.hcm.mobile.json.converters;

import com.example.ps.hcm.mobile.entities.Employee;

import oracle.adfmf.framework.api.JSONDeserializable;
import oracle.adfmf.json.JSONObject;

public class JsonObjectToEmployee implements JSONDeserializable {
   public JsonObjectToEmployee() {
      super();
   }

   @Override
   public Object fromJSON(Object json) throws Exception {
      JSONObject outer = (JSONObject) json;
      Employee e = new Employee();

      JSONObject inner = outer.getJSONObject("DETAILS");
      e.setAddress1(inner.getString("ADDRESS1"));
      e.setCity(inner.getString("CITY"));
      e.setCountry(inner.getString("COUNTRY"));
```

```
            e.setCountryCode(inner.getString("COUNTRY_CODE"));
            e.setEmplid(inner.getString("EMPLID"));
            e.setName(inner.getString("NAME"));
            e.setPhone(inner.getString("PHONE"));
            e.setPostal(inner.getString("POSTAL"));
            e.setState(inner.getString("STATE"));

            return e;
        }
    }
```

如上面的 JSON 示例所示，详细信息 Service Operation JSON 响应包含了一个嵌套对象。fromJSON 方法中的 Java 代码首先将输入参数标识为一个 JSONObject，然后再提取内部的员工详细信息对象。

注意：

在此，可以通过修改 Employee 实体来实现 JSONDeserializable 接口，而无须创建 Employee 转换器类。而如何实现 JSONDeserializable 接口则是一个见仁见智的问题。

创建另一个实现了 JSONDeserializable 接口的名为 JsonArrayToEmployeeArray 的 Java 类(包名为 com.example.ps.hcm.mobile.json.converters)。下面的代码清单包含了 JsonArrayToEmployeeArray 类的 Java 代码。和前面一样，虽然只需在 fromJSON 方法中输入代码，但为了参考方便，下面列出了完整的类定义。

注意：

JDeveloper 会自动添加所缺少的导入。只要 JDeveloper 标识了一个未知的定义，就可以按组合键 ALT+ENTER，添加缺少的导入，从而提高开发速度。

```
package com.example.ps.hcm.mobile.json.converters;

import com.example.ps.hcm.mobile.entities.Employee;

import oracle.adfmf.framework.api.JSONDeserializable;
import oracle.adfmf.json.JSONArray;
import oracle.adfmf.json.JSONObject;

public class JsonArrayToEmployeeArray implements JSONDeserializable {
    public JsonArrayToEmployeeArray() {
        super();
    }

    @Override
    public Object fromJSON(Object json) throws Exception {
        JSONObject outer = (JSONObject) json;

        JSONObject inner = outer.getJSONObject("SEARCH_RESULTS");

        JSONArray list = inner.getJSONArray("SEARCH_FIELDS");
        Employee[] empls = new Employee[list.length()];
```

```
        for (int i = 0; i < list.length(); i++) {
            JSONObject item = list.getJSONObject(i);
            empls[i] = new Employee();
            empls[i].setEmplid(item.getString("EMPLID"));
            empls[i].setName(item.getString("NAME"));
        }

        return empls;
    }
}
```

注意：

Oracle A-Team 创建了一个用来简化 REST 服务使用的 Mobile Persistence Accelerator，同时还提供了 SQLite 离线持久性。关于 A-Team Mobile Persistence Accelerator 的更多内容，可以访问 http://www.ateam-oracle.com/getting-started-with-the-a-team-mobile-persistence-accelerator/。

3. URI 实用工具类

本章的应用调用了四个不同的REST URL。而每个URL都共享了通用数据段。接下来让我们创建一个负责构建REST服务URL的实用工具类，这样一来就不会因为各种URL引用而导致Java类的混乱。创建一个名为UriUtil的新类，并将包名设置为com.example.ps.hcm.mobile.uri。然后在该类中添加下面的Java代码：

```
package com.example.ps.hcm.mobile.uri;

import java.util.ArrayList;
import java.util.Iterator;

public class UriUtil {
    private static String BASE_URI = "/";

    public UriUtil() {
        super();
    }

    public static String searchURI(String emplid, String name,
            String lastName) {
        StringBuilder uri = new StringBuilder(BASE_URI +
                "BMA_PERS_DIR_SEARCH.v1?");
        ArrayList<String> parmsList = new ArrayList<String>();

        if (emplid != null && emplid.length() > 0) {
            parmsList.add("EMPLID=" + emplid);
        }

        if (name != null && name.length() > 0) {
            parmsList.add("NAME=" + name);
        }

        if (lastName != null && lastName.length() > 0) {
```

```
            parmsList.add("LAST_NAME_SRCH" + lastName);
        }

        boolean isFirst = true;
        Iterator<String> parmsIt = parmsList.iterator();

        while (parmsIt.hasNext()) {
            if (isFirst) {
                uri.append(parmsIt.next());
                isFirst = false;
            } else {
                uri.append("&" + parmsIt.next());
            }
        }

        return uri.toString();
    }

    public static String employeeURI(String emplid) {
        return BASE_URI + "BMA_PERS_DIR_DETAILS.v1/" + emplid;
    }

    public static String photoURI(String emplid) {
        return BASE_URI + "BMA_PERS_DIR_PHOTO.v1/" + emplid;
    }

    public static String profileURI() {
        return BASE_URI + "BMA_PERS_DIR_PROFILE.v1/profile";
    }

}
```

所有这些方法都将 Service Operation 参数连接到合适的 REST URL。而唯一有实质性内容的方法是 searchURI 方法。该方法接收多个可选参数，并将它们转换成字符串键/值对，但只会对带有值的参数进行转换。

如果查看一下 UriUtil 类的方法，会发现它们都返回一个 URL 片段，尤其是类似/BMA_PERS_DIR_DETAILS.v1/KU0001 的片段。对于每个 Service Operation 来说，这些 URL 片段都是唯一的。稍后，还会创建一个 Application Resource REST 连接，该连接标识了 URL 的主要、静态部分。

4. 数据控件 JavaBean

接下来，需要一个用来调用这些 Service Operation 的 Java 类。例如，在收集完搜索参数之后要调用 PeopleSoft 搜索 REST Service Operation。同样，在选择一个结果后，必须调用一个 Service Operation 来获取详细信息。从 UI 的角度来看，我们是希望调用这些 Service Operations 来响应点击按钮或者从列表中选择某一项。

在已选择 ViewController 项目的情况下，添加一个名为 PersonnelDirectoryDC 的新 Java 类。然后将其包名设置为 com.example.ps.hcm.mobile.datacontrol。可以使用一个 JavaBean 数据控件

将 UI 事件绑定到该 Java 类的对象方法。JDeveloper 将创建一个包含以下定义的基础 Java 类：

```
package com.example.ps.hcm.mobile.datacontrol;

public class PersonnelDirectoryDC {
    public PersonnelDirectoryDC() {
        super();
    }
}
```

数据绑定访问器　前面所创建的 UI 分别拥有显示搜索结果和显示员工详细信息的视图。接下来添加一些成员字段来保存这两个视图所需的数据。请在 Java 类的构造函数之前添加下面的字段定义。为便于参考，列出了完整的类定义。所添加的内容以粗体显示：

```
package com.example.ps.hcm.mobile.datacontrol;

public class PersonnelDirectoryDC {
    private Employee selectedEmployee;
    private Employee[] searchResults;

    public PersonnelDirectoryDC() {
        super();
    }
}
```

现在，需要创建可以绑定到 UI 元素的公共方法。与其他的 Java 类一样，滚动到文件底部，并右击。然后从上下文菜单中选择 Generate Accessors。选择顶部的方框，从而为所有字段生成 getters 和 setters 方法，并确保作用域为 public。但与使用 Generate Accessors 路由器不同的是，这一次没有选择 Notify listeners when property changes 选项。稍后，将实现 ProviderChangeSupport。提供程序更新支持与 Notify 侦听器是等价的集合。在 JDeveloper 生成了访问器之后，请将两个 setXXX 方法的作用域从 public 更改为 private，因为只需要对上述字段成员进行读访问，而无须写访问。生成写(或者设置)访问器的原因是为了提供一种集中机制，以更新类其他方法中的成员字段值。具体来说，在调用 Web 服务之后将在内部设置值。现在，PersonnelDirectoryDC Java 类应该包含下面所示的四个方法。请注意，我将 setSelectEmployee 和 setSearchResults 的作用域限定符更改为 private。

```
    private void setSelectedEmployee(Employee selectedEmployee) {
        this.selectedEmployee = selectedEmployee;
    }

    public Employee getSelectedEmployee() {
        return selectedEmployee;
    }

    private void setSearchResults(Employee[] searchResults) {
        this.searchResults = searchResults;
    }

    public Employee[] getSearchResults() {
```

```
        return searchResults;
    }
```

数据提供程序更新支持 在该移动应用中，用户所体验的第一个页面是搜索页面。当首次查看搜索页面时，searchResults 集合和 selectedEmployee 对象都是空的。当实际为这些成员字段分配值时，要确保 UI 知道数据控件的变化。可以通过一个名为 ProviderChangeSupport 的类来通知框架绑定变量所发生的变化。接下来向 PersonnelDirectoryDC 添加 ProviderChangeSupport。请向 PersonnelDirectoryDC Java 类添加下面所示的字段和方法声明：

```
    //***** provider change support *****//
    //Enable provider change support
    protected transient ProviderChangeSupport providerChangeSupport =
          new ProviderChangeSupport(this);

    public void addProviderChangeListener(ProviderChangeListener l) {
       providerChangeSupport.addProviderChangeListener(l);
    }

    public void removeProviderChangeListener(
          ProviderChangeListener l) {
       providerChangeSupport.removeProviderChangeListener(l);
    }
```

注意：

即使 PersonnelDirectoryDC 类没有被标记为可序列化，providerChangeSupport 成员字段也被标记为瞬态(Transient)。其实，我们是在为两个“观众”编写代码。第一个观众是用来解释代码的计算机。第二个观众是对代码进行维护的其他开发人员。虽然计算机不需要使用瞬态特性，但其他开发人员会非常希望知道该字段不应被序列化。

接下来更新 setSelectedEmployee 和 setSearchResults 方法，从而当相应的属性变化时刷新一次提供程序。下面是两个方法的代码清单，其中新添加的内容以粗体显示：

```
    private void setSelectedEmployee(Employee selectedEmployee) {
       this.selectedEmployee = selectedEmployee;
       providerChangeSupport.fireProviderRefresh("selectedEmployee");
    }

...

    private void setSearchResults(Employee[] searchResults) {
       this.searchResults = searchResults;
       providerChangeSupport.fireProviderRefresh("searchResults");
    }
```

注意：

可以访问 https://www.youtube.com/watch?v=ZJePFhfVqMU，找到讨论 MAF 提供程序和属性更改支持的相关 YouTube 视频。

调用 Service Operation UI 将调用两个主要的 Service Operation。第一个操作接收搜索

条件并返回一个相匹配的搜索结果列表。将这些需求转换为数据控件方法声明会产生如下所示的方法签名：

```
public void searchForEmployees(String emplid, String name,
        String lastName) {
    // TODO: implementation goes here
}
```

UI 将通过搜索表单中的搜索按钮调用 searchForEmployees。请等一下，我是否说过该方法将返回一个搜索结果列表？而上面的方法签名并没有返回任何结果。该方法通过 searchResults 成员字段使最终结果对外可用，而不是返回结果。UI 将绑定到通过 getSearchResults()方法公开的 searchResults Bean 属性。

需要实现的另一个方法是选择员工方法。该方法签名如下所示：

```
public void selectEmployee(String emplid) {
    // TODO: implementation goes here
}
```

当用户从搜索结果列表中选择一个员工时，会调用 selectEmployee 方法。

由于这两个方法都会调用 REST Service Operations，因此它们共享了许多相似代码。接下来让我们创建一个私有的助手方法 invokeRestRequest，从而无须编写两段相同的代码。下面的代码清单提供了该新方法的实现过程：

```
private String invokeRestRequest(String requestURI) {

    RestServiceAdapter restServiceAdapter =
            Model.createRestServiceAdapter();
    restServiceAdapter.clearRequestProperties();
    restServiceAdapter.setConnectionName("PersonnelDirectoryRestConn");

    restServiceAdapter.setRequestType(
            RestServiceAdapter.REQUEST_TYPE_GET);

    restServiceAdapter.addRequestProperty("Content-Type",
            "application/json");
    restServiceAdapter.addRequestProperty("Accept",
            "application/json; charset=UTF-8");
    restServiceAdapter.setRequestURI(requestURI);
    restServiceAdapter.setRetryLimit(0);

    //variable holding the response
    String response = null;

    try {
        response = restServiceAdapter.send("");
    } catch (Exception e) {
        //log error
        Trace.log(Utility.APP_LOGNAME, Level.SEVERE, this.getClass(),
                "invokeRestRequest",
                "Invoke of REST Resource failed to " + requestURI);
```

```
            Trace.log(Utility.APP_LOGNAME, Level.SEVERE, this.getClass(),
                  "invokeRestRequest", e.getLocalizedMessage());
        }
        return response;
    };
```

注意：

该方法导入了 oracle.adfmf.util.logging.Trace 类及其 log 方法。稍后将会详写 Trace 类。

在 invokeRestRequest 方法体中可以看到如下一行：

```
restServiceAdapter.setConnectionName("PersonnelDirectoryRestConn")
```

目前连接 PersonnelDirectoryResetConn 并不存在。MAF 提供了一个单独的连接描述符，从而不必在 URI 实用程序类中对 REST 结束点进行硬编码。通过 File | New | From Gallery 菜单项调用 New Gallery，然后选择 Connections | REST Connection from the Gallery，从而创建一个新连接。选择 Create Connection in Application Resources 选项。将该连接命名为 PersonnelDirectoryRestConn，同时将该 URL 设置为 REST Service URL 的一部分(对于应用所使用的所有 REST Service 来说，该 URL 是通用的)。为了连接到我的 VirtualBox PUM 环境配置，该 URL 为 http://192.168.56.102:8000/PSIGW/RESTListeningConnector/PSFT_HR。图 11-7 是新 REST 连接的屏幕截图。

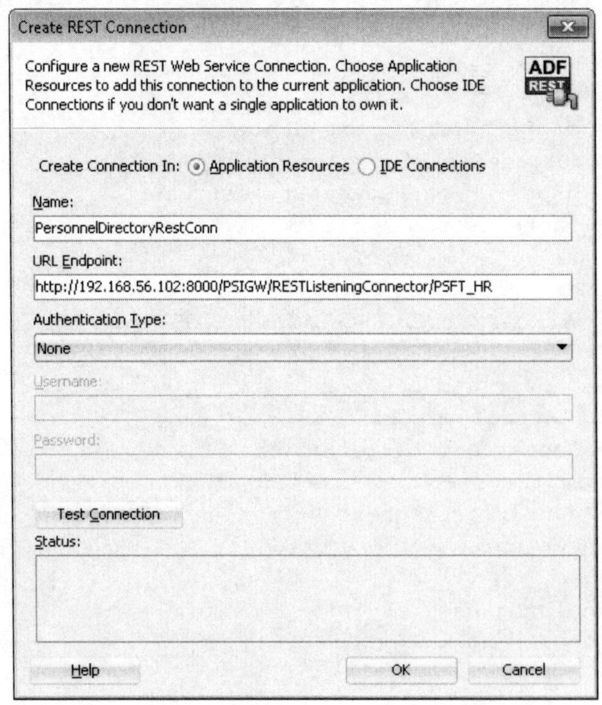

图 11-7 Create REST Connection 对话框

注意：

在 Create REST Connection 对话框接近底部的位置包含了一个 Test Connection 按钮。如果尝试用该按钮来测试连接，将会导致一个错误，因为我们创建的 REST Connection 指向的是一个 URL 片段，而不是完整的 REST URL。

在编写完常见的Service Operation代码之后，接下来实现searchForEmployees和selectEmployee方法剩下的内容。首先是searchForEmployees方法：

```
public void searchForEmployees(String emplid, String name,
        String lastName) {
    String uri = UriUtil.searchURI(emplid, name, lastName);

    Trace.log(Utility.APP_LOGNAME, Level.INFO, this.getClass(),
            "searchForEmployees",
            "Searching for employees matching emplid[ " + emplid +
            "], name[" + name + "], lastName[" + lastName +
            "] from uri " + uri);
    String response = invokeRestRequest(uri);

    Trace.log(Utility.APP_LOGNAME, Level.INFO, this.getClass(),
            "searchForEmployees", "JSON string: " + response);

    if (response != null) {
        try {
            setSearchResults((Employee[])
                    JSONBeanSerializationHelper.fromJSON(
                    JsonArrayToEmployeeArray.class, response));
        } catch (Exception e) {
            Trace.log(Utility.APP_LOGNAME, Level.SEVERE,
                    this.getClass(), "searchForEmployees",
                    "JSON => Search Results object conversion " +
                    "failed for JSON string: " + response);
            Trace.log(Utility.APP_LOGNAME, Level.SEVERE,
                    this.getClass(), "searchForEmployees",
                    e.getLocalizedMessage());
        }
    }
}
```

上面的代码清单主要完成了以下任务：

- 请求 UriUtil 根据给定的输入参数组成搜索服务的 URL。
- 调用 invokeRequest 方法，从 REST 搜索服务获取结果。
- 使用 MAF JSONBeanSerializationHelper 和自定义的 JsonArrayToEmployeeArray 类将服务 JSON 响应转换为一个 Employee 对象数组。

selectEmployee 方法也类似：

```
public void selectEmployee(String emplid) {
    String uri = UriUtil.employeeURI(emplid);
    Trace.log(Utility.APP_LOGNAME, Level.INFO, this.getClass(),
            "selectEmployee",
            "Selecting employee " + emplid + " from uri " + uri);
    String response = invokeRestRequest(uri);
    Trace.log(Utility.APP_LOGNAME, Level.INFO, this.getClass(),
            "selectEmployee", "JSON string: " + response);
```

```
    if (response != null) {
       try {
          setSelectedEmployee((Employee)
                JSONBeanSerializationHelper.fromJSON(
                      JsonObjectToEmployee.class,
                      response));
          getSelectedEmployee().setPhototDataUrl(
                invokeRestRequest(UriUtil.photoURI(emplid)));
       } catch (Exception e) {
          Trace.log(Utility.APP_LOGNAME, Level.SEVERE,
                 this.getClass(), "selectEmployee",
                 "JSON => Employee object conversion failed " +
                 "for JSON string: " + response);
          Trace.log(Utility.APP_LOGNAME, Level.SEVERE,
                 this.getClass(), "selectEmployee",
                 e.getLocalizedMessage());
       }
    }
 }
```

除了调用一个不同的 REST 服务以及创建了一个不同的对象之外，该方法与searchForEmployees方法之间还存在另一个重要的区别：selectEmployee方法调用了两个REST服务。第一个REST服务选择了一名员工的详细信息，而第二个服务选择了该员工的照片。考虑到所有的用例都需要使用图像和员工的详细信息，将这两个服务合并成一个服务就显得非常有意义。

完整的代码清单如下所示：

```
package com.example.ps.hcm.mobile.datacontrol;

import com.example.ps.hcm.mobile.entities.Employee;

import com.example.ps.hcm.mobile.json.converters.JsonArrayToEmployeeArray;
import com.example.ps.hcm.mobile.json.converters.JsonObjectToEmployee;
import com.example.ps.hcm.mobile.uri.UriUtil;

import java.util.logging.Level;

import oracle.adfmf.dc.ws.rest.RestServiceAdapter;
import oracle.adfmf.framework.api.JSONBeanSerializationHelper;
import oracle.adfmf.framework.api.Model;
import oracle.adfmf.java.beans.ProviderChangeListener;
import oracle.adfmf.java.beans.ProviderChangeSupport;
import oracle.adfmf.util.Utility;
import oracle.adfmf.util.logging.Trace;

public class PersonnelDirectoryDC {
   private Employee selectedEmployee;
   private Employee[] searchResults;

   public PersonnelDirectoryDC() {
      super();
```

```
    }

    private void setSelectedEmployee(Employee selectedEmployee) {
        this.selectedEmployee = selectedEmployee;
        providerChangeSupport.fireProviderRefresh("selectedEmployee");
    }

    public Employee getSelectedEmployee() {
        return selectedEmployee;
    }

    private void setSearchResults(Employee[] searchResults) {
        this.searchResults = searchResults;
        providerChangeSupport.fireProviderRefresh("searchResults");
    }

    public Employee[] getSearchResults() {
        return searchResults;
    }

    public void searchForEmployees(String emplid, String name,
                                   String lastName) {
        String uri = UriUtil.searchURI(emplid, name, lastName);
        Trace.log(Utility.APP_LOGNAME, Level.INFO, this.getClass(),
                "searchForEmployees",
                "Searching for employees matching emplid[ " +
                emplid + "], name[" + name + "], lastName[" +
                lastName + "] from uri " + uri);
        String response = invokeRestRequest(uri);

        Trace.log(Utility.APP_LOGNAME, Level.INFO, this.getClass(),
                "searchForEmployees", "JSON string: " + response);

        if (response != null) {
            try {
                setSearchResults((Employee[])
                        JSONBeanSerializationHelper.fromJSON(
                                JsonArrayToEmployeeArray.class,
                                response));
            } catch (Exception e) {
                Trace.log(Utility.APP_LOGNAME, Level.SEVERE,
                        this.getClass(), "searchForEmployees",
                        "JSON => Search Results object conversion " +
                        "failed for JSON string: " + response);
                Trace.log(Utility.APP_LOGNAME, Level.SEVERE,
                        this.getClass(), "searchForEmployees",
                        e.getLocalizedMessage());
            }
        }
    }

    public void selectEmployee(String emplid) {
```

```
    String uri = UriUtil.employeeURI(emplid);
    Trace.log(Utility.APP_LOGNAME, Level.INFO, this.getClass(),
          "selectEmployee",
          "Selecting employee " + emplid + " from uri " + uri);
    String response = invokeRestRequest(uri);
    Trace.log(Utility.APP_LOGNAME, Level.INFO, this.getClass(),
          "selectEmployee", "JSON string: " + response);

    if (response != null) {
       try {
          setSelectedEmployee((Employee)
                JSONBeanSerializationHelper.fromJSON(
                      JsonObjectToEmployee.class,
                      response));

          getSelectedEmployee().setPhototDataUrl(
                invokeRestRequest(UriUtil.photoURI(emplid)));
       } catch (Exception e) {
          Trace.log(Utility.APP_LOGNAME, Level.SEVERE,
                this.getClass(), "selectEmployee",
                "JSON => Employee object conversion " +
                "failed for JSON string: " + response);
          Trace.log(Utility.APP_LOGNAME, Level.SEVERE,
                this.getClass(), "selectEmployee",
                e.getLocalizedMessage());
       }
    }
}

private String invokeRestRequest(String requestURI) {

    RestServiceAdapter restServiceAdapter =
          Model.createRestServiceAdapter();
    restServiceAdapter.clearRequestProperties();
    restServiceAdapter.setConnectionName(
          "PersonnelDirectoryRestConn");

    restServiceAdapter.setRequestType(
          RestServiceAdapter.REQUEST_TYPE_GET);

    restServiceAdapter.addRequestProperty("Content-Type",
          "application/json");

    restServiceAdapter.addRequestProperty("Accept",
          "application/json; charset=UTF-8");
    restServiceAdapter.setRequestURI(requestURI);
    restServiceAdapter.setRetryLimit(0);

    //variable holding the response
    String response = null;

    try {
```

```
            response = restServiceAdapter.send("");
        } catch (Exception e) {
            //log error
            Trace.log(Utility.APP_LOGNAME, Level.SEVERE,
                    this.getClass(), "invokeRestRequest",
                    "Invoke of REST Resource failed to " +
                    requestURI);
            Trace.log(Utility.APP_LOGNAME, Level.SEVERE,
                    this.getClass(), "invokeRestRequest",
                    e.getLocalizedMessage());
        }
        return response;
    };

    //***** provider change support *****//
    //Enable provider change support

    protected transient ProviderChangeSupport providerChangeSupport =
          new ProviderChangeSupport(this);

    public void addProviderChangeListener(ProviderChangeListener l) {
        providerChangeSupport.addProviderChangeListener(l);
    }

    public void removeProviderChangeListener(
          ProviderChangeListener l) {
        providerChangeSupport.removeProviderChangeListener(l);
    }
}
```

创建数据控件　在项目资源管理器中找到 PersonnelDirectoryDC.java 文件。该文件位于 ViewController/Application Sources/com.example.ps/hcm/mobile/datacontrol 文件夹中。右击 PersonnelDirectoryDC.java 节点并从弹出菜单中选择 Create Data Control。当出现 Create Bean Data Control 向导时，通过单击 Next 和 Finish 按钮，接受向导每一步中的默认值。完成向导后，展开 Data Controls 面板。如果该面板为空，则单击刷新按钮(该按钮位于单词“Data Control”的旁边，并且由两个箭头组成一个圆圈)。此时，应该可以看到图 11-8 所示的 PersonnelDirectoryDC 数据控件。

注意：

当创建一个数据控件时，JDeveloper 会打开 DataControls.dcx 文件。该文件包含了描述数据控件的元数据。通过该文件，可以编辑数据控件 UI 显示提示、验证规则等。如果计划在多个视图上使用相同的数据控件，那么可以在控件元数据中设置显示提示(比如显示标签和默认控件类型)，而不必在使用数据控件的每个页面上进行相关设置。

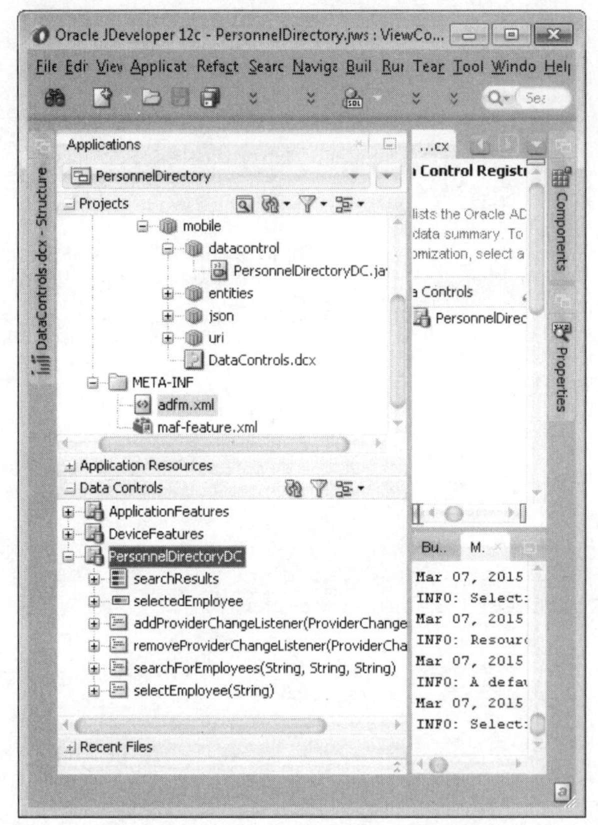

图 11-8 PersonnelDirectoryDC 数据控件

11.2.2 用户界面

MAF 通过被称为 Features 的工件向用户显示应用功能。这些 Features 成为调板(Springboard)图标。在 JDeveloper 项目资源管理器中(ViewController/Application Sources/META-INF/maf-feature.xml)找到 maf-feature.xml 文件，并将其打开。然后单击功能网格中的添加功能按钮(绿色的加号按钮)，创建一个名为 DirectorySearch 的新 Feature。图 11-9 是 Create MAF Feature 对话框的屏幕截图。

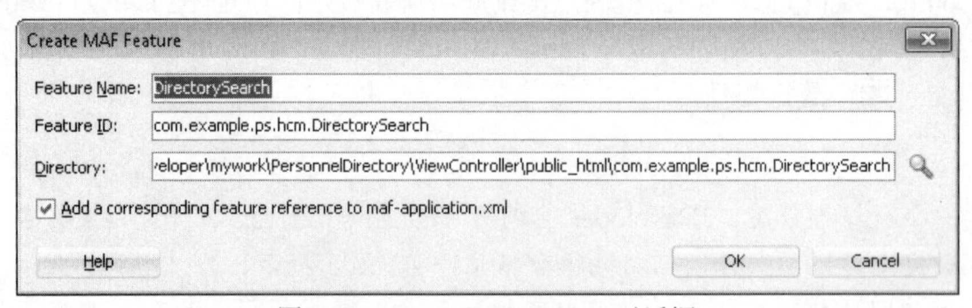

图 11-9 Create MAF Feature 对话框

maf-feature.xml 文件包含了许多用来配置每个 Feature 外观的元数据，包括如何(图标)以及何时(约束)显示 Feature。为了保证本示例尽可能简单，我们将仅关注 Feature 内容。在 Features 网格中选择新的 DirectorySearch Feature，然后选择 Content 选项卡。此时会看到内容网格已经包含了一项，其类型为默认的 MAF AMX Page。MAF Feature 内容可以来自以下几个方面：

- MAF AMX Page

- MAF AMX Task Flow
- Local HTML
- Remote URL

[illegible] AMX Task Flow。请将 com.example.ps.DirectorySearch.1 内容行的 Type 值更改为 MAF AMX Task Flow。此时 JDeveloper 会立即突出显示 File 字段，从而告知 MAF AMX Task Flow 需要一个文件。单击该字段左边的绿色加号，创建一个新的 AMX Task Flow，并命名为 DirectorySearch-task-flow.xml，如图 11-10 所示。

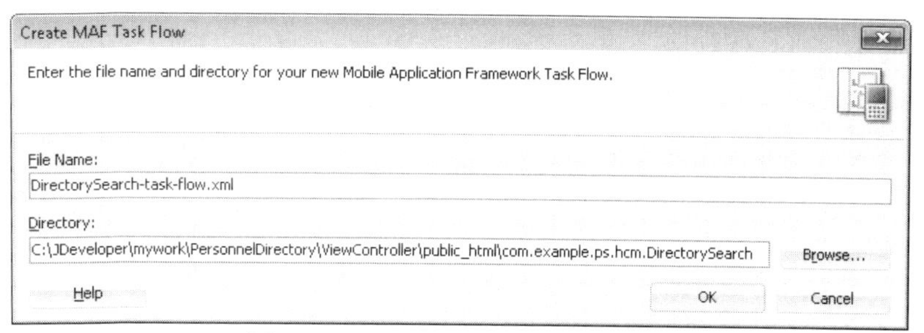

图 11-10　新的 MAF AMX Task Flow

图 11-11 是添加了 DirectorySearch Task Flow 后的 maf-feature.xml 文件的屏幕截图。

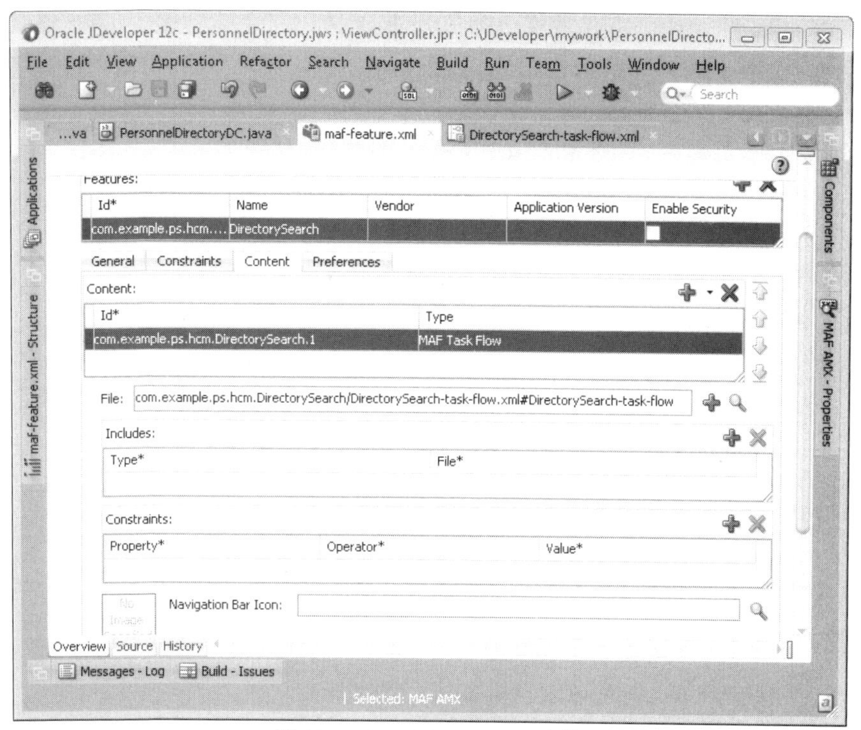

图 11-11　maf-feature.xml 文件

JDeveloper 会自动打开 DirectorySearch-task-flow.xml 文件。

注意：

要重新打开一个已关闭的 Task Flow，可以在项目资源管理器的 ViewController/Web Content 节点下进行搜索。

1. 设计 TaskFlow

Task Flow 设计器看起来就像一个流程图设计器(与 Microsoft Visio 类似)。可以将 Views 和数据控件 Methods 拖放到 Task Flow 上，然后使用 Control Flow 箭头连接它们。

根据前面章节的内容，我们已经知道 Personnel Directory 拥有一个搜索页面、一个搜索结果页面以及一个详细信息页面。此外，这三个页面通过两个 Service Operations 链接在一起：

- 搜索 Operation
- 详细信息 Operation

接下来通过构建一个流程图来描述该用例。从 JDeveloper 右侧的面板中，将一个视图组件拖放到新 Task Flow 的左上角，并将该视图命名为 search。然后再将另一个视图拖放到第一个视图右边并向下一点点，将其命名为 results。随后将最后一个视图组件拖放到 results 视图的右边并与 search 视图平行，命名为 details。对这三个视图进行布局，使它们看上去就像是两个眼睛和一个鼻子，这样一来我们就像是在创建一张笑脸，而不是一张流程图。search 视图表示左边的眼睛(我认为该视图是笑脸的右眼，位于你的左边)。而 details 视图则是另一只眼睛。将 results 视图向下移动到这两只“眼睛”的中间，从而成为笑脸的鼻子。

搜索表单负责收集 searchForEmployees 数据控件方法的参数。该数据控件方法为结果页面获取数据。接下来将 searchForEmployees 从 Data Controls 面板拖放到 Task Flow 设计器，从而模拟该方法的调用。将一个数据控件操作拖放到 Task Flow 会导致 JDeveloper 显示 Edit Action Binding 对话框。JDeveloper 注意到 searchForEmployees 方法需要相关参数，它希望你来指定这些参数的值。而 searchForEmployees 方法的值则来自输入到搜索页面的数据。因此，我们需要的是一个可以在搜索页面和 searchForEmployees 操作之间传递的值容器。MAF 通过一个被称为 pageFlowScope 的运行时变量来满足该需求。pageFlowScope 变量是一个可以被添加到自定义属性中的动态对象。后面在定义搜索页面时，会将来自搜索页面数据输入字段的值转换为 pageFlowScope 对象。现在，需要告诉 JDeveloper 自定义 pageFlowScope 属性的名称，因此继续定义我们的 Task Flow 图表。使用表 11-1 中的值将 searchForEmployees 参数映射到 pageFlowScope 自定义属性。

表 11-1 searchForEmployees 参数映射

参数名称	参数值
Emplid	#{pageFlowScope.searchEmplIdVal}
Name	#{pageFlowScope.searchNameVal}
LastName	#{pageFlowScope.searchLastNameVal}

图 11-12 是 Edit Action Binding 对话框的屏幕截图。

现在，需要使用 Control Flow Case 组件将搜索页面与 searchForEmployees 方法连接起来。请将 Control Flow Case 命名为 search。然后将另一个 Control Flow Case 从 searchForEmployees 拖放至结果页面，并保持默认名称不变。此时的 Task Flow 如图 11-13 所示。在最终完成之前，还需要向该 Task Flow 添加更多的项。

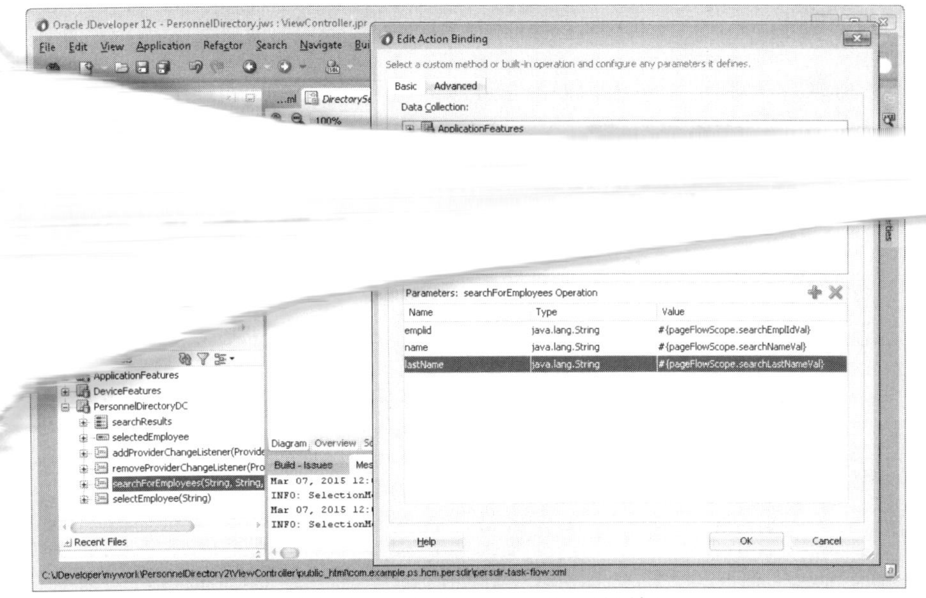

图 11-12　Edit Action Binding 对话框

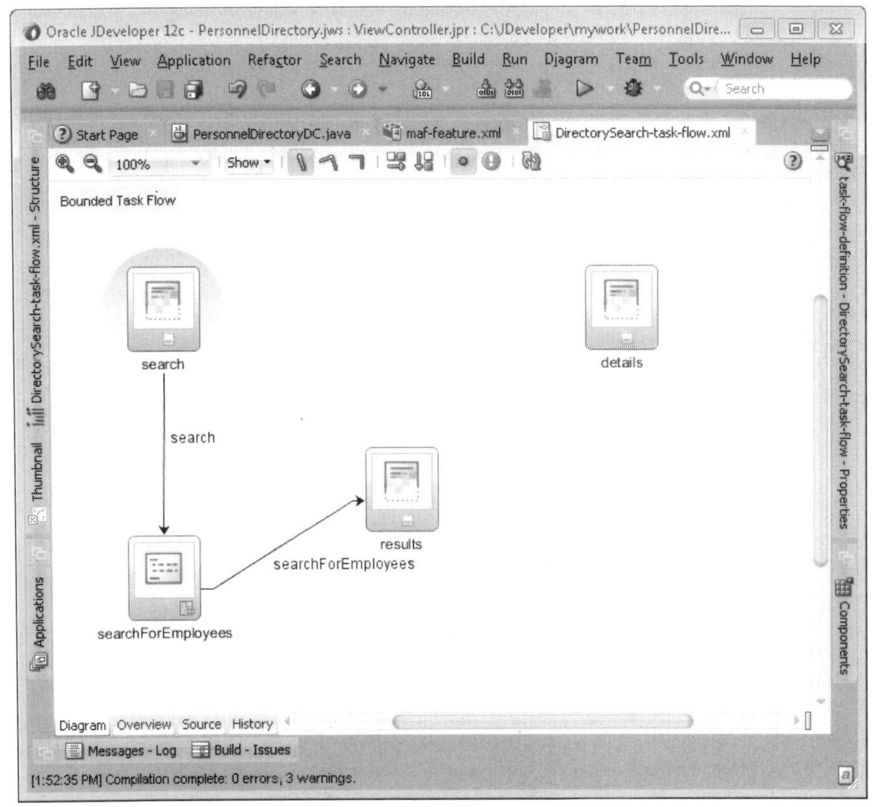

图 11-13　DirectorySearch-task-flow 中间状态

用户要完成一次搜索，首先需要输入一些条件，然后单击搜索按钮，最后查看结果。但有时当用户查看结果时发现所期望的员工并不在列表中。此时用户决定返回到搜索表单并输入新条件。接下来让我们在 Task Flow 中建立这种模型。请将一个 Control Flow Case 拖放至结果页面和搜索页面之间，并命名为 returnToSearch。

2. 搜索参数视图

虽然仍然需要将详细信息视图与剩余的 Task Flow 组件连接，但目前先不这么做，可以先创建足够的视图定义来测试该数据模型。针对 Task Flow 内的每个视图，双击视图图标，创建一个新的 AMX 页面，请保持默认名称和目录不变。而对于 Facets，则选择 Header 和 Primary Action。图 11-14 是针对 search.amx 页面的 Create MAF AMX Page 对话框的屏幕截图。

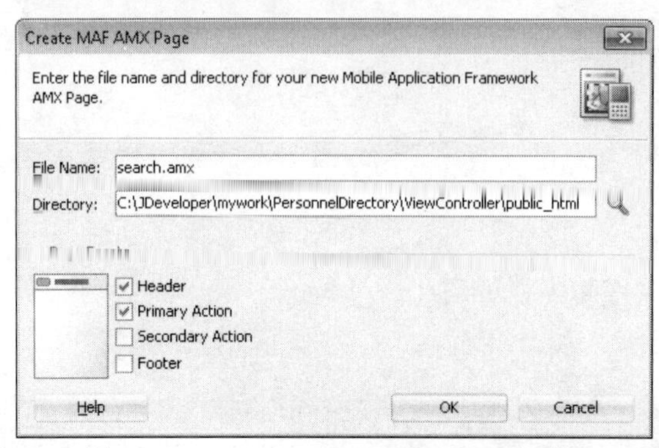

图 11-14 Create MAF AMX Page 对话框

当出现新的 AMX 页面设计器时，请将 searchForEmployees 操作从 Data Controls 面板中拖放至 XML 页面上(</amx:panelPage>标签之前)。当出现弹出式菜单时，选择 MAF Parameter Form。随后会出现 Edit Form Fields 对话框。对每个字段输入一个描述性标签。例如，对 emplid 字段输入 Employee ID，等等。图 11-15 是 Edit Form Fields 对话框的屏幕截图。

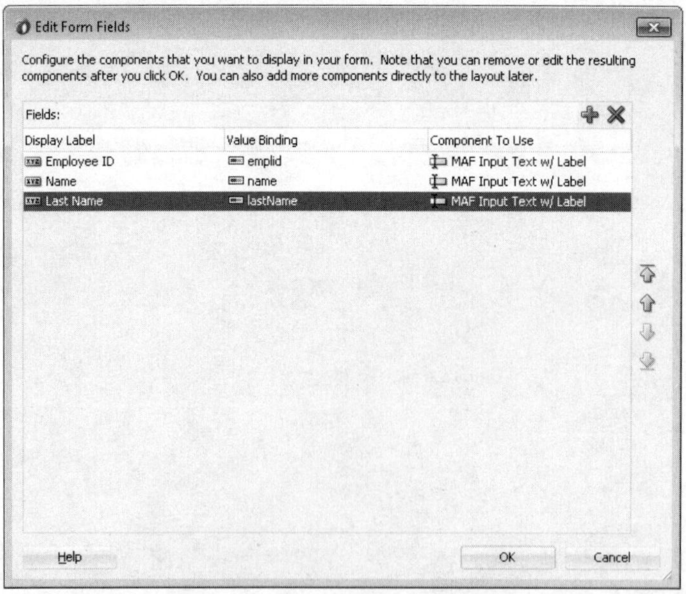

图 11-15 Edit Form Fields 对话框

JDeveloper 通过向 AMX 页面添加 XML 的方式来定义参数表单。此外还会添加一个按钮来调用 searchForEmployees 操作。但我们并不希望以这种方法执行 searchForEmployees 方法。相反，我们想要使用一个 Control Flow Case 通过 searchForEmployees 操作将请求路由到结果页面。请删除 AMX 页面定义底部的<amx:commandButton> XML 元素。请确保删除的是正确的按钮，所删除按钮的文本应该是 searchForEmployees。现在，切换到 Bindings 选项卡，然后删除 searchForEmployees 绑定。要删除绑定，首先从 Bindings 列表中选择该绑定，然后单击列表标题内的红色 X。图 11-16 是完成上述更改之后的绑定的屏幕截图。

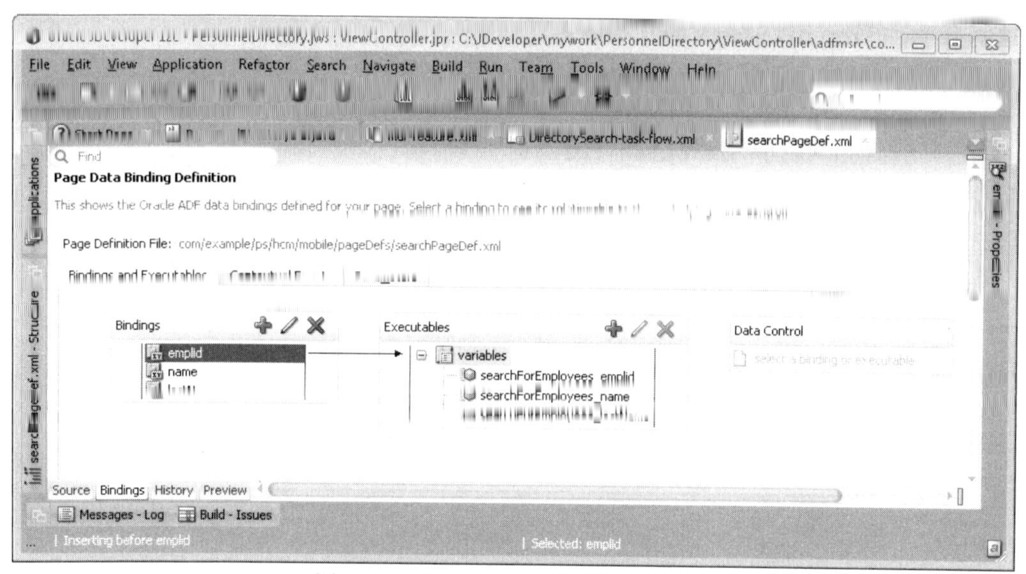

图 11-16　Search AMX 页面绑定选项卡

注意：

添加参数表单会创建我们并不打算使用的额外绑定。或者也可以手动拖动一个表单，然后向页面的每个字段输入文本元素。这里介绍的添加然后删除的方法只是让效率更高一点而已。

切换回 Source 视图，并在 Header Facet 中找到 amx:outputText 元素。请将其值属性更改为 Search。该文本将在页面的标题区域显示。以同样的方式在 Primary Facet 中找到 amx:commandButton，并使用属性检查器将其文本属性设置为 Search。该文本将在按钮的表面显示。继续在属性检查器中编辑 amx:commandButton，将其动作属性设置为 search。该动作属性将会识别 Task Flow 定义中所配置的 Control Flow Case。从右边的 Components 面板中拖放三个 setPropertyListener 组件到 amx:commandButton(位于 Header Facet 中，且应该只有一个)上。这些 setPropertyListener 会将来自搜索参数表单的值移动到 searchForEmployees 方法所期望的 pageFlowScope 属性中。如果将光标放在其中一个 amx:setPropertyListener 元素内时，会发现在 JDeveloper 的右下角出现了一个 Properties Inspector。请根据表 11-2 所示的值使用 Propert ies Inspector 设置每个 setPropertyListener 的 From 和 To 属性。

表 11-2　setPropertyListener 特性映射

From	To
#{bindings.emplid.inputValue}	#{pageFlowScope.searchEmplIdVal}
#{bindings.name.inputValue}	#{pageFlowScope.searchNameVal}
#{bindings.lastName.inputValue}	#{pageFlowScope.searchLastNameVal}

注意：

当把光标放置在 Properties Inspector 的 From 和 To 属性中时，会在字段的右边出现一个图标。点击该图标就可以访问 Expression Builder。在 Expression Builder 中，可以通过绑定导航，从而选择每个 setPropertyListener 的正确绑定。

此时，search.amx 文件应该包含以下 XML：

```
<?xml version="1.0" encoding="UTF-8" ?>
<amx:view xmlns:xsi="http://www.w3.org/2001/XMLSchema-instance"
        xmlns:amx="http://xmlns.oracle.com/adf/mf/amx"
        xmlns:dvtm="http://xmlns.oracle.com/adf/mf/amx/dvt">
  <amx:panelPage id="pp1">
    <amx:facet name="header">
      <amx:outputText value="Search" id="ot1"/>
    </amx:facet>
    <amx:facet name="primary">
      <amx:commandButton id="cb1" text="Search" action="search">
        <amx:setPropertyListener id="spl1"
           from="#{bindings.emplid.inputValue}"
           to="#{pageFlowScope.searchEmplIdVal}"/>
        <amx:setPropertyListener id="spl2"
           from="#{bindings.name.inputValue}"
           to="#{pageFlowScope.searchNameVal}"/>
        <amx:setPropertyListener id="spl3"
           from="#{bindings.lastName.inputValue}"
           to="#{pageFlowScope.searchLastNameVal}"/>
      </amx:commandButton>
    </amx:facet>
    <amx:panelFormLayout id="pfl1">
      <amx:inputText value="#{bindings.emplid.inputValue}"
         label="Employee ID" id="it3"/>
      <amx:inputText value="#{bindings.name.inputValue}" label="Name"
         id="it1"/>
      <amx:inputText value="#{bindings.lastName.inputValue}"
         label="Last Name" id="it2"/>
    </amx:panelFormLayout>
  </amx:panelPage>
</amx:view>
```

现在，我们已经编写了足够的代码，创建了足够的定义，配置了测试应用所需的足够选项。但在进行测试之前还需要进行一些调整。首先，如果日志级别被设置为 INFO 或更高，那么 Java 模型类会包含 Trace 语句，而这些语句将会打印到应用的日志文件中。由于目前还没有配置结果用户界面，因此没有视觉反馈来表明 Web 服务成功执行。然而，如果将日志级别设置为 INFO，则可以在完成用户界面配置之前在日志文件中查看相关结果。在 Application Resources 面板中展开节点 Descriptors/META-INF，然后打开文件 logging.properties，并使用 INFO 替换所有的单词 SEVERE(此为默认的日志级别)。最后保存并关闭 logging.properties 文件。

请确保你的模拟器正在运行，并且可以连接到你的 PeopleSoft 实例。准备好之后，从 JDeveloper 菜单栏中选择 Application | Deploy | Android1。当出现 Delpoyment Action 对话框时，

选择 Deploy application to emulator。然后单击 Finish 开始部署过程。可以通过位于 JDeveloper 应用窗口底部的部署日志对部署状态进行跟踪。

注意：

在我的笔记本电脑上部署到 Android 模拟器大概需要花费 2～5 分钟。

部署完毕之后，可以在模拟器的应用列表中查找 PersonnelDirectory 应用，然后启动该应用。向搜索参数表单中输入一些有效的条件，并单击搜索按钮。图 11-17 是搜索参数表单的屏幕截图

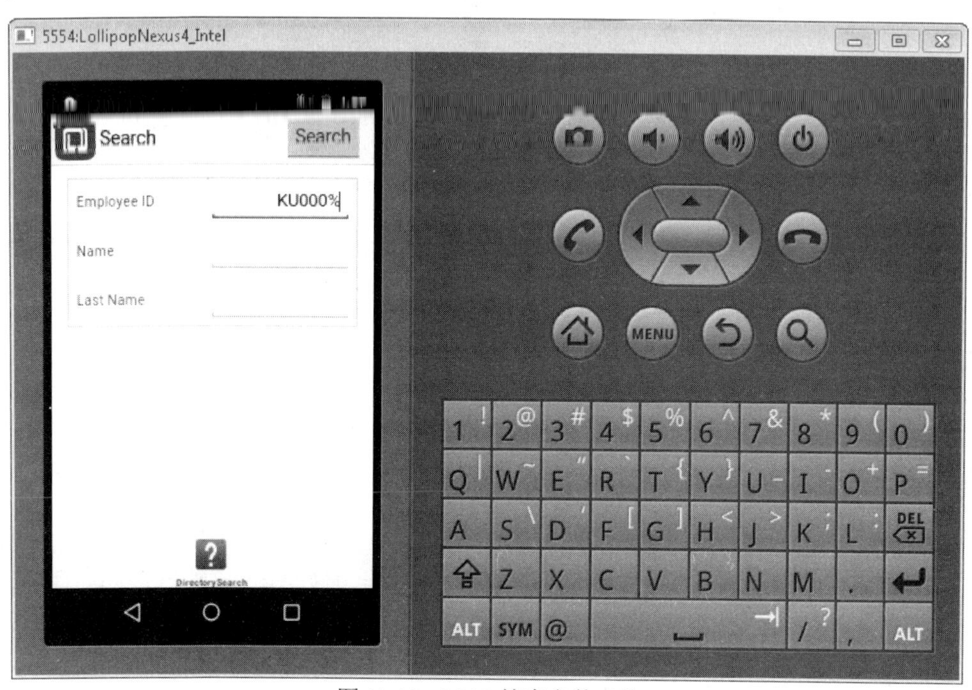

图 11-17　MAF 搜索参数表单

下一个页面将会是一个空白的结果页面。之所以空白是因为还没有向该页面添加任何输出控件。不过，通过查看 MAF 应用日志文件的输出可以确认数据模型的设计是否正确。Android 设备的日志文件是一个位于 SD 卡根目录的文本文件，并且与应用共享相同的名称。因此，可以找到一个名为 sdcard/PersonnelDirectory.txt 的文件。虽然 SD 卡的挂载点会因 Android 版本的不同而不同，但通过启动监视器应用(位于 Android SDK 的 sdk\tools 文件夹中)并使用 File Explorer，可以很容易地找到该文件。图 11-18 是在 Android Monitor File Explorer 中选择的日志文件的屏幕截图。

可以从 File Explorer 中下载并查看该文件。我更喜欢记住路径，并使用下面的命令行语法：

```
c:\temp>adb shell cat /storage/sdcard/PersonnelDirectory.txt >
PersonnelDirectory.txt
```

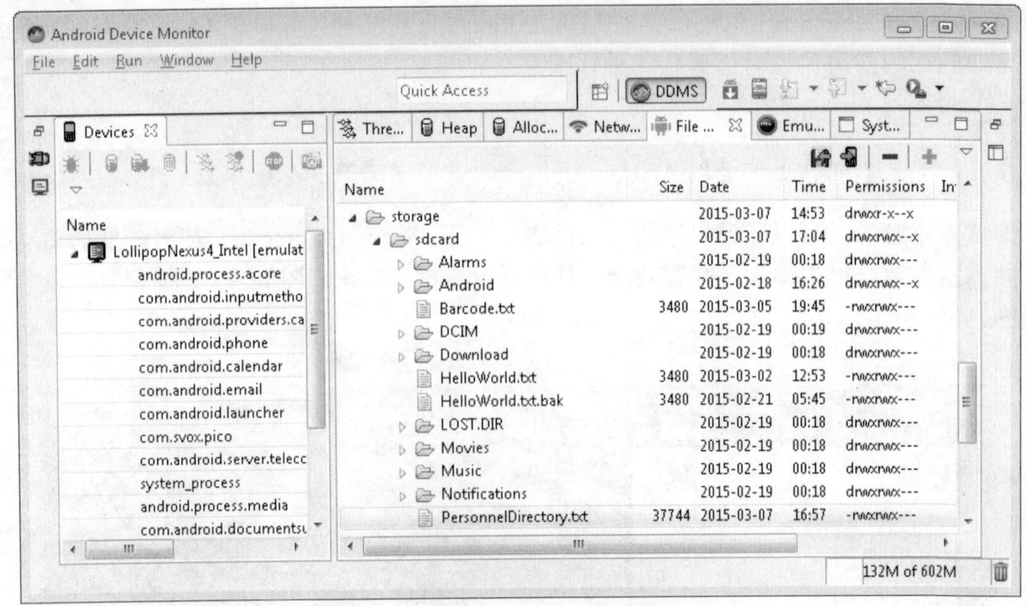

图 11-18 Android Device Monitor File Explorer

注意：

虽然我比较偏爱命令行，但并不表示我喜欢输入命令。命令行拥有一项被称为命令行历史(command-line history)的很酷的功能。只需按下键盘中的向上箭头键，就可以非常容易地重复执行最近一条命令。这意味着一旦输入上面的命令，那么每次想要查看日志时只需按下键盘中的向上箭头键就可以重复执行该命令。

下载该日志文件并搜索文本 PersonnelDirectoryDC。下面显示的是从 PersonnelDirectoryDC JavaBean 打印出来的文本行。其中，你至少应看到一行显示 URI 的类似下面的文本行：

```
[INFO - oracle.adfmf.application - PersonnelDirectoryDC -
searchForEmployees] Searching for employees matching emplid[ KU000%],
name[], lastName[] from uri /BMA_PERS_DIR_SEARCH.v1?EMPLID=KU000%
```

其外，还应看到包含 REST JSON 响应的文本行。如果你的搜索条件没有返回任何结果，那么日志文件应该包含下面所示的 SEVERE 警告信息：

```
[SEVERE - oracle.adfmf.application - PersonnelDirectoryDC -
searchForEmployees] JSON => Search Results object conversion failed
for JSON string: {"SEARCH_RESULTS": {}}
```

3. 搜索结果视图

到目前为止，已经完成设计了数据模型并且成功执行了搜索操作，接下来开始定义搜索结果视图。该视图只是一个充当导航的结果列表页面。选择列表中的某一项将会导航到所选列表项对应的详细信息视图。

打开 results.amx 页面，并将 PersonnelDirectoryDC searchResults 集合从 Data Controls 面板拖放至该页面 Primary Facet 下面。当拖放数据控件项时会出现弹出式对话框，从中选择 MAF List View 项。当出现 ListView Gallery 时，选择 Simple 格式的第一种变化形式。图 11-19 是

ListView Gallery 的屏幕截图。

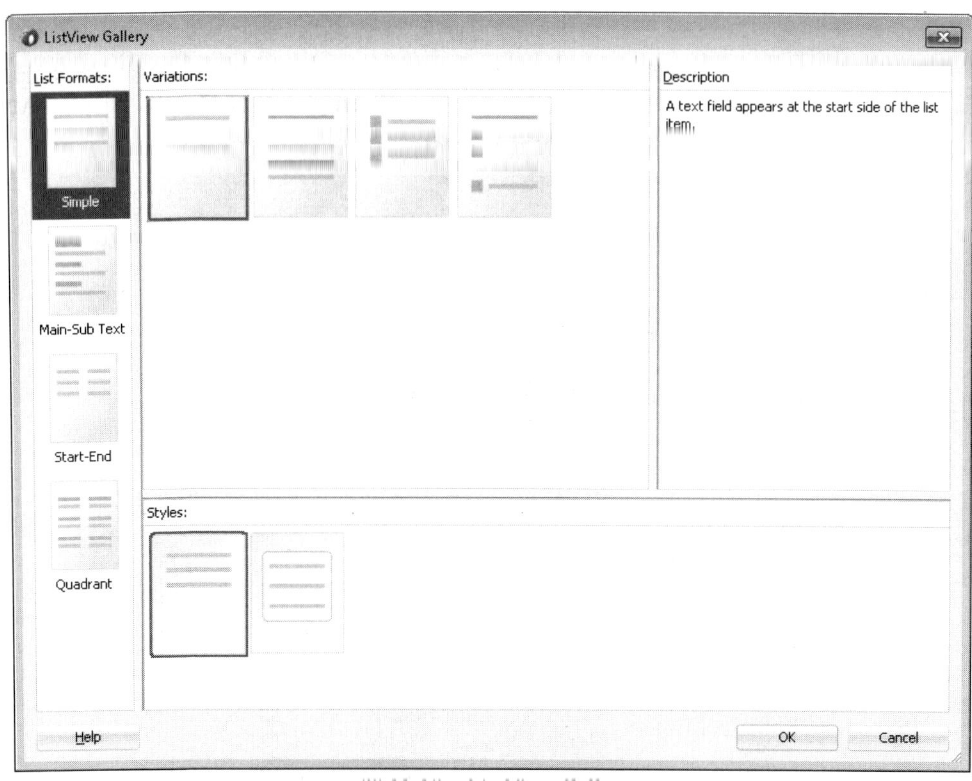

图 11-19　ListView Gallery

接下来需要告诉 ListView 向导要显示什么数据。在 Edit List View 对话框中，使用 name 字段替换 emplid Value Binding。图 11-20 是更新了值绑定之后的 Edit List View 对话框的屏幕截图。

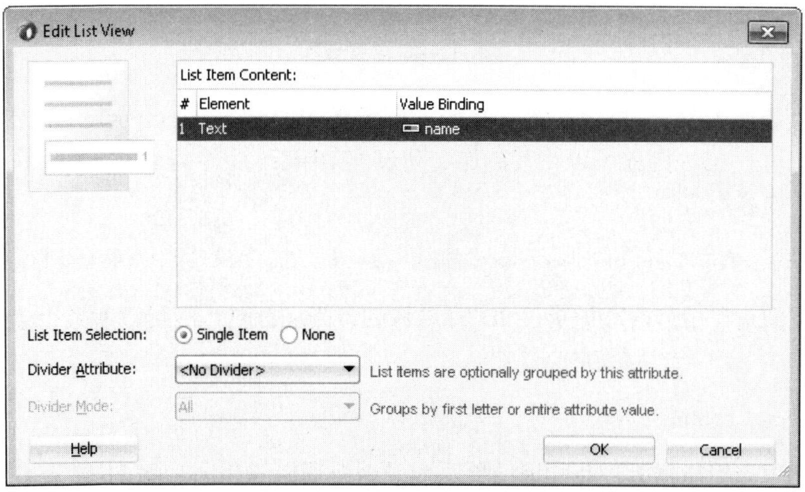

图 11-20　Edit List View 对话框

ListView 向导将为数据控件和 searchResults 集合的 name 属性添加绑定。由于需要将员工 ID 传给详细信息视图，因此还需要为 emplid 属性添加一个绑定。继续编辑 results.amx，切换到Bindings选项卡，并找到searchResults绑定。该绑定应该位于左侧的列表中。选择searchResults项，然后单击Bindings列表标题中的编辑图标(铅笔形状)。请注意一下可用属性列表和显示属性列表。当单击编辑图标对searchResults绑定进行编辑时，会出现Edit Tree Binding对话框，可以在该对话框的底部找到这些列表。使用Shuttle按钮将emplid属性移动到Display Attributes列表中。图11-21是results.amx显示属性的屏幕截图。

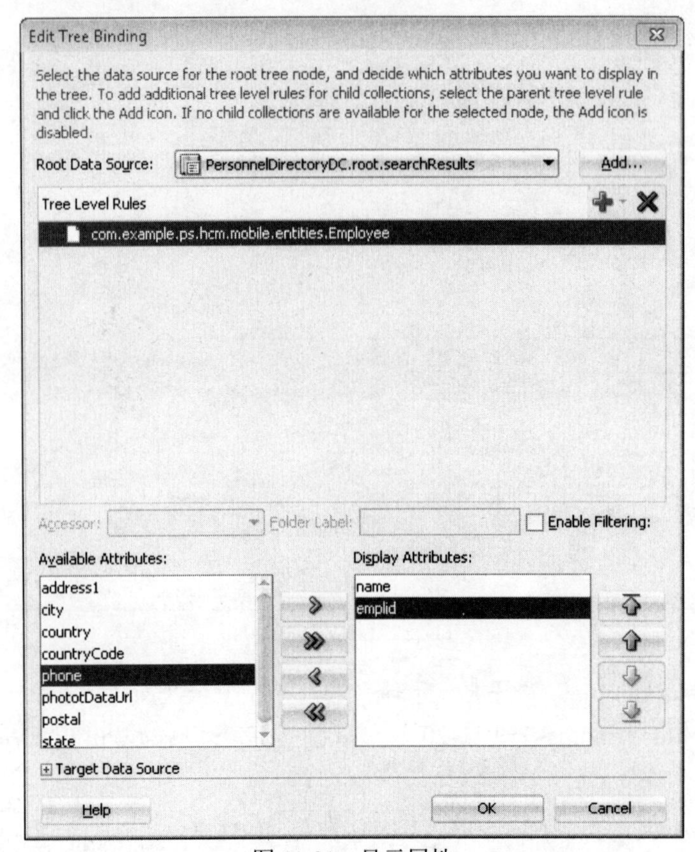

图 11-21 显示属性

返回到Source视图，并更新amx:listItem元素的子元素amx:outputText。由于现在已经有了可以使用的员工ID，因此可以将其添加到列表项Display中。将amx:outputText元素的值属性更新为以下内容：

```
<amx:outputText value="#{row.name} (#{row.emplid})" id="ot2"/>
```

注意，我们是在括号内添加员工ID行属性的。当运行时，应可以看到一个包含以下行的列表：

```
Lewis,Doug (KU0001)
```

将应用部署到模拟器上，并验证结果页面是否与期望的相同。图11-22是显示了一个搜索结果列表的模拟器列表视图的屏幕截图。

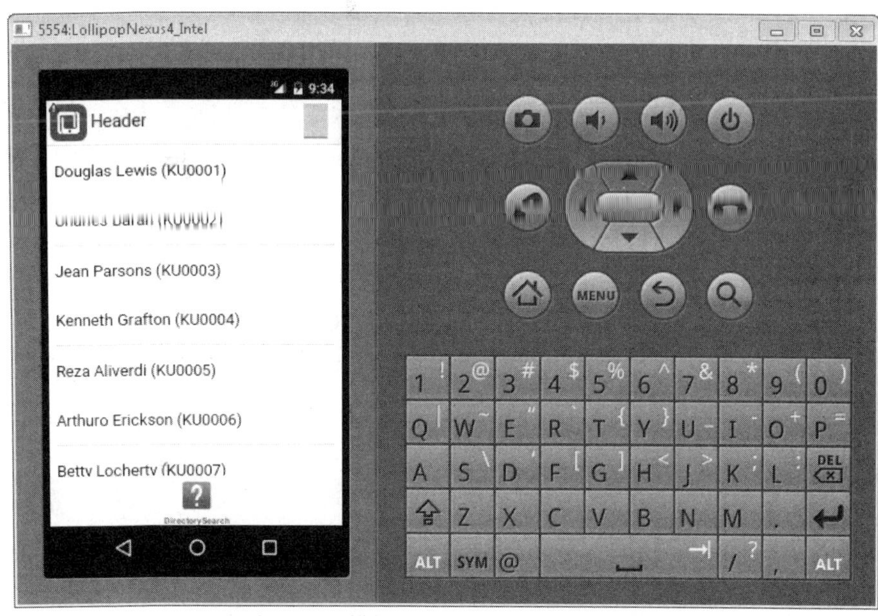

图 11-22　模拟器中列表视图的屏幕截图

返回到 Task Flow，完成路由的分配。根据目前的情况，我们还没有一个从结果页面到详细信息页面的路由。请将 selectEmployee 方法从 PersonnelDirectoryDC 数据控件拖放至 DirectorySearch 任务流。当出现 Edit Action Binding 对话框时，将 emplid 参数设置为 #{pageFlowScope.selectedEmplId}。图 11-23 是 Edit Action Binding 对话框的屏幕截图。

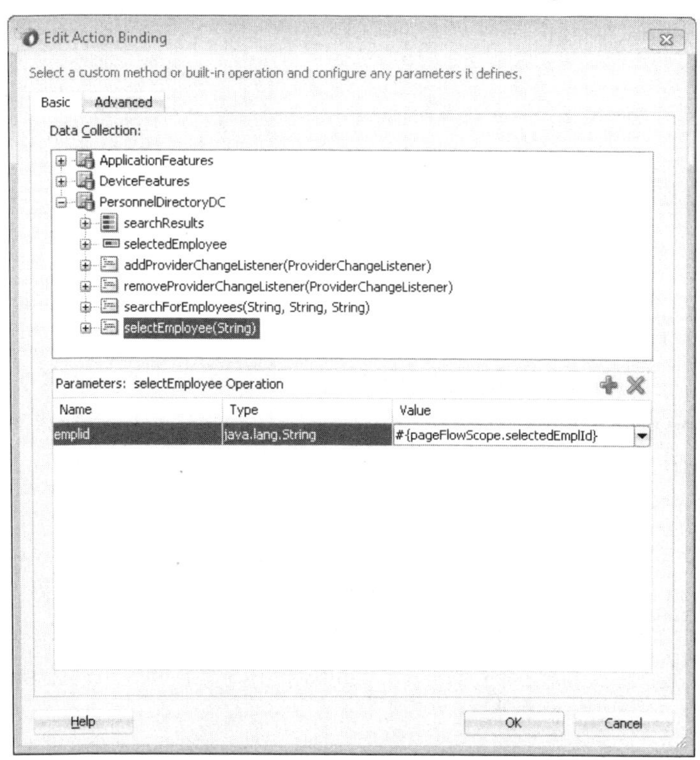

图 11-23　Edit Action Binding 对话框

从结果视图拖放至 selectEmployee 方法，并命名为 select。然后再将另一个 Control Flow Case 从
的默认名称。现在，需要返回详细信息视图的路由。当查看员工详细信息时，用户可能会决定返回到搜索结果或者执行新的搜索。请将两个 Control Flow Case 从详细信息视图分别拖放至结果视图和搜索视图，并分别命名为 returnToList 和 returnToSearch。图 11-24 是完成后的 Task Flow 的屏幕截图。

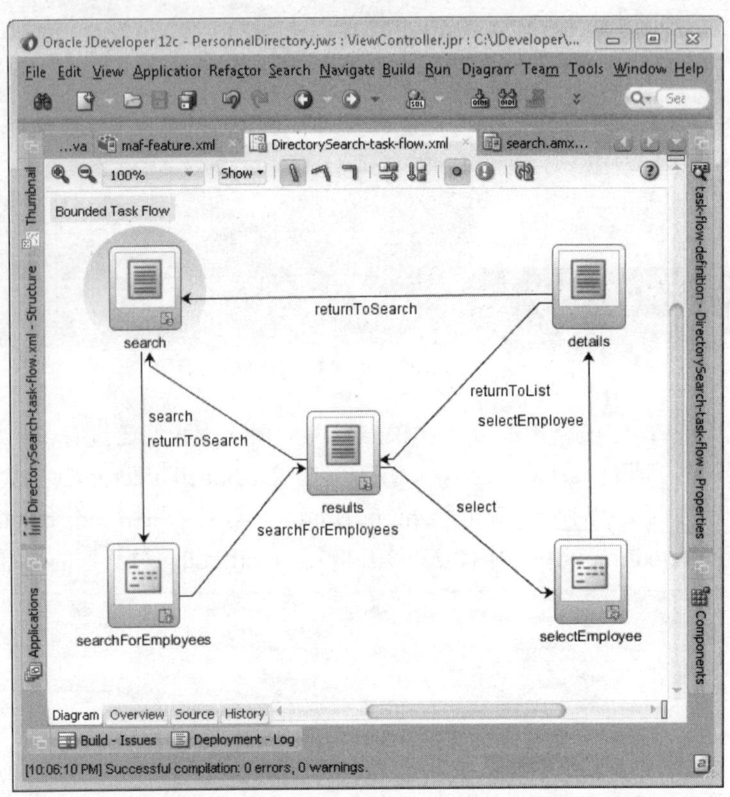

图 11-24　DirectorySearch 完成后的 Task Flow

返回到 results.amx，完成布局设计。现在已经定义了相关的目标功能，所以当用户选择 ListView 中的某一项时可以完成一些动作。选择 amx:listItem，使用 Property Inspector 将 listItem 动作设置为 select。通过使用该名称可以调用 selectEmployee 数据控件方法。在 amx:listItem 内部添加一个 setPropertyListener。当用户点击某一列表项时将使用该侦听器来设置员工的 ID。选择 amx:setPropertyListener，并分别将其 From 属性和 To 属性设置为#{row.emplid}和#{pageFlowScope.selectedEmplId}。

在转到 details.amx 页面之前，还需更新 results.amx 页面的标题属性。在 Header Facet 内找到 amx:outputText，将其值更改为 Search Results。在 Header Facet 之下应该可以看到 Primary Facet。将 Primary Facet 内的按钮动作设置为_back。

将该按钮转换为一个特定于操作系统的后退按钮的是一个非常特殊的 MAF Control Flow Case。results.amx 页面现在应该包含以下 XML：

```
<?xml version="1.0" encoding="UTF-8" ?>
<amx:view xmlns:xsi="http://www.w3.org/2001/XMLSchema-instance"
```

```
        xmlns:amx="http://xmlns.oracle.com/adf/mf/amx"
        xmlns:dvtm="http://xmlns.oracle.com/adf/mf/amx/dvt">
  <amx:panelPage id="pp1">
    <amx:facet name="header">
      <amx:outputText value="Search Results" id="ot1"/>
    </amx:facet>
    <amx:facet name="primary">
      <amx:commandButton id="cb1" action="__back"/>
    </amx:facet>
    <amx:listView var="row"
        value="#{bindings.searchResults.collectionModel}"
        fetchSize="#{bindings.searchResults.rangeSize}"
        selectedRowKeys=
          "#{bindings.searchResults.collectionModel.selectedRow}"
        selectionListener=
          "#{bindings.searchResults.collectionModel.makeCurrent}"
        showMoreStrategy="autoScroll" bufferStrategy="viewport"
        id="lv1">
      <amx:listItem id="li1" action="select">
        <amx:outputText value="#{row.name} (#{row.emplid})" id="ot2"/>
        <amx:setPropertyListener id="spl1" from="#{row.emplid}"
           to="#{pageFlowScope.selectedEmplId}"/>
      </amx:listItem>
    </amx:listView>
  </amx:panelPage>
</amx:view>
```

部署并测试应用。此时，results.amx 视图应该会调用 selectEmployee 操作，并转移到 details.amx 页面。如果没有使用应用日志，那么无法知道这一切，因为 details.amx 页面目前是空的。通过查看日志文件，可以确定 Task Flow 工作正常，因为日志文件包含了与下面类似的条目：

```
[INFO - oracle.adfmf.application - PersonnelDirectoryDC -
selectEmployee] Selecting employee KU0001 from uri
/BMA_PERS_DIR_DETAILS.v1/KU0001
```

4. 详细信息页面

相比于其他页面，创建详细信息页面就有点棘手了。详细信息页面是一个只读页面，只存在信息和操作。它不但应该提供相关联的信息，还应该方便相关的操作，比如打电话或者映射地址。为了与第 5 章的模型相匹配，并提供可操作链接，需要：

- 混合使用 AXM 组件和 CSS 创建一个布局。
- 手动指定数据绑定。

打开 details.amx 页面，像结果页面那样更新 Header 和 Primary Facet。将 Header Facet amx:outputText 值设置为 Details。而将 Primary Facet amx:commandButton 的操作设置为_back。

详细信息布局第 I 部分　到目前为止，我们已经使用了一个 panelFormLayout 和一个 listView。它们都会自动根据最佳实践对页面的内容进行格式化。但详细信息页面的组成则更加自由一点。该布局由两个堆叠的表格组成。上面的表格主要用来显示照片、姓名和 ID。而

[illegible]则包含了电话号码和地址链接。请在 Primary Facet 的后面添加一个 tableLayout。将表的宽度设置为 100%，margin 属性设置为 12px 16px。然后再向该 tableLayout 中添加一个 rowLayout，并在该 rowLayout 中添加两个 cellFormat 元素。此时的 XML 应该如下所示(tableLayout 以粗体显示)：

```
<?xml version="1.0" encoding="UTF-8" ?>
<amx:view xmlns:xsi="http://www.w3.org/2001/XMLSchema-instance"
        xmlns:amx="http://xmlns.oracle.com/adf/mf/amx"
        xmlns:dvtm="http://xmlns.oracle.com/adf/mf/amx/dvt">
  <amx:panelPage id="pp1">
    <amx:facet name="header">
      <amx:outputText value="Details" id="ot1"/>
    </amx:facet>
    <amx:facet name="primary">
      <amx:commandButton id="cb1" action="__back"/>
    </amx:facet>
    <amx:tableLayout id="tl1" width="100%"
                inlineStyle="margin:12px 16px;">
      <amx:rowLayout id="rl1">
        <amx:cellFormat id="cf1"/>
        <amx:cellFormat id="cf2"/>
      </amx:rowLayout>
    </amx:tableLayout>
  </amx:panelPage>
</amx:view>
```

第一个 cellFormat(其 ID 可能为 cf1)包含了一张员工照片。请将 PersonnelDirectoryDC.selectedEmployee 数据控件的 photoDataUrl 特性拖放到第一个 cellFormat 中。但实际上我们并不打算显示 photoDataUrl，因为它包含了相当多的 base64 编码的二进制数据。之所以以这种方式将其添加到页面中，是为了更容易地创建数据绑定和生成合适的表达式语言选择器。以相同的方式将一个图像组件从组件面板拖放到第一个 cellFormat 中，并将图像源特性设置为应用于 outputText 的表达式语言。此外，添加一个值为 width:100px 的 inlineStyle 特性。因为我们并不希望图像宽度超过 100 像素。最后删除 amx:outputText 元素。该图像 XML 应该如下所示：

```
<amx:image id="i1" inlineStyle="width:100px;"
      source="#{bindings.phototDataUrl.inputValue}"/>
```

在第二个 amx:cellFormat(其 ID 可能为 cf2) 中，添加一个 panelGroupLayout。该 panelGroupLayout 可以以垂直或水平的方式显示其内容。我们打算让其以堆叠的方式显示员工姓名和ID，所以将amx:panelGroupLayout元素的布局特性设置为vertical。此外，还希望内容与布局的右边对齐，所以将halign特性设置为end。接下来，将name和emplid特性从PersonnelDirectoryDC.selectedEmployee数据控件字段拖放至amx:panelGroupLayout。当提示选择控件类型时，选择Text | MAF Output Text。

接下来是城市、州、邮政编码以及国家，如果在姓名和地址之间留有一些垂直空白，那么显示会更好看一点。从组件面板中拖曳一个 Spacer 放置在 emplid outputText 字段的下面，并将其 height 设置为 20。现在，可以将 city、state、postal 和 country 字段从 PersonnelDirectoryDC 数据控件的 selectedEmployee 属性拖放至 Spacer 的下面。

我们需要将这些 outputText 绑定合并成两个 amx:outputText 元素。通过将它们拖放至 AMX 页面，可以得到所需的表达式语言和页面绑定。请剪切 state 和 postal 代码 outputText 元素的表达式语言，并添加到 city outputText 值特性，以便将内容格式化为信封的格式，如下所示：

```
<amx:outputText value="#{bindings.city.inputValue},
#{bindings.state.inputValue} #{bindings.postal.inputValue}" id="ot4"/>
```

在连接完值之后，删除原先的 outputText 元素。针对 tableLayout 内的每个 outputText，将其 styleClass 设置为 amx-text-sectiontitle。

确定 MAF 样式类

MAF 包含了许多预先定义的 CSS 样式类。但找到它们是有诀窍的。因为我是一名视觉型的人，所以我个人查找这些样式类的常用方法是首先查看屏幕上的内容，然后尝试找到它们的定义。最简单的方法是启动 Chrome 远程检查器。通过 Chrome 的“汉堡式”按钮(即选项菜单)，选择 More Tools | Inspect Devices。此时 Chrome 将显示一个已连接 Android 设备列表(当然也包括模拟器)。如果在该列表中没有看到你的模拟器，那么请从 Android SDK 平台工具目录(或者任何可以通过 PATH 环境变量访问 adb 命令的位置)运行命令 adb start-server。

注意：

针对 Mac/iOS，Safari Web 浏览器具备类似的功能。

还可以在部署的 CSS 文件中找到每个 CSS 定义。该文件在部署应用时生成。部署完毕之后，在应用的部署目录中找到应用的 APK 文件。可以使用诸如 7-zip 之类的压缩文件程序对该 APK 文件进行解压。该压缩文件包含了另一个名为 assets.zip 的文件。对 assets.zip 文件解压，然后可以在 www\css 文件夹中找到特定皮肤的 CSS 文件。

现在可以部署并测试详细信息页面外观了。你的详细信息页面应如图 11-25 所示。

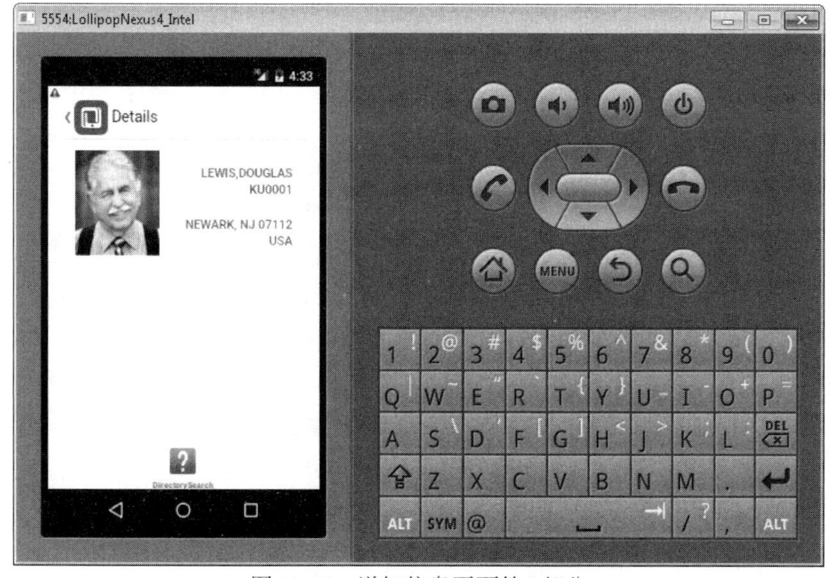

图 11-25 详细信息页面第 I 部分

详细信息布局第Ⅱ部分 将一个新的tableLayout组件拖放到第一个tableLayout组件下面。我们希望该表格的显示与第一个表格类似，所以请将其width设置为100%，margins设置为12px 16px。稍后将学习如何使用CSS对AMX页面内容进行样式设计。该tableLayout只是需要进行样式设计的其中一项。为了为以后的样式需求做准备，将该tableLayout元素的styleClass设置为contactDetails。

下面的tableLayout拥有两列和两行。第一行包含电话号码，第二行包含员工地址。第一列是信息的文本表示，所以用户可以复制该文本。文本将有两行高。第二列包含了一个GoLink，这是一个特殊名称的标准超链接，可以启动MAF应用之外的一个任务。该链接使用一个两行文本高的图标。

向tableLayout拖放两个rowLayout元素。然后再将两个cellFormat元素拖放至每个rowLayout内。将每行的第一个cellFormat的halign设置为start，第二个cellFormat的halign设置为end。这样一来，就可以让左列的内容向左对其，而右列的内容向右对齐。此时你可能和我一样觉得有点混乱。请向每行的第一个cellFormat内拖放一个panelGroupLayout，并将每个panelGroupLayout的布局设置为vertical。接下来再向每个panelGroupLayout内拖放一个outputText元素。将第一个outputText的值设置为Call Phone。第二个outputText的值设置为Location。此时如果你感到有点迷惑，可以在本节结束时查看一下完整的AML XML。

将countryCode和phone特性拖放至第一行第一列。将address1拖放至第二行第一列。注意，请将它们放置在对应行的panelGroupLayout内，并且选择MAF Output Text作为控件类型。在JDeveloper创建了适当的amx:outputText元素之后，合并countryCode和phone字段值特性中的表达式语言。我们希望这些表达式看起来更像一个普通的电话号码，如下所示：

```
<amx:outputText value="#{bindings.countryCode.inputValue}
#{bindings.phone.inputValue}" id="ot6"/>
```

在将这些值合并成一个单一字段之后，删除额外的amx:outputText。将一个Link(Go)拖放到每行的空白单元处。请将phone行的amx:goLink的URL特性设置为与phone的outputText绑定相同的值(以tel:为前缀，比如tel:#{bindings.countryCode.inputValue} #{bindings.phone.inputValue})。该链接最终包含的是一个图标而不是文本。但此处并没有使用一个图像，而是使用了FontAwesome，即在AngularJS应用中使用的相同图标字体。稍后会对FontAwesome进行配置。现在将样式类设置为icon phone-icon。

地址amx:goLink的URL与前面AngularJS应用中所使用的链接类似：https://maps.google.com/?q=#{bindings.address1.inputValue}+#{bindings.city.inputValue}+#{bindings.state.inputValue}+#{bindings.postal.inputValue}+#{bindings.country.inputValue}。和电话链接一样，将位置链接的样式类设置为icon map-marker-icon。

将应用部署到模拟器并进行测试。此时的布局应该具备一定的功能性：虽然并不十分美观，但已具备一定的功能。对相关链接进行测试，确保电话链接打开一个拨号器，地址链接打开一个Web浏览器。图11-26是目前已完成工作的屏幕截图。

下面是details.amx页面的完整代码清单：

```
<?xml version="1.0" encoding="UTF-8" ?>
<amx:view xmlns:xsi="http://www.w3.org/2001/XMLSchema-instance"
        xmlns:amx="http://xmlns.oracle.com/adf/mf/amx"
        xmlns:dvtm="http://xmlns.oracle.com/adf/mf/amx/dvt">
```

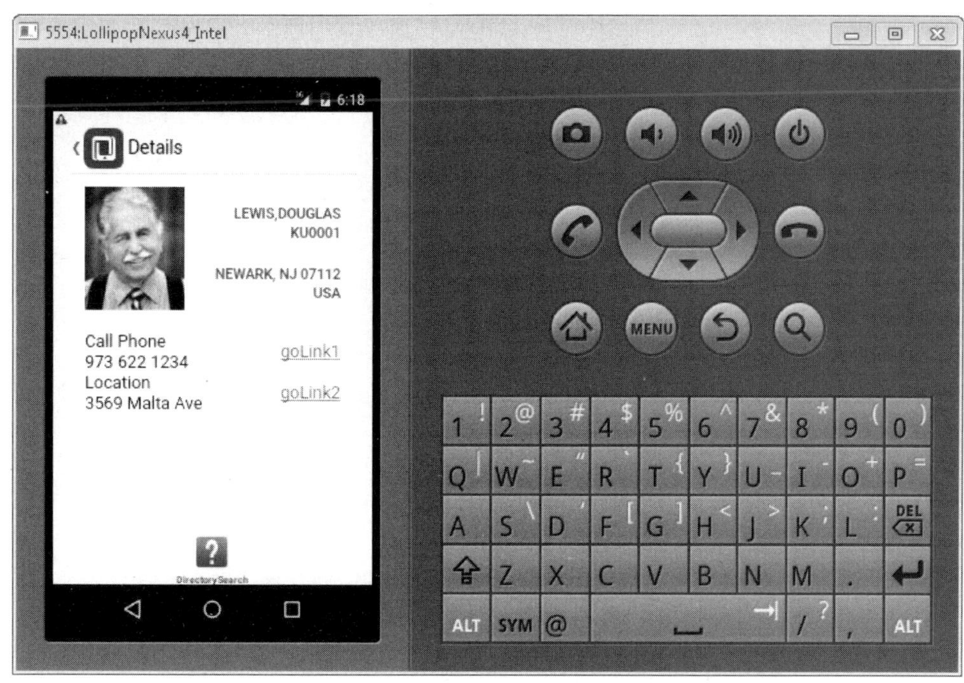

图 11-26　详细信息页面第 II 部分

```
<amx:panelPage id="pp1" inlineStyle="margin:12px 16px;">
  <amx:facet name="header">
    <amx:outputText value="Details" id="ot1"/>
  </amx:facet>
  <amx:facet name="primary">
    <amx:commandButton id="cb1" action="__back"/>
  </amx:facet>
  <amx:tableLayout id="tl1" width="100%"
                 inlineStyle="margin:12px 16px;">
    <amx:rowLayout id="rl1">
      <amx:cellFormat id="cf1">
        <amx:image id="i1" inlineStyle="width:100px;"
                 source="#{bindings.phototDataUrl.inputValue}"/>
      </amx:cellFormat>
      <amx:cellFormat id="cf2">
        <amx:panelGroupLayout id="pgl1" layout="vertical"
                           halign="end">
          <amx:outputText value="#{bindings.name.inputValue}"
                       id="ot2"
                       styleClass="amx-text-sectiontitle"/>
          <amx:outputText value="#{bindings.emplid.inputValue}"
                       id="ot3"
                       styleClass="amx-text-sectiontitle"/>
          <amx:spacer id="s1" height="20"/>
          <amx:outputText value="#{bindings.city.inputValue},
#{bindings.state.inputValue} #{bindings.postal.inputValue}" id="ot4"
                       styleClass="amx-text-sectiontitle"/>
          <amx:outputText value="#{bindings.country.inputValue}"
                       id="ot7"
```

```
                        styleClass="amx-text-sectiontitle"/>
          </amx:panelGroupLayout>
        </amx:cellFormat>
      </amx:rowLayout>
    </amx:tableLayout>
    <amx:tableLayout id="tl2" inlineStyle="margin: 12px 16px;"
                width="100%" styleClass="contactDetails">
      <amx:rowLayout id="rl2">
        <amx:cellFormat id="cf3" halign="start">
          <amx:panelGroupLayout id="pgl2" layout="vertical">
            <amx:outputText value="Call Phone" id="ot9"/>
            <amx:outputText value="#{bindings.countryCode.inputValue}
#{bindings.phone.inputValue}" id="ot6"/>
          </amx:panelGroupLayout>
        </amx:cellFormat>
        <amx:cellFormat id="cf4" halign="end">
          <amx:goLink text="" id="gl1"
                 url="tel:#{bindings.countryCode.inputValue}
#{bindings.phone.inputValue}"
                 styleClass="icon phone-icon"/>
        </amx:cellFormat>
      </amx:rowLayout>
      <amx:rowLayout id="rl3">
        <amx:cellFormat id="cf5" halign="start">
          <amx:panelGroupLayout id="pgl3" layout="vertical">
            <amx:outputText value="Location" id="ot10"/>
            <amx:outputText value="#{bindings.address1.inputValue}"
                        id="ot5"/>
          </amx:panelGroupLayout>
        </amx:cellFormat>
        <amx:cellFormat id="cf6" halign="end">
          <amx:goLink text="" id="gl2"
                 url="https://maps.google.com/?
q=#{bindings.address1.inputValue}+#{bindings.city.inputValue}
+#{bindings.state.inputValue}+#{bindings.postal.inputValue}+
#{bindings.country.inputValue}"
                 styleClass="icon map-marker-icon"/>
        </amx:cellFormat>
      </amx:rowLayout>
    </amx:tableLayout>
  </amx:panelPage>
</amx:view>
```

5. 使用 FontAwesome 更改外观

搜索页面上的搜索按钮应该显示一个放大镜，而详细信息页面则需要两个 amx:goLink 元素的图标。正如第 6 章所介绍的，FontAwesome 是一种向 HTML 元素添加图标的非常好的方法。可以通过两种方法将 FontAwesome 添加到 MAF 项目中：

- 从全局上扩展 MAF 皮肤
- 向 maf-feature.xml 文件的单个功能添加 FontAwesome CSS，从而实现某一特定功能本节将使用第一种方法来扩展默认的皮肤。请从 http://fortawesome.github.io/Font-Awesome/ 下载 FontAwesome 的全新副本，并解压到 ApplicationController public_html 目录中。在我的笔记本电脑上，public_html 文件夹为 C:\JDeveloper\mywork\PersonnelDirectory\ApplicationController\public_html。同时在解压的过程中会创建 css 和字体子目录。

返回到 JDeveloper，并展开 Application Resources 面板。查找并展开 Descriptors 节点，找到 ADF META-INF 子节点。这样会显示 maf-config.xml 文件。双击并打开该文件，然后查找默认皮肤家族和版本。我们将使用这些节点的值来扩展默认皮肤。我的 maf-config.xml 文件包含了以下的值(具体值以粗体显示)：

```
<skin-family>mobileAlta</skin-family>
<skin-version>v1.3</skin-version>
```

从 JDeveloper 的 Projects Explorer 展开 ApplicationController/Application Sources/META-INF 节点，打开 maf-skins.xml 文件。将一个 skin-addition 元素从组件面板拖放到 adfmf-skins 元素中。此时 JDeveloper 将提示提供 skin-id 和 style-sheet-name。skin-id 可以是默认皮肤家族和皮肤版本的连接。在我的 maf-config.xml 文件中，skin-id 为 mobileAlta-v1.3(皮肤家族-皮肤版本)。另外，请将 FontAwesome CSS 文件的路径和名称输入到 style-sheet-name 字段。由于我们已经将 FontAwesome 文件复制到 public_html 目录中，因此 style-sheet-name 值应该为 css/font-awesome.min.css。现在，MAF 会将 font-awesome.min.css 文件添加到应用中每个 AMX 页面的 Head 元素中。下面的代码清单包含了我的 maf-skins.xml 文件的内容：

```
<?xml version="1.0" encoding="UTF-8" ?>
<adfmf-skins xmlns="http://xmlns.oracle.com/adf/mf/skin">
  <skin-addition id="s1">
    <skin-id>mobileAlta-v1.3</skin-id>
    <style-sheet-name>css/font-awesome.min.css</style-sheet-name>
  </skin-addition>
</adfmf-skins>
```

注意：

我们实际上并不会直接使用 fa 和 fa-*类。事实上，仅使用了 font-awesome.min.css 文件中的字体声明。通过直接将 FontAwesome 字体声明添加到某一特定功能的 CSS 文件中就可以实现与扩展 MAF 皮肤相同的效果。

现在，需要添加一些自定义 CSS，以便配置搜索按钮和详细信息链接。返回到 ViewController 项目，在 Web Content 节点上右击，选择 New | CSS File。然后将新 CSS 文件命名为 search.css。最后删除 JDeveloper 添加到 search.css 的所有内容。

接下来需要将新的 search.css 文件和 AMX Task Flow 关联起来。打开 maf-feature.xml 文件，切换到 Content 选项卡。找到 Includes 部分，并点击绿色加号，添加一个新资源。在 Insert Includes 对话框中，选择 Stylesheet 作为类型，然后选择 resources/css/search.css 文件。图 11-27 是在 Includes 部分添加了 search.css 后的 Task Flow 的屏幕截图。

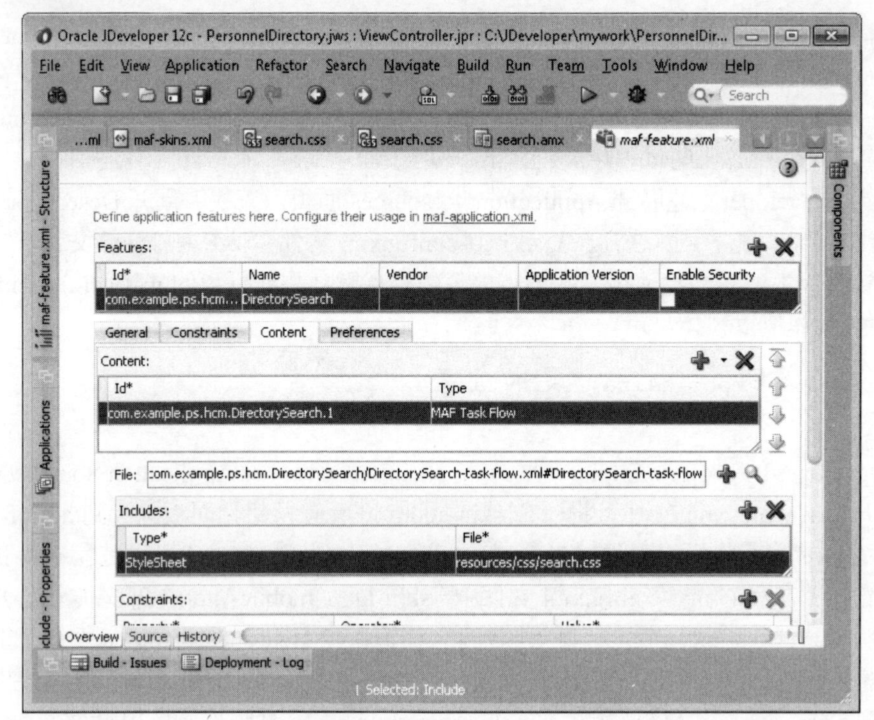

图 11-27 添加了 search.css 后的 Task Flow

对搜索页面进行样式设计 接下来添加一些 CSS，以便在搜索按钮旁显示一个放大镜。打开 search.css 文件，并插入下面的代码：

```
.amx-commandButton.search-icon .amx-commandButton-label:before {
   content: "\f002";
   font-family: FontAwesome;
   padding-right: 1rem;
}
```

该 CSS 使用了 FontAwesome 以及一个 Unicode 序列以在每个使用了类 search-icon 的按钮前显示一个放大镜图标。但问题是目前还没有任何按钮使用了类 search-icon。现在就开始解决该问题。打开 search.amx 文件，在 Primary Facet 中找到搜索按钮。然后将 styleClass 设置为 search-icon。此时，amx:commandButton 将包含以下标记：

```
<amx:commandButton id="cb1" text="Search" action="search"
              styleClass="search-icon">
```

重新部署应用，并确定搜索页面上的搜索按钮包含了一个放大镜图标。

注意：

如果你没有看到放大镜，或者不是在希望的位置看到放大镜，那么可以使用 Chrome 的远程检查器确定具体原因(相关用法前面已经介绍过)。

对详细信息页面进行样式设计 接下来，让我们对详细信息页面下方的表格进行样式设计。这需要添加一些 CSS。首先，在每个单元格的下面添加一个边框以及一定的边距。向 search.css 文件添加以下 CSS：

```
.amx-tableLayout.contactDetails .amx-cellFormat {
   border-bottom: 1px solid #C8D7E0 !important;
   padding: 1em 0;
}
```

注意：

上面的 CSS 使用了!important。除非只有使用!important 才能够重写别人的 CSS，否则不要使用!important。

现在，让我们对下方表格内的图标进行样式设计。向 search.css 中添加下面的 CSS：

```
.amx-goLink.icon {
   font-size: 2.5em;
   text-decoration: none;
}

.amx-goLink.icon:after {
   content: "\f095";
   font-family: FontAwesome;
}

.amx-goLink.phone-icon:after {
   content: "\f095";
}

.amx-goLink.map-marker-icon:after {
   content: "\f041";
}
```

前两个声明设置了每个图标的外观，而后两个声明则定义了实际图标。

注意：

是否需要弄清楚每个 FontAwesome 图标的 Unicode 序列呢？可以访问 FontAwesome 备忘单(http://fortawesome.github.io/Font-Awesome/cheatsheet/)。

最后一件事是删除 details.amx 页面中的 goLink1 和 goLink2 文本。打开 details.amx 页面，并查找 amx:goLink 元素。然后删除该文本特性的内容。每个 goLink 应该以下面的文本开头：

```
<amx:goLink text="" id="gl1"...
```

重新部署应用。此时，搜索和详细信息页面应该如图 11-28 所示。

6. 实现额外的路由

我们的 TaskFlow 定义了结果和详细信息视图的路由，但还没有提供调用这些路由的方法。第 5 章和第 6 章所实现的 jQuery Mobile 和 AngularJS 应用分别使用了面板抽屉模式(panel drawer pattern)和“汉堡式”菜单进行导航。而在本章，将使用带有 FontAwesome 图标和一些额外 CSS 的 AMX Footer Facet。

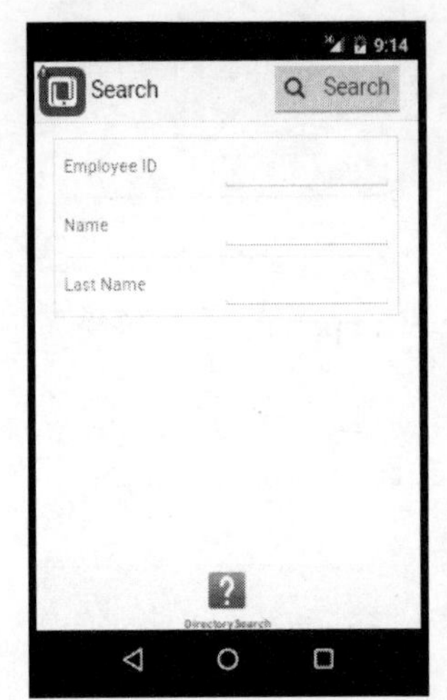

图 11-28 搜索和详细信息页面

每个视图都有不同数量的路由。例如，搜索视图就只有一个已经实现了的搜索路由。你是否还记得前面章节中所实现的个人信息路由？本章目前还没有实现。接下来向搜索视图添加个人信息路由占位符按钮。打开 search.amx，找到并右击 amx:panelPage 元素。当出现上下文菜单时，选择 Facets-Panel Page | Footer。这样一来就在 panelPage 定义的底部添加了一个 Footer Facet。请在该 Footer Facet 内放置一个 tableLayout，并将 width 设置为 100%。然后将 styleClass 设置为 footer-layout。随后向 tableLayout 添加一个 rowLayout 和一个 cellFormat。将 amx:cellFormat 元素的 halign 设置为 center，valign 设置为 middle。最后向 amx:cellFormat 添加一个按钮。清除按钮的文本，同时将 styleClass 设置为 profile-icon。Footer Facet 的 XML 代码清单如下所示：

```
<amx:facet name="footer">
  <amx:tableLayout id="tl1" styleClass="footer-layout" width="100%">
    <amx:rowLayout id="rl1">
      <amx:cellFormat id="cf1" halign="center" valign="middle">
        <amx:commandButton text="" id="cb2" styleClass="profile-icon"/>
      </amx:cellFormat>
    </amx:rowLayout>
  </amx:tableLayout>
</amx:facet>
```

接下来向 search.css 添加一些 CSS，从而对 Footer 进行样式设计。除了向按钮添加特定功能的图标之外，该 CSS 还会对按钮进行圆角处理，以及对后台颜色应用一些微小的变化。

```
/* footer styles */
.footer-layout .amx-commandButton {
   border-radius: 30px;
   background-image: none;
   background-color: #cfcfcf;
}

.footer-layout .amx-commandButton.amx-selected {
   background-color: #afafaf;
}
```

```
.footer-layout .amx-commandButton .amx-commandButton-label:before {
   display: inline-block;
   font-family: FontAwesome;
   min-width: 25px;
   padding: 0;
}

.footer-layout .amx-commandButton.profile-icon
.amx-commandButton-label:before {
   content: "\f007";
}

.footer-layout .amx-commandButton.search-icon
.amx-commandButton-label:before {
   content: "\f002";
}

.footer-layout .amx-commandButton.list-icon
.amx-commandButton-label:before {
   content: "\f03a";
   padding-top: 2px;
}
```

注意：
上面的 CSS 包含了每个图标的声明，而不仅仅是个人信息图标。

重新部署应用，并确定个人信息按钮出现在搜索页面的页脚处。如果没有出现，则可以使用 Chrome 检查器工具查明 CSS 没有正常工作的原因。

如果一切顺利，可以将该 Footer Facet 复制到 results.amx 页面。此外，该页面需要一个返回到搜索页面的图标。向 Footer Facet 添加一个 amx:cellFormat 和 amx:commandButton，并进行相关配置。然后将 styleClass 特性设置为 search-icon，而不是使用 profile-icon 类。因为我们希望通过该按钮进入另一个页面，所以将其 action 特性设置为 returnToSearch。

```
<amx:facet name="footer">
  <amx:tableLayout id="tl1" styleClass="footer-layout"
                 width="100%">
    <amx:rowLayout id="rl1">
      <amx:cellFormat id="cf2" halign="center" valign="middle">
        <amx:commandButton text="" id="cb3"
                          styleClass="search-icon"
                          action="returnToSearch"/>
      </amx:cellFormat>
      <amx:cellFormat id="cf1" halign="center" valign="middle">
        <amx:commandButton text="" id="cb2"
                          styleClass="profile-icon"/>
      </amx:cellFormat>
    </amx:rowLayout>
  </amx:tableLayout>
</amx:facet>
```

注意：

我发现一种最简单的方法，即首先复制前面所创建的 cellFormat，然后使用泡沫/气球帮助为复制的元素创建唯一 ID。

将结果页面的扩展页脚复制到 details.amx 页面。当左侧出现红色的错误气球时，点击它们并从上下文菜单中选择 Generate a unique ID。由于详细信息页面使用了一个表格布局，因此这些自动生成的 ID 已经存在。添加另一个按钮。该按钮返回到搜索结果列表，因此将其 action 设置为 returnToList，styleClass 设置为 list-icon。

重新部署应用并验证结果。你是否在每个页面的底部看到了有趣的图标其标签为 Personnel Directory？它就是一个导航栏，包含了指向应用中每项功能的链接。默认情况下 MAF 会显示该图标。但由于我们的应用中只包含一项功能。因此将其关闭。在 Application Resources 面板中找到 Descriptors/ADF META-INF 节点，并打开 maf-application.xml 文件。滚动到该文件底部的 Navigation 部分，取消选择 Show Navigation Bar on Application Launch 复选框。图 11-29 是详细信息页面的最终屏幕截图。

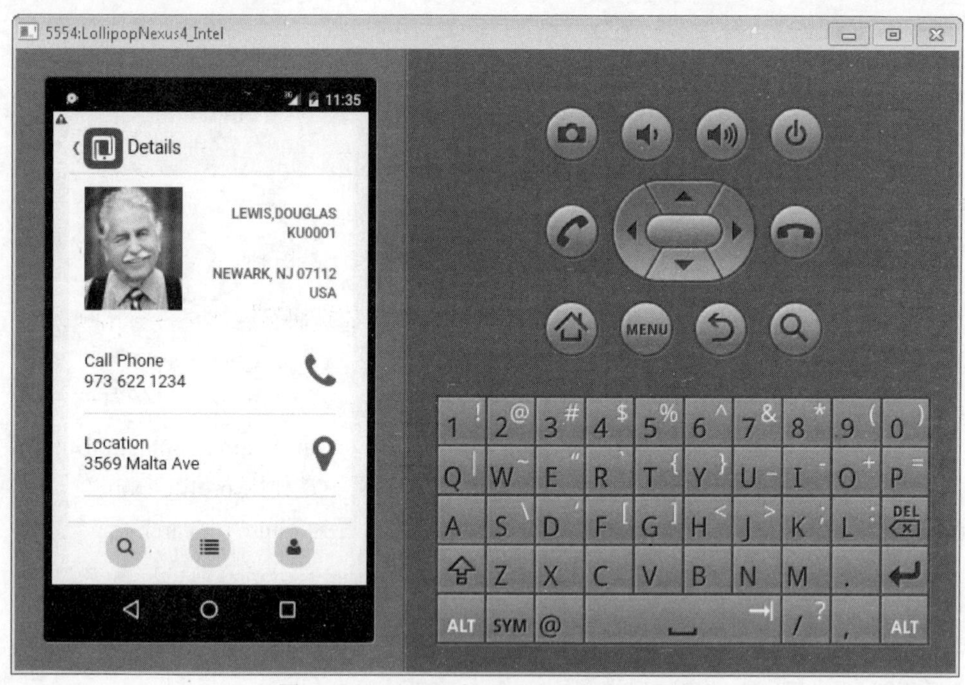

图 11-29 详细信息页面的最终屏幕截图

11.3 小结

在本章，我们学习了如何使用 Oracle 的声明式、多设备 Mobile Application Framework 来构建混合移动应用。该平台的功能非常强大且灵活高效。与本书第 II 部分和第 III 部分所介绍的其他方法不同，使用 MAF 完成的大部分工作都是声明式的。

为了更好地理解该框架，我建议读者在本章所完成工作的基础上创建一个用来编辑个人信息的个人信息 Task Flow。http://docs.oracle.com/cd/E53569_01/tutorials/tut_jdev_maf_app/tut_jdev_maf_app_2.html 中的教程包含了如何在 MAF 中使用设备相机的完整示例。

如果你是初次接触 MAF，并且想要学习更多的内容，那么我强烈推荐你访问位于 https://www.youtube.com/user/OracleMobilePlatform 的 Oracle Mobile Platform YouTube 频道。MAF 包含了大量的功能，包括可能你非常感兴趣的特定于企业的安全功能。

现在，可以去创建更有意义的应用了！